工业和信息化普通高等教育“十三五”规划教材立项项目
21世纪高等学校计算机规划教材

大学计算机基础

Windows 7+MS Office 2010 | 微课版

李志强 夏辉丽 ◎ 主编

高校系列

人 民 邮 电 出 版 社
北 京

图书在版编目（CIP）数据

大学计算机基础 : Windows 7+MS Office 2010 : 微课版 / 李志强，夏辉丽主编. -- 北京 : 人民邮电出版社，2020.9（2023.7重印）
21世纪高等学校计算机规划教材
ISBN 978-7-115-53492-7

Ⅰ. ①大… Ⅱ. ①李… ②夏… Ⅲ. ①Windows操作系统－高等学校－教材②办公自动化－应用软件－高等学校－教材 Ⅳ. ①TP316.7②TP317.1

中国版本图书馆CIP数据核字(2020)第170248号

内 容 提 要

本书主要介绍计算机基础知识及应用，全书共 11 章，内容包括计算机基础知识、操作系统基础、文字处理软件 Word 2010、电子表格软件 Excel 2010、演示文稿软件 PowerPoint 2010、计算机网络基础与互联网应用、多媒体技术基础、数据库技术基础、算法与程序设计基础、常用工具软件、计算机新技术简介。本书强调理论与应用相结合，概念清楚、内容丰富，每章内容配以微视频和习题，便于教学和自学。

本书可作为高等院校本科和专科“大学计算机基础”课程的教材，也可作为企事业单位进行计算机技术岗位培训的教材，同时可作为广大计算机爱好者的自学用书。

◆ 主　　编　李志强　夏辉丽
　责任编辑　李　召
　责任印制　王　郁　陈　犇
◆ 人民邮电出版社出版发行　　北京市丰台区成寿寺路 11 号
　邮编　100164　　电子邮件　315@ptpress.com.cn
　网址　https://www.ptpress.com.cn
　三河市祥达印刷包装有限公司印刷
◆ 开本：787×1092　1/16
　印张：18.75　　2020 年 9 月第 1 版
　字数：494 千字　　2023 年 7 月河北第 4 次印刷

定价：59.80 元

读者服务热线：(010)81055256　印装质量热线：(010)81055316
反盗版热线：(010)81055315
广告经营许可证：京东市监广登字 20170147 号

前　言

随着信息技术的飞速发展，计算机的应用在社会发展中占据着越来越重要的地位。近年来，电子商务、电子政务、数字化图书馆、数字化校园覆盖面不断扩大，熟练使用计算机已成为当代大学生必不可少的技能。

“大学计算机基础”是高等院校各专业学生必修的计算机基础课程，该课程强调基础性和先导性，重在提升学生的信息化素养和实践应用能力。对该课程的学习可以使学生掌握计算机的基本概念、原理、技术和应用，为后续计算机类课程的学习，以及利用计算机解决其专业和相关领域的问题打下良好的基础。

为了实现应用型高等院校的人才培养目标，我们依据“教育部高等学校大学计算机课程教学指导委员会”提出的《大学计算机基础课程教学基本要求》，并结合目前高校对计算机基础教学改革的实际需求组织编写了本书。本书是在借鉴已有教材长处的基础上，由长期从事计算机基础课程教学的教师编写而成的，力求反映计算机知识的系统性和实用性，展现信息技术发展的新趋势和新成果，充分考虑学生现有的计算机基础知识水平和社会实际需求，注重学生实际应用能力的培养。

本书共 11 章，主要内容包括计算机基础知识、操作系统基础、Office 2010 办公软件（Word 2010、Excel 2010、PowerPoint 2010）、计算机网络基础与互联网应用、多媒体技术基础（Photoshop、Flash、Premiere 等）、数据库技术基础（Access 2010）、算法与程序设计基础（Python 语言）、常用工具软件、计算机新技术简介。本书突出对计算机基础知识的讲解，典型应用配以案例讲解和实训强化，内容组织上循序渐进、深入浅出，对知识点的阐述准确清晰、通俗易懂。每章均配有习题，通过习题加深学生对基础知识的理解，同时配有微视频，作为对课堂教学的必要补充，辅助学生课下学习。各章内容衔接自然，既相互关联又有一定的独立性，实际教学中可按章节顺序讲解，也可根据实际情况调整讲解顺序。此外，本书提供拓展阅读，可在人邮教育社区下载。

本书由李志强、夏辉丽、薛峰、朱强、高静、李晓玲共同编写。全书由李志强、夏辉丽担任主编，负责全书的规划、统稿和定稿。本书受郑州经贸学院教材建设项目资助，在编写过程中得到了郑州经贸学院的大力支持和帮助，在此表示衷心感谢。

由于计算机技术发展日新月异，加上编者水平有限，书中疏漏之处在所难免，敬请专家、教师和广大读者不吝指正，使本书在使用中不断完善。

编　者

2020 年 8 月

目录

第 1 章 计算机基础知识

计算机是 20 世纪人类伟大的科学技术发明之一，它的出现和发展大大推动了科学技术的发展，同时也给人类社会带来了日新月异的变化。随着科技的进步，计算机已经成为现代人类生活和工作中不可缺少的工具。

通过本章的学习，我们可以了解计算机的产生和发展、数据在计算机内的表示、计算机系统的构成、计算机软件和硬件等基础知识。

1.1 计算机概述

本节主要介绍计算机的基础知识，包括计算机的概念、发展历程、特点、分类、应用领域及未来发展。

1.1.1 计算机的定义

计算机在诞生初期主要是被用来进行科学计算的，因此被称为“计算机”。它是能够在其内部指令控制下运行，并能够自动、高速而准确地对数字、文字、声音以及图像等各种形式的数据进行处理的现代化电子设备。它通过输入设备（如键盘、鼠标、扫描仪等）接收数据，通过中央处理器（CPU）进行计算、统计、文档编辑、逻辑判断、图形缩放和色彩配置等数据处理，通过输出设备以文档、声音、图片等各种控制信息的形式输出处理结果，通过存储器将数据和程序存储起来以备后用。

利用计算机对输入的原始数据进行加工处理、存储或传送，可以获得预期的输出信息，利用这些信息可提高社会生产率和人们的生活质量。

1.1.2 计算机的产生

1946 年 2 月，世界上第一台通用电子计算机 ENIAC（Electronic Numerical Integrator And Calculator）在美国宾夕法尼亚大学诞生了，如图 1-1 所示。它是为计算弹道而设计的，主要元件是电子管，每秒能完成 5000 次加法运算，比当时最快的计算工具快 300 倍。该机器采用十进制运算，使用了 1500 个继电器，18800 个电子管，占地 170 平方米，重 30 多吨，每小时耗电 150 千瓦，耗资 40 万美元，真可谓庞然大物。用 ENIAC 计算题目时，工作人员要根据题目的计算步骤先编好一条条指令，再按指令连接好外部线路，然后启动它，它将自动运行并输出结果。当要计算另一个题目时，必须重复进行上述工作，所以 ENIAC 只有少数专家才能使用。尽管 ENIAC 有这个明显弱点，但它使过去借助机械的分析机需 7～20 小时才能计算一条弹道的工作时间缩短到 30 秒，使科学家们从繁重的计算中解放出来。至今人们仍然公认，ENIAC 的问世标志着电子计算机时代的到来，它的出现具有划时代的伟大意义。

图 1-1 世界上第一台通用计算机 ENIAC

在 ENIAC 的研制过程中，美籍匈牙利数学家冯·诺依曼总结并提出了两点改进意见。其一是计算机内部直接采用二进制进行运算，其二是将指令和数据都存储起来，由程序控制计算机自动执行。这种有创意的方案一直沿用至今。

1.1.3 计算机的发展

计算机的产生和发展是众多人智慧的结晶。我国春秋时期出现的算筹是世界上最古老的手动计算工具之一，起源于北宋时代的算盘至今也已有一千多年的历史。

法国人帕斯卡于 17 世纪花 3 年时间制造出一种机械式加法机，它是世界上第一台机械式计算机。1673 年，德国数学家莱布尼茨发明乘法机，这是第一台可以进行完整的四则运算的计算机。巴贝奇提出了自动计算机的概念，布尔创造了完整的二进制代数体系，维纳创立了控制论。美籍匈牙利数学家冯·诺依曼首先提出完整的通用电子计算机体系结构方案，即 EDVAC（Electronic Discrete Variable Automatic Computer，离散变量自动电子计算机）方案，该方案成为计算机发展史上的里程碑。因此后人尊称冯·诺依曼为“计算机之父”。艾伦·麦席森·图灵是计算机逻辑的奠基者，他建立了“图灵机”的理论模型并且发展了可计算性理论，为计算机的发展指明了方向，他还提出了定义机器智能的“图灵测试”。为了纪念他，计算机界的最高奖定名为“图灵奖”。

从第一台电子计算机产生到现在的 70 多年时间里，计算机技术飞速发展。在计算机的发展过程中，电子元器件的变更起到了决定性作用，它是计算机换代的主要标志。根据计算机所采用的电子元器件，计算机的发展历程可划分为四个时代，如表 1-1 所示。

表 1-1 计算机发展历程

时代	起止年份	所用电子元器件	数据处理方式	运算速度	应用领域
第一代	1946 年—1957 年	电子管	汇编语言、代码程序	几千～几万次/秒	国防及高科技
第二代	1958 年—1964 年	晶体管	高级程序设计语言	几万～几十万次/秒	工程设计、数据处理
第三代	1965 年—1971 年	中、小规模集成电路	结构化、模块化程序设计，实时处理	几十万～几百万次/秒	工业控制、数据处理
第四代	1972 年至今	大规模、超大规模集成电路	分时、实时数据处理，计算机网络	几百万～上亿次/秒	工业、生活等各方面

（1）第一代计算机（1946 年—1957 年）

第一代计算机的电子元器件是电子管，受电子技术的限制，第一代计算机的运算速度为每秒几千次到几万次，内存储器容量也非常小（仅为 1000～4000 字节）。计算机程序设计语言还处于最低级阶段，用一串 0 和 1 表示的机器语言进行编程。直到 20 世纪 50 年代才出现了汇编语言，但尚无操作系统出现，操作机器困难。第一代计算机体积庞大、造价昂贵、速度低、存储量小、可靠性差、不易操作，主要应用于军事和科学研究领域。

（2）第二代计算机（1958 年—1964 年）

第二代计算机的电子元器件是晶体管，内存储器大量使用磁芯，磁芯由环形的硬磁材料制成，利用磁化状态的不同来存储“1”和“0”，一个磁芯保存一位数据。外存储器有磁盘、磁带，运算速度为每秒几万次到几十万次，内存容量扩大到几十万字节。第二代计算机与第一代计算机相比，体积小、成本低、重量轻、功耗小、速度高、功能强且可靠性高，使用范围也由单一的科学计算扩展到数据处理和事务管理等其他领域。

（3）第三代计算机（1965 年—1971 年）

第三代计算机的电子元器件是小规模集成电路（Small Scale Integration，SSI）和中规模集成电路（Medium Scale Integration，MSI）。集成电路是指用特殊的工艺将完整的电子线路放在一个硅片上，通常只有四分之一邮票大小。与晶体管电路相比，集成电路使计算机的体积、重量、功耗都进一步减小，运算速度、逻辑运算功能和可靠性都进一步提高。这一时期的计算机同时向标准化、多样化、通用化、机种系列化发展。IBM-360 系列是最早采用集成电路的通用计算机，也是影响最大的第三代计算机的代表。

（4）第四代计算机（1972 年至今）

第四代计算机的电子元器件是大规模集成电路（Large Scale Integration，LSI）和超大规模集成电路。集成度很高的半导体存储器完全代替了服役达 20 年之久的磁芯存储器，磁盘的存储速度和存储容量大幅度上升。随着光盘的引入，外部设备的种类和质量都有很大提高，计算机的运算速度可达每秒几百万次至上亿次。

新一代计算机是把信息采集、存储、处理、通信同人工智能结合在一起的智能计算机系统。它能进行数值计算或处理一般的信息，主要面向知识处理，具有形式化推理、联想、学习和解释的能力，能够帮助人们进行判断、决策，开拓未知领域和获得新的知识。人机之间可以直接通过自然语言（声音、文字）或图形图像交换信息。

1.1.4 计算机的特点

1. 处理速度快

通常以每秒完成基本加法指令的数目表示计算机的处理速度。计算机的高处理速度使它在金融、交通、通信等领域中能提供实时、快速的服务。这里的“处理速度”不仅包括算术运算速度，还包括逻辑运算速度。

2. 计算精度高

由于计算机采用二进制数字进行运算，计算精度主要由表示数据的字长决定。随着字长的增长，计算精度不断提高，可以满足各类复杂计算对计算精度的要求。如计算圆周率 π，目前已可达到小数点后数百万位了。

3. 存储容量大

计算机的存储器类似于人类的大脑，可以“记忆”（存储）大量的数据和信息。随着微电子技术的发展，加上大容量的磁盘、光盘等外部存储器的出现，计算机的容量越来越大。

4. 可靠性高

计算机硬件技术的发展十分迅速，采用大规模和超大规模集成电路的计算机具有非常高的可靠性，其平均无故障时间可达到以“年”为单位。人们所说的“计算机错误”通常是由与计算机相连的设备或软件的错误造成的，而由计算机硬件引起的错误越来越少。

5. 工作全自动

冯·诺依曼体系结构计算机的基本思想之一是存储程序控制。计算机在人们预先编制好的程序控制下自动工作，不需要人工干预。

6. 适用范围广，通用性强

一般来说，无论是数值的还是非数值的数据，都可以表示成二进制数的编码；无论是复杂的还是简单的问题，都可以分解成基本的算术运算和逻辑运算，并可用程序描述解决问题的步骤。所以，在不同的应用领域中，只要编写和运行不同的应用软件，计算机就能在此领域中很好地服务，通用性极强。

1.1.5 计算机的分类

计算机发展到今天，种类繁多，分类方法也各不相同。

按性能分类是一种最常用的分类方法，所依据的性能主要包括计算精度、存储容量、运算速度、外部设备、允许同时使用一台计算机的用户数量等。根据这些性能可将计算机分为超级计算机、大型计算机、小型计算机、微型计算机、工作站和嵌入式计算机六类。

1. 超级计算机

超级计算机又称巨型机。它是目前功能最强、速度最快、价格最贵的计算机，一般用于解决诸如气象、太空、能源、医药等尖端科学和战略武器研制中的复杂计算问题，如图 1-2 所示。它们安装在国家高级研究部门中，可供几百个用户同时使用。这种机器价格昂贵，是国家级资源。世界上只有少数几个国家能生产这种机器，如美国克雷公司生产的 Cray-1、Cary-2 和 Cary-3 是著名的巨型机。我国自主生产的银河-Ⅲ型百亿次机、曙光-2000 型机和“神威”系列计算机都属于巨型机。巨型机的研制开发是一个国家综合国力的体现。

2. 大型计算机

大型计算机又称大型机，也有很高的运算速度和很大的存储量，并允许相当多的用户同时使用。大型机在数据处理量级上不及巨型机，价格也比巨型机便宜。大型机通常像一个家族一样形成系列，如 IBM 4300 系列、IBM 9000 系列和 IBM z13 系列等，如图 1-3 所示。同一系列的不同型号的机器可以执行同一个软件，称为软件兼容。这类机器通常用于大型企业、商业管理或大型数据库管理系统中，也可用作大型计算机网络的主机。

图 1-2 超级计算机

图 1-3 大型计算机（IBM z13）

3. 小型计算机

小型计算机又称小型机，规模比大型机要小，但仍能支持十几个用户同时使用。这类机器价格比大型机便宜，适合中小型企事业单位使用，例如，DEC 公司生产的 VAX 系列计算机，IBM 公司生产的 AX/400 系列计算机都是典型的小型机。

4. 微型计算机

微型计算机又称为个人计算机或者 PC。目前微型计算机产品可以分为四类：台式微机、一体机、笔记本微机、掌上微机。微型计算机具有体积小、功耗低、功能全、成本低，操作方便、移动灵活等优点。其性能价格比明显优于其他类型的计算机，因而得到了广泛应用和迅速普及。微型计算机按字长可分为 8 位机、16 位机、32 位机和 64 位机。

5. 工作站

工作站与高档微型计算机之间的界线并不十分明确，而且高性能工作站的性能正接近小型机。但是，工作站有它明显的特征：使用大屏幕、高分辨率的显示器，有大容量的内外存储器，而且大都具有网络功能。它们的用途也比较特殊，例如，用于计算机辅助设计、图像处理、软件工程等。

6. 嵌入式计算机

嵌入式计算机通常是一个紧凑可编程的处理平台，专门用来完成特殊的计算或处理任务。相比一台普通的 PC，嵌入式计算机更灵活，更适用于一些特殊的应用场合。嵌入式计算机可配备不同的处理器、操作系统、存储容量、外形尺寸和设备接口，从而满足不同工业应用的需求。

1.1.6 计算机的应用领域

随着互联网的广泛应用，计算机的应用领域越来越广泛。早期的计算机主要用于科学计算、信息处理和实时控制，目前计算机的应用已经深入到我们工作和生活的方方面面，如企业自动化、办公自动化和家庭自动化，还可应用于事务处理、信息管理系统、决策支持等。计算机的应用主要有以下几个方面。

1. 科学计算

计算机是为科学计算的需要而发明的。科学计算所解决的大都是科学研究和工程技术中提出的一些复杂的数学问题，计算量大而且精度要求高，只有运算高速且存储量大的计算机才能完成。

2. 信息处理

信息处理是指计算机对信息（文字、图像、声音）进行收集、整理、存储、加工、分析和传播的过程。

3. 实时控制

实时控制也称过程控制，是利用计算机及时采集、检测数据，按最佳值迅速对控制对象进行自动控制或自动调节。

4. 计算机辅助系统

计算机辅助系统包括计算机辅助设计（Computer Aided Design，CAD）、计算机辅助制造（Computer Aided Manufacturing，CAM）和计算机辅助教学（Computer Aided Instruction，CAI）等。CAD 系统在与设计人员的相互作用下，能够实现最佳设计的判定和处理，能自动将设计方案转变成生产图纸。CAD 技术提高了设计质量和自动化程度，大大缩短了新产品的设计与试制周期，从而成为生产现代化的重要手段。CAM 利用 CAD 的输出信息控制、指挥生产和装配产品。

5. 人工智能

人工智能利用计算机来模拟人脑的思维活动进行逻辑推理，并完成一部分人类智能担任的工作。

6. 电子商务

电子商务是指整个贸易活动实现电子化，即交易双方以电子方式而不是当面交换或直接面谈方式进行的任何形式的商业交易。

7. 多媒体技术

多媒体技术是指利用计算机技术来存储和处理图、文、声、像等多种形式的自然信息，在广播、出版、医疗、教育等领域被广泛应用。虚拟现实技术是多媒体技术较有影响力的发展方向之一。

8. 数据库

数据库是指存储在计算机内，有组织、可共享的数据集合。在当今信息社会，从国家经济信息系统、科技情报系统、银行存储系统、个人通信系统到办公自动化、生产自动化等方面，均需要数据库技术的支持。

1.1.7 未来的计算机

1. 计算机的发展方向

现代计算机主要向着巨型化、微型化、网络化和智能化方向发展。

（1）巨型化

巨型计算机是指运算高速、存储容量大和功能强的计算机。其运算能力一般在每秒百亿次以上、内存容量在几百兆字节以上。巨型计算机主要用于尖端科学技术和军事国防系统的研究开发。

（2）微型化

20 世纪 70 年代以来，由于大规模和超大规模集成电路的飞速发展，微处理器芯片连续更新换代，微型计算机连年降价，加上丰富的软件和外部设备，微型计算机很快普及到社会各个领域并走进了千家万户。

（3）网络化

网络化是指利用通信技术和计算机技术，把分布在不同地点的计算机连接起来，按照网络协议互联互通，以达到所有用户都可共享软件、硬件和数据资源的目的。现在，计算机网络在交通、金融、企业管理、教育、邮电、商业等领域得到广泛的应用。

（4）智能化

智能化就是要求计算机能模拟人的感觉和思维，这也是第五代计算机要实现的目标。智能化的研究领域有很多，其中较有代表性的领域是专家系统和机器人。

2. 未来新型计算机

微电子技术、光学技术、超导技术和电子仿生技术相互结合，将促进计算机的发展。新型计算机分为神经网络计算机、生物计算机、光子计算机、量子计算机、超导计算机、纳米计算机等。

1.2 计算机中的数制与编码

信息是表示一定意义的符号的集合，它不仅指数字，还包括文字、声音、图像等，是对客观世界的直接描述。用计算机处理问题时，首先要将相关信息以计算机能够识别的方式存储起来。计算机所表示和使用的数据可分为两大类：数值数据和字符数据。数值数据用于表示量的大小、正负。字符数据也叫非数值数据，用于表示一些符号、标记，如英文字母 A～Z、a～z，数字 0～9，各种专用字符如+、−、×、/、[、]、(、) 及标点符号等。汉字、图形、声音数据也属非数值数据。

对人而言，数字、文字、图画、声音、活动图像是不同形式的数据信息，由于计算机只能处理二进制数据，因此需要把上述数据转换为 0 和 1 组成的二进制编码，计算机才能区别它们、存储它们并对它们进行综合处理。因此本节先介绍数制的概念，再介绍二进制、十六进制以及它们之间的转换等。

1.2.1 数制的概念

人们在生产实践和日常生活中，创造了多种表示数的规则，这些数的表示规则称为数制。例如，人们常用的十进制，钟表计时使用一小时等于六十分、一分等于六十秒的六十进制，早年我国曾使用的一斤等于十六两的十六进制，计算机中使用的二进制等。

从常用的十进制计数法可以看出，其加法规则是“逢十进一”。任意一个十进制数值可用 0、1、2、3、4、5、6、7、8、9 共 10 个数字符组成的字符串来表示，数字符又叫数码，数码处于不同的位置（数位）代表不同的数值。例如，819.18 这个数中，第一个数码 8 处于百位，代表八百，第二个数码 1 处于十位，代表十，第三个数码 9 处于个位，代表九，第四个数码 1 处于十分位，代表十分之一，而第五个数码 8 处于百分位，代表百分之八。因此，十进制数 819.18 可以写成：

$819.18=8\times10^2+1\times10^1+9\times10^0+1\times10^{-1}+8\times10^{-2}$

上式称为数值的按权展开式，其中 10^i 称为十进制的权，10 称为基数。

1. 基数

一个数制所包含的数码的个数称为该数字的基数，用 R 表示。

十进制（Decimal）：基数 R=10，“逢十进一，借一当十”，它含有十个数码：0、1、2、3、4、5、6、7、8、9。权为 10^i（$i=-m\sim n-1$，其中 m、n 为自然数）。

二进制（Binary）：基数 R=2，“逢二进一，借一当二”，任意一个二进制数可用 0、1 两个数码组成的字符串来表示。权为 2^i（$i=-m\sim n-1$，其中 m、n 为自然数）。

八进制（Octal）：基数 R=8，“逢八进一，借一当八”，任意一个八进制数可用 0、1、2、3、4、5、6、7 八个数码组成的字符串来表示，权为 8^i（$i=-m\sim n-1$，其中 m、n 为自然数）。

十六进制（Hexadecimal）：基数 R=16，“逢十六进一，借一当十六”。任意一个十六进制数可以用 0、1、2、3、4、5、6、7、8、9、A、B、C、D、E、F 十六个数码组成的字符串来表示，其中 A、B、C、D、E、F 分别表示 10、11、12、13、14、15，权为 16^i（$i=-m\sim n-1$，其中 m、n 为自然数）。

为区分不同数制，数有两种表示形式。一种是将任一 R 进制的数 N 记作 $(N)_R$，例如，$(10101)_2$、$(513)_8$、$(8AE35)_{16}$，分别表示二进制数 10101、八进制数 513 和十六进制数 8AE35。不用括号及下标的数，默认为十进数，如 256。另一种是在一个数的后面加上字母 D（十进制）、B（二进制）、O（八进制）、H（十六进制）来表示其前面的数用的是什么数制，例如，1101B 表示二进制数 1010，E05H 表示十六进制数 E05。

2. 位权

任何一个 R 进制的数都是由一串数码表示的，其中每一位数码所表示的实际值大小，除数码本身的数值外，还与它所处的位置有关。由位置决定的值就叫位值（或称权），位值用基数 R 的 i 次幂 R^i 表示。

3. 数值的按权展开

类似十进制数值的表示，任一 R 进制数的值都可表示为各位数码本身的值与其权的乘积之和。

例如：$101.01B=1\times2^2+0\times2^1+1\times2^0+0\times2^{-1}+1\times2^{-2}=4+1+0.25=5.25D$

$A2BH=10\times16^2+2\times16^1+11\times16^0=2560+32+11=2603D$

这种过程叫数值的按权展开。

任意一个具有 n 位整数和 m 位小数的 R 进制数 N 的按权展开为：

$(N)_R=a_{n-1}\times R^{n-1}+a_{n-2}\times R^{n-2}+\cdots+a_2\times R^2+a_1\times R^1+a_0\times R^0+a_{-1}\times R^{-1}+\cdots+a_{-m}\times R^{-m}$

其中 a_i 为 R 进制的数码。

1.2.2 计算机常用数制的表示方法

二进制基数为 2，即“逢二进一”。它含有两个数码：0、1。权为 2^i（$i=-m\sim n-1$，其中 m、n 为自然数）。二进制是计算机中采用的数制，这是因为二进制具有如下特点。

（1）容易实现，稳定可靠

二进制仅有两个数码 0 和 1，可以对应两种不同的稳定状态（如有磁和无磁、高电位和低电位）。它不仅容易实现，而且稳定可靠。

（2）运算规则简单

二进制的计算规则非常简单。以加法为例，二进制加法规则仅有四条，即 0+0=0，1+0=1，0+1=1，1+1=10（逢二进一）。

（3）适合逻辑运算

二进制中的 0 和 1 正好分别表示逻辑代数中的假值（False）和真值（True）。用二进制数代表逻辑值容易实现逻辑运算。但是二进制的明显缺点是数字冗长、书写繁复且容易出错、不便阅读。所以，在计算机技术文献的书写中常用十六进制数。

计算机常用的数制有二进制、八进制、十六进制，它们与人们常用的十进制的对应关系如表 1-2 所示。

表 1-2 四种数制的对应关系

十进制	二进制	八进制	十六进制	十进制	二进制	八进制	十六进制
0	0000	0	0	8	1000	10	8
1	0001	1	1	9	1001	11	9
2	0010	2	2	10	1010	12	A
3	0011	3	3	11	1011	13	B
4	0100	4	4	12	1100	14	C
5	0101	5	5	13	1101	15	D
6	0110	6	6	14	1110	16	E
7	0111	7	7	15	1111	17	F

1.2.3 常用数制之间的转换

读者应重点掌握二进制整数与十进制整数之间的转换方法。

1. 任意数制的数转换成十进制数

利用按权展开的方法，可以把任意数制的一个数转换成十进制数。下面是将二进制数和十六进制数转换为十进制数的例子。

【例 1-1】 将二进制数 1010.101 转换成十进制数。

$$1010.101\text{B} = 1\times2^3+0\times2^2+1\times2^1+0\times2^0+1\times2^{-1}+0\times2^{-2}+1\times2^{-3}$$
$$= 8+2+0.5+0.125=10.625\text{D}$$

【例 1-2】 将二进制数 110101 转换成十进制数。

$$110101\text{B} = 1\times2^5+1\times2^4+0\times2^3+1\times2^2+0\times2^1+1\times2^0=32+16+4+1=53\text{D}$$

【例 1-3】 将十六进制数 2BA 转换成十进制数。

$$2\text{BAH} = 2\times16^2+11\times16^1+10\times16^0=512+176+10=698\text{D}$$

由上述例子可见，只要掌握了数制的概念，那么将任一 R 进制的数转换成十进制数的方法是一样的。

2. 十进制数转换成二进制数

十进制数转换成二进制数

一个十进制数通常包含整数和小数两部分。由于对整数部分和小数部分处理的方法不同，这里分别进行讨论。

（1）十进制整数转换为二进制整数——除 2 取余法

把十进制整数转换成二进制整数的方法是“除 2 取余法”。具体步骤是把十进制整数除以 2 得一商数和一余数；再将所得的商除以 2，得到一个新的商数和余数；这样不断地用 2 去除所得的商数，直到商等于 0 为止。每次相除所得的余数便是对应的二进制整数的各位数字。第一次得到的余数为最低有效位，最后一次得到的余数为最高有效位。

【例 1-4】 将十进制整数 134 转换成二进制整数。

按上述方法得：

除数	被除数	余数		
2	134	…… 余 0	（K_1）	↑（低位）
2	67	…… 余 1	（K_2）	
2	33	…… 余 1	（K_3）	
2	16	…… 余 0	（K_4）	
2	8	…… 余 0	（K_5）	
2	4	…… 余 0	（K_6）	
2	2	…… 余 0	（K_7）	
2	1	…… 余 1	（K_8）	（高位）
	0			

所以，134D=10000110B。

用类似方法可将十进制整数转换成十六进制整数，只是所使用的除数以 16 替代 2 即可。

（2）十进制小数转换为二进制小数——乘 2 取整法

把十进制小数转换成二进制小数的方法是“乘 2 取整法”。具体步骤是将已知的十进制数的纯小数（不包括乘后所得整数部分）转换为 R 进制，反复乘以 R，反复取整数，直到乘积的小数部分为 0，否则小数点后的位数取到要求的精度位为止。取整数的过程是由高位到低位。

【例 1-5】将十进制小数 0.6875 转换为二进制小数。

按上述方法得：

取整数部分

0.6875 ×2= 1.3750 ……1（高位）

0.3750 ×2=0.7500 ……0

0.7500 ×2=1.5000 ……1

0.5000 ×2=1.0 ……1（低位）

0

所以，0.6875D = 0.1011B。

一个十进制数转换为二进制数，整数部分转换为二进制整数，小数部分转换为二进制小数，如 134.6875D = 10000110.1011B。

二进制数、八进制数和十六进制数的相互转换

3. 二进制数与八进制数、十六进制数的相互转换

（1）二进制数与八进制数的相互转换

因为二进制的进位基数是 2，而八进制的进位基数是 8，2^3=8，所以三位二进制数对应一位八进制数。

八进制数转换成二进制数的方法：把每个八进制数码改写成等值的 3 位二进制数，且保持高低位的次序不变。

2467. 320 → 010100110111 . 011010 B=10100110111 . 01101 B

二进制码转换成八进制码的方法：整数部分从低位向高位每 3 位用一个等值的八进制数来替换，不足 3 位时在高位补 0 凑满 3 位；小数部分从高位向低位每 3 位用一个等值八进制数来替换，不足 3 位时在低位补 0 凑满 3 位。

1101001110.11001 B → 001 101 001 110. 110 010 B →1516.62 O

↓ ↓ ↓ ↓ ↓ ↓

1 5 1 6. 6 2

（2）二进制数与十六进制数的相互转换

因为二进制的基数是 2，而十六进制的基数是 16，2^4=16，所以四位二进制数对应一位十六进制数。

二进制数与十六进制数相互转换的方法类似于二进制数与八进制数相互转换的方法，只要将 3 位一组改为 4 位一组即可。

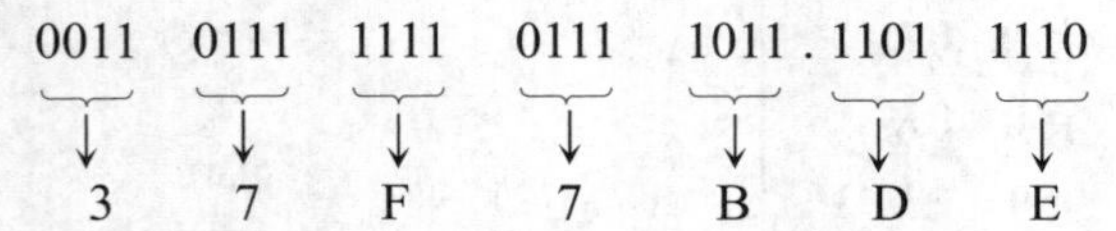

所以，（1101111111011111011.1101111）B=（37F7B.DE）H。

（5E4F. AC）H→0101 1110 0100 1111. 1010 1100

所以，（5E4F.AC）H=（101111001001111. 101011）B。

由以上讨论可知，二进制数与八进制数、十六进制数的转换比较简单、直观。所以在程序设计中，通常将书写起来很长且容易出错的二进制数用简洁的八进制数或十六进制数表示。

十进制数转换成八进制数、十六进制数的过程则与十进制数转换成二进制数完全类似，只要将基数 2 改为 8 或 16 即可。

各种数制相互转换的规律如图 1-4 所示。

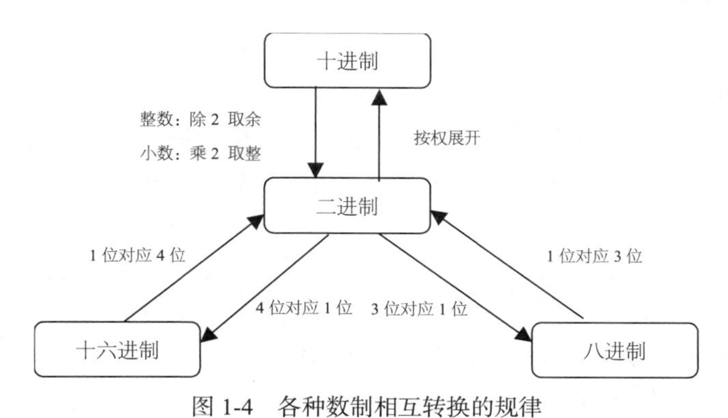

图 1-4 各种数制相互转换的规律

1.2.4 计算机中字符的编码

数字、字符、声音、图像、视频等不同形式的数据，均需要以适当的方法转换为计算机可识别的二进制数，完成输入处理；输出时再逆向转换为便于人们识别的多样化数据。这里将重点讲解数值数据、西文字符和汉字的编码，多媒体数据的表示、存储和处理方法将在第 7 章进行介绍。

前面讨论了把十进制数转换成二进制数的方法，这样就可以在计算机里表示十进制数了。关于数值数据还有两个需要解决的问题：数的正、负符号和小数点位置的表示。计算机中通常以“0”表示正号，“1”表示负号，进一步又引入了原码、反码和补码等编码方法。为了表示小数点位置，计算机中又引入定点表示法和浮点表示法。了解编码的概念有利于掌握计算机的应用方法。

1．数值数据的编码

早期的机械式和继电式计算机都用具有 10 个稳定状态的基本元件来表示十进制数码 0，1，2，…，9。一个数据的各个数据位是按 10 的指数顺序排列的，如 $386.45 = 3\times10^2+8\times10^1+6\times10^0+4\times10^{-1}+5\times10^{-2}$。但是，要求处理机的基本电子元件具有 10 个稳定状态比较困难，十进制运算器逻辑线路也比较复杂。由于多数元件具有两个稳定状态，二进制运算也比较简单，能节省设备，二进制与处理机逻辑运算能协调一致，且便于用逻辑代数简化处理机逻辑设计，因此，二进制得到广泛应用。

（1）定点表示法

通常，小数点隐含固定在数据最右端的，称定点整数，如 11001；小数点隐含固定在数据最左端的，称定点小数，在计算机中小数点左边的 0 不显示，如 0.101 显示成.101。

（2）浮点表示法

把处理机处理的数据都化为定点整数或定点小数会带来很多麻烦和限制：用户的初始数据、中间数据或最终数据可能在很大的范围里变化，程序员不得不在运算的各个阶段预先引入比例因子，把数据统一放大或缩小；一定长度的定点数据所能表示的数据范围和精度是很有限的。例如，15 位二进制定点整数能表示的最大值是 111111111111111（即 $2^{15}-1$），最小值是 000000000000001（即 1）；同理，15 位二进制定点小数能表示的最大值是 0.111111111111111（即 $1-2^{-15}$），最小值是 0.000000000000001（即 2^{-15}）。为此，处理机常采用小数点位置可以浮动的二进制浮点表示法。在浮点表示法中，一个数据分为阶码（或指数）和尾数（或数值）两部分，阶码用二进制定点整数表示，尾数用二进制定点小数表示。例如，$6.5=2^3\times0.8125=2^4\times0.40625$，表示为二进制浮点形式是 011，11010 或 100，01101。两个表示式的左端 3 位是定点整数表示的阶码，右端 5 位是定点小数表示的尾数。浮点表示法中的小数点不固定，可随小数点浮动有多种表示形式，其中尾数最高位为有效数值的浮点数称为规格化浮点数（如 011，11010）。

原码、反码和补码的转换

（3）数据的原码、反码和补码

在计算机中，所有的数据和符号全部被数字化，最高位为符号位，且用 0 表示正、1 表示负。包括符号在内的一个二进制数称为机器数，机器数有原码、反码、补码三种表示方式。

原码：最简单的机器数表示法，其符号用 0 表示正、1 表示负，其余各位表示数值。

反码：正数的反码同原码，负数的反码为除符号位外，其他各位按位取反。

补码：正数的补码同原码，负数的补码为反码末位加 1。

原码、反码、补码的关系如下。

当真值为正数时，原码=反码=补码。

当真值为负数时，符号位保持不变，数值位取反得反码，反码末位加 1 得补码。

例如，设十进制数 x=70，表示成 8 位的机器数形式，则$[x]_{原}$= $[x]_{反}$= $[x]_{补}$=01000110；设十进制数 x=−70，表示成 8 位的机器数形式，则$[x]_{原}$=11000110，$[x]_{反}$=10111001，$[x]_{补}$=10111010。

2. 西文字符的编码

如前文所述，计算机中的信息都是用二进制编码表示的。用以表示字符的二进制编码称为字符编码。计算机中常用的字符编码有 EBCDIC（Extended Binary Coded Decimal Interchange Code）码和 ASCII（American Standard Code for Information Interchange）码。IBM 系列大型机采用 EBCDIC 码，微型机采用 ASCII 码。这里主要介绍 ASCII 码。

ASCII 码是美国信息交换标准码，被国际标准化组织（ISO）指定为国际标准。ASCII 码有 7 位码和 8 位码两种版本。国际通用的 7 位 ASCII 码又称 ISO-646 标准，用 7 位二进制数 $b_6b_5b_4b_3b_2b_1b_0$ 表示一个字符的编码，其编码范围是 0000000B～1111111B，共有 2^7=128 个不同的编码值，相应可以表示 128 个不同字符的编码。7 位 ASCII 码如表 1-3 所示，表中对大小写英文字母、阿拉伯数字、标点符号及控制符等特殊符号规定了编码，共 128 个字符。表中每个字符都对应一个数值，称为该字符的 ASCII 码值。例如，数字“0”的 ASCII 码值为 0110000B（或 48D，或 30H），字母“A”的码值为 1000001B（或 65D，或 41H），“a”的码值为 1100001B（或 97D，或 61H），等等。计算机内部用一个字节（8 位二进制数）存放一个 7 位 ASCII 码，最高位 b_7 置 0。扩展的 ASCII 码使用 8 位二进制数表示一个字符的编码，可表示 2^8=256 个不同字符的编码。

表 1-3　一般字符的 ASCII 码

字符 $b_6b_5b_4$ / $b_3b_2b_1b_0$	000	001	010	011	100	101	110	111
0000	NUL	DLE	SP	0	@	P	`	p
0001	SOH	DC1	!	1	A	Q	a	q
0010	STX	DC2	“	2	B	R	b	r
0011	ETX	DC3	#	3	C	S	c	s
0100	EOT	DC4	$	4	D	T	d	t
0101	ENQ	NAK	%	5	E	U	e	u
0110	ACK	SYN	&	6	F	V	f	v
0111	BEL	ETB	,	7	G	W	g	w
1000	BS	CAN	(	8	H	X	h	x

续表

字符 $b_6b_5b_4$ $b_3b_2b_1b_0$	000	001	010	011	100	101	110	111
1001	HT	EM	)	9	I	Y	i	y
1010	LF	SUB	*	:	J	Z	j	z
1011	VT	ESC	+	;	K	[	k	{
1100	FF	S	,	<	L	\	l	|
1101	CR	GS	−	=	M	]	m	}
1110	SO	RS	.	>	N	^	n	~
1111	SI	US	/	?	O	−	o	DEL

3. 汉字的编码

ASCII码只对英文字母、数字和标点符号进行编码。为了用计算机处理汉字，同样也需要对汉字进行编码。从编码的角度看，计算机对汉字信息的处理过程实际上是各种汉字编码间的转换过程，这些编码主要包括汉字输入码、汉字信息交换码、汉字机内码、汉字输出码等。

计算机识别汉字时要把汉字输入码转换为汉字机内码以便进行处理和存储。我们在显示器里看见的汉字实际上是一种汉字点阵形式，为了将汉字以点阵的形式输出，计算机还要将机内码转换为汉字输出码，确定汉字的点阵。在计算机需要和其他系统或设备进行信息、数据交换时还必须采用汉字信息交换码。

（1）汉字输入码

为把汉字输入计算机而编制的代码称为汉字输入码，也称外码。常用的汉字输入方法有全拼输入法、智能ABC输入法和五笔字型输入法等。常用汉字有7000个左右，每个汉字可用不同的输入法由键盘输入。输入方法不同，同一汉字的外码就可能不同，用户可以根据自己的需要选择不同的输入方法。例如，用五笔字型输入法中的外码“vb”可输入汉字“好”，用全拼输入法时“好”对应的外码是“hao”。相同汉字的不同的外码通过输入字典统一转换为标准的国标码。

（2）汉字信息交换码

汉字信息交换码是用于汉字信息处理系统之间或者与通信系统之间进行信息交换的汉字代码，简称交换码，也叫国标码。我国于1981年颁布了国家标准《信息交换用汉字编码字符集-基本集》，标准号是GB2312—1980，它收录了6763个汉字和682个非汉字图形字符编码，共7445个。它把汉字分为两级，一级常用汉字3755个，按汉字的拼音顺序排列；二级次常用汉字3008个，按部首顺序排列。该标准中的每个图形字符的交换码均用两个字节表示，每个字节为7位二进制码。

GB2312—1980信息交换码表是一张94×94的图形符号代码表，通常将表中的行号称为区号，列号称为位号，表中任何一个字符的位置可由区号和位号唯一确定，它们各需要7个二进制位表示。两者组合而成的汉字编码称为区位码。

例如，“大”字的区号20，位号83，区位码是20 83，用2个字节表示为00010100 01010011，用十六进制可表示为1453H。

但在通信中，汉字的区位码与通信使用的控制码（00H～1FH）会发生冲突。为避免冲突，每个汉字的区号和位号分别加上32（即00100000B或20H），经过这样处理得到的代码就是汉字的国标码。因此，“大”字的交换码是1453H+2020H=3473H。

由此可以得到以下公式：

区位码 ＋2020H＝ 国标码

（3）汉字机内码

汉字机内码是在计算机内部对汉字进行存储、处理和传输的编码。现实中，文本中的汉字与西文字符经常是混合在一起使用的，汉字信息如果使用最高位均为 0 的两个字节的国标码直接存储，就会与单字节的标准 ASCII 码发生冲突。为避免冲突，把一个汉字的国标码的两个字节的最高位都置为 1，即表示汉字国标码的两个字节分别加上 10000000B（或 80H），这种高位为 1 的双字节（16 位）汉字编码就称为汉字的“机内码”，又称内码。这样由键盘输入汉字时输入的是汉字的外码，而在机器内部存储汉字时用的是内码。如“大”字的内码是 3473H+8080H=B4F3H。

由此得到三种编码之间的转换公式：

国标码 ＋8080H＝ 机内码

区位码 ＋A0A0H＝ 机内码

（4）汉字输出码

汉字输出码又称为汉字字形码，其作用是输出汉字。计算机处理汉字信息需要显示或打印时，汉字机内码不能直接作为每个汉字输出的字形信息，而是需要根据汉字机内码，在字形库中检索出相应汉字的字形信息，然后才能由输出设备输出。对汉字字形经过点阵的数字化处理后得到的一串二进制数称为汉字输出码。

汉字的输入、处理和输出过程就是以上各种汉字代码之间的转换过程。输入时，从键盘输入汉字使用的是汉字输入码；处理时，在计算机内部经过代码转换程序将其转换为汉字机内码，保存在主存储器中；输出时，在主机内由字形检索程序从字形库中查出该汉字的字形码，输出到显示器或打印机。

1.3 计算机系统的组成

在了解计算机的产生、发展、分类和计算机的应用后，我们对计算机也有了一个大体的认识，下面介绍计算机系统的基本构成。读者通过本节的学习，可以了解计算机的基本组成与工作原理，认识构成计算机系统的硬件与软件。

1.3.1 计算机系统的基本组成

计算机系统由硬件（Hardware）和软件（Software）两大部分组成。

硬件是指物理上存在的各种设备。我们通常所看到的计算机，有一些机柜或机箱，里面是各式各样的电子器件或装置，此外，还有键盘、鼠标、软盘、硬盘、显示器和打印机等，这些都是硬件，它们是计算机工作的物质基础。当然，大型计算机的硬件组成比微型计算机复杂得多。但无论什么类型的计算机，都有负责完成相同功能的硬件部分。软件是运行在计算机硬件上的程序、运行程序所需的数据和相关文件的总称。程序就是根据解决问题的具体步骤编制成的指令序列。当程序运行时，它的每条指令依次指挥计算机硬件完成一个简单的操作，这一系列简单操作的组合，最终完成指定的任务。程序执行的结果通常是按照某种格式产生输出。计算机系统的组成如图 1-5 所示。

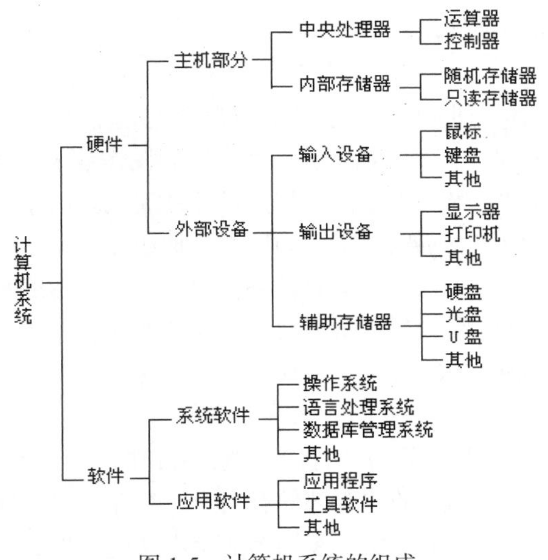

图 1-5 计算机系统的组成

硬件是软件发挥作用的舞台和物质基础，软件是使计算机系统发挥强大功能的灵魂。没有软件的硬件（“裸机”）不能给用户直接使用，而没有硬件对软件的支持，软件的功能也无从谈起。硬件和软件相辅相成，缺一不可。所以要把计算机系统看成一个整体，两者互相结合才能发挥好计算机系统的功能。

1.3.2 计算机硬件系统

计算机硬件主要由运算器、控制器、存储器、输入设备和输出设备等部件组成，运算器和控制器组成中央处理器（CPU），内部存储器和 CPU 组成主机。

现代计算机的结构是由冯 • 诺依曼提出的，他提出了三条基本思想。

（1）采用二进制数的形式表示程序和数据。

（2）将程序和数据存放在存储器中。

（3）计算机硬件由控制器、运算器、存储器、输入设备和输出设备五大部分组成。

计算机工作原理的核心是“程序存储”和“程序控制”，就是通常所说的“存储程序控制”原理，即将问题的解决步骤编写成为程序，程序连同它所处理的数据都用二进制数表示并预先存放在存储器中。程序运行时，CPU 从内存中一条一条地取出指令和相应的数据，按指令操作码的规定，对数据进行运算处理，直到程序执行完毕为止。

冯 • 诺依曼型计算机结构如图 1-6 所示。从 1946 年世界上第一台通用计算问世至今，计算机的设计和制造技术有了很大发展，但仍然采用冯 • 诺依曼型计算机的基本思想。

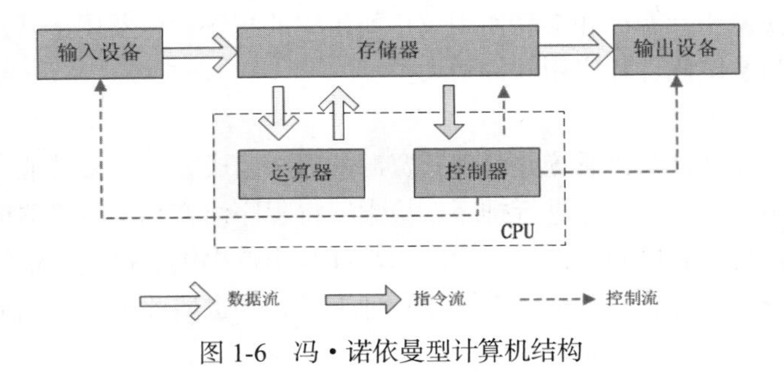

图 1-6 冯 • 诺依曼型计算机结构

下面对构成计算机的常用硬件做一些具体介绍。

1. 运算器

运算器的主要功能是对二进制数进行算术或逻辑运算，所以，也称它为算术逻辑部件（Arithmetic and Logical Unit，ALU）。参加运算的数（称为操作数）全部是在控制器的统一指挥下从内部存储器中取到运算器里，绝大多数任务都由运算器完成。由于在计算机内各种运算均可归结为相加和移位这两个基本操作，所以运算器的核心是加法器（Adder）。为了能将操作数暂时存放，能将每次运算的中间结果暂时保留，运算器还需要若干个寄存数据的寄存器（Register）。若有一个寄存器既保存本次运算的结果又参与下次运算，它的内容就是多次累加的和，这样的寄存器又叫作累加器（Accumulator，ACC）。

2. 控制器

控制器（Control Unit，CU）是计算机的神经中枢，由它指挥全机各个部件自动、协调地工作，就像人的大脑指挥躯体一样。控制器的主要部件有指令寄存器、移码器、时序节拍发生器、操作控制部件和程序计数器（也叫程序计时器）。控制器的基本功能是根据程序计数器中指定的地址从内存取出一条指令，对其操作码进行译码，再由操作控制部件有序地控制各部件完成操作码规定的功能。控制器也记录操作中各部件的状态，使计算机能有条不紊地自动完成程序规定的任务。

3. 存储器

存储器（Memory）是计算机的记忆装置，用来保存程序和数据，所以，存储器应该具备存数和取数功能。存数是指向存储器里“写入”数据，取数是指从存储器里“读取”数据。“写入”和“读取”称为对存储器的访问。存储器分为内部存储器（简称内存）和外部存储器（简称外存）两类。中央处理器（CPU）只能直接访问存储在内存中的数据。外存中的数据只有调入内存后，才能被中央处理器访问和处理。

4. 输入设备

输入设备（Input Devices）是用来向计算机输入命令、程序、数据、文本、图像、音频和视频等信息的设备。其主要作用是把人们可读的信息转换为计算机能识别的二进制代码输入计算机，供计算机处理。例如，用键盘输入信息时，敲击它的每个键位都能产生相应的电信号，再由电路板转换成相应的二进制代码送入计算机。目前常用的输入设备有键盘、鼠标、扫描仪等。

5. 输出设备

输出设备（Output Devices）的主要功能是将计算机处理后的各种内部格式的信息转换为人们能识别的形式（如文字、图像和声音等）表达出来。常见的输出设备有显示器、打印机、绘图仪和音箱等。

1.3.3 计算机软件系统

软件是指为方便使用计算机和提高使用效率而组织的程序，以及用于开发、使用和维护的有关文档。软件可分为系统软件和应用软件两大类。

1. 系统软件

系统软件由一组控制计算机系统并管理其资源的程序组成，其主要功能包括启动计算机，存储、加载和执行应用程序，对文件进行排序、检索，将程序语言翻译为机器语言等。实际上，系统软件可以看作用户与计算机的接口，它为应用软件和用户提供了控制、访问硬件的手段，这些功能主要由操作系统完成。此外，编译系统和各种工具软件也属此类，它们从另一方面辅助用户使用计算机。

一般来说系统软件可分为操作系统、语言处理程序、服务程序和数据库管理系统。

（1）操作系统

操作系统是管理、控制和监督计算机软、硬件资源协调运行的系统，由一系列具有不同控制和管理功能的程序组成，它是直接运行在计算机硬件上的、最基本的系统软件，是系统软件的核心。操作系统是计算机发展中的产物，它的主要目的有两个。一是方便用户使用计算机。它是用户和计算机的接口，用户键入一条简单的命令就能自动调用复杂的功能，这就是操作系统帮助的结果。二是统一管理计算机系统的全部资源，合理组织计算机工作流程，以便充分、合理地发挥计算机的效率。常用操作系统有 Windows XP、Windows Vista、Windows 7、Windows 10、macOS、Linux、UNIX 等。

（2）语言处理程序

机器语言是计算机唯一能直接识别和执行的程序语言。想要在计算机上运行高级语言程序就必须配备语言处理程序（简称翻译程序）。不同的高级语言都有相应的翻译程序。

（3）服务程序

服务程序能够提供一些常用的服务性功能，它们为用户开发程序和使用计算机提供了方便，计算机中常用的诊断程序、调试程序均属此类。

（4）数据库管理系统

数据库是按照一定联系存储的数据集合，可被多种应用共享，如工厂中的职工信息、医院的病历、人事部门的档案都可分别组成数据库。数据库管理系统（Database Management System，DBMS）则是能够对数据库进行加工、管理的系统软件。其主要功能是建立、删除、维护数据库及对数据库中的数据进行各种操作。Access、Visual FoxPro、MySQL、SQL Server、Oracle 等都属于数据库管理系统。从某种意义上讲它们也是编程语言。数据库系统主要由数据库、数据库管理系统以及相应的应用程序组成。比如，某机关的工资管理系统就是一个具体的数据库系统。数据库系统不但能够存放大量的数据，还能迅速、自动地对数据进行检索、修改、统计、排序、合并等操作，以得到所需信息，这是传统的文件无法做到的。

数据库技术是计算机技术中发展最快的、应用最广的一个分支。可以说，今后的计算机应用开发大都离不开数据库。因此，了解数据库技术尤其是计算机环境中的数据库应用是非常必要的。

2. 应用软件

为解决各类实际问题而设计的程序集合称为应用软件。例如，文字处理、表格处理、电子演示、电子邮件收发等是企事业单位或日常生活中常见的问题，WPS Office 2010 办公软件、Microsoft Office 2010 办公软件是针对上述问题而开发的。此外，针对财务会计业务问题的财务软件，针对机械设计制图问题的绘图软件（AutoCAD）以及图像处理软件（Photoshop）等都是解决某类问题的应用软件。

综上所述，计算机系统由硬件系统和软件系统组成，两者缺一不可。而软件系统又由系统软件和应用软件组成。操作系统是系统软件的核心，在每个计算机系统中是不可少的。

1.4 微型计算机的硬件系统

微型计算机硬件主要由中央处理器、存储器、输入设备和输出设备等组成，通过系统总线把部件连接起来，实现信息交换。通过总线连接计算机各部件使微型计算机系统结构简洁、灵活、规范，可扩充性好。下面对构成微型计算机的常用硬件做一些具体介绍。

1. 中央处理器

微型计算机系统的性能指标主要由中央处理器（Central Processing Unit，CPU）的性能指标决定。CPU 的性能指标主要有时钟频率和字长。

时钟频率以 MHz 或 GHz 表示，通常时钟频率越高其处理数据的速度相对也越快。CPU 时钟频率已经从过去的 466MHz、800MHz、900MHz 发展到了今天的 1GHz、2GHz、3GHz。

字长表示 CPU 每次处理数据的能力，CPU 按字长可分为 8 位、16 位、32 位、64 位。Intel 的 80286 型号的 CPU 每次能处理 16 位二进制数据，80386 型号和 80486 型号的 CPU 每次能处理 32 位二进制数据，而 Pentium 4 型号的 CPU 每次能处理 64 位二进制数据。

CPU 大部分使用了美国 Intel 公司生产的芯片，此外还有美国的 AMD 等公司的产品，如图 1-7 所示。

图 1-7　CPU

2. 总线和主板

组成计算机的硬件有 CPU、存储器、输入/输出设备等，为了使这些部件能够正常工作，必须要把它们有机地连接起来形成一个系统。在计算机中通过总线将它们连接为一个系统。总线就是系统部件之间传送信息的公共通道，各部件由总线连接并通过总线传递数据和控制信号。

微型计算机中总线分为内部总线和系统总线两种，平时所说的总线指的是系统总线。

内部总线通常是指 CPU 内部运算器、控制器与存储器之间相互交换信息的总线。

系统总线指的是 CPU、存储器、输入/输出设备接口之间相互交换信息的总线。

系统总线有数据总线、地址总线和控制总线三类，分别传递数据、地址和控制信息。系统总线的硬件载体就是主板。

主板由印刷电路板、CPU 插座、控制芯片、CMOS 只读存储器、各种扩展插槽、键盘插座、各种连接开关以及跳线等组成，如图 1-8 所示。

图 1-8　主板

3. 存储器

存储器分为两大类：一类是设在主机中的内部存储器(简称内存)，如图 1-9 所示，也称为主存储器(简称主存)，用于存放当前运行的程序和程序所用的数据，属于临时存储器；另一类是属于计算机外部设备的存储器，叫外部存储器（简称外存），也叫辅助存储器（简称辅存）。外存属于永久性存储器，存放着暂时不用的数据和程序。当需要某一程序或数据时，首先将其调入内存，然后运行。

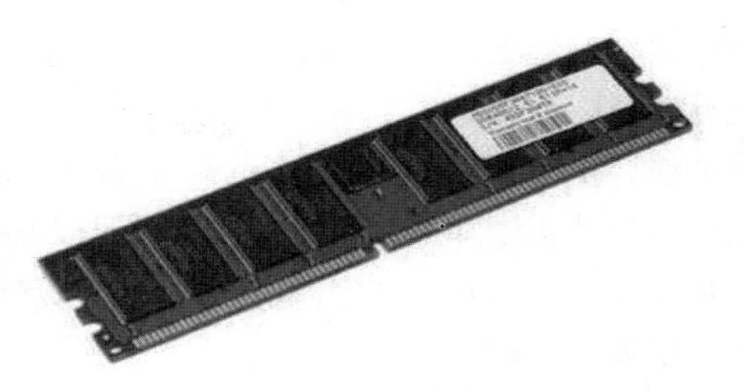

图 1-9 内存

一个二进制位（bit，比特）是构成存储器的最小单位。实际上，存储器是由许许多多个二进制位的线性排列构成的。通常每 8 个二进制位组成一个存储单元，称为字节（Byte，简称 B），每个字节被编上一个号码，称为地址（Address）。

存储器可容纳的二进制信息量称为存储容量。目前，度量存储容量的基本单位是字节。此外，常用的存储容量单位还有：KB（千字节）、MB（兆字节）、GB（吉字节）和 TB（太字节）。它们之间的关系为：

1 字节=8 个二进制位；

1KB=1024Byte；　　1MB=1024KB；　　1GB=1024MB；　　1TB=1024GB。

（1）主存储器

主存储器分为随机存储器(Random Access Memory，RAM)和只读存储器(Read Only Memory，ROM）两类。

① 随机存储器

随机存储器也叫读写存储器。目前，计算机大都使用半导体 RAM。半导体 RAM 是一种集成电路，其中有成千上万的存储元件。RAM 是易失性存储器，即断电后内容不保存。依据存储元件结构的不同，RAM 又可分为静态 RAM（Static RAM，SRAM）和动态 RAM（Dynamic RAM，DRAM）。

SRAM 利用其中触发器的两个稳态来表示所存储的“0”和“1”，这类存储器集成度低、价格高，但存取速度快，常用来做高速缓冲存储器（Cache）。DRAM 则用半导体器件中分布电容上有无电荷来表示“1”和“0”。因为保存在分布电容上的电荷会随着电容器的漏电而逐渐消失，所以需要周期性地给电容充电，称为刷新。这类存储器集成度高、价格低，但由于要周期性地刷新，所以存取速度较 SRAM 慢。

RAM 的大小是衡量计算机工作能力的一个重要指标，随着计算机技术的飞速发展，RAM 的容量也在不断扩大。目前计算机 RAM 的配置是 256MB、512MB 或以上。在一般叙述中，内存都是指 RAM。

② 只读存储器

ROM 主要用来存放固定不变的控制计算机的系统程序和数据，如常驻内存的监控程序、基本输入/输出系统、各种专用设备的控制程序和有关计算机硬件的参数表等。例如，安装在系统主板上的 BIOS ROM 芯片中存储着系统引导程序和基本输入/输出系统。ROM 中的信息是在制造时用专门设备一次写入的，存储的内容是永久性的，即使关机或掉电也不会丢失。随着半导体技术的发展，已经出现了多种形式的只读存储器，如可编程的只读存储器（Programmable ROM，PROM），可擦除、可编程的只读存储器（Erasable Programmable ROM，EPROM）以及掩膜型只读存储器

（Masked ROM，MROM）等。改变其中的内容需要特殊的手段。

CPU 速度不断提高，而主存由于容量大，读写速度大大低于 CPU 的工作速度，直接影响了计算机的性能。为了解决主存与 CPU 工作速度上的矛盾，设计者们在 CPU 和主存之间增设一至两级容量不大、但速度很高的高速缓冲存储器。高速缓冲存储器中存放最常用的程序和数据，CPU 访问这些程序和数据时，首先从高速缓冲存储器中查找，如果在则直接读取，如果不在高速缓冲存储器中，则到主存中读取，同时将程序或数据写入高速缓冲存储器。因此采用高速缓冲存储器可以提高系统的运行速度。

（2）辅助存储器

外部存储器也称辅助存储器，简称外存或辅存，属于永久性存储器。外存不直接与 CPU 交换数据，当需要时先将数据调入内存，再通过内存与 CPU 交换数据。外存与内存相比，存储容量大、价格较低、存取速度较慢，但在断电情况下可以长期保存数据，所以外存又称为永久性存储器。常用的外存有硬盘、光盘以及 U 盘等。

① 硬盘

硬盘存储器简称硬盘，主要由磁盘、磁头及控制电路组成，信息存储在磁盘片上，磁头负责读取或写入。磁盘由若干个盘片组成，这些盘片置于同一个轴上，盘片的两面均可存储信息。目前常用的硬盘是一个不可随意拆卸的密封整体，如图 1-10 所示。

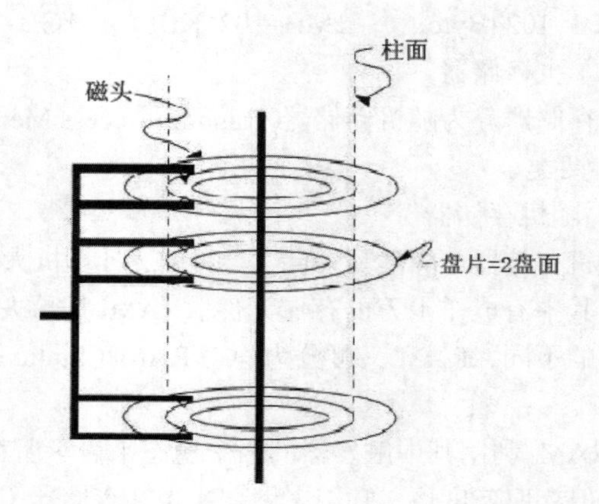

图 1-10　硬盘及其内部结构

硬盘作为一种磁表面存储器，其盘片是在非磁性的合金材料表面涂上一层很薄的磁性材料，通过磁层的磁化来存储信息。在进行磁盘读写操作时，磁盘会高速旋转，盘片高速旋转产生的气流浮力迫使磁头离开盘面悬浮在盘片上方，浮力与磁头座架弹簧的反向弹力使得磁头保持平衡。这样的非接触式磁头可以有效地减小磨损和由摩擦产生的热量及阻力。计算机可以将表示 0 或 1 的电信号通过磁头在盘片上转化为磁信息而完成写入过程，也可以将磁盘片上已记录的磁信息通过磁头还原为表示 0 或 1 的电信号而完成读取过程。硬盘接到一个系统读取数据指令后，磁头根据给出的地址，首先按磁道号产生驱动信号进行定位，然后通过盘片的转动找到具体的扇区，最后由磁头读取指定位置的信息并传送到硬盘自带的缓存中。

硬盘的防尘性能好、可靠性高，一般固定在计算机的机箱内部，相对主存储器而言，硬盘的容量更大。目前常见的硬盘容量有 500GB、1TB 等，按其接口可分为 IDE 和 SATA 两种。还有一种可移动使用的硬盘，采用 USB 或 IEEE 1394 接口，支持热插拔（必须先停止工作），即插即用，安全可靠，便于携带。

② 光盘

光盘是利用激光读写信息的辅助存储器，呈圆盘状。它的高存储容量、数据持久性、安全性一直深受广大用户的青睐。

光盘存储系统由光盘片、光盘驱动器（简称光驱）和光盘控制适配器组成。

常见的光盘有 CD-ROM、CD-R、CD-RW、DVD-ROM 等，图 1-11 所示为光盘与光盘驱动器。

图 1-11　光盘及光盘驱动器

CD-ROM 是只读型光盘，与 ROM 类似，光盘中的数据由厂家事先写入，用户只能读取其中的数据而无法修改。光盘上有一条由内向外的螺旋状细槽，细槽中布满了细小的光学坑洞，数据就存放在这一细槽中。CD-ROM 的特点是存储容量可达 640MB，复制方便，成本低。CD-ROM 的速度以 150KB/s 为基准。

CD-R 是可记录光盘，用户可以写入数据，但只能写入一次，写入后 CD-R 就同 CD-ROM 一样了。

CD-RW 是可读写光盘，其功能与磁盘类似，可对其反复进行读写操作。

DVD-ROM 是只读型数字视盘，外观和一般光盘相同。它使用高密度存储技术，其存储容量可达 4.5GB，数据传输速率也高。

③ U 盘

采用 Flash 存储器（闪存）芯片，体积小，重量轻，容量可以按需要而定（256MB～128GB），具有写保护功能，数据保存安全可靠，使用寿命长，使用 USB 接口，即插即用，支持热插拔（必须先停止工作），可以模拟软驱和硬盘启动操作系统。U 盘如图 1-12 所示。

4. 输入设备

输入设备的作用是把准备好的数据、程序和命令等信息转换为计算机能接受的电信号并送入计算机。常见的输入设备有键盘、鼠标、扫描仪、数码相机、触摸屏、光笔、条码阅读机、数字化仪、话筒等。下面介绍几种常用输入设备。

（1）键盘

键盘是计算机最主要的输入设备，用户的程序、数据以及各种对计算机的命令都可以通过键盘输入。键盘如图 1-13 所示。

图 1-12　U 盘

图 1-13　键盘

键盘实际上是组装在一起的一组按键矩阵。当按下一个键时就产生与该键对应的二进制代码，并通过接口送入计算机，同时将按键字符显示在屏幕上。键盘根据按键的数量可分为 84 键、101 键、104/105 键以及适用于 ATX 电源的 107/108 键。目前常用的是 104 键。

早期常用的是机械式键盘，现在则是电容式键盘，其优点是无磨损和接触不良问题，耐久性、灵敏度和稳定性都比较好，击键声音小，手感较好。它与主机的接口有 PS/2 接口、USB 接口、无线接口。

计算机键盘中主要控制键的作用如表 1-4 所示。

表 1-4　　计算机键盘主要控制键含义

控制键名称	主要功能
Alt	Alternate 的缩写，它与另一个（些）键一起按下时，将发出一个命令，其含义由应用程序决定
Break	经常用于终止或暂停一个 DOS 程序的执行
Ctrl	Control 的缩写，它与另一个（些）键一起按下时，将发出一个命令，其含义由应用程序决定
BackSpace	退格键，作用是使光标左移一格，同时删除光标左边位置上的字符，或删除选中的内容
Delete	删除光标右边的一个字符，或者删除一个（些）已选择的对象
End	一般是把光标移动到行末
Esc	Escape 的缩写，经常用于退出一个程序或操作
F1～F12	共 12 个功能键，其功能由操作系统及运行的应用程序决定
Home	通常用于把光标移动到开始位置，如一个文档的起始位置或一行的开始处
Insert	输入字符时有覆盖方式和插入方式两种，Insert 键用于在两种方式之间进行切换
Num Lock	数字小键盘可用作计算器键盘，也可用作光标控制键，由本键进行切换
Page Up	使光标向上移动若干行（向上翻页）
Page Down	使光标向下移动若干行（向下翻页）
Pause	临时性地挂起一个程序或命令
Print Screen	记录当时的屏幕映像，将其复制到剪贴板中

（2）鼠标

鼠标是一种指示设备，能方便地将屏幕上的鼠标指针准确地定位在指定的位置处，并通过按键完成各种操作或发出命令。普通的鼠标由左键、右键、滚轮等组成，根据工作原理可将鼠标分为机械鼠标、光电鼠标和光电机械鼠标，根据按键数可分为两键鼠标和三键鼠标。

（3）扫描仪

扫描仪是一种通过光学扫描，将图像或文本输入计算机，供计算机存储、处理的设备，扫描仪的主要性能指标是分辨率和分色能力。分辨率是用来衡量扫描仪品质的指标，分辨率越高，扫描出来的图像越清晰。分辨率通常以 DPI（Dots Per Inch）为单位，表示在一英寸（1 英寸≈2.54 厘米）长度内取样的点数。分色能力是一台扫描仪分辨颜色的细腻程度，以位为单位，这个数值越大，扫描出的图像色泽越接近于原稿。目前，扫描仪一般有 24 位以上的分色能力。扫描仪如图 1-14 所示。

图 1-14　扫描仪

扫描仪按幅面大小分为台式扫描仪和手持式扫描仪，按图像类型分为灰度扫描仪和彩色扫描仪。

（4）数码相机

数码相机是一种利用感光元件，通过镜头将聚焦的光线转换成数字图像信号的照相机，如

图 1-15 所示。它所拍出来的照片不是存储在传统的底片上，而是存储在相机的内存中。将这些存储在数码相机内存中的数字图像信息输入计算机，即可以通过打印机直接打印，也可以通过图像处理软件进行编辑。

图 1-15　数码相机

数码相机的主要性能指标是像素数目和存储器容量。像素数目决定数字图像能够达到的最高分辨率，像素越高图像越清晰，数据量也越大，现在市场上较常见的数码相机都在 2000 万像素以上。存储器容量越大，存储的照片越多。常用存储介质有 SM 卡、CF 卡、记忆棒、SD 卡等。

（5）触摸屏

触摸屏（Touch Screen）又称为“触控屏”“触控面板”，是一种可接收触头等输入的信号的感应式液晶显示装置。当接触屏幕上的图形按钮时，屏幕上的触觉反馈系统可根据预先编写的程序驱动各种连接装置。它可用以取代机械式的按钮面板，并借由液晶显示画面制造出生动的影音效果。触摸屏将输入和输出集中到一个设备上，它是目前最简单、方便、自然的一种人机交互设备。它赋予多媒体以崭新的面貌，是极富吸引力的多媒体交互设备，主要应用于智能手机、公共信息查询、工业控制、军事指挥、电子游戏、点歌点菜、多媒体教学、房地产预售等。

5. 输出设备

输出设备能将计算机的数据处理结果转换为人或设备所能接收和识别的信息。常用的输出设备有显示器、打印机、投影仪、绘图仪等。显示器是微型计算机系统的基本配置，下面主要介绍显示器与打印机这两种最常用的输出设备。

（1）显示器

显示器是计算机必不可少的图文输出设备，它能将数字信号转化为光信号，使文字和图像在屏幕上显示出来，用户通过显示器的显示内容能了解计算机的工作状态。

常用的计算机显示器有阴极射线管显示器（CRT）、液晶显示器（LCD），如图 1-16 所示。

图 1-16　显示器

显示器的主要性能指标有显示屏尺寸（以对角线长度度量，有 15 英寸、17 英寸、19 英寸和 21 英寸等，1 英寸≈2.54 厘米）、屏幕横向与纵向的比例（普通屏是 4∶3；宽屏是 16∶10 或 16∶9）、显示分辨率（整屏可显示像素的最大数目，表示为水平像素个数×垂直像素个数，分辨率越高，图像越清晰）、画面刷新速率（画面每秒刷新的次数，速率越高图像稳定性越好）。

（2）打印机

打印机是计算机的重要输出设备，可以将程序、数据、图形打印在纸上，它利用碳粉、色带或墨水将计算机上的数据输出，主要类型有针式打印机、喷墨打印机、激光打印机，如图 1-17 所示。

针式打印机主要由打印头、运载打印头的小车机构、色带机构、输出纸机构和控制电路等组成。打印头是针式打印机的核心部分，由若干根钢针组成，通过钢针击打色带在纸上打印出字符。根据钢针的数目，针式打印机可分为 9 针和 24 针打印机等。针式打印机的优点是耗材成本低、可多层打印；缺点是打印机速度慢，噪声大，打印质量差。它主要应用在银行、证券、邮电、商业等领域。

喷墨打印机属于非击打式打印机，其印字头上有数个墨水喷头，每个喷头前都有一个电极，打印时电极会控制墨水喷头的动作将墨点喷在打印纸上。喷墨打印机的优点是整机价格低，可以打印近似全彩色图像，效果好，噪声低，使用低电压，环保，打印速度和打印质量高于针式打印机；缺点是墨水成本高，消耗快。它主要应用在家庭及办公场所。

激光打印机是激光技术与复印技术结合的产物，它由激光扫描系统、电子照相系统和控制系统三大部分组成，其打印原理是将每一行要打印出来的墨点记录在光传导体的滚筒上，筒面经激光照射过的位置吸住碳粉，再将附着碳粉的筒面转印到纸张上，这样即可将数据打印出来。激光打印机的优点是打印速度更快、打印质量更高、噪声更低、分辨率更高、价格适中等；缺点是机器成本较高。

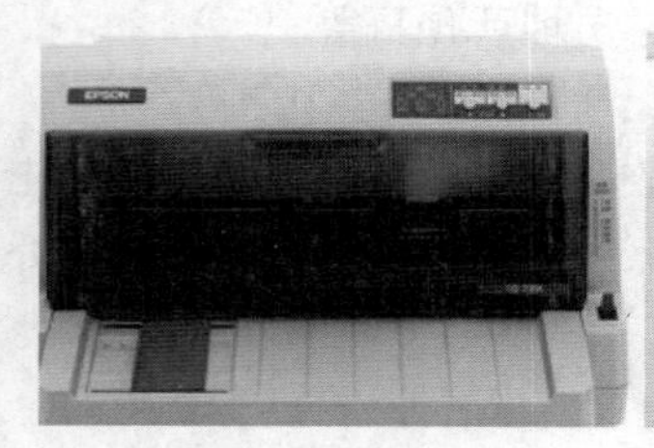

（a）针式打印机

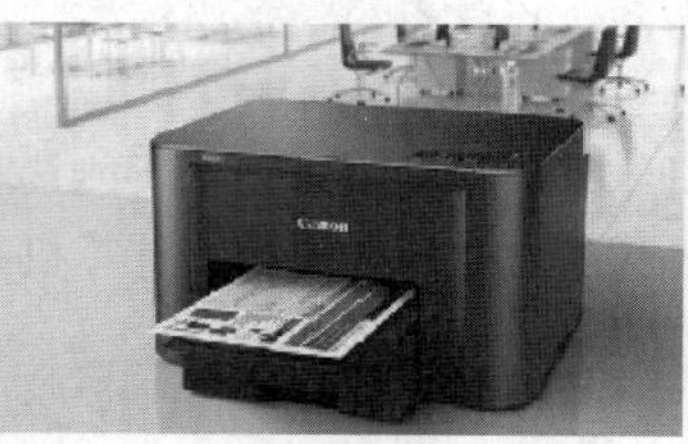

（b）喷墨打印机

（c）激光打印机

图 1-17　打印机类型

打印机的主要性能指标（激光/喷墨）：打印精度（分辨率），用每英寸多少点（像素）表示，单位是 DPI，一般产品为 400 DPI、600 DPI、800 DPI，高的达到 1000 DPI 以上；打印速度，通常每分钟 3～10 页；色彩表现能力（彩色数目）；幅面大小（A3，A4）。

习题 1

一、选择题

1. 个人计算机简称 PC，这种计算机属于（　　）。

A. 微型计算机　　　　B. 小型计算机

C. 超级计算机　　D. 巨型计算机

2. 通常我们所说的 32 位机，指的是这种计算机的 CPU（　　）。

A. 是由 32 个运算器组成的　　B. 能够同时处理 32 位二进制数据

C. 包含有 32 个寄存器　　D. 一共有 32 个运算器和控制器

3. PentiumⅡ是指（　　）。

A. 计算机品牌　　B. 计算机公司

C. 主机　　D. CPU 型号

4. 下列设备中，只能做输出设备的是（　　）。

A. 磁盘存储器　　B. 键盘

C. 鼠标　　D. 打印机

5. 目前最常用的输入设备是（　　）。

A. 软盘　　B. 硬盘

C. 键盘　　D. 显示器

6. 计算机体系结构中的存储程序思想，首次由（　　）提出。

A. 乔治·布尔　　B. 图灵

C. 冯·诺依曼　　D. 莫奇莱

7. 第二代电子计算机使用的电子元器件是（　　）。

A. 电子管　　B. 晶体管

C. 中、小规模集成电路　　D. 大规模和超大规模集成电路

8. 一个完整的计算机系统应包括（　　）。

A. 主机、键盘、显示器　　B. 计算机和它的外围设备

C. 系统软件和应用软件　　D. 计算机的硬件系统和软件系统

9. CPU 主要包括（　　）。

A. 外存储器和控制器　　B. 外存储器和运算器

C. 运算器、控制器和内存储器　　D. 运算器和控制器

10. 计算机中用于连接 CPU、内存、输入/输出设备等部件的设备是（　　）。

A. 总线　　B. 地址线

C. 数据线　　D. 控制线

11. CD-ROM 是一种（　　）。

A. 主存储器　　B. 辅助存储器

C. 缓冲存储器　　D. 内存储器

12. 机器电源关闭后，下列说法正确的是（　　）。

A. 硬盘数据丢失　　B. ROM 数据丢失

C. RAM 数据丢失　　D. 以上都不对

13. 计算机的内存储器是指（　　）。

A. 硬盘和光盘　　B. RAM 和 ROM

C. ROM 和磁盘　　D. 硬盘和软盘

14. 在微机中存取速度最快的存储器是（　　）。

A. 内存　　B. 硬盘

C. 软盘　　D. 光盘

15. 外存中的数据与指令必须先读入（　　），然后计算机才能进行处理。

A. CPU　　B. ROM

C. RAM　　D. Cache

16. 输入/输出设备接口位于（　　）。

A. 总线与设备之间　　B. 内存和外存之间

C. 主机和总线之间　　D. CPU 和内存之间

17. 计算机能直接识别和执行的语言是（　　）。

A. C 语言　　B. 机器语言

C. 汇编语言　　D. 源程序

18. 数据库管理系统的英文缩写是（　　）。

A. DB　　B. DBMS　　C. DBS　　D. DBA

19. 在下列不同数制的数中，最小的是（　　）。

A. $(72)_{10}$　　B. $(42)_{8}$　　C. $(5A)_{16}$　　D. $(1011101)_{2}$

20. 二进制数 01100100 转换成十六进制数是（　　）。

A. 64　　B. 63　　C. 100　　D. 144

21. 计算机软件中最重要的是（　　）。

A. 应用软件　　B. 编辑程序

C. 汇编程序　　D. 操作系统

22. 与计算机系统有关的汉字编码为（　　）。

A. 国标码　　B. 区位码

C. 输入码　　D. 机内码

二、填空题

1. 某台计算机配置是“Core i5 9400F 六核/华硕 GTX 1660 6GB/240GB SSD/8GB 内存”，指的是该机的 CPU 型号为________，内存容量为________，硬盘容量为________，显卡为________。

2. RAM、ROM、Cache 中存取速度最快的是________。

3. 微机的硬件系统的性能主要由________决定。

4. 已知 A 的 ASCII 码为 65，则 E 的 ASCII 码是________。

5. 传输速率为 9600bit/s，表示每分钟最多可传送________个 ASCII 码字符。

6. 操作系统、各种程序设计语言的处理程序、数据库管理系统、诊断程序以及系统服务程序都是________。

7. 十进制数 23.5 的二进制表示是________。

8. 十六进制数 23.4 转化为八进制数是________。

9. 十六进制数 21.4 转化为十进制数是________。

三、简答题

1. 简述计算机的发展过程。

2. 试述计算机硬件系统的组成部分。

3. 你用过哪些系统软件？简述常用的系统软件。

第2章 操作系统基础

操作系统是最基本、最核心的系统软件。计算机发展到今天，从微型机到高性能计算机，均配置了一种或几种操作系统，操作系统的性能在很大程度上决定了计算机系统工作能力的优劣。计算机系统的软硬件资源均由操作系统统一调配和管理。操作系统可以为其他应用软件提供支持，使计算机系统的所有资源均能最大限度地发挥作用，并为用户提供方便、有效、友善的服务界面。

本章主要介绍操作系统的基本概念、功能、分类和发展，并以 Windows 7 为例，重点讲解操作系统的基本操作和应用技巧。

2.1 操作系统基础知识

2.1.1 操作系统的概念

操作系统（Operating System，OS）是管理和控制计算机系统基本资源、方便用户充分有效地使用这些资源的程序集合。操作系统在计算机系统中具有极其重要的地位，是系统软件的基础和核心，其他所有软件都建立在操作系统之上。计算机系统中主要部件之间相互配合、协调一致地工作，都是靠操作系统的统一控制实现的。

操作系统是用户和计算机之间的“桥梁”，为用户提供良好的人机交互界面。操作系统与计算机软硬件的层次关系如图 2-1 所示。

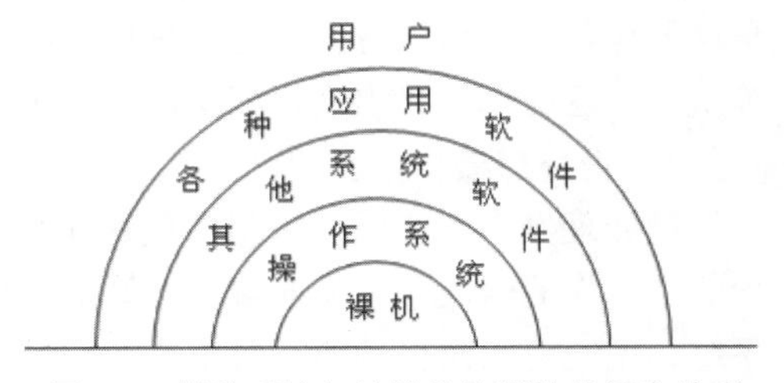

图 2-1　操作系统与计算机软硬件的层次关系

2.1.2 操作系统的功能

操作系统的主要任务是提高系统资源的利用率，最大限度地发挥计算机系统的工作效率，提供友好、便捷的用户界面，使用户无须了解计算机硬件和系统软件的有关细节就能方便地使用计算机。从资源管理的角度来看，操作系统有五个基本功能。

1. CPU 管理

CPU 是计算机系统中最重要的硬件资源，任何程序只有占用了 CPU 才能运行。在多道程序系统中，由于存在多个程序共享系统资源的情况，因此必然会引发对 CPU 的争夺。进程是正在执行的程序，是计算机分配资源的基本单位。如何在多个请求使用 CPU 的进程中选择和取舍，如何有效地提高 CPU 的利用率、改善系统的性能，这是进程调度要解决的问题。所以 CPU 管理也称为进程管理，主要包括进程创建、进程执行、进程通信、进程调度、进程撤销等。

2. 存储管理

存储管理是指对内存空间进行管理，包括内存空间的分配、保护和扩充。计算机的程序运行和数据处理都要通过内存来进行，对内存进行有效的管理是提高程序执行效率和保证计算机系统性能的基础。存储管理的主要任务是提高存储空间利用率、在逻辑上对存储空间加以扩充、保护各类程序及数据区免遭破坏。存储管理的功能主要包括存储分配、地址变换、存储保护和存储扩充等。

3. 设备管理

设备管理是指对硬件资源中除 CPU、存储器之外的所有设备进行管理。每台计算机都配置了很多设备，它们的性能和操作方式可能各不相同，设备管理的主要任务是控制和操纵各类外部设备，提供每种设备的驱动程序和中断处理程序，实现不同设备间数据的高效传输和交换。设备管理的功能主要包括设备分配、设备输入/输出调度、缓冲管理、设备中断处理等。

4. 文件管理

文件是存放在外部介质上的具有唯一名称的一组相关信息的集合。文件管理的主要任务是对计算机系统中各种系统文件、应用文件以及用户文件等进行管理，实现按名存取，保证文件安全，并提供使用文件的操作和命令。文件管理的功能主要包括文件存储空间管理、文件操作管理、文件目录管理、文件保护等。

5. 接口管理

为了方便用户使用操作系统，操作系统向用户提供了“用户与操作系统的接口”。该接口通常是以命令或系统调用的形式呈现在用户面前的，前者提供给用户在键盘终端口使用，后者提供给用户在编程时使用。

2.1.3 操作系统的分类

操作系统的分类方法有很多种，很难进行严格意义上的分类。从操作系统的发展过程来看，早期的操作系统可以分为批处理操作系统、分时操作系统、实时操作系统三种基本类型。随着计算机的广泛应用，又出现了网络操作系统、分布式操作系统、嵌入式操作系统。

1. 批处理操作系统

批处理操作系统是指采用批量处理作业技术的操作系统。其工作方式是，由系统操作员将用户的许多作业组成一批作业输入计算机，在系统中形成一个自动且连续的作业流，然后启动操作系统，系统将依次自动执行每个作业，最后由操作员将作业结果交给用户。

批处理操作系统的主要优点是用户脱机使用计算机，操作方便；成批处理，提高了 CPU 利用率。缺点是无交互性，即用户一旦将程序提交给系统，就失去了对程序的控制能力。目前，这种早期的操作系统已经被淘汰。

2. 分时操作系统

分时操作系统是指允许多个用户同时使用一台计算机的操作系统。其工作方式是一台主机连接若干终端用户，各终端用户交互地向系统提出请求，系统将 CPU 的时间分成若干个时间片，采用时间片轮转方式处理用户请求，并通过终端向用户显示结果。由于时间片划分得很短，每个程序都能在很短时间内获得响应，好像在独享系统资源。

分时操作系统的主要特点是允许多个用户共享系统资源，且每个用户都是独立操作、独立运行、互不干涉的，提高了资源利用率，有较好的及时性和交互性。

3. 实时操作系统

实时操作系统是指使计算机能及时响应外部事件的请求，在规定时间内完成处理，并控制所有实时设备和实时任务协调一致运行的操作系统。实时操作系统通常是具有特殊用途的专用系统，用在实时过程控制和实时信息处理中。例如，对飞行器、导弹发射过程的跟踪和控制，实现飞机票、火车票的订购，联机信息检索，等等。

实时操作系统的主要特点是及时性和可靠性。实时操作系统一般都要采用多级容错技术以保证系统的安全性和可靠性。

4. 网络操作系统

网络操作系统是指基于计算机网络，能够控制计算机在网络中传送信息和共享资源，并能为网络用户提供各种服务的操作系统。它使用户可以突破地理条件的限制，方便地使用远程计算机资源，实现网络环境下计算机之间的通信和资源共享。

5. 分布式操作系统

分布式操作系统是指通过网络将大量计算机连接在一起，以获取极高的运算能力、进行广泛的数据共享及实现分散资源管理等功能为目的的操作系统。

分布式操作系统的主要特点是系统的资源分布于不同的计算机上，可以实现分散资源的深度共享；系统中任意两台计算机通过通信网络连接在一起，无主次之分，均可交换信息；由于系统中有多个 CPU，某个 CPU 发生故障不会影响整个系统工作，从而提高了系统的可靠性。

6. 嵌入式操作系统

嵌入式操作系统是指运行在嵌入式环境中，对各种部件装置等资源进行统一协调、指挥和控制的操作系统。近年来，嵌入式操作系统在制造工业、过程控制、航空航天、日常生活等方面被广泛应用，如掌上型数码产品、公路上的红绿灯控制器、工厂中的自动化机械、飞机中的飞行控制系统、卫星自动定位和导航系统、汽车燃油控制系统等。

嵌入式操作系统的主要特点是系统内核小而精简，具有很高的实时性和很强的专用性。

2.1.4 常用操作系统简介

1. MS-DOS 操作系统

MS-DOS 操作系统是微软（Microsoft）公司在 1981 年为 IBM-PC 开发的一款基于命令行方式的单用户单任务操作系统。它共经历了 7 个版本的不断改进和完善。但 MS-DOS 操作系统最初是为 16 位微处理器开发的，因此它能使用的内存空间很小，不能满足用户对高效率的需求，而且 MS-DOS 操作系统的操作命令均是英文字符构成的，难以记忆。因此 20 世纪 90 年代后 MS-DOS 操作系统逐渐被 Windows 操作系统所取代。

2. Windows 操作系统

Windows 操作系统是由微软公司开发的基于图形化用户界面的多任务操作系统，是目前最流行、最常见的操作系统之一。随着计算机软硬件技术的不断发展，微软的 Windows 操作系统也在不断升级和更新，从最初的 Windows 1.0 到大家熟知的 Windows XP、Windows 7、Windows 8、Windows 10 等各种版本，Windows 操作系统已经成为微型计算机的主流操作系统。它支持多线程、多任务与多处理，同时具有良好的硬件支持，可以即插即用很多不同品牌、不同型号的多媒体设备。

3. UNIX 操作系统

UNIX 操作系统是一个多用户、多任务的分时操作系统，支持多种处理器架构，能稳定运行于各种类型的计算机，目前多用于大型机、小型机等较大规模的计算机中。1969 年，UNIX 操作系统在美国的贝尔实验室被开发出来，并很快成为应用面广、影响力大的操作系统。UNIX 操作系统有很多优秀的技术特点：系统内部采用分时多任务的调度管理策略，能够同时满足多个用户的不同请求；在系统结构的保护、用户和文件使用权限的管理等方面均具有较高的安全性、可靠性和稳定性；系统设计和开发遵循国际标准规范和通信协议，具有良好的开放性、兼容性和可移植性。其优良的内部通信机制、便捷的网络接入方式，以及快速有效的网络信息处理方法，使 UNIX 操作系统成为构建良好网络环境的首选操作系统。

4. Linux 操作系统

1991 年，芬兰赫尔辛基大学计算机系学生林纳斯·托瓦兹（Linus Torvalds）基于 UNIX 的精简版本 Minix 编写了实验性的操作系统 Linux，并将 Linux 的源码发布在互联网上。由于没有商业目的，全球的计算机爱好者都对其进行积极的修改和完善，使得 Linux 在短短的几年内风靡全球，逐渐成为 Windows 操作系统的主要竞争对手。Linux 具有显著的特点：能运行主要的 UNIX 工具软件、应用程序和网络协议；源码公开免费、运行界面友好；支持多种平台，可安装在手机、平板电脑、台式计算机、路由器、视频游戏控制台、大型机和超级计算机等各种计算机硬件设备中。在 Linux 的基础上，我国在 1999 年自主研发了红旗 Linux 操作系统，为我国开发具有自主知识产权的操作系统奠定了基础。

5. Mac OS X（苹果）操作系统

Mac OS X 是苹果公司推出的旨在提升用户体验的操作系统，以专业人士和消费者为目标市场，具有简单易用、稳定可靠的特点。它完美地融合了技术与艺术，具有简单、直观的设计风格，提供超强性能和图形处理能力，并支持互联网标准，带给用户一种全新的体验。在 Mac OS X 操作系统中，用户的查找、共享、安装和卸载等操作变得轻松简单，系统可快速地实时搜索数据文件、邮件消息、照片和其他信息，较强的安全机制使用户可以在地图上定位丢失的苹果计算机，并进行远程密码设置等操作。它开启免费升级，用户可以直接通过 App Store 下载更新完成升级。

6. Android（安卓）操作系统

Android 是谷歌公司在 2007 年 11 月公布的手机操作系统。它基于 Linux 内核、源代码开放，采用软件堆层架构，内核只提供基本功能，而其他应用软件则由各公司自行开发。Android 系统的优势主要体现在：良好的平台开放性，使众多厂商可以推出功能多样、各具特色的丰富的软件资源，且具有较强的软件兼容性；为用户提供更加方便的网络连接和无缝结合的 Google 服务，能快速完成查看地图、收发邮件、搜索等功能。目前，Android 系统在智能手机和平板电脑市场的应用急速扩张。

2.2 Windows 7 基本操作

Windows 7 是微软公司于 2009 年推出的操作系统，基于其简单易用、效率高、对硬件配置要求不高等特性，目前仍被政府、企业等广泛使用。本章以 Windows 7 为例，简要介绍 Windows 操作系统的使用。

2.2.1 Windows 7 桌面

Windows 7 的桌面

“桌面”是启动计算机登录系统后看到的整个屏幕界面。Windows 7 桌面主要由“计算机”“回收站”等图标和位于屏幕下方的“开始”按钮以及“任务栏”组成。

1. 桌面图标

“图标”是代表应用程序、文档、文件夹、快捷方式等各种对象的小图像，它包含图形、说明文字两部分。这些图标有些是系统提供的，有些是用户创建的。若用户把鼠标指针放在图标上停留片刻，便会出现图标所表示对象的说明或者文件的存放路径，双击图标则可以打开相应的内容。

当用户在桌面上创建了多个图标时，为了使桌面看上去整洁、有条理，可以在桌面的空白处单击鼠标右键，在图 2-2 所示的桌面快捷菜单中选择“排列方式”命令进行设置。

默认状态下，Windows 7 安装之后桌面上只保留了“回收站”图标，用户可以单击图 2-2 快捷菜单的“个性化”|“更改桌面图标”命令打开“桌面图标设置”对话框，添加其他系统图标，如图 2-3 所示。

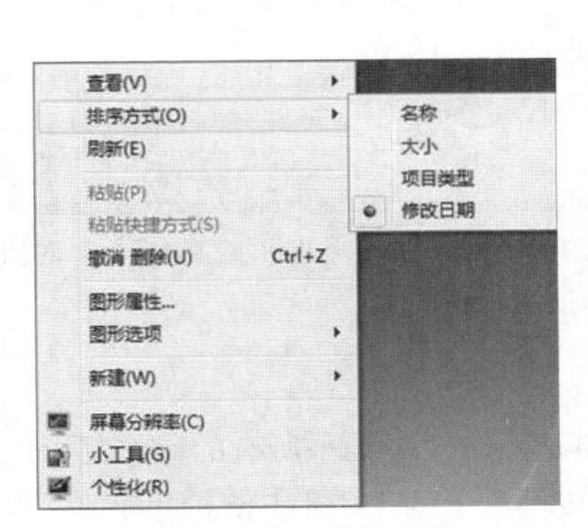

图 2-2 桌面快捷菜单

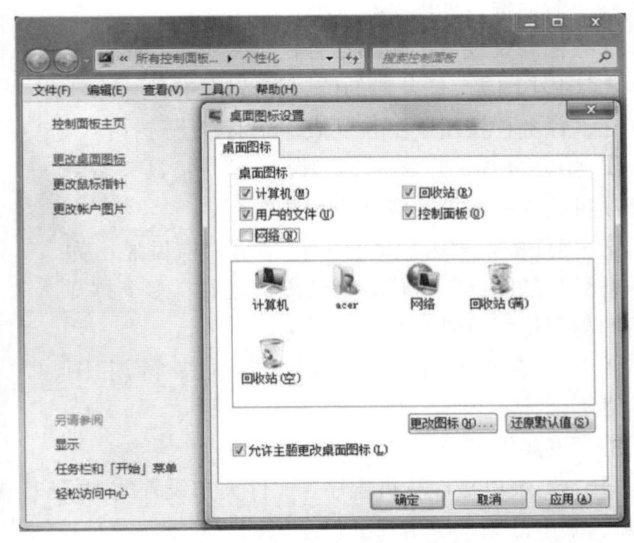

图 2-3 “桌面图标设置”对话框

除了系统图标外，用户还可以将一些常用的程序或文件的快捷方式图标添加到桌面上。快捷方式是为了方便操作而与某个对象建立链接的图标，并不是对象本身。可以通过图标上的箭头来识别快捷方式图标，如图 2-4 所示。

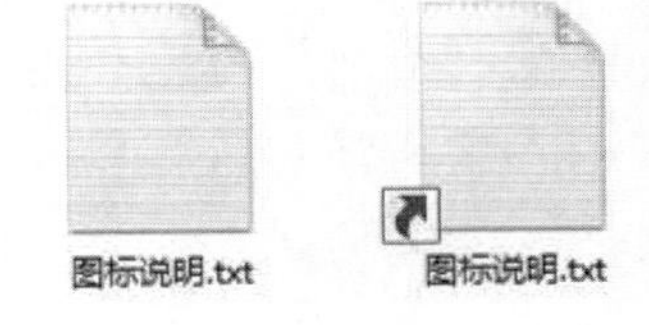

图 2-4 原始对象图标与快捷方式图标

2. 任务栏

任务栏是桌面底部的水平条形区域，它显示了系统正在运行的程序、打开的窗口、当前时间等内容，用户利用它可以在多个任务窗口之间方便地进行切换。

（1）任务栏的组成

任务栏分为“开始”菜单按钮、快速启动区和活动任务区、通知区域和“显示桌面”按钮等几部分，如图 2-5 所示。

图 2-5 任务栏

① “开始”菜单按钮：单击此按钮，可以打开“开始”菜单。

② 快速启动区和活动任务区：快速启动区存放一些应用程序的快捷方式，单击可激活使用。活动任务区以缩略图预览窗口的形式显示正在使用的文件或运行的程序。

③ 通知区域：用于显示时钟、音量、网络连接、杀毒软件等特定程序的图标及状态。

④ “显示桌面”按钮：当鼠标指向“显示桌面”按钮时，可快捷查看桌面内容，并在鼠标指针离开后恢复原状。单击此按钮，所有打开的窗口全部最小化，只显示桌面内容。

（2）任务栏的设置

用户在任务栏空白处单击右键，在弹出的快捷菜单中选择“属性”命令，打开“任务栏和「开始」菜单属性”对话框，如图 2-6 所示。

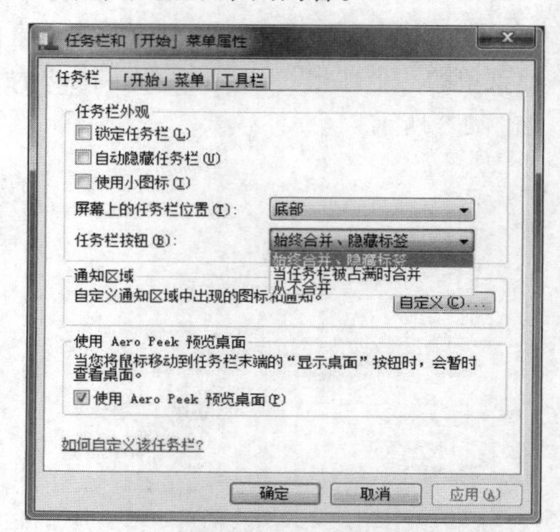

图 2-6 “任务栏和「开始」菜单属性”对话框

任务栏外观设置：包括任务栏是否锁定、是否隐藏、是否用小图标、任务栏的位置和按钮的显示方式。

在“任务栏按钮”下拉列表框中有以下选择。

① 始终合并、隐藏标签（默认设置）：具有多个打开项目的程序将折叠成一个程序图标。

② 当任务栏被占满时合并：将每个项目显示为一个有标签的图标。若任务栏已满，则具有多个打开项目的程序将折叠成一个程序图标。

③ 从不合并：使用同一个程序打开的多个项目图标始终不合并。

3. “开始”菜单

“开始”菜单是计算机程序、文件夹和设置的主门户，Windows 7 中几乎所有的操作都可以从“开始”菜单开始。单击任务栏左侧的“开始”菜单按钮或按键盘上的【Ctrl+Esc】组合键，可以打开“开始”菜单，如图 2-7 所示。

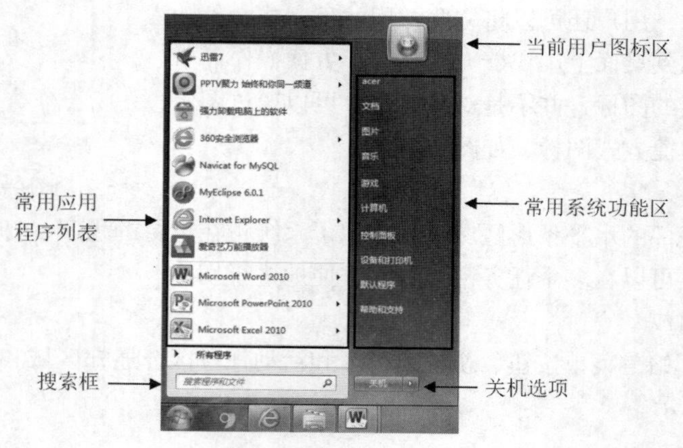

图 2-7 “开始”菜单

（1）“开始”菜单的组成

Windows 7“开始”菜单分为左窗格和右窗格两个部分，左窗格显示常用程序，右窗格显示系统自带功能，这种布局使用户能更方便地访问经常使用的程序，提高工作效率。

① 常用应用程序列表：根据用户使用程序的频率，自动将常用程序显示在列表中。

② “所有程序”菜单：显示计算机中所有的应用程序。

③ 搜索框：输入搜索内容，可以快速遍历计算机中的程序和所有文件。

④ 当前用户图标区：显示当前登录用户账户的图标，单击它可设置用户账户。

⑤ 常用系统功能区：主要显示 Windows 7 常用的系统功能。

⑥ 关机：单击“关机”按钮右侧的▶按钮，弹出“关机选项”子菜单，各选项含义如下。

- 切换用户：可在不关闭当前登录用户的情况下切换到另一个用户。
- 注销：可在不重新启动计算机的情况下实现多用户登录。
- 锁定：用户可暂时离开计算机去处理其他事务，但程序仍在进行（如下载）。锁定后需要重新输入正确密码才可使用计算机。
- 重新启动：系统关闭正运行的应用程序，清除所建的临时文件，将当前内存数据写入硬盘，然后重启系统。
- 睡眠：在计算机进入睡眠状态时，显示器将关闭，计算机风扇将停止，系统进入低耗电状态，但 Windows 将记住正在运行的程序和打开的文件。待计算机被唤醒时，屏幕显示将与计算机进入睡眠状态前完全一样。
- 休眠：和睡眠类似，计算机被唤醒时将恢复到休眠前的工作状态，但休眠时会将计算机断电。

（2）“开始”菜单的设置

右键单击“开始”按钮，选择“属性”命令，在“任务栏和「开始」菜单属性”对话框中选择“「开始」菜单”选项卡，单击“自定义”按钮，打开“自定义「开始」菜单”对话框，如图 2-8 所示。用户可根据需要自定义开始菜单的外观和内容。

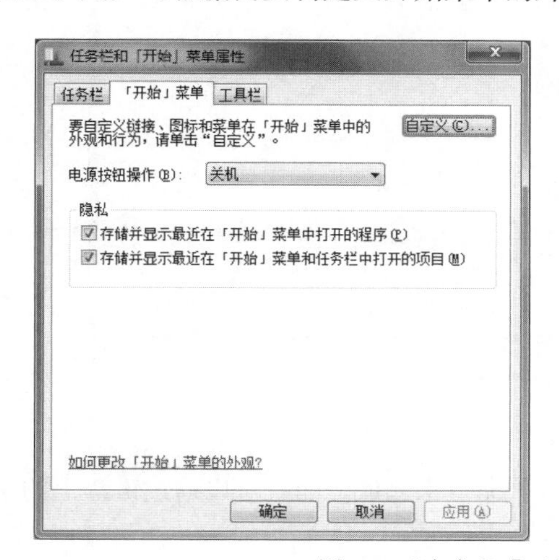

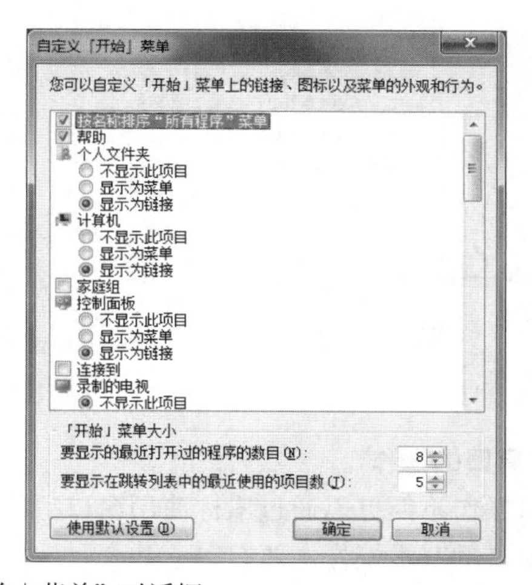

图 2-8 “自定义「开始」菜单”对话框

2.2.2 Windows 7 窗口

Windows7 的窗口

当用户打开一个文件或者运行一个程序时，都会出现一个相应的窗口。窗口是用户操作的基本对象之一，对窗口的熟练操作会提高用户的工作效率。

1. 窗口的组成

虽然 Windows 7 针对不同的文件和程序会打开不同的窗口，但大部分窗口都包括相同的组件，图 2-9 是一个标准窗口，由标题栏、地址栏、搜索栏、菜单栏、工具栏等几部分组成。

（1）标题栏：位于窗口顶部，其右侧是最小化按钮、最大化按钮和关闭按钮。

（2）地址栏：用于显示当前磁盘、文件夹路径或网页地址。单击地址栏的▾按钮可以切换当前位置，单击左侧的◀按钮可切换到上一次浏览的窗口，单击▶按钮可返回。

（3）搜索栏：根据输入的关键字快速搜索，并在窗口工作区中显示搜索结果。

（4）菜单栏：提供了用户在操作过程中要用到的各种菜单项。

（5）工具栏：包含了窗口的一些常用功能按钮，方便用户使用。

（6）导航窗格：列出了常用的文件夹，单击选项可快速切换到相应位置。

（7）工作区：在窗口中所占的比例最大，用来放置有关的操作对象。

（8）滚动条：当工作区的内容太多而不能全部显示时，窗口将自动出现滚动条，用户可以通过拖动水平或者垂直的滚动条来查看所有的内容。

（9）细节窗格：用于显示计算机的配置信息和当前选择对象的基本情况。

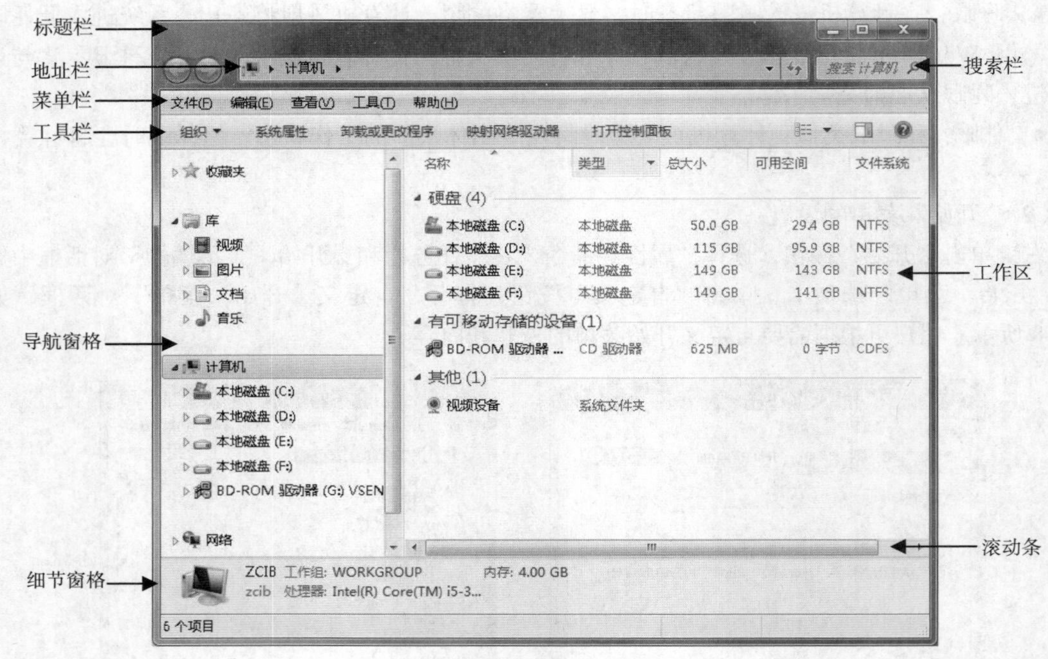

图 2-9 Windows 7 窗口

2. 窗口的操作

窗口操作不但可以通过鼠标使用窗口上的各种命令来完成，而且可以通过键盘上的快捷键来完成。窗口的基本操作主要有以下几个。

（1）打开窗口：选中要打开的窗口图标，然后双击打开，或者在选中的图标上单击鼠标右键，在其快捷菜单中选择“打开”命令。

（2）移动窗口：在窗口标题栏上按下鼠标左键进行拖动，移动到合适位置后松开鼠标左键。

（3）调整窗口：用户可以根据需要调整窗口大小。可以利用标题栏的▬（最小化）、▭（最大化）、▭（还原）按钮，实现窗口的最小化、最大化和还原。还可以将鼠标指针移到窗口的四边或四角处，当鼠标指针变为双向箭头时，按下鼠标左键拖动来调整窗口的大小。

（4）切换窗口：当用户打开多个窗口时，需要在各个窗口之间进行切换。只有将窗口切换为当前窗口，才能对其进行操作。切换窗口主要有如下几种方式。

① 单击窗口可见部分：当需要切换的窗口显示在桌面中，并且可以看见其部分时，单击该窗口的任意位置可将其切换为当前窗口。

② 单击任务按钮：在任务栏中单击某个窗口对应的任务按钮或预览窗口，可将该窗口切换为当前窗口。

③ 使用【Alt+Tab】组合键：在键盘上同时按下【Alt】和【Tab】两个键，屏幕上会出现“切换任务栏”，其中列出了当前正在运行的窗口，如图 2-10 所示。按住【Alt】键不放，然后在键盘上按【Tab】键选择所要切换的窗口，释放按键后该窗口成为当前窗口。

图 2-10　切换任务栏

④ 使用 Aero 三维窗口切换：在键盘上同时按下【⊞+Tab】组合键，打开 Aero 三维窗口切换界面，如图 2-11 所示。重复按【Tab】键或滚动鼠标滚轮循环切换打开的窗口，若释放【⊞】键，则三维堆栈中最前面的窗口成为当前窗口。

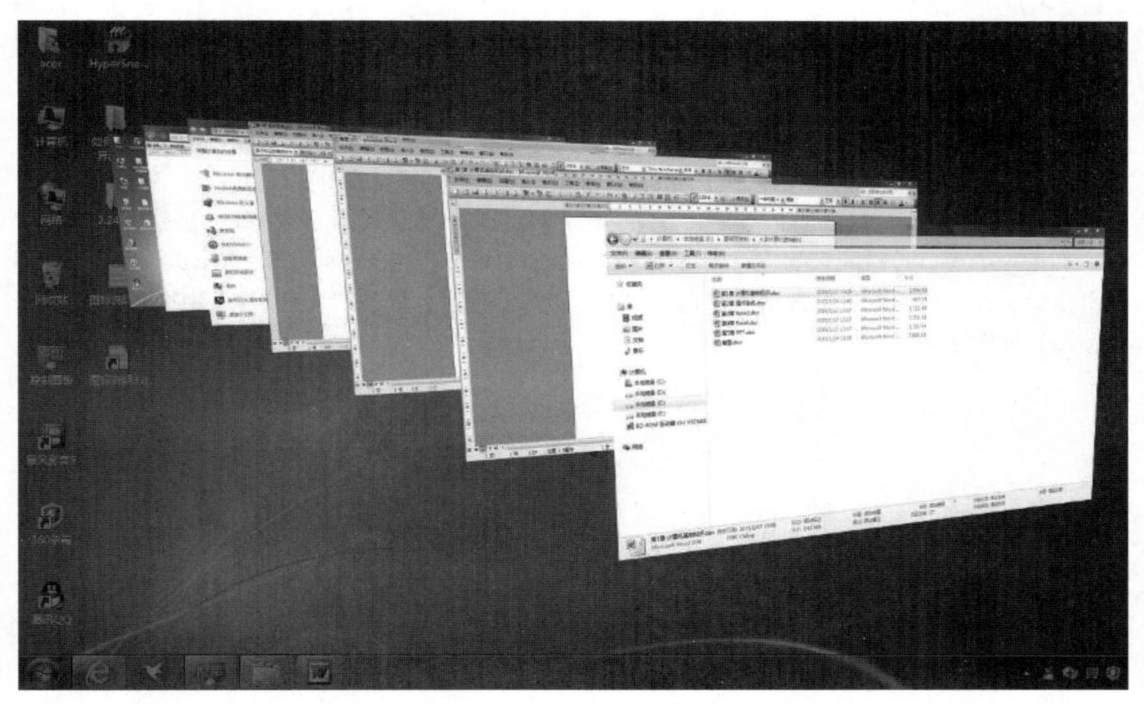

图 2-11　Aero 三维窗口切换界面

（5）排列窗口：桌面上所有打开的窗口，可以设置层叠、堆叠和并排三种排列方式。在任务栏的空白处单击右键，弹出图 2-12（a）所示的快捷菜单，用户可以根据需要从中选择排列方式，如图 2-12 所示。

（6）关闭窗口：关闭窗口的方法通常有以下几种。

① 直接在窗口标题栏上单击关闭按钮。

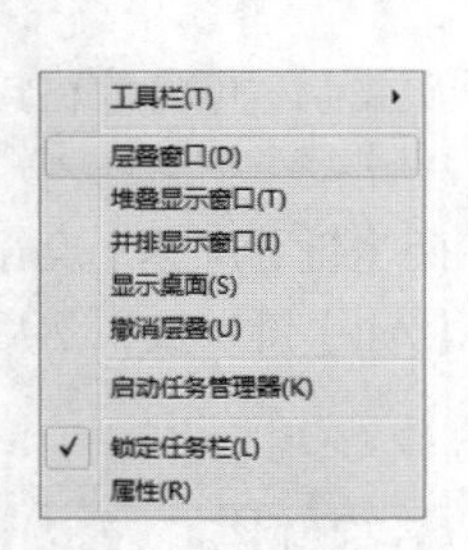

（a）“任务栏”快捷菜单

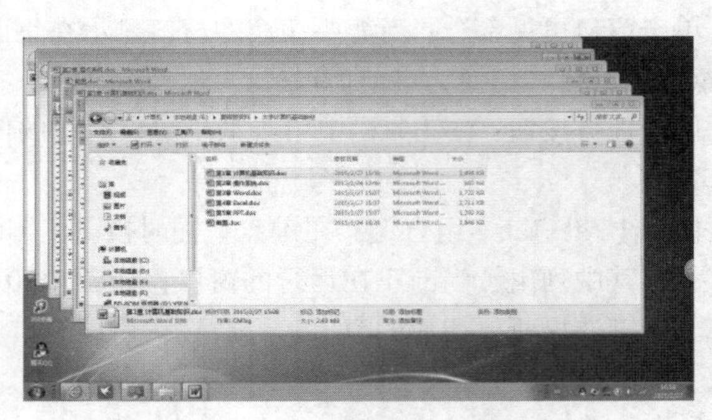

（b）层叠窗口

（c）堆叠窗口

（d）并排窗口

图 2-12　窗口排列方式

② 在窗口的标题栏上单击右键，在弹出的快捷菜单中选择“关闭”命令。

③ 按【Alt+F4】组合键。

如果一个窗口长时间未响应，则可按【Ctrl+Alt+Delete】组合键，打开“Windows 任务管理器”窗口，在“应用程序”选项卡中选中“未响应”的程序，单击“结束任务”按钮，强制关闭该窗口，如图 2-13 所示。

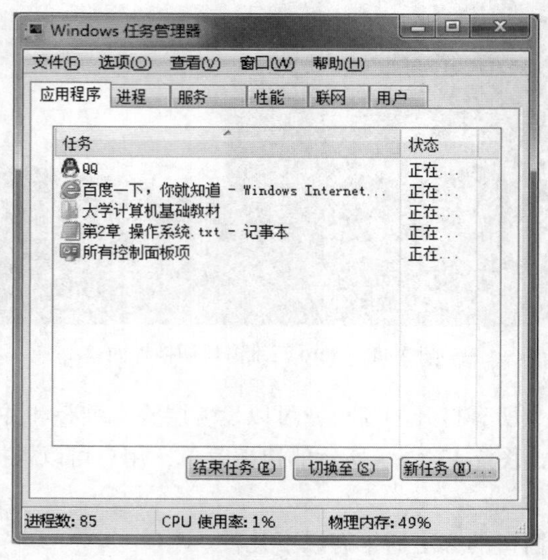

图 2-13　“Windows 任务管理器”窗口

2.2.3 对话框和菜单

对话框是用户与 Windows 7 进行信息交流的界面。为了获得必要的操作信息，Windows 7 会利用对话框向用户提问，用户通过对选项的选择、对属性的修改和设置，完成交互操作。

1. 对话框

对话框的组成和窗口有相似之处，但对话框要比窗口更简洁、更直观、更侧重于与用户的交流，它一般由标题栏、选项卡、文本框、列表框、命令按钮、单选按钮和复选框等几部分组成。对话框的大小是不可以改变的，但同一般窗口一样，可以通过拖动标题栏来改变对话框的位置。“文件夹选项”对话框如图 2-14 所示。

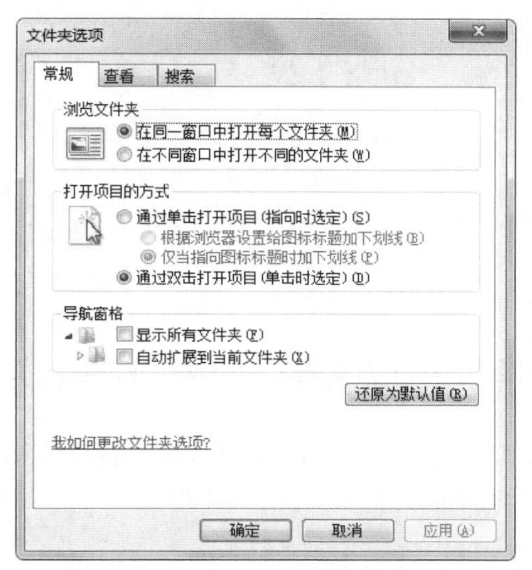

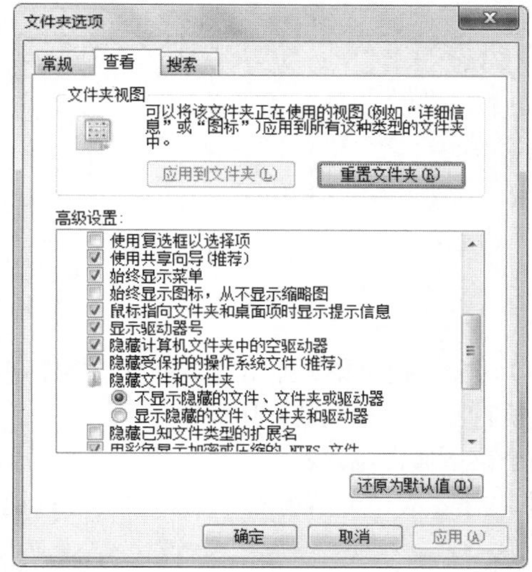

图 2-14 “文件夹选项”对话框

（1）标题栏：位于对话框顶部，左侧标明了该对话框的名称，右侧与常规窗口不同，只有关闭按钮。

（2）选项卡：复杂的对话框中通常设置多个选项卡，在每个选项卡中又有不同的选项组。用户可通过各选项卡之间的切换，来查看不同的主题内容。

（3）文本框：用于用户手动输入某项内容，若右侧有下拉按钮，用户可从中选取预置内容。

（4）列表框：在一个区域中列出了多个选项，用户可以根据需要从中选取，但各选项内容通常不能更改。

（5）命令按钮：带有文字说明的圆角矩形按钮。用户可单击完成相应操作，常用的有“确定”“应用”“取消”等。

（6）单选按钮：带有文字说明的圆形按钮。单击选中后，在圆形中间会出现一个圆点。一个选项组中通常包含多个单选按钮。在这一组选项中，必须选择且只能选择一个选项。

（7）复选框：带有文字说明的正方形按钮。单击选中后，在正方形中间会出现一个“√”标记，再次单击可取消选择。在一组复选框中，用户可以根据需要选择一项、多项或不选。

2. 菜单

菜单将一组操作命令用列表的形式组织起来，用户需要执行某种操作时，从中选择对应的菜单项完成相应的操作。除“开始”菜单外，Windows 7 还有其他三种菜单形式。

（1）窗口控制菜单：所有窗口都有控制菜单，包含常规操作命令。单击程序窗口的标题栏，会弹出图 2-15（a）所示的窗口控制菜单。

（2）下拉式菜单：每个应用程序窗口所特有的菜单。单击窗口菜单栏上的菜单名，或同时按下键盘【Alt】键和菜单名右边的英文字母，即可打开相应的下拉式菜单，如图 2-15（b）所示。

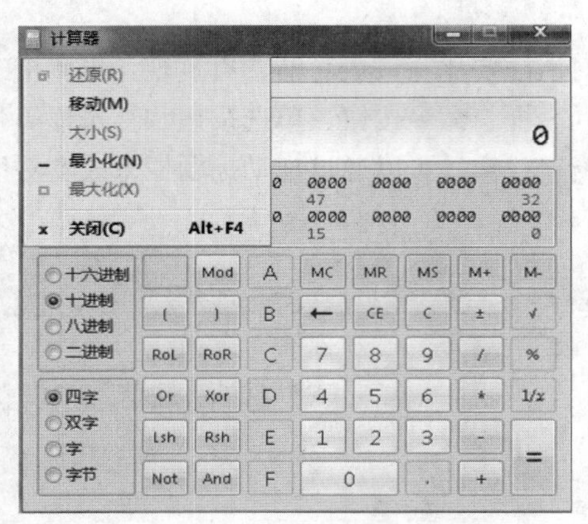

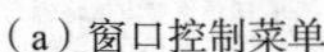
（a）窗口控制菜单

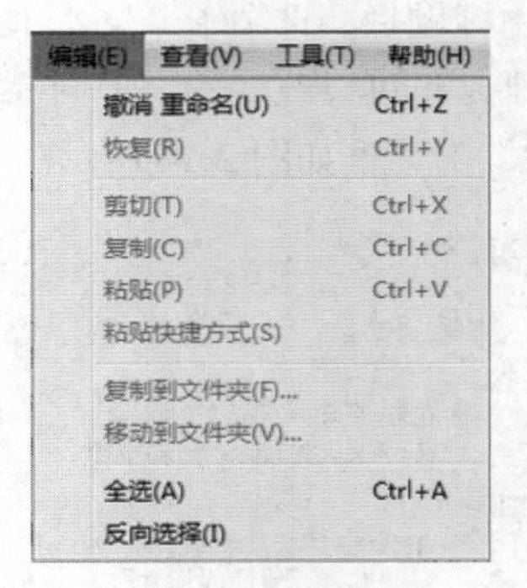

（b）下拉式菜单

图 2-15　菜单

（3）对象快捷菜单（弹出式菜单）：用鼠标右键单击某个对象图标会出现相应的快捷菜单，用于快速执行和对象相关的常用命令。

一个菜单通常包含若干个菜单项，这些菜单项又分为若干个命令组并以横线隔开。为便于用户识别，Windows 7 的菜单命令有一些特殊标记代表不同的含义，如表 2-1 所示。

表 2-1　菜单命令的常用标记

菜单项	含义
右端有“…”标记	执行该菜单项命令，将弹出一个对话框，供用户输入信息或修改设置
右端有“▶”标记	该菜单项有下级子菜单（级联菜单），鼠标指向或单击，会弹出子菜单
左端有“●”标记	在同一个分组菜单中，仅有一个选项有“●”标记，表示被选中
左端有“√”标记	若选中表示该命令有效，再次单击命令无效
名称呈灰色	该菜单项当前不可用
名称后有字母或组合键	按下字母或组合键，可直接执行对应菜单命令

2.2.4　剪贴板

剪贴板是一个在 Windows 7 程序和文件之间传递信息的临时存储区，属于内存中的一块区域。在 Windows 7 中，剪贴板不但可以存储文本，还可存储图像、声音等其他信息，是实现对象的复制、移动等编辑操作的基础。

剪贴板的具体使用步骤如下。

1. 将信息复制到剪贴板

（1）选定要复制的信息，使之突出显示。

（2）在“编辑”菜单（或右键打开的快捷菜单）中选择“剪切”或“复制”命令。“剪切”命令是将选定的信息复制到剪贴板中，同时将被选定的内容删除；“复制”命令是将选定的信息复制到剪贴板中，而被选定的内容不变。

提示：按下【PrintScreen】键，整个屏幕将被复制到剪贴板上；选中活动窗口，然后按下【Alt+PrintScreen】组合键，只复制当前窗口。

2. 从剪贴板中粘贴信息

（1）将光标定位到要放置粘贴信息的位置。

（2）在“编辑”菜单（或右键打开的快捷菜单）中选择“粘贴”命令即可。

将信息粘贴到目标位置后，剪贴板中的内容依然不变，因此可以进行多次粘贴操作。

剪贴板是 Windows 7 的重要功能，但是用户却不能直接看到剪贴板的存在，如果需要查看剪贴板的内容，需要使用第三方的“剪贴板查看器”，如 Clipbrd.exe。

提示：“复制”“剪切”和“粘贴”命令对应的组合键分别为【Ctrl+C】、【Ctrl+X】和【Ctrl+V】。

2.2.5　系统帮助和支持

Windows 系列的操作系统建立了一种综合的联机帮助理念。通过帮助，用户可以方便、快捷地找到问题的答案，从而更好地使用计算机。

1. 利用 Windows 7 帮助系统

Windows 7 可以通过存储在计算机中的帮助系统提供十分全面的帮助信息，学会使用帮助系统是掌握 Windows 7 操作的一种捷径。获取系统帮助信息有很多途径。

（1）在 Windows 7 的“开始”菜单中选择“帮助和支持”命令（或在 Windows 7 桌面按【F1】键），打开图 2-16 所示的“Windows 帮助和支持”窗口。

若要查看帮助内容的目录，可单击“浏览帮助”，在帮助列表中通过鼠标单击来获取所需的帮助信息。

若要通过一个关键字来搜索相关的帮助信息，可以在“搜索帮助”文本框中输入要查找的关键字，在信息显示框中即会显示搜索的“最佳结果”和“其他相关结果”。

（2）在图 2-9 所示的 Windows 7 窗口菜单中，选择“帮助”|“查看帮助”，或者单击工具栏右侧的图标，也可以打开“Windows 帮助和支持”窗口，并在窗口中显示相应的帮助信息。

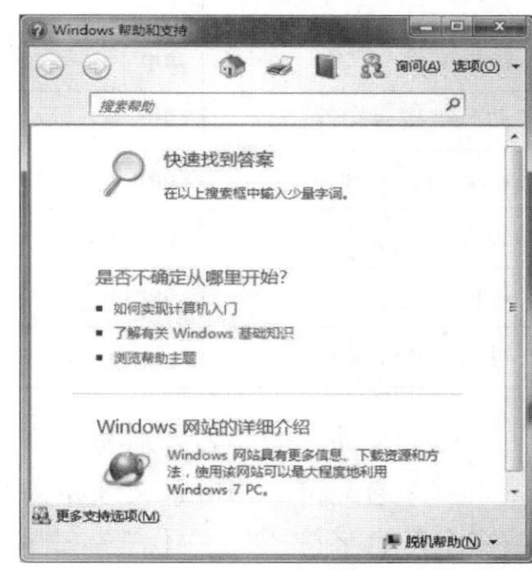

图 2-16　“Windows 帮助和支持”窗口

2. 利用 Windows 7 远程协助

如果本地计算机出现问题需要他人的远程帮助，并且帮助者使用的也是 Windows 7，则可以使用“轻松连接”的方式来远程解决问题。方法是在本地计算机中打开“Windows 远程协助”对话框，并单击“邀请信任的人帮助您”。如果从未使用过轻松连接，可选择“使用轻松连接”；如果使用过轻松连接，则可从联系人列表中进行选择；如果需要邀请的用户未包含在联系人列表中，可单击“请求某个人帮助您”。使用轻松连接时，远程协助会生成一个密码，提供给帮助者。帮助者可以使用该密码直接连接到本地计算机，并和本地计算机互换联系信息。在初次连接成功后，以后无须输入密码就可实现快速连接。

2.3 Windows 7 文件管理

文件是计算机存储信息的基本单位，是用户赋予了名字并存储在外存储器上的信息集合。它可以是用户创建的文档，也可以是可执行的应用程序或一张图片、一段声音等。文件夹是系统组织和管理文件的一种形式，是为方便用户查找、维护和存储而设置的，用户可以将文件分门别类地存放在不同的文件夹中。在每个文件夹中可以存放若干个不重名的子文件夹和文件。

2.3.1 文件和文件夹的命名

操作系统通过文件（夹）名对文件（夹）进行存取。在为文件（夹）命名时，为便于用户回忆起文件的内容或用途，建议使用描述性强的名称作为文件名。文件和文件夹的命名应遵循如下约定。

（1）文件名包括主文件名和扩展名，基本格式为：主文件名.扩展名。

（2）主文件名长度最多不超过 256 个字符（包括空格），不区分大小写，不能出现\ | / : * ? \ “” 等字符。

（3）扩展名由 0～3 个字符组成，用来标识文件类型和与其相关联的程序，常用文件类型及对应的扩展名如表 2-2 所示。

表 2-2 常用文件类型及对应的扩展名

文件类型	扩展名	文件类型	扩展名
系统文件	.sys	文本文件	.txt
帮助文件	.hlp	Word 2010 文档文件	.docx
动态链接库文件	.dll	Excel 2010 电子表格文件	.xlsx
Web 网页文件	.htm 或.html	图像文件	.bmp 或.jpg 或.gif
源程序文件	.c 或.cpp	音频文件	.wma 或.mp3 或.wav
目标文件	.obj	视频文件	.wmv 或.mpg 或.rm
可执行程序文件	.exe 或.com	压缩文件	.rar 或.zip

（4）文件夹的命名规则和文件名相同，但文件夹一般没有扩展名。

（5）通配符。在搜索文件和文件夹时，可以使用通配符“*” 和“？”。其中，“*” 代表 0 个或多个任意字符，“？” 代表一个任意字符。例如，*.docx 表示所有扩展名为 docx 的文件。

2.3.2 文件和文件夹的浏览

“资源管理器” 是 Windows 7 提供给用户的一个强大的资源管理工具，通过它用户不必打开多个窗口就可以查看计算机上的所有资源，并可以清晰、直观地对计算机中的文件和文件夹进行管理，实现文件的浏览、查看、移动和复制及磁盘维护等操作。

打开资源管理器的方式有以下几种。

（1）单击“开始” 按钮，打开“开始” 菜单，选择“所有程序” | “附件” | “Windows 资源管理器” 命令。

（2）右键单击“开始”按钮，在弹出的快捷菜单中选择“打开资源管理器”命令。

（3）按【⊞+E】组合键。

“Windows 资源管理器”窗口如图 2-17 所示。左边为导航窗格列表区，以树形目录的形式清晰地显示出计算机中的驱动器和文件夹，以及各文件夹之间或文件夹和驱动器之间的层次关系。右边是选项内容窗口，用于显示当前选中的选项内容。

图 2-17 “Windows 资源管理器”窗口

1. 设置显示方式

单击菜单栏的“查看”菜单项，或单击工具栏的查看按钮，显示图 2-18 所示的列表菜单。用户可以根据个人习惯和需要设置文件和文件夹的显示方式。

超大图标
大图标
中等图标
小图标
列表
详细信息
平铺
内容

图 2-18 项目显示方式

2. 设置排列方式

单击菜单栏的“查看”|“排列方式”，用户可以在弹出的级联菜单中根据需要设置按“名称”“大小”“类型”或“修改时间”等不同的排列方式。

3. 调整窗格布局

单击工具栏的“组织”|“布局”，用户可以调整“资源管理器”窗口的窗格布局。通过“预览窗格”不仅可以预览图片，还可以预览文本文件、Word 文件、Excel 文件、PowerPoint 文件等。用户可以通过预览效果方便快速地了解选中项的内容。单击工具栏的预览按钮，可以显示和隐藏预览窗格。

2.3.3 文件和文件夹的管理

Windows7 的文件和文件夹操作

1. 新建文件夹

在 Windows 7 中，用户可以在桌面、驱动器以及任何文件夹中创建新的文件夹。创建新文件夹的操作步骤如下。

（1）确定目标位置，选择“文件”|“新建”|“文件夹”命令；或单击右键，在弹出的快捷菜单中选择“新建”|“文件夹”命令；或单击工具栏的“新建文件夹”按钮。

（2）在目标位置会出现默认名为“新建文件夹”的图标，在文件夹名称框中输入准确的文件夹名，按【Enter】键确定。

2. 选定文件或文件夹

对文件或文件夹进行操作之前必须先选定，常用的方法有以下几种。

（1）选定单个文件或文件夹：鼠标单击即可。

（2）选定多个相邻的文件或文件夹：先单击第一个文件或文件夹，然后按住【Shift】键，再单击最后一个文件或文件夹。

（3）选定多个不相邻的文件或文件夹：先单击第一个文件或文件夹，然后按住【Ctrl】键，再依次单击其他需要选定的文件或文件夹。

（4）选定全部的文件或文件夹：单击窗口菜单栏的“编辑”|“全部选定”命令，或按【Ctrl+A】组合键。

3. 复制、移动文件或文件夹

复制文件或文件夹是将文件或文件夹复制一份副本放至其他地方，执行复制命令后，原位置和目标位置均有该文件或文件夹。移动文件或文件夹是将文件或文件夹移至其他地方，原位置的文件或文件夹将被删除。

复制（移动）文件或文件夹的操作步骤如下。

（1）在源窗口选定要复制或移动的文件或文件夹。

（2）单击“编辑”|“复制”（“剪切”）命令；或单击右键，在弹出的快捷菜单中选择“复制”（“剪切”）命令。

（3）选择目标位置，单击“编辑”|“粘贴”命令；或单击右键，在弹出的快捷菜单中选择“粘贴”命令。

4. 删除文件或文件夹

删除文件或文件夹的方法有以下几种。

（1）选定要删除的文件或文件夹，选择“文件”|“删除”命令。

（2）选定要删除的文件或文件夹，按【Delete】键。

（3）右键单击要删除的文件或文件夹，在弹出的快捷菜单中选择“删除”命令。

（4）直接将要删除的文件或文件夹拖曳至“回收站”。

在“回收站”默认设置的情况下（在“回收站属性”对话框中设置“显示删除确认对话框”），Windows 7在执行删除命令时，会弹出“确认删除文件”对话框。待用户确认后，删除后的文件或文件夹会被暂时放至“回收站”，用户可以选择将其还原到原来的位置或彻底删除。

删除“回收站”中的文件或文件夹，意味着将该文件或文件夹彻底删除，无法再还原。若想直接删除文件或文件夹，不将其放入“回收站”中，可在选中该文件或文件夹时按【Shift+Delete】组合键；或者在将文件或文件夹拖曳到“回收站”时按住【Shift】键；或者在“回收站属性”对话框中，选中“不将文件移到回收站中，移除文件后立即将其删除”单选按钮。

5. 重命名文件或文件夹

重命名文件或文件夹的操作步骤如下。

（1）选定要重命名的文件或文件夹。

（2）单击“文件”|“重命名”命令；或单击右键，在快捷菜单中选择“重命名”命令。

（3）当文件或文件夹的名称处于编辑状态，键入新名称。

6. 更改文件或文件夹属性

在文件或文件夹上单击右键，在快捷菜单中选择“属性”命令，会弹出“文件属性”对话框，如图2-19（a）所示。该对话框提供了该对象的属性信息，如文件类型、大小、创建时间等。

若要修改文件的“打开方式”，则选择“常规”选项卡，单击“更改”按钮，在弹出的“打开方式”对话框中选定打开此文件的应用程序。将*.txt 文本文件设置为用 Word 文字处理软件打开，如图 2-19（b）所示。

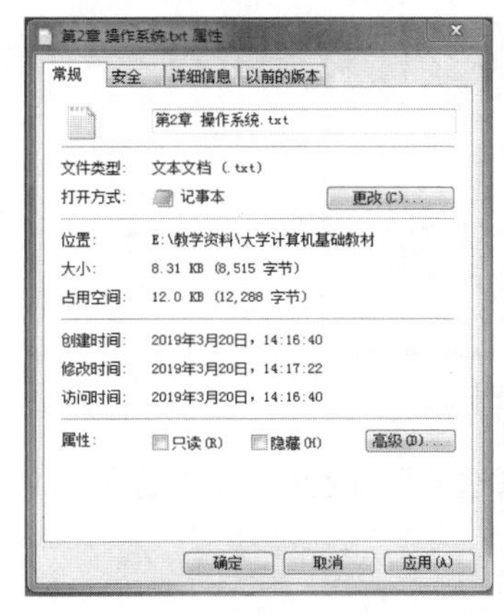

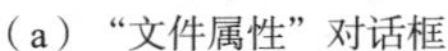
（a）“文件属性”对话框　　　　（b）“打开方式”对话框

图 2-19　更改文件属性

若将文件或文件夹设置为“只读”属性，则该文件或文件夹只允许读操作，不允许更改和删除；若将文件或文件夹设置为“隐藏”属性，则该文件或文件夹在窗口中将被隐藏。

设置属性后，单击“应用”或“确定”按钮，将弹出“确认属性更改”对话框。在该对话框中可选择“仅将更改应用于此文件夹”或“将更改应用于此文件夹、子文件夹和文件”，并单击“确定”按钮进行确认。

默认情况下，Windows 7 资源管理器不显示系统文件和隐藏文件。如果需要显示隐藏文件，可以单击窗口工具栏的“工具”|“文件夹选项”命令，打开图 2-14 所示的“文件夹选项”对话框，选择“查看”选项卡，在“高级设置”列表框中选中“显示隐藏的文件、文件夹和驱动器”单选项。

2.3.4　文件和文件夹的搜索

若用户想查看某个文件或文件夹的内容，却忘记了该文件或文件夹存放的具体位置或具体名称，此时可使用 Windows 7 提供的文件和文件夹搜索功能。

1. 使用“开始”菜单的搜索框

单击“开始”按钮，在“搜索程序和文件”文本框中输入想要查找的信息（可使用通配符“*”和“？”）。默认情况下，“开始”菜单的搜索栏会自动在控制面板、Windows 文件夹、Program File 文件夹、Libraries 等位置进行搜索。

例如，若在搜索文本框中输入*.docx，则扩展名为.docx 的所有文件会被查找出来；若在搜索框中输入关键词“图片”，则所有与图片相关的文件或文件夹将被分类显示。

2. 使用窗口搜索栏

若已知所要搜索的文件或文件夹所在的目录，可直接在窗口搜索栏中输入要查找的信息，搜索将更加快捷高效。

例如，打开 F 盘窗口，在搜索栏中输入*.docx，按【Enter】键，则 F 盘中扩展名为.docx 的所有文件将被查找出来，如图 2-20 所示。

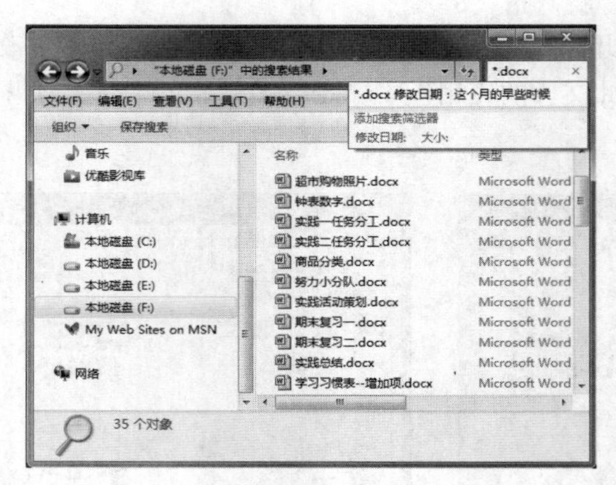

图 2-20 使用窗口搜索栏搜索

若要进一步缩小搜索范围，可在搜索栏内使用“搜索筛选器”，设置要查找的文件大小、修改日期等。

2.4 Windows 7 系统设置

Windows 7 对系统的设置是通过控制面板来实现的。用户可以根据自己的喜好对系统进行个性化设置，如添加或删除程序，更改显示器、键盘、鼠标、桌面等硬件的设置，更改输入法设置，进行多用户管理等。

控制面板是用户对计算机系统进行配置和管理的重要工具。启动控制面板的方法很多，常用的有以下两种。

（1）单击“开始”菜单按钮，选择“控制面板”选项。

（2）打开“计算机”窗口，单击工具栏的“打开控制面板”按钮；或在地址栏输入“控制面板”后按【Enter】键。

图 2-21（a）所示的“控制面板”窗口中分类别显示了常用任务。用户可在“查看方式”下拉列表中，选择“大图标”或“小图标”方式来查看设置项目列表，如图 2-21（b）所示。用鼠标指向分类项或列表图标，可以查看其详细信息，单击可打开具体设置项。

（a）分类别显示

（b）小图标查看

图 2-21 控制面板

2.4.1　日期和时间设置

日期和时间的设置步骤如下。

（1）在“控制面板”窗口中，单击“日期和时间”图标，打开“日期和时间”对话框，如图 2-22 所示。

（2）选择“日期和时间”选项卡，单击“更改日期和时间”按钮进行日期和时间的设置。

（3）单击“更改时区”按钮进行时区设置。

日期、时间或数字格式的设置步骤如下。

（1）在“控制面板”窗口中，单击“区域和语言”图标，打开“区域和语言”对话框，如图 2-23 所示。

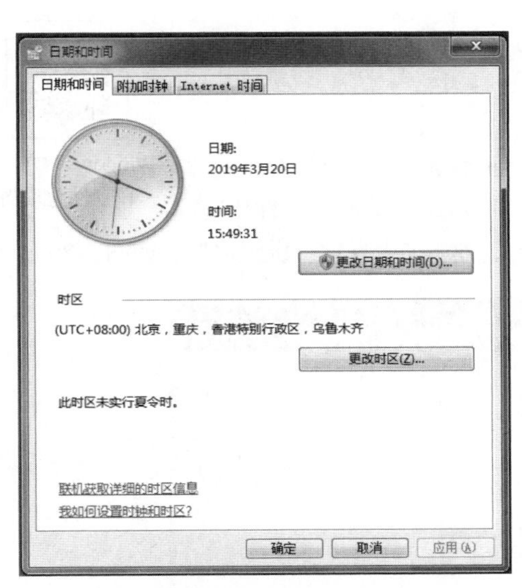

图 2-22　“日期和时间”对话框

图 2-23　“区域和语言”对话框

（2）选择“格式”选项卡，可根据需要来设置日期和时间格式。

（3）单击“其他设置”按钮，打开“自定义格式”对话框，可进一步对数字、货币、时间、日期等的格式和字符、单词的排序方法进行设置。

2.4.2　鼠标和键盘设置

1. 鼠标设置

在“控制面板”窗口中，单击“鼠标”图标，打开“鼠标属性”对话框，如图 2-24 所示。用户可对使用鼠标的左右手习惯、双击速度、鼠标指针形状、滚轮移动距离等进行设置。

2. 键盘设置

在“控制面板”窗口中，单击“键盘”图标，可打开“键盘属性”对话框，如图 2-25 所示。

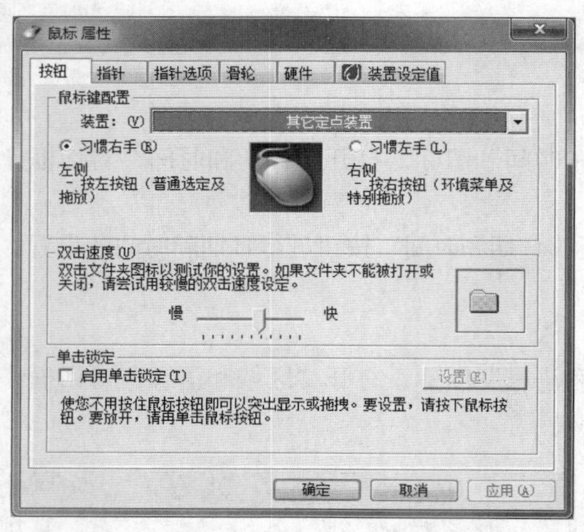

图 2-24 “鼠标属性”对话框

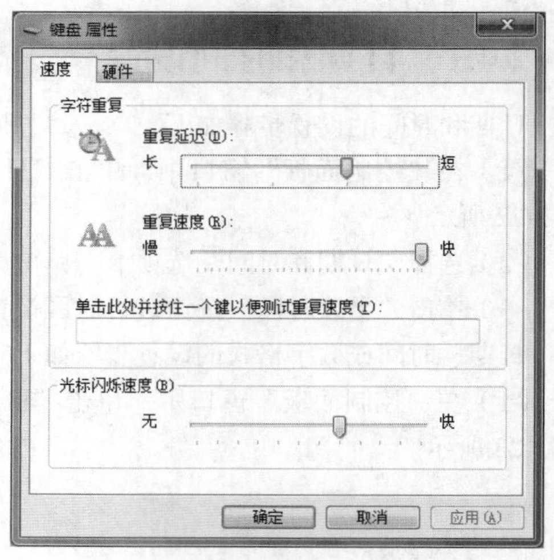

图 2-25 “键盘属性”对话框

2.4.3 外观和个性化设置

Windows7 的外观和个性化设置

1. 个性化设置

用户可以通过更改计算机的主题、颜色、声音、桌面背景、屏幕保护程序、字体大小等对计算机进行个性化设置。在“控制面板”窗口中，单击“个性化”图标（或单击图 2-2 桌面快捷菜单中的“个性化”命令），弹出“个性化”设置窗口，如图 2-26 所示。

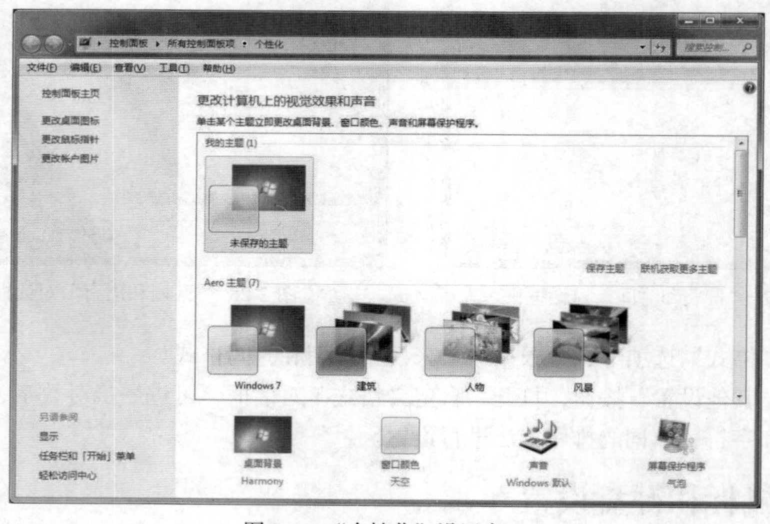

图 2-26 “个性化”设置窗口

桌面主题是设定好的一套方案，决定了桌面的总体外观。Windows 7 提供多种“Aero 主题”及“基本和高对比度主题”。一旦确定了新主题，桌面背景、窗口颜色、屏幕保护等选项卡的内容设置也会随之改变。选定主题后也可重新修改桌面背景等选项，修改后的主题可以保存，扩展名为.theme。

（1）桌面背景。用户可以单击某个图片为桌面设置固定背景，也可以选择一组图片创建幻灯片定时更换。“桌面背景”设置窗口如图 2-27 所示。

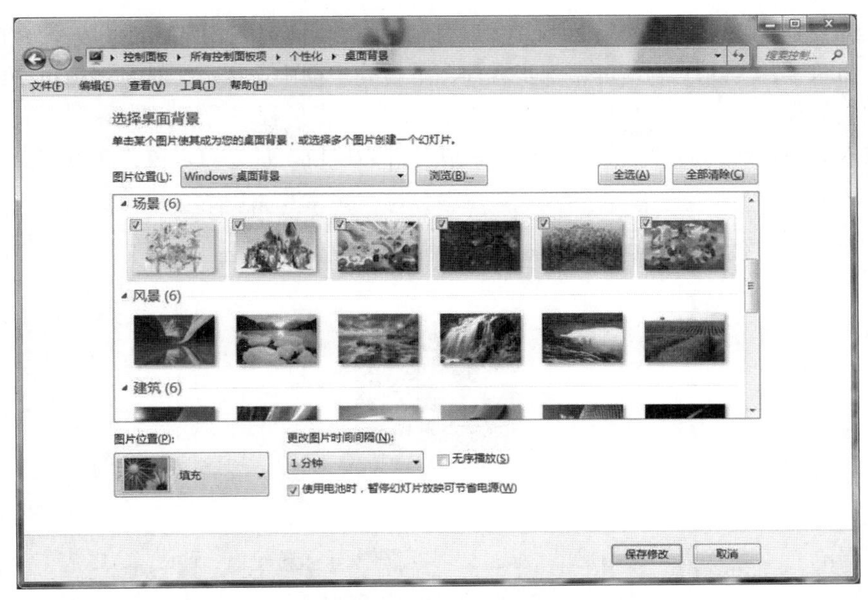

图 2-27　“桌面背景”设置窗口

（2）窗口颜色。Aero 是 Windows 7 版本的高级视觉体验，其特点是透明的玻璃质感图案中带有精致的窗口动画，以及全新的“开始”菜单、任务栏和窗口边框颜色。“窗口颜色和外观”设置窗口如图 2-28 所示。用户可选择系统提供的颜色，也可使用颜色合成器创建自定义颜色。

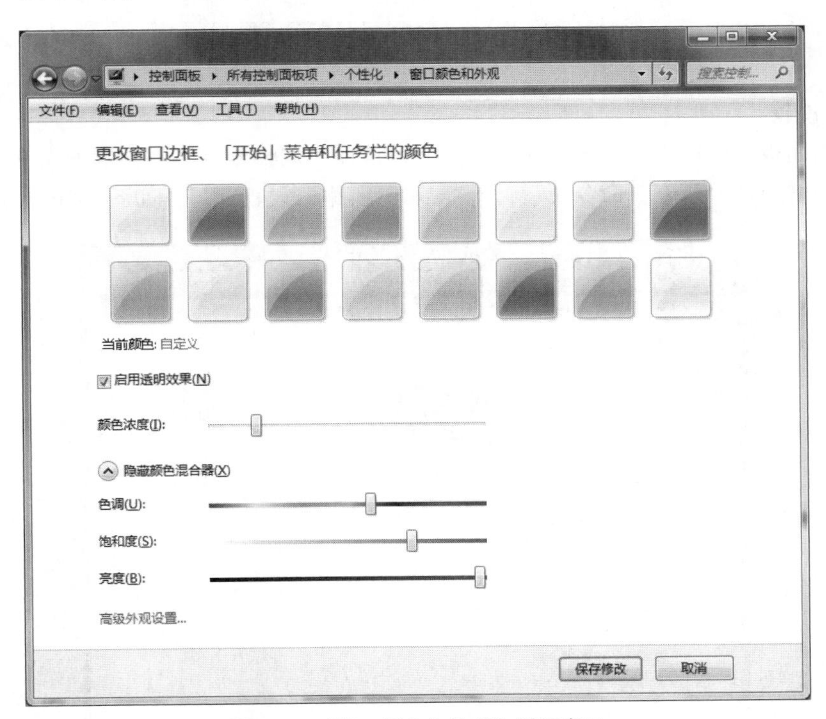

图 2-28　“窗口颜色和外观”设置窗口

（3）声音。计算机在发生某些事件时会播放声音（如登录计算机或收到新电子邮件的提示音等）。Windows 7 附带有多种针对常见事件的声音方案供用户选择。

（4）屏幕保护程序。设置屏幕保护程序既可以减少屏幕损害又能保障系统安全。"屏幕保护程序"对话框如图 2-29 所示。在"屏幕保护程序"下拉列表框中选择一个选项，窗口中的屏幕区域就会显示相应的预览，也可以单击"预览"按钮观看屏幕保护程序的运行效果。"等待时间"是指在系统无输入后多长时间启动屏幕保护程序，以分钟为单位，最短可设置为 1 分钟。

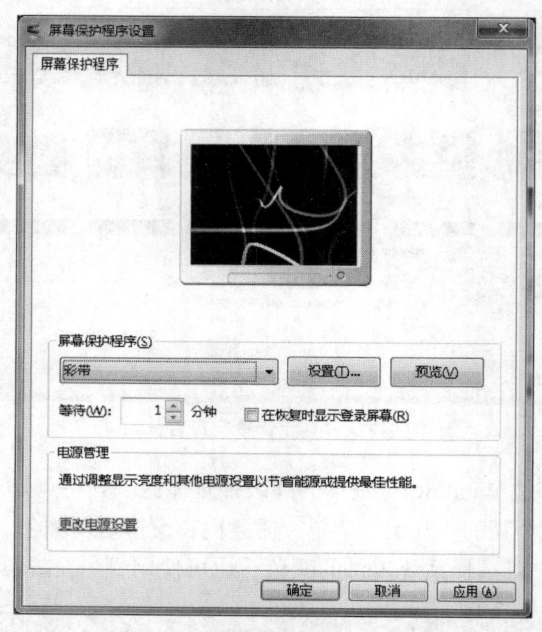

图 2-29 "屏幕保护程序"对话框

2. 显示设置

在"控制面板"窗口中，单击"显示"图标，选择"调整分辨率"命令（或单击图 2-2 桌面快捷菜单中的"屏幕分辨率"命令），打开"屏幕分辨率"设置窗口，如图 2-30 所示。

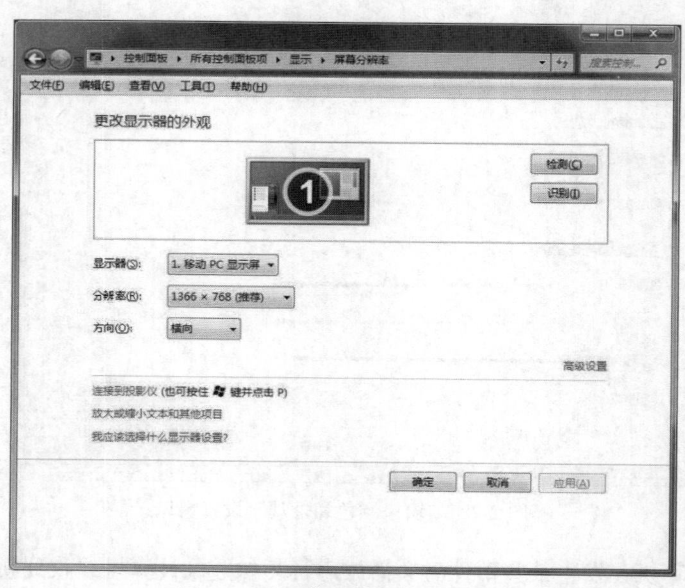

图 2-30 "屏幕分辨率"设置窗口

在“分辨率”下拉列表框中，用户可以根据需要进行选择，分辨率越高，画面越逼真。在“屏幕分辨率”窗口中单击“高级设置”命令，打开“视频适配器”对话框的“监视器”选项卡，可以在“颜色”下拉列表框中选择颜色质量。显卡所支持的颜色位数越高，显示画面的质量越好。

3. 桌面小工具

Windows 7 为用户提供了时钟、日历、天气等桌面小工具程序。在“控制面板”窗口中，单击“桌面小工具”图标（或单击图 2-2 桌面快捷菜单中的“小工具”命令），打开“桌面小工具”窗口，如图 2-31 所示。双击选中的小工具，即可将其添加到桌面。添加的小工具可以拖放到桌面的任意位置，并可进行个性化设置。若不再需要，单击小工具右上方的关闭按钮即可。

图 2-31 “桌面小工具”窗口

2.4.4 用户账户和家庭安全设置

Windows 7 支持多用户，每个用户可以建立独立的账户，使用账号登录后即可拥有独立的用户文档、个性化的窗口和桌面外观方式，拥有最近访问过的站点列表和独立的系统设置。Windows 7 支持三种账户类型：管理员账户、标准账户和来宾账户。

（1）管理员账户：具有系统的最高访问权，可以安装或删除程序、对所有计算机设置进行更改、创建和删除用户账户、更改其他用户的账户信息等。Windows 7 中至少要有一个管理员账户。

（2）标准账户：可以执行管理员账户中几乎所有的操作，但只能更改不影响其他用户或计算机安全的系统设置。这有效防止了用户对系统的修改，保证了计算机的安全性。

（3）来宾账户：权限最低，供临时使用，只能进行基本的操作，不能对系统进行修改。默认情况下，来宾账户并未激活，激活后才能使用。

1. 创建新账户

以管理员身份登录后可以创建新用户，步骤如下。

（1）在“控制面板”窗口中，单击“用户账户”图标，打开管理员账户窗口。

（2）单击“管理其他账户”，打开“管理账户”窗口，如图 2-32 所示。

（3）单击“创建一个账户”，按要求输入新账户名并选择账户类型。

（4）单击“创建账户”按钮，完成创建。

2. 更改账户

在“管理账户”窗口中，单击“账户名”（如 user 账户），弹出“更改账户”窗口，可更改账户名称、密码、图片及删除账户等，如图 2-33 所示。

3．设置家长控制

Windows 7 提供了家长控制功能。家长可以对孩子使用计算机的时间及程序进行设定，并限制孩子玩游戏的类型。

图 2-32 “管理账户”窗口

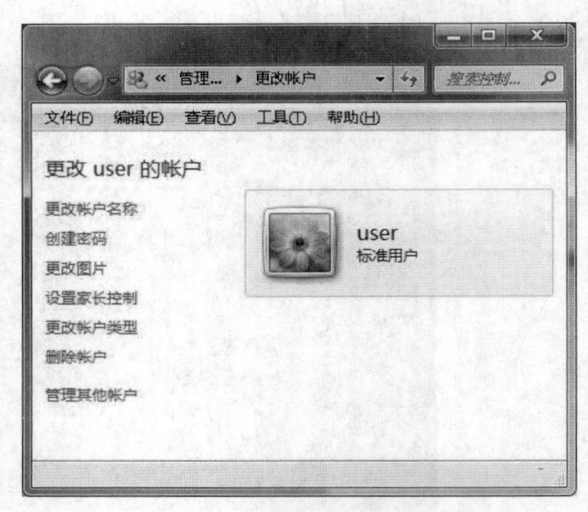

图 2-33 “更改账户”窗口

2.4.5 程序设置

在“控制面板”窗口中，单击“程序和功能”图标，打开“程序和功能”窗口，如图 2-34 所示。其作用是保持 Windows 7 对安装和删除过程的控制，避免因为误操作而造成对系统的破坏。

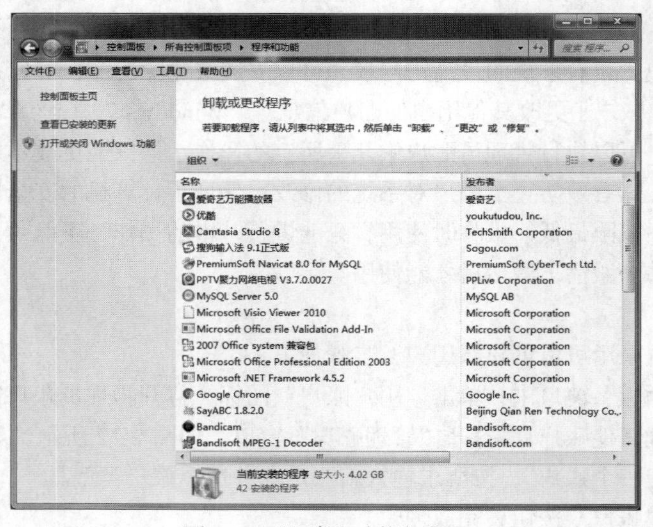

图 2-34 “程序和功能”窗口

1．安装应用程序

一般的应用程序都有安装文件，无须“控制面板”协助。安装程序的作用是将应用程序的相关文件复制到安装目录，并在系统中写入一些支持应用程序运行的配置等。安装程序从组织形式上大体可以分为三种。

（1）单个安装文件。安装程序只有一个可执行文件，双击该文件即可安装。

（2）一个安装目录。目录中包含一个install.exe或setup.exe安装文件，运行该文件进入安装程序。

（3）自运行光盘。安装程序存放在光盘中，将光盘放入光驱，安装程序会自动运行。

2. 卸载/更改应用程序

不再使用的应用程序，应该及时卸载删除。大部分安装过的应用程序，在其安装目录或“开始”菜单的程序组中都能找到名为“Uninstall+应用程序名”或“卸载+应用程序名”的文件或命令，执行后即可将程序从系统中卸载。对于没有卸载命令的应用程序，可以通过“程序和功能”窗口来协助处理。窗口右侧是系统中已经安装的应用程序，右键单击要更改或卸载的程序，然后单击“卸载”“更改”或“修复”选项，按提示进行操作即可。

提示：采用删除安装路径中文件的方式来删除某个应用程序是不可取的。应用程序在Windows目录中安装的DLL文件会残留在系统中。

3. 打开/关闭Windows功能

Windows 7提供了丰富且功能齐全的组件。在安装Windows 7的过程中，考虑到用户的需求和其他条件的限制，很多功能没有完全打开。用户在使用过程中，可以随时根据需要打开或关闭Windows功能。

在“程序和功能”窗口中，单击“打开或关闭Windows功能”按钮，弹出“Windows功能”窗口，如图2-35所示。组件列表框中列出了Windows 7系统所包含的所有组件名称。凡是被选中的复选框表示该组件已被安装；未被选中的复选框，表示该组件尚未安装；选择或清除复选框即可完成相应组件的安装或删除。

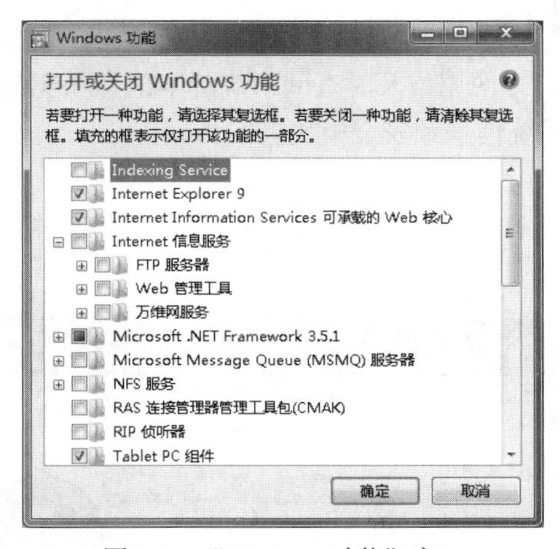

图2-35 “Windows功能”窗口

2.4.6 设备和打印机设置

设备和打印机在使用之前，通常需要安装驱动程序。在“控制面板”窗口中，单击“设备和打印机”图标，打开“设备和打印机”窗口，如图2-36所示。

若需要添加设备，可单击“添加设备”按钮，系统会自动查找设备并将结果显示在“添加设备”对话框中。在查找到设备的驱动程序后，用户只需按照提示操作即可完成设备安装。

若需要添加打印机，可单击“添加打印机”按钮，系统会弹出“添加打印机”向导，如图 2-37 所示。若选择“添加本地打印机”，可跟随安装向导“选择打印机端口”|“安装打印机驱动程序”|“设置打印机名称”来完成驱动安装。驱动加载完成后，图 2-36 中会显示新添加的打印机图标，同时会弹出是否共享打印机的选择界面。若用户选择共享此打印机，还需要填入“共享名称”等信息。打印测试页成功后，表明打印机安装完成。

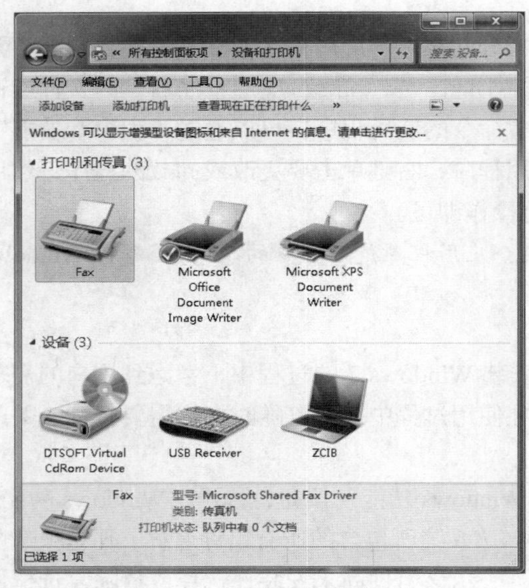

图 2-36 “设备和打印机”窗口

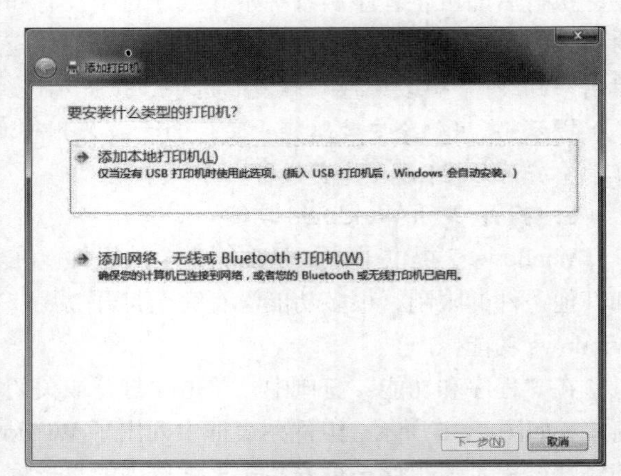

图 2-37 “添加打印机”向导

2.4.7 系统信息和安全

为了维护系统安全运行，方便用户及时查阅系统基本信息和安全状态、备份并还原文件及系统设置，Windows 7 设计了系统信息和安全模块。

1. 系统基本信息

在“控制面板”窗口中，单击“系统”图标，可打开“系统”窗口，显示计算机的基本信息，如图 2-38 所示。

图 2-38 “系统”窗口

在图 2-38 中，单击“设备管理器”命令（或单击“控制面板”|“设备管理器”），可打开“设备管理器”窗口，显示计算机的各种硬件设备信息，如图 2-39 所示。

图 2-39 “设备管理器”窗口

2. 系统安全

“操作中心”是系统的日常维护中心和安全监控中心，可实时监控 Windows 7 在启动和运行中遇到的问题，并列出需要用户注意的安全和维护设置方面的重要信息。在“控制面板”窗口中，单击“操作中心”图标，可打开“操作中心”窗口，如图 2-40 所示。其中，红色项目表示急需解决的重要问题，如程序更新；黄色项目表示建议执行的任务，如设置备份。

图 2-40 “操作中心”窗口

2.4.8 中文输入法

在安装 Windows 7 中文版时，系统已内置了全拼、智能 ABC、微软拼音和双拼等多种中文输入法。用户除了可以直接使用，还可以根据个人需要进行添加或删除。

Windows7 的输入法设置

1. 输入法的添加、删除和属性设置

（1）添加新的输入法

以添加“简体中文全拼输入法”为例，步骤如下。

① 在“控制面板”窗口中，单击“区域和语言”图标，打开图 2-23 所示的“区域和语言”对话框。单击“键盘和语言”|“更改键盘”按钮（或右键单击桌面“语言栏”，从快捷菜单中选择“设置”命令），弹出“文本服务和输入语言”对话框。

② 在图 2-41（a）所示的“常规”选项卡中，单击“添加”按钮，弹出“添加输入语言”对话框，选中“简体中文全拼输入法”复选框。

③ 单击“确定”按钮后返回，在“已安装的服务”列表中会显示已添加的输入法。

提示：上述方法仅限 Windows 7 内置的输入法，五笔字型、搜狗拼音等非内置的输入法需要执行软件安装。

（2）选择输入法

在 Windows 7 中，利用语言栏可以方便地选择各种输入法。单击语言栏最左边的中英文输入选择按钮，选择中文（CH）或英文（EN）。在“CH”中文标记下，单击“中文输入法选择”按钮，从汉字输入法列表中选定一种中文输入法，语言栏上即会显示该输入法的图标。

（3）删除输入法

若要删除 Windows 7 的内置输入法，在“常规”选项卡的“已安装的服务”列表中选中要删除的输入法，单击“删除”按钮即可。该输入法将不会再出现在语言栏的输入法列表中，但该输入法并非真正从系统中删除。

提示：五笔字型、搜狗拼音等非内置的输入法需要执行软件卸载。

（4）设置输入法属性

若要对某种输入法进行属性设置，在“常规”选项卡的“已安装的服务”列表中选中要设置的输入法，单击“属性”按钮。在弹出的对话框中完成设置，并单击“确定”返回。

2. 语言栏和高级键设置

在“文本服务和输入语言”对话框中，单击“语言栏”选项卡，可以对语言栏进行设置，如图 2-41（b）所示。单击“高级键设置”选项卡，可以设置在各种输入法之间切换的热键，通常中英文切换的热键设置为【Ctrl+Shift】或【Ctrl+空格】。

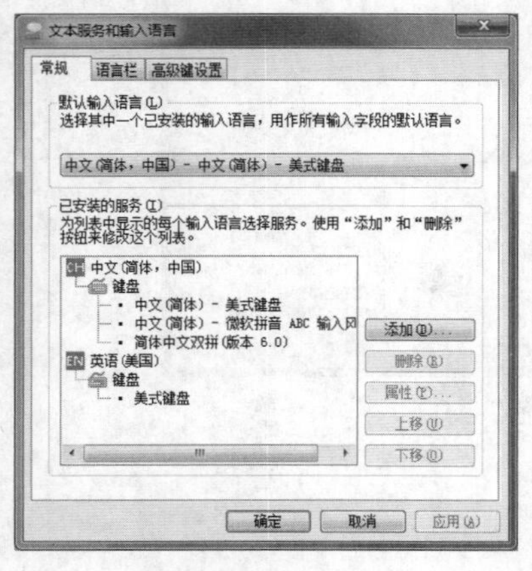

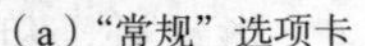
（a）“常规”选项卡

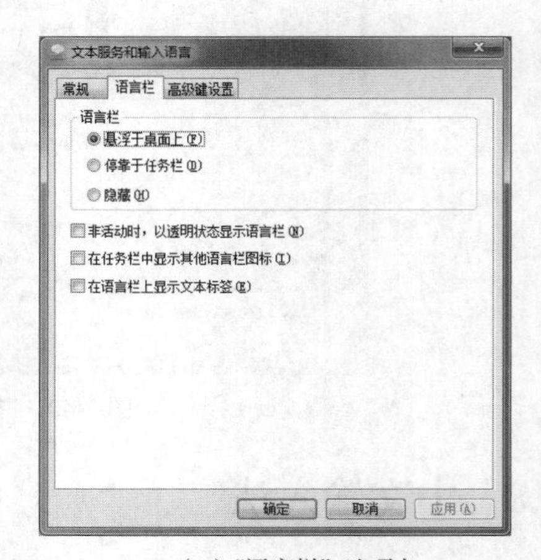

（b）“语言栏”选项卡

图 2-41 “文本服务和输入语言”对话框

3. 字库的使用

字库的使用

字库是存储了每个文字字形的集合，它定义了文字输出的形状、最大分辨率等。文字输出时，先从字库中找到字形，然后通过输出设备设置输出尺寸、分辨率，最终把字体输出到媒体上。

Windows 7 中，每一种字体都保存在一个单独的字库文件中。这些字库文件被系统自动安装在特定的文件夹中，供所有的应用程序从该文件夹中读取。系统中除了有自带的字体外，常常还需要安装一些第三方字体（如美术字体、书法字体等）。

在 Windows 7 中安装方正静蕾简体字库的步骤如下。

（1）双击方正静蕾简体字库的安装程序 FZjinglei.fon，打开字库安装界面，如图 2-42 所示。

（2）单击“安装”按钮，完成自动安装。

图 2-42　方正静蕾简体字库安装界面

在 Windows 7 的“控制面板”窗口中，单击“字体”图标，打开“字体”文件夹（目标位置 C:\Windows\Fonts），用户可以从这里快速找到本机安装的所有字库文件。将该文件夹中的全部字库文件复制粘贴至另一个备份文件夹可完成字库备份。

2.5　Windows 7 实用工具

Windows 7 为用户提供了多种便捷实用的小工具，如记事本、写字板、计算器、画图工具、截图工具、磁盘管理工具等。和专门的应用软件相比，这些系统自带的工具虽然功能较为简单，但由于体积小，运行速度快，常常也能发挥很大的作用，可以有效地提高系统工作效率。

2.5.1　记事本、写字板与便笺

1. 记事本

“记事本”是一个简单的纯文本编辑工具，用于在计算机中输入和记录各种文本内容，使用起来简单方便，可用作备忘录、便条等，非常实用。

（1）创建文件

单击“开始”|“所有程序”|“附件”|“记事本”命令，即可打开“记事本”窗口，并自动创建一个空白的“无标题”文档，“记事本”窗口如图 2-43 所示。在“记事本”窗口中，选择“文件”|“新建”命令，可以创建新文件。

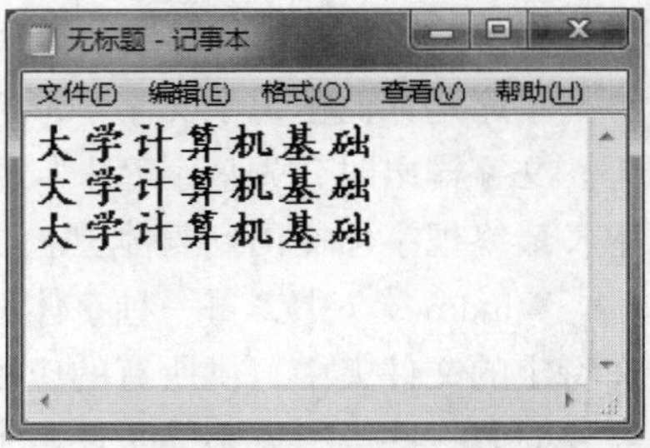

图 2-43 “记事本”窗口

（2）保存文件

若是已保存过的文本文件，可单击“文件”|“保存”命令；若是未保存过的新文件，可单击“文件”|“另存为”命令，默认的文件扩展名是.txt。

（3）打开文件

双击已有的文本文件（.txt）或把文本文件拖曳到“记事本”窗口中，可打开文件。

在编辑过程中，可以选定文本块，进行剪切、复制、粘贴等操作。“格式”菜单中的“自动换行”命令若被打开，在输入文字的过程中会按当前窗口的宽度自动换行。

由于可以把记事本编辑过的文件保存为.c、.html、.java 等任意格式，所以它常被用于编辑各种高级语言程序的源文件，此外记事本也是创建网页 HTML 文档的常用工具。

2. 写字板

“写字板”是一个简单易用的文字处理程序，不仅可以进行一般的文字处理，还可以进行编辑和排版，如文字、段落格式设置，图文混排，插入图片、声音等。

在桌面上单击“开始”|“所有程序”|“附件”|“写字板”命令，即可打开“写字板”窗口，如图 2-44 所示。

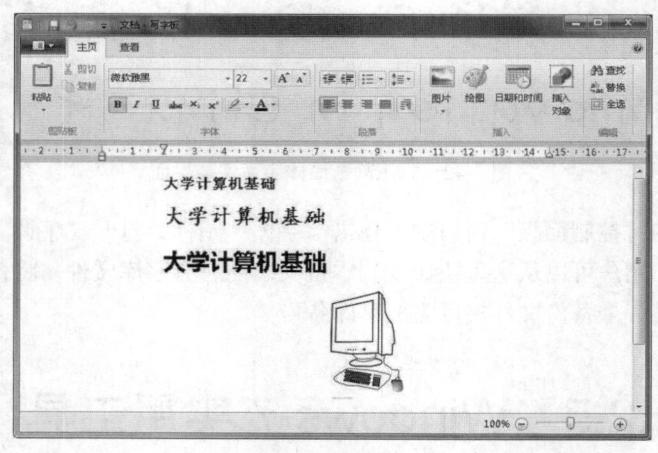

图 2-44 “写字板”窗口

“写字板”窗口主要由标题栏、菜单栏、工具栏、水平标尺、工作区和状态栏几部分组成。文件保存时，默认的文件扩展名是.rtf。

3. 便笺

便笺是为了方便用户在使用计算机过程中临时记录一些备忘信息而提供的工具。在桌面上单击“开始”|“所有程序”|“附件”|“便笺”命令，即可打开“便笺”窗口。“便笺”窗口的操作较为简单，窗口中只有“新建便笺”按钮和“删除便笺”按钮；右键单击便笺，在弹出的快捷菜单中可设置便笺的底色。

2.5.2　画图工具与截图工具

1. 画图工具

画图工具是一个简单的位图编辑器，可以对各种位图格式的图片进行编辑。用户可以使用画图工具绘制各种简单的图形，也可以对已有图片进行剪裁、旋转、移动、缩放、添加文字等处理。单击“开始”按钮，选择“所有程序”|“附件”|“画图”命令，即可打开“画图”窗口，如图 2-45 所示。

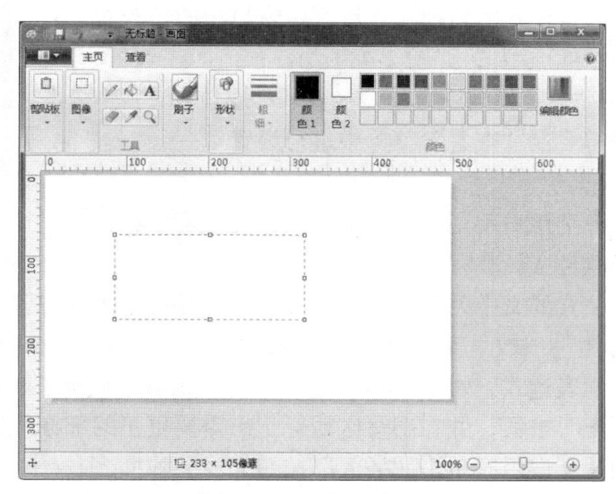

图 2-45　“画图”窗口

“画图”窗口主要由标题栏、菜单栏、工具栏、绘图区、调色板和状态栏几部分组成。利用画图工具编辑图片后，可以将图片保存为.bmp、.jpg、.gif 等格式。

2. 截图工具

用户可以使用截图工具截取屏幕图像，也可以对截取的图像进行编辑。单击“开始”按钮，选择“所有程序”|“附件”|“截图工具”命令，即可打开“截图工具”窗口，如图 2-46 所示。单击“新建”按钮右侧的向下箭头，弹出“截图方式菜单”，用户可以选择其中一种方式截取屏幕对象，截图示例效果如图 2-47 所示。利用截图工具进行截图和编辑后，可以将图片保存为.png、.jpg、.gif 等格式。

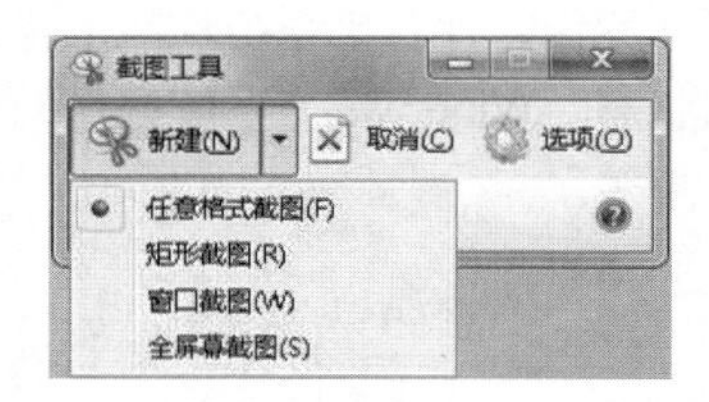

图 2-46　“截图工具”窗口

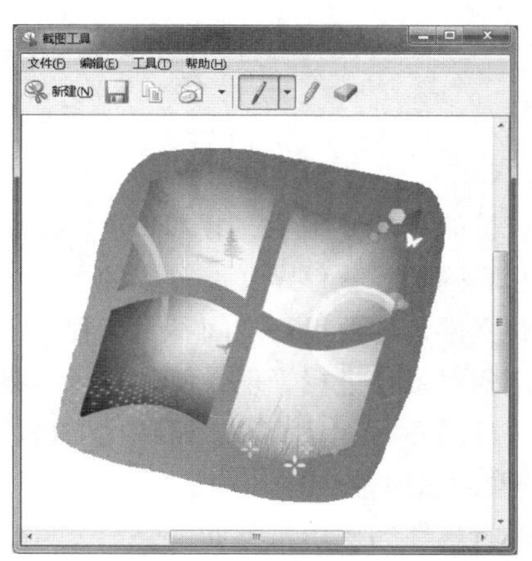

图 2-47　截图示例效果

2.5.3 计算器和数学输入面板

1. 计算器

计算器不仅可以帮助用户完成简单的加、减、乘、除运算，还可以进行各种复杂的函数与科学计算，如数制转换、函数运算等。

单击“开始”按钮，选择“所有程序”|“附件”|“计算器”命令，即可打开“计算器”窗口。计算器共提供了标准型、科学型、程序员、统计信息四种计算模式，各模式的转换通过计算机窗口中的“查看”菜单完成。窗口默认为“标准型”，如图 2-48 所示。

除四种计算模式外，“计算器”还有单位换算、日期计算、工作表等功能，用户可以根据需要在“查看”菜单中进行设置。

图 2-48 “计算器”窗口

2. 数学输入面板

数学输入面板可以识别用户手写的数学表达式，并且可以将识别的表达式插入文字处理软件或计算程序。

打开需要插入数学公式的文字处理软件或计算程序，并确定光标位置。单击“开始”按钮，选择“所有程序”|“附件”|“数学输入面板”命令，即可打开“数学输入面板”窗口。用鼠标在书写区域书写完整的数学表达式，如图 2-49 所示，在预览区域会显示手写识别的结果。若识别有误，可单击“选择和更正”按钮，并在书写区域标记出需要更正的部分；在弹出的相似符号列表中选择正确的内容。确认无误后，单击“插入”按钮完成公式插入。

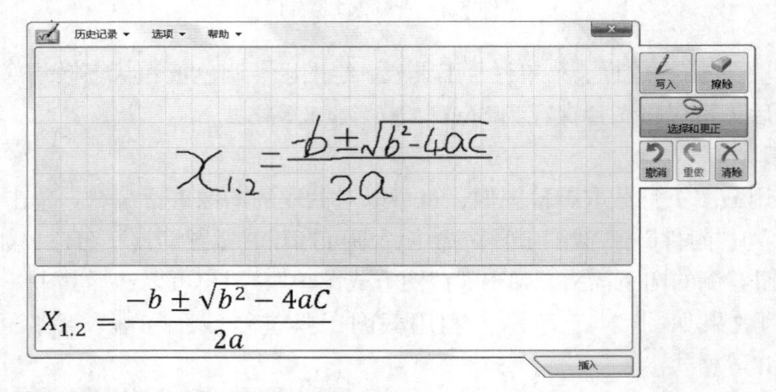

图 2-49 “数学输入面板”对话框

2.5.4 磁盘管理工具

在计算机的日常使用中，用户可能会频繁地进行应用程序的安装、卸载，文件的移动、复制、删除或在互联网上下载程序文件等多种操作。一段时间后，计算机硬盘上将会产生很多磁盘碎片及大量临时文件，导致运行空间不足，程序运行和文件打开变慢，计算机系统性能下降。因此，用户需要定期对磁盘进行管理，使计算机始终处于较好的状态。Windows 7 系统提供的磁盘管理包括查看磁盘属性、磁盘清理、格式化磁盘、磁盘碎片整理等。

1. 查看磁盘属性

查看磁盘属性的操作步骤如下。

（1）在“计算机”窗口中，右键单击要查看属性的磁盘图标，在弹出的快捷菜单中选择“属性”命令。

（2）打开“磁盘属性”对话框，选择“常规”选项卡，如图 2-50 所示。

用户可以在该界面的文本框中键入磁盘的卷标。界面中部显示了该磁盘的类型、文件系统、已用空间及可用空间等信息。界面下部列出了该磁盘的容量，并以饼图的形式展示已用空间和可用空间的比例信息。若单击“磁盘清理”按钮，则启动磁盘清理程序。

（3）单击“应用”按钮，即可应用在该选项卡中的设置。

图 2-50 “磁盘属性”对话框的“常规”选项卡

2. 磁盘清理

利用磁盘清理工具可以释放硬盘驱动器空间，删除 Internet 临时文件等，释放它们占用的系统资源，提高系统性能。

执行磁盘清理的操作步骤如下。

（1）单击“开始”按钮，选择“所有程序”|“附件”|“系统工具”|“磁盘清理”命令，打开“驱动器选择”对话框。

（2）选择待清理的磁盘，打开“磁盘清理”对话框，如图 2-51 所示。“要删除的文件”列表框中列出了可删除的文件类型及所占用的磁盘空间。

（3）选中某文件类型前的复选框，单击“确定”按钮，将弹出“磁盘清理”确认对话框。

（4）单击“删除文件”按钮，会显示“磁盘清理”进度。清理完毕，进度框自动消失。

3. 格式化磁盘

计算机的各种文件和程序都存储在磁盘上，格式化磁盘将清除磁盘上的所有信息。新磁盘在使用前一般都要格式化，即在磁盘上建立可以存放文件或程序信息的磁道和扇区。

对磁盘进行格式化的操作步骤是右键单击待格式化的磁盘图标，在弹出的快捷菜单中选择“格式化”命令，打开图 2-52 所示的“格式化磁盘”对话框，单击“开始”按钮。

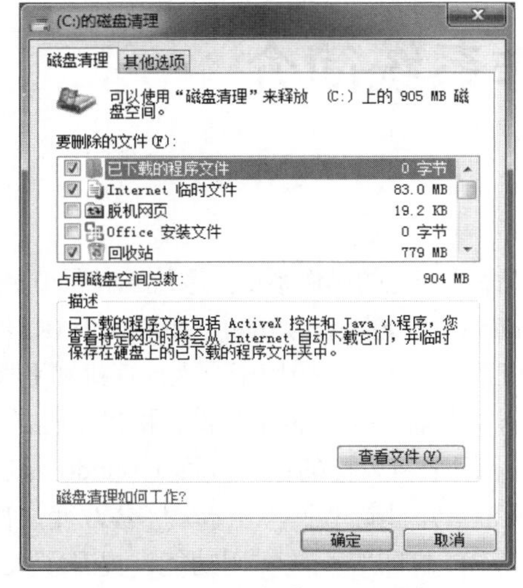

图 2-51 “磁盘清理”对话框

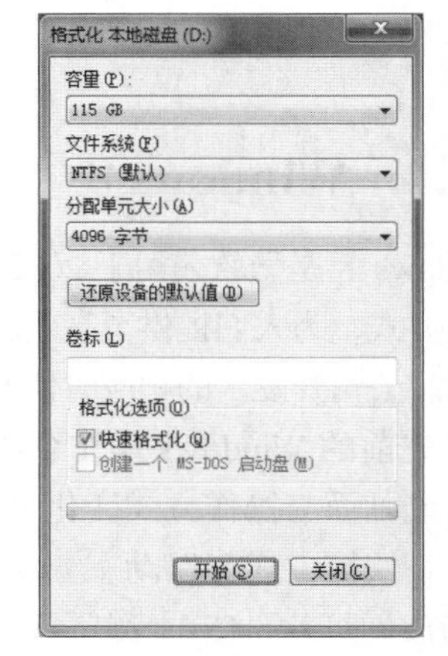

图 2-52 “格式化磁盘”对话框

4. 磁盘碎片整理

磁盘经过长时间的使用后，会出现很多零散的磁盘碎片，一个文件可能会被分别存放在不同的磁盘空间中，这样 Windows 7 系统就需要花费额外的时间去寻找该文件的不同部分，从而影响运行速度。使用磁盘碎片整理工具可以重新安排文件在磁盘中的存储位置，将文件的存储位置整理到一起，同时合并可用空间，提高运行速度。

执行磁盘碎片整理的操作步骤如下。

（1）单击“开始”按钮，选择“所有程序”|“附件”|“系统工具”|“磁盘碎片整理程序”命令，打开“磁盘碎片整理程序”对话框，如图 2-53 所示。

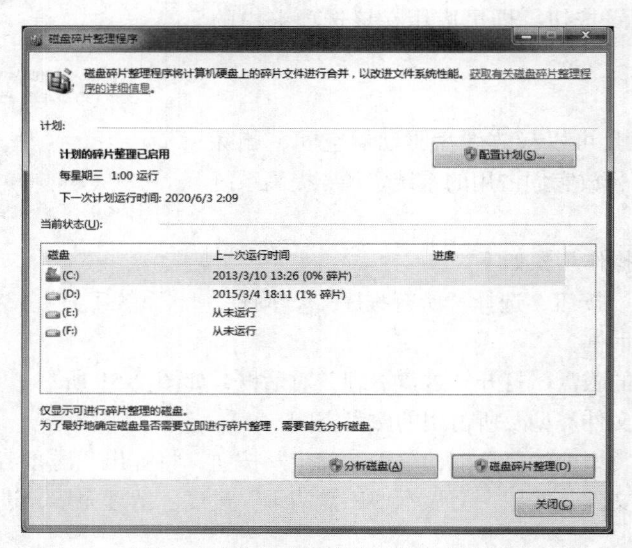

图 2-53 “磁盘碎片整理程序”对话框

（2）该对话框中显示了磁盘的当前状态。选中某磁盘，单击“分析磁盘”按钮，启动磁盘碎片分析功能。查看磁盘碎片分析的结果（一般碎片率在 10%以下可以不进行整理），若需要整理，则单击“磁盘碎片整理”按钮，系统将自动完成整理工作。

2.6 新操作系统简介

2.6.1 Windows 8

Windows 8 是微软公司于 2012 年推出的具有革命性变化的操作系统。系统独特的开始界面和触控式交互方式，为人们提供了高效的工作环境。Windows 8 支持来自 Intel、AMD 和 ARM 的芯片架构，是微软公司开发出的顺应时代发展的新型计算机系统，被广泛应用于个人计算机和平板电脑。

较之先前的 Windows 操作系统版本，Windows 8 大幅改变了操作逻辑，提供更佳的屏幕触控支持，系统画面与操作方式变化极大。Windows 8 采用全新风格的用户界面（Windows UI），各种应用程序、快捷方式等以动态方块的样式呈现于屏幕，并且新增了“开始”屏幕改变、智能搜索、锁屏可播放幻灯片、IE 11 浏览器、指纹识别、支持 3D 打印等一些实用功能，提升了人们使用计算机的体验，提高了人们利用计算机处理数据的效率。

2.6.2 Windows 10

Windows 10 是微软公司研发的跨平台及设备应用的操作系统。系统增强了兼容性和安全性，并且在易用性方面有了极大的提升，除了融合云服务、智能移动设备、自然人机交互等新技术外，还对固态硬盘、生物识别装置、高分辨率屏幕等硬件进行了优化完善与支持。Windows 10 增加了许多新功能，举例如下。

（1）生物识别技术

新增的 Windows Hello 功能提供对生物识别技术的支持。除了常见的指纹扫描外，系统还新增了借助 3D 红外摄像头实现面部或虹膜识别的登录方式。

（2）平板模式

Windows 10 提供了针对触控屏设备优化的功能，同时还提供了专门的平板电脑模式，开始菜单和应用均以全屏模式运行。若设置得当，系统会自动在平板电脑与桌面模式间切换。

（3）桌面应用

Windows 10 放弃 Metro 风格，回归传统。标题栏重回窗口上方，用户可以调整应用窗口大小，最大化与最小化按钮也给用户更多的选择和自由度。

（4）多桌面

如果用户没有多显示器配置，但依然需要对大量的窗口重新排列，则可以利用 Windows 10 的虚拟桌面功能将窗口放进不同的虚拟桌面，并实现轻松切换。

（5）新技术融合

Windows 10 在易用性、安全性等方面进行了深入改进与优化，并广泛融合了云服务、智能移动设备、自然人机交互等新技术。

2.7 Windows 7 综合实训

2.7.1 综合实训 1：Windows 7 的基本操作

1. 目的

（1）熟悉 Windows 7 桌面和个性化设置。

（2）熟悉任务栏和“开始菜单”的使用。

（3）掌握窗口和菜单的基本操作方法。

（4）熟悉磁盘管理工具的使用。

（5）了解获得帮助的途径。

2. 操作要求

（1）查看计算机系统的基本信息。

（2）启动 Windows 7 观察桌面组成，认识应用程序和图标。

（3）更改桌面主题，设置屏幕保护程序，添加桌面小工具和便笺。

（4）打开“计算机”窗口，认识窗口的组成。

（5）打开一个有多个文件或文件夹的窗口，在“查看”菜单中选择不同的显示方式和图标排列方式，比较其不同之处。

（6）单击“开始”按钮，观察“开始”菜单的组成及“所有程序”的列表内容。

（7）为“开始”菜单中的某个应用程序创建快捷方式，并将快捷方式锁定到任务栏的快速启动区。

（8）查看任务栏当前日期和时间是否正确，若不正确请修改。

（9）锁定、隐藏任务栏，更改任务栏在屏幕上的位置，设置任务栏按钮为“从不合并”或“当任务栏被占满时合并”，并观察与“始终合并、隐藏标签”的区别。

（10）使用“Windows 帮助和支持”，利用“控制面板”进行系统设置。

（11）设置一个新账户，账户类型为“标准用户”，并切换至新账户登录。

（12）练习应用程序的安装和卸载，自行安装打字软件并进行指法练习。

（13）对 D 盘进行磁盘清理和磁盘碎片整理。

2.7.2 综合实训 2：Windows 7 的文件夹管理和实用工具

1. 目的

（1）掌握文件和文件夹的查看、搜索和管理等功能的用法。

（2）掌握回收站的使用方法。

（3）掌握 Windows 7 实用工具的使用方法。

2. 操作要求

（1）在 D 盘根目录下新建一个文件夹，命名为“学号+姓名”，如“01050301XXX”，在该文件夹中建立两个子文件夹，文件名分别为“EXAM1”和“EXAM2”。

（2）在“EXAM1”文件夹中建立名为“ABC.txt”的文本文件。

（3）把“C:\WINDOWS\Media”中的两个名字为“tada.wav”和“通知.wav”的文件复制到“EXAM1”文件夹中。

（4）把“EXAM1”文件夹中的三个文件移动到“EXAM2”文件夹中。

（5）将“EXAM2”文件夹中的“ABC.txt”重命名为“课堂练习.txt”，“通知.wav”重命名为“Sound.wav”。

（6）搜索 C 盘中所有以.exe 为扩展名的文件；找到“wmplayer.exe”文件双击运行，并将文件存放路径写入“课堂练习.txt”文件。

（7）将“Sound.wav”文件属性设置为“只读”和“隐藏”，实现文件隐藏。

（8）设置“显示隐藏的文件、文件夹和驱动器”，将“Sound.wav”文件显示出来。

（9）将“tada.wav”文件删除，并从回收站中还原。

（10）在“回收站属性”对话框中，取消“显示删除确认对话框”复选框，再次删除“tada.wav”文件，观察删除时的提示变化，并清空回收站。

（11）以下操作均在“EXAM1”文件夹中进行。

①使用写字板或记事本新建一个名为“学号+姓名.txt”（例如 01050301XXX.txt）的文件，键入如下内容。

【样文】

操作系统（Operating System，OS）是管理和控制计算机系统基本资源、方便用户充分有效地使用这些资源的程序集合。操作系统在计算机中具有极其重要的地位，是系统软件的基础和核心，其他所有软件都建立在操作系统之上。计算机系统中主要部件之间相互配合、协调一致地工作，都是靠操作系统的统一控制实现的。

Windows 是由微软公司开发的基于图形化用户界面的多任务操作系统，是目前最流行、最常见的操作系统之一。随着计算机软硬件技术的不断发展，微软的 Windows 操作系统也在不断升级和更新，从最初的 Windows 1.0 到大家熟知的 Windows XP、Windows 7、Windows 8、Windows 10 等各种版本，Windows 已经成为微型计算机的主流操作系统。它支持多线程、多任务与多处理，同时具有良好的硬件支持，可以即插即用很多不同品牌、不同型号的多媒体设备。

Windows 7 是微软公司于 2009 年推出的新一代操作系统。它是 Windows 系列操作系统在功能性、安全性、可操作性、个性化等方面的又一次全面创新。从最早的 DOS、Windows 3.x、Windows 95、Windows 98、Windows XP、Windows Vista，到 Windows 7 正好是微软操作系统的第 7 个版本，因此微软公司将其称为 Windows 7。

②将.txt 文件的打开方式更改为 Word 2010，双击打开“学号+姓名.txt”。

③新建一个写字板文档“生日快乐.rtf”，要求有图片、文字，并排版。

④使用“画图”工具制作一张图片，保存为“画图.png”，并设置为桌面背景。

⑤利用“截图”工具完成图 2-47 所示的截图示例效果，并保存为“截图.jpg”。

⑥利用计算器将十进制数 45、64、98 转换为二进制数、八进制数和十六进制数，将转换结果保存至“进制转换.txt”文件。

⑦打开“数学输入面板”工具。用鼠标在书写区域书写如下数学表达式，保存至“数学公式输入.docx”。

$$X_{1,2}=\frac{-b\pm\sqrt{b^2-4ac}}{2a}$$

（12）将 D 盘中“学号+姓名”文件夹内所有文件保存并关闭，将文件夹压缩为同名的压缩文件，并为压缩文件创建一个桌面快捷方式，双击桌面快捷方式图标，查看压缩包内容。

（13）将 D 盘的同名压缩文件删除后，再次双击桌面快捷方式图标，观察变化。

习题 2

一、选择题

1. 操作系统是一套（　　）程序的集合。
   A. 文件管理　B. 设备管理　C. 资源管理　D. 中断处理
2. 用户与计算机硬件之间的接口是（　　）。
   A. 操作系统　B. 应用软件　C. 网络软件　D. 均不是
3. 为了便于不同的用户快速登录和使用计算机，Windows 7 提供了（　　）功能。
   A. 重新启动　B. 切换用户　C. 注销　D. 登录
4. Windows 7 启动完成后所显示的整个屏幕称为（　　）。
   A. 桌面　B. 窗口　C. 对话框　D. 我的电脑
5. 正确退出 Windows 7 的操作是（　　）。
   A. 拔下电源插销
   B. 按 POWER 按钮
   C. 单击“开始”菜单中的“关机”按钮
   D. 按【Ctrl+Alt+Delete】组合键，打开“任务管理器”，单击“结束任务”按钮
6. 在 Windows 7 中，与鼠标操作无关的术语是（　　）。

A. 单击 B. 启动 C. 双击 D. 拖动

7. 在 Windows 7 中，打开“开始”菜单可使用组合键（ ）。

A.【Ctrl+ Delete】B.【Ctrl+Tab】 C.【Ctrl+Esc】 D.【Ctrl+Shift】

8. 在 Windows 7 窗口的菜单中，有些菜单项右侧有一个▶标记，它表示（ ）。

A. 如果用户选择了此命令，则会弹出下一级菜单

B. 如果用户选择了此命令，则会弹出一个对话框

C. 该菜单项当前正在被使用

D. 该菜单项不能被使用

9. 在 Windows 7 中，关于“最小化”窗口和关闭窗口的叙述，正确的是（ ）。

A. 窗口最小化后，仍然在内存中运行，占用系统资源

B. 窗口关闭后，仍然在内存中运行，占用系统资源

C. 窗口最小化和关闭有区别，都在内存中运行，占用系统资源

D. 窗口最小化表示它所对应的程序在内存中暂停运行，不占用系统资源

10. 在 Windows 7 中，移动窗口的正确操作是用鼠标拖动窗口的（ ）。

A. 空白工作区 B. 标题栏 C. 状态栏 D. 菜单栏

11. 在 Windows 7 中，按（ ）组合键屏幕上会出现窗口的“切换任务栏”。

A.【Ctrl+ Delete】 B.【Shift+Tab】

C.【Alt+Tab】 D.【Ctrl+Shift】

12. 在 Windows 7 中，管理文件或文件夹经常使用的是（ ）。

A. 资源管理器 B. 控制面板 C. MS-DOS 方式 D. 网上邻居

13. 在 Windows 7 中，将当前窗口图像存入剪贴板，应按（ ）键。

A.【PrintScreen】 B.【Ctrl+PrintScreen】

C.【Alt+PrintScreen】 D.【Ctrl+Alt+PrintScreen】

14. 在 Windows 7 操作系统中，（ ）不是系统自带的应用程序，使用时需要用户安装。

A. 写字板 B. 画图 C. 计算器 D. Microsoft Word

15. 把一个文件拖至回收站，表示（ ）。

A. 复制该文件到回收站 B. 删除该文件，但不能恢复

C. 删除该文件，但可恢复 D. 系统提示“执行非法操作”

二、填空题

1. 操作系统是控制和管理计算机________资源，以合理有效的方法组织多个用户共享多种资源的程序集合。

2. 不经过回收站，永久删除所选中的文件或文件夹时要按________键。

3. 操作系统是根据文件的________来区分文件类型的。

4. 在 Windows 7 中，要选中多个不连续的文件或文件夹，可以首先选定一个文件或文件夹，然后按住________键，同时选定其他的文件或文件夹。

三、简答题

1. 简述什么是操作系统。常见的操作系统有哪些？

2. 查阅资料，简述 Windows 操作系统的发展过程。

3. 控制面板有什么作用？

4. 简述使用远程协助的方法。

第3章 文字处理软件 Word 2010

Word 是微软公司推出的 Office 办公软件中的重要组件之一，其功能集编辑、排版、表格处理、打印为一体。Word 功能齐全、操作简便，并且提供了一系列在线帮助信息、编辑工具和功能菜单，用户可以使用工具栏提供的工具和菜单栏提供的各项功能对文档进行操作。

3.1 Word 2010 简介

3.1.1 Word 2010 的启动和退出

1. 启动 Word 2010

启动 Word 2010 的常用方法有以下三种。

（1）单击桌面任务栏中的“开始”|“所有程序”|“Microsoft Office”|“Microsoft Word 2010”。

（2）双击 Word 文档，在打开文档的同时启动 Word 2010 应用程序。

（3） 将 Word 2010 程序的快捷方式建立在桌面上，双击快捷方式图标。

2. 退出 Word 2010

与其他 Windows 应用程序类似，退出 Word 2010 的常用方法有以下三种。

（1）单击“文件”|“退出”。

（2）双击窗口标题栏左侧的 Word 图标。

（3）单击窗口标题栏右侧的关闭按钮。

3.1.2 Word 2010 的工作窗口

启动 Word 2010 后，会显示图 3-1 所示的工作窗口，主要由“文件”菜单，开始、插入、页面布局、引用、邮件、审阅、视图等选项卡组成。

1. 标题栏

标题栏处于工作窗口的顶端，包括控制菜单图标、快速访问工具栏、文档名称和窗口控制按钮。

（1）控制菜单图标：位于标题栏最左边。单击该图标显示一个菜单，可以对窗口进行还原、移动、调整大小、最小化、最大化和关闭等操作。

（2）快速访问工具栏：位于控制菜单图标的右侧。用户可以根据需要，通过工具栏右侧的按钮，添加和更改常用按钮。

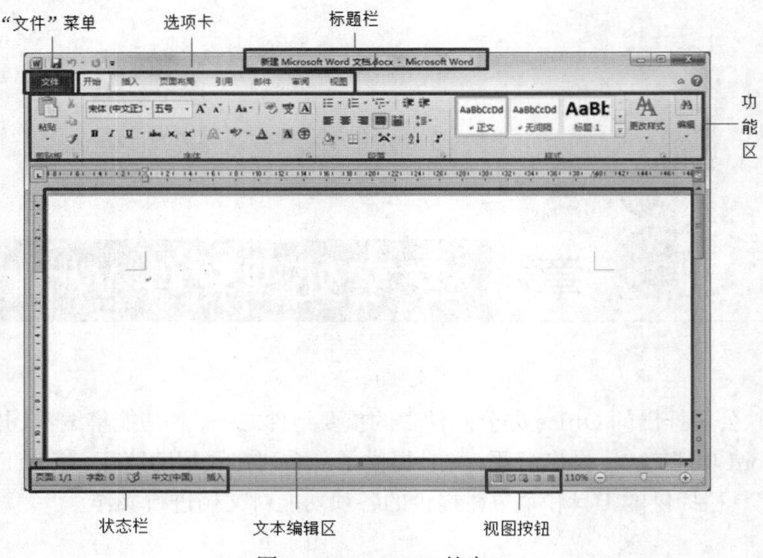

图 3-1　Word 2010 的窗口

（3）文档名称：标题栏的正中间位置显示当前正在编辑的文档名称。

（4）窗口控制按钮：位于标题栏的最右边，共有 3 个，分别提供最小化、最大化/还原和关闭窗口的功能。

2．"文件"菜单

打开"文件"菜单，在菜单中可以对文档进行保存、另存为、打开、关闭、Word 选项设置以及退出等操作。通过 Word 选项，可以对编辑的文档进行常规、显示、校对、保存、版式等信息的相关设置操作。

3．选项卡

在"文件"菜单的右侧是"开始""插入""页面布局""引用""邮件""审阅""视图"等选项卡。单击不同的选项卡，可以在功能区显示相关的操作。

4．功能区

功能区是每个选项卡所包含的不同操作的命令组。例如，"开始"选项卡包含"剪贴板""字体""段落""样式""编辑" 5 个功能区。每个功能区中有多个命令按钮，按钮中若带有▾，表示该命令还隐藏了多个相关设置，单击▾打开更多相关选项设置或级联菜单。功能区的右下角若带有对话框启动器，表示能打开包含该功能更多相关设置的对话框。

5．文本编辑区

文本编辑区是 Word 2010 中最主要的区域，用户可以在此进行文档的输入、编辑、修改、排版和浏览等操作。编辑区由文本区域、滚动条和标尺组成。

（1）文本区域：文本区域是用户创建、编辑、修改和查阅文档的地方。工作区中闪烁的"|"形光标称为插入点，用于指示当前插入文字的位置，"↵"为文档段落标记，表示一个段落的结束。

（2）滚动条：位于文本区的下方和右边。滚动条有水平滚动条和垂直滚动条两种。拖动滚动条或单击滚动条两端的滚动箭头，可调整文档的阅读位置。

（3）标尺：位于文本区域的上方和左边。标尺分为水平标尺和垂直标尺两种。标尺两端的灰色部分表示编辑区与纸张边缘的距离，标尺上的数字刻度可用于对文本位置进行定位，利用标尺可以设置页边距、字符缩进和制表位。

6. 状态栏

状态栏位于 Word 2010 窗口的下方，通常包括当前文档的页码、字数、输入法、插入/改写状态、视图切换按钮和显示比例等。另外，在状态栏上单击鼠标右键可自定义状态栏。

3.1.3 Word 2010 的视图方式

视图方式就是文档在窗口中的显示方式。选择不同的视图可以改变文档在窗口中的显示效果。Word 2010 提供了页面视图、阅读版式视图、Web 版式视图、大纲视图和草稿等多种视图方式。不同的视图方式分别从不同的角度、以不同的方式显示文档，并适应不同的排版要求。Word 2010 默认的文档显示方式为页面视图。当打开一个文档或是新建文档时，便以页面视图方式显示。在视图间切换有两种方式：一种是在“视图”选项卡的“文档视图”组中，单击“视图”按钮；另一种是单击工作窗口右下方的视图切换按钮。

（1）页面视图：Word 中默认的视图，按照文档的打印效果显示文档，具有“所见即所得”的效果。在页面视图方式下，可以直接看到文档的外观，如图形、文字、页眉、页脚、脚注、尾注等信息在页面中的精确位置，以及分栏排版等格式化效果。

（2）阅读版式视图：用于阅读和审阅文档。模拟书本的阅读方式，整个页面以书页的形式显示。在阅读文档的过程中还可以使用标注和注释工具进行标记。

（3）Web 版式视图：常用于 Web 页面的制作。在这种方式下可以清楚地显示文档在 Web 页面中的表现形式。

（4）大纲视图：适合于较多层次的文档，如报告文体和章节排版等。大纲视图将所有的标题分级显示出来，层次分明。在大纲视图下，可以通过对标题的操作，改变文档的层次结构。

（5）草稿：录入文本或插入图片时常用的视图方式。在此视图方式下，文本的显示是经过简化的，只显示字符排版、段落排版等基本的格式化效果，不显示水印、图片等复杂的格式内容，因此浏览速度相对较快。

3.2 Word 2010 的基本操作

文档操作是 Word 2010 中最基本的操作，文档的基本操作主要包括新建文档、编辑文档、打开和保存文档等。

3.2.1 新建文档

Word 2010 创建的文档扩展名默认为.docx。在用户正常启动 Word 2010 后，系统会自动新建一个名为“文档 1”的空白文档。新建空白文档的具体方法如下。

1. 通过快捷菜单新建空白文档

在桌面或任何可以存放文件的窗口中单击鼠标右键，在弹出的快捷菜单中选择“新建”|“Microsoft Word 文档”命令，如图 3-2 所示。双击所生成的 Word 图标，即可打开新建的文档。

2. 通过“文件”菜单新建空白文档

用户在使用 Word 2010 对文档进行编辑的过程中，同样可以通过“文件”菜单新建空白文档。选择“文件”菜单，在左侧的标签栏下单击“新建”按钮，在“可用模板”下默认选择“空白文档”，再单击右侧的“创建”按钮，即可新建一个空白文档。

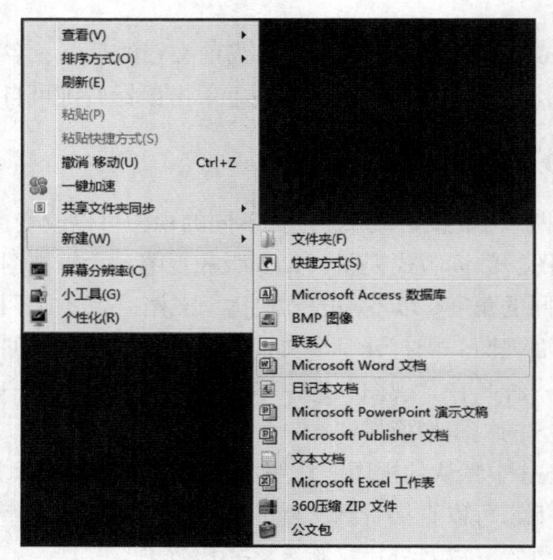

图 3-2 通过快捷菜单新建 Word 文档

3.2.2 编辑文档

用户在新建一个文档之后就可以在“|”处输入文字，光标会随着文字的输入而自动后移。当用户输入文字达到最右边时系统会自动换行，当用户输入文字满一页时系统也会自动换页。

用户对文本的修改称为编辑文档。下面主要介绍文档的插入、删除、复制和查找/替换等操作。

1. 插入文本

用户在编辑文档时，需要经常进行插入操作。插入的内容可以是一个字符、一个单词、一个句子、一段文本或者一个实例对象等。进行插入操作之前，应该先确认当前是“插入”状态。进行插入操作时，先把光标定位到需要插入字符的位置，再进行插入操作，插入点后面的字符会自动向后移动。

2. 插入符号

进行文本编辑时，经常需要插入一些特殊符号，如数学运算符、希腊字母、版权号等。Word 2010 提供了比较完善的特殊符号列表，通过简单的菜单操作即可完成插入。

在“插入”选项卡的“符号”组中，单击“符号”按钮，在弹出的下拉列表中单击“其他符号”，弹出图 3-3 所示的“符号”对话框。例如，要在文档中输入β符号，首先要选中β，然后单击“插入”按钮，关闭该对话框即可。

3. 插入日期和时间

如果需要在文档中加入日期和时间，可以在“插入”选项卡的“文本”组中，单击“日期和时间”按钮，弹出“日期和时间”对话框，选择需要的格式。如果希望每次打开文档时，时间自动更新为打开文档时的日期，需要选中“自动更新”复选框，如图 3-4 所示。

4. 文本的选定

在对文档进行编辑或排版之前，首先必须选定要处理的文本。当选定文本时，被选定的文本以“高亮”形式突出显示。利用鼠标或键盘均可选定文本。

图 3-3 “符号”对话框

图 3-4 “日期和时间”对话框

（1）使用鼠标选定文本

在被编辑文本的第一个字符前单击鼠标，使鼠标指针变成“|”形光标；按住鼠标左键向后拖动鼠标，到达最后一个字符时，释放鼠标左键，被选定文本会“高亮”显示。

Word 2010 中选定的对象可以是一个字符、一个单词或整个句子，也可以是一行文本、一个段落或整篇文章，使用下列方法会提高选定文本的速度。

① 选择一个字或词：双击该字或词。

② 选择一个句子：按住【Ctrl】键，单击句子中的任何位置。

③ 选择一行文本：将鼠标指针移到文本最左边的文本选定区（此时鼠标指针变成向右的箭头），然后单击。

④ 选择多行文本：将鼠标指针移到文本选定区后，单击并拖动鼠标。

⑤ 选择一个段落：双击段落左边的文本选定区，或三击段落中的任意位置。

⑥ 选择多个连续文本：单击文本起始处，然后按【Shift】键并单击结束处。

⑦ 选择多个不连续文本：按住【Ctrl】键，选定各文本。

⑧ 选择矩形文本区：按住【Alt】键，从起始处单击鼠标并拖动到结束处。

选定文本之后，如果发现选定的内容不合适，欲取消选择，只需在文档中的任意位置单击即可。

提示：当选择一段超过屏幕长度的文本时，由于文字处理器滚动过快，不便于准确选定。有效选择大段文本的方法是：单击选区开始处，拖动滚动条向下移动文档，在选区结束处按【Shift】键，并通过鼠标单击完成文本选定。

（2）使用键盘选定文本

使用键盘选定文本时，应先将插入点定位到需选择范围的起始位置，再根据要选择文本范围的不同，选用相应的组合键。下面是常用的键盘选定文本方法。

Shift + → 或 Shift + ← 选择到下一字或上一字

Shift + ↑ 或 Shift + ↓ 选择到上一行或下一行

Shift + End 或 Shift + Home 选择到行尾或行首

Shift + PgDn 或 Shift + PgUp 选择到下一屏或上一屏

Ctrl+ Shift + End 或 Ctrl + Shift + Home 选择到文件尾或文件头

Ctrl + A 选择整个文档

5. 删除文本

用户在输入文本时，如果发现输入有误，可以进行删除操作。Word 2010 根据光标所在的位置和需要删除的内容不同，提供了多种删除操作方法，具体如下。

（1）当光标在所要删除的字符之后时，用户可以使用【BackSpace】键来删除光标之前的字符。

（2）当光标在所要删除的字符之前时，用户可以使用【Delete】键来删除光标之后的字符。

（3）当删除的内容是一大段文本时，用户可以先选定要删除的文本，再使用【BackSpace】键或者【Delete】键进行删除。

6. 复制和移动文本

复制文本是指将所选文本复制到其他位置，同时不破坏原有文本的完整性；而移动文本则是将文本从原来的位置移动到其他位置。Word 2010 提供的复制（移动）方法有多种。

（1）利用剪贴板实现复制（移动）

剪贴板是 Office 2010 提供的用于 Windows 应用程序间信息交换的有效工具，通过剪贴板用户可以从 Office 文档中暂存一些文字和图形，再将其粘贴到任意 Office 文档中。

在 Word 2010 中，在“开始”选项卡的“剪贴板”组中，单击右下角的对话框启动器，便可以打开“剪贴板”任务窗格，如图 3-5 所示。实现复制（移动）文本的方法有以下三种。

① 选定要复制（移动）的文本，在“开始”选项卡的“剪贴板”组中，单击“复制”（或“剪切”）按钮。

② 在选定的对象上单击鼠标右键，在弹出的快捷菜单中选择“复制”（或“剪切”）命令。

③ 选定对象，按【Ctrl+C】（或【Ctrl+X】）组合键。

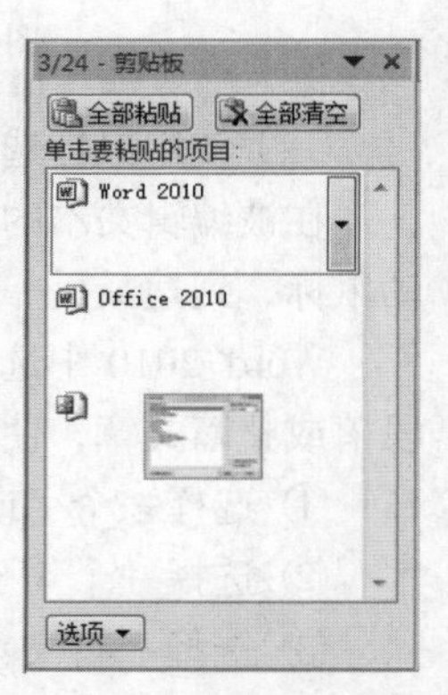

图 3-5 “剪贴板”任务窗格

提示：放入剪贴板中的内容可以被多次使用，单击“全部粘贴”按钮即可粘贴剪贴板中的所有内容，单击“全部清空”按钮，则清空剪贴板中所有内容。在剪贴板中，最多可以存放 24 项最近使用的内容。

（2）利用鼠标拖动实现复制（移动）

选定要复制或移动的文本，并将鼠标指针移动到选定区，当鼠标指针变成箭头形状时，按住鼠标左键拖动到要粘贴文本的位置，即可移动文本；若在按【Ctrl】键的同时按住鼠标左键拖动，则可复制文本。

7. 粘贴操作

Word 2010 提供了三种常用的粘贴方式，可以根据不同的需要进行选择。

（1）保留源格式：将剪贴板上的内容保留原来设置的格式不变（如字体、字号、颜色等），粘贴到需要的文档中。这种粘贴方式是系统默认的粘贴方式。

（2）合并格式：改变剪贴板上内容的原有格式，与文档粘贴位置的格式保持一致。

（3）只保留文本 A：将剪贴板上的内容去除图、表格线等对象，粘贴时只保留文本内容。

8. 撤销、恢复和重复操作

Word 2010 具有记录最近完成的一系列操作步骤的功能。操作失误可以撤销，取消撤销可以恢复，相同的操作可以重复执行。这样有助于提高工作效率。

（1）撤销

撤销功能不但可以撤销上一次的编辑操作，而且可以按从后到前的顺序依次撤销已经执行的操作。

撤销的方法：单击快速访问工具栏中的撤销按钮，或使用键盘上的【Ctrl+Z】组合键。

提示：*若要撤销多次操作，可以单击撤销按钮右边的下拉按钮打开下拉菜单，选择需要撤销的多项操作。*

（2）恢复

恢复功能可恢复已撤销的操作，也称为撤销的反操作。

恢复的方法：单击快速访问工具栏中的恢复按钮，或使用键盘上的【Ctrl+Y】组合键。

（3）重复

如果没有执行撤销命令，快速访问工具栏中的撤销按钮是不会出现的，取而代之的是重复按钮。当需要多次进行某种同样的操作时，可以单击该按钮。

9. 文本的查找和替换

如果用户想要在文档中查找一些特殊字符或者将某些字符替换成另外的字符，可以通过 Word 2010 提供的“查找和替换”功能快速实现。

（1）查找

在“开始”选项卡的“编辑”组中，单击查找按钮，会在文本编辑区的左侧打开“导航”任务窗格，如图 3-6 所示。在“搜索文档”文本框中输入要查找的内容（最多可以输入 255 个字符，每个汉字为 2 个字符），查找到的字符将以“高亮”形式显示。

还可以单击“查找”按钮右边下拉菜单中的“高级查找”选项，弹出图 3-7 所示的“查找和替换”对话框，在“查找内容”文本框中输入要查找的内容，单击“阅读突出显示”下拉菜单中的“全部突出显示”选项，所查找的内容在文档中将以“高亮”形式显示。

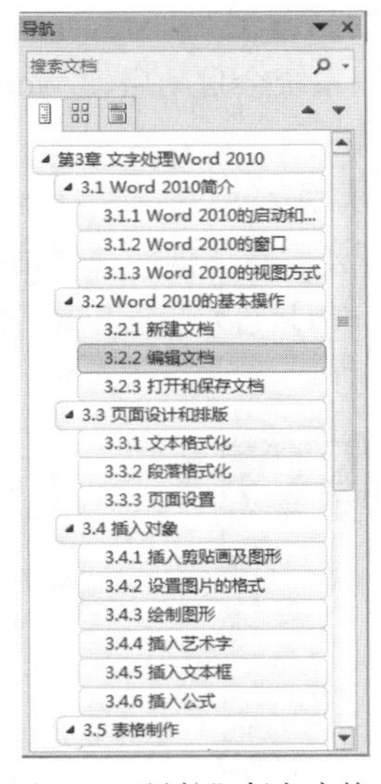

图 3-6 “导航”任务窗格

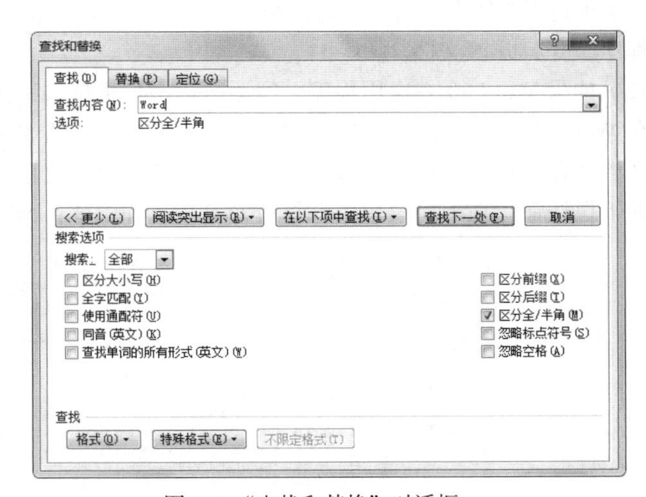

图 3-7 “查找和替换”对话框

另外，单击“查找和替换”对话框中的“更多”按钮，将出现限定查找的选项。在“搜索选项”组中，限定条件有以下几个。

① 搜索范围：限定搜索方向，向上、向下或全部。

② 区分大小写：选中该复选框，可严格区分查找单词的大小写。

③ 全字匹配：如果要查找一个完整的单词，则选中该复选框；否则，Word 将找出所有包含查找字符的字符串。

④ 使用通配符：选定此复选框，“*”和“?”作为通配符使用。

（2）替换

在“查找和替换”对话框中，选择“替换”选项卡，则显示替换功能的相关选项，如图 3-8 所示。

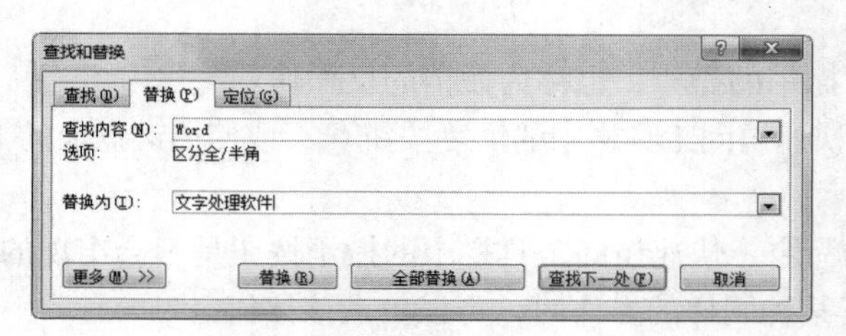

图 3-8 “替换”选项卡

在“查找内容”文本框中输入要查找的内容，在“替换为”文本框中输入替换后的内容，单击“查找下一处”按钮，找到的字符将以“高亮”显示。单击“替换”按钮，找到的内容将被替换。如果要继续替换下一个，则再次单击“查找下一处”和“替换”按钮。若单击“全部替换”按钮，则一次性完成整个文档中符合条件的所有替换操作。

3.2.3 打开和保存文档

1. 打开文档

Word 2010 不仅可以打开.docx 文件，还可以打开或编辑纯文本文件（.txt）、低版本 Word 文件（.doc）和模板文件（.dot）等。

对于已经创建的文档，若需要再次编辑，可以通过以下几种方式打开。

（1）找到文档所在文件夹，选择需要打开的文档，双击文档图标，系统会自动启动 Word 2010 应用程序，并打开该文档。

（2）如果 Word 2010 应用程序已经运行，用户可按如下步骤进行操作。

在 Word 2010 主界面中，单击“文件”|“打开”命令，弹出“打开”对话框。在对话框中，找到文档所在的位置，选择要打开的文档。在打开文档之前，可以选择打开方式。单击“打开”旁边的下拉按钮，在下拉菜单中选择打开方式，如图 3-9 所示。

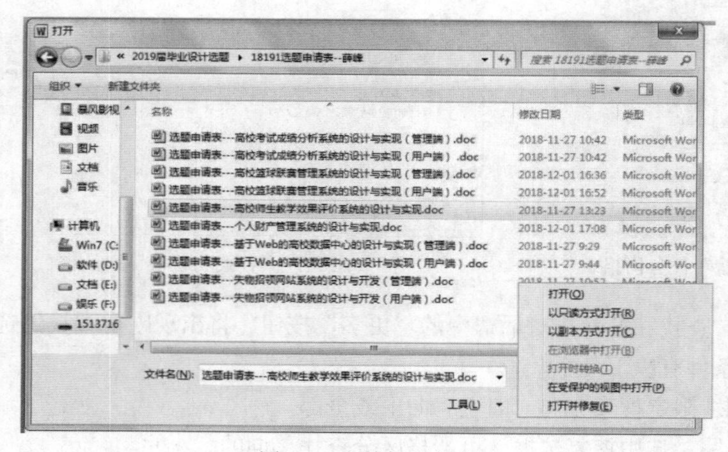

图 3-9 文档打开方式

以只读方式打开：会限制对原始 Word 文档的编辑和修改，从而有效保护 Word 文档的原始状态。

以副本方式打开：将在原文档所在位置生成一个完全相同的副本文档，同时打开副本文档进行编辑和修改，有助于保护原有的文档。

在受保护的视图中打开：会自动进入只读状态，且不能执行任何操作，只有确定文档正常，单击“启用编辑”后才能正常操作。

打开并修复：会对受损的文件或乱码文件自动修复。

（3）打开最近使用文档

在 Word 2010 中，可以选择“文件”|“最近所用文件”命令，查看最近使用过的文档，双击打开文档。

Word 2010 允许同时打开多个文档，实现多个文档之间的数据交换。

2. 保存文档

保存文档是把文档作为一个磁盘文件存储起来。保存文档是非常重要的，用户当前所做的工作都是在内存中进行的，一旦断电或发生故障，其数据就会丢失，所有的工作就会白费。所以，用户应该及时将文档保存到外存介质上。

（1）手动保存文档

手动保存文档有以下几种方法。

① 选择“文件”|“保存”命令，或单击快速访问工具栏中的保存按钮。

② 选择“文件”|“另存为”命令，弹出“另存为”对话框，在“保存位置”列表框中选择保存文档的位置，在“文件名”文本框中输入文件名，在“保存类型”列表框中选择合适的文件保存类型，系统默认为“Word 文档”，如果选择“Word 97-2003 文档”，文档将以扩展名为“.doc”的文件进行保存。

（2）自动保存文档

为了防止因死机或断电等意外情况引起数据丢失，Word 2010 提供了指定时间间隔自动保存文档的功能。具体方法如下。

① 选择“文件”|“选项”命令，弹出“Word 选项”对话框。

② 选择“保存”选项卡，在“保存文档”栏中，选中“保存自动恢复信息时间间隔”复选框，并且在右边的微调框中输入希望自动保存的时间间隔，默认值为 10 分钟，如图 3-10 所示。

图 3-10　自动保存设置

③ 选中“如果我没保存就关闭，请保留上次自动保留的版本”复选框。

④ 设置完毕后，单击“确定”按钮，保存设置并关闭对话框。

3.3 文档排版

用户编辑完一篇文档后，为了使版面更加规范、美观，方便阅读和打印，可以借助 Word 2010 提供的文档格式化功能进行文档排版。常用的格式化操作包括文本格式化、段落格式化和页面格式化。

3.3.1 文本格式化

1. 文本格式化

文本格式化主要包括设置文档中字符所使用的字体、字号、字形、颜色、字符缩放、字符间距和字符位置等。进行文本格式化首先需要选定文本，否则只对光标处新输入的文本有效。对文本的格式化一般通过“开始”选项卡的“字体”选项组进行设置，如图 3-11 所示。

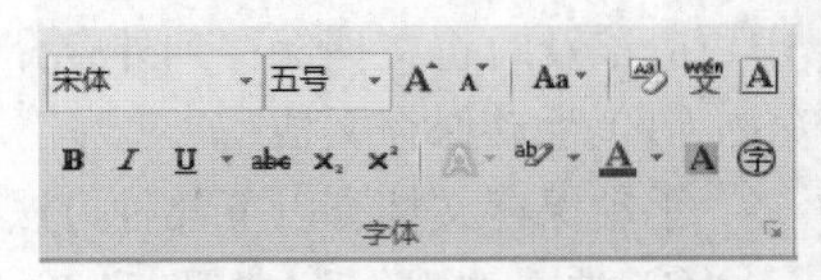

图 3-11 “字体”选项组

如果对文本有更多的格式要求，可以通过“字体”对话框进行设置。打开“字体”对话框的方式有三种：在“开始”选项卡的“字体”选项组中，单击右下角的对话框启动器；选中文本单击鼠标右键，在弹出的快捷菜单中选择“字体”命令；使用【Ctrl+D】组合键。“字体”对话框如图 3-12 所示，其中有“字体”和“高级”两个选项卡。

图 3-12 “字体”对话框

（1）“字体”选项卡

① 字体是字符呈现的样式，包括中文字体（如宋体、楷体）和西文字体（如 Times New Roman）。

② 字形是指常规、倾斜、加粗等。

③ 字体颜色是指字符显示的颜色。

④ 字号是指字符的大小，一般用“号”或“磅”来表示。用“号”表示时“号值”越小字符越大；用“磅”表示时“磅值”越小字符越小。

⑤ 效果是指对文字添加删除线、设置上标或下标等。

（2）“高级”选项卡

① 缩放是指调整字符的宽度，常规比例是 100%，比例大小决定字符的宽窄。

② 间距是指字符之间的距离，有“标准”“加宽”和“紧缩”选项。

③ 位置是字符在一行上的高度，有“标准”“提升”和“降低”选项。

（3）文字效果设置

可以在轮廓、阴影、映像、三维格式等方面对文字进行自定义设置。

2. 中文版式

对于中文字符，Word 2010 提供了如简体和繁体的互相转换、加拼音、加圈、纵横混排、双行合一等操作。

（1）中文简繁转换：通过“审阅”选项卡的“中文简繁转换”组按钮来实现。

（2）加拼音、加圈：通过“开始”选项卡的“字体”组按钮来实现。

（3）纵横混排、双行合一、合并字符：通过“开始”选项卡的“段落”组的中文版式下拉按钮 来实现。

3.3.2 段落格式化

段落格式化是进行段落的属性设置，它取决于文档的用途以及所需要的外观。通常，同一篇文档中会设置不同的段落格式，主要包括段落对齐、段落缩进以及段落间距等。

1. 段落对齐

段落对齐是指段落内容与左、右、上、下页边距的相对位置。Word 2010 默认的对齐方式是两端对齐，还有其他四种对齐方式，分别是右对齐、左对齐、居中对齐和分散对齐。

段落对齐的设置方法是：选择需要设置格式的段落，在“开始”选项卡的“段落”组中，单击右下角的对话框启动器，打开“段落”对话框，如图 3-13 所示。单击“缩进和间距”选项卡，在“常规”选项组的“对齐方式”下拉列表框中选择所需要的对齐方式。

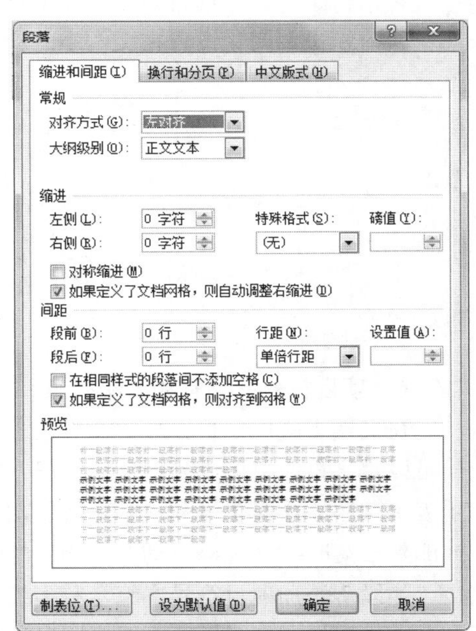

图 3-13 “段落”对话框

2. 段落缩进

段落缩进是指段落的左边界或右边界向页面中心的移动。段落的缩进可以分为左缩进、右缩进、首行缩进、悬挂缩进四种。

左缩进是指整个段落自左向右的缩进，右缩进是指整个段落自右向左的缩进，首行缩进是指段落第一行向右的缩进，悬挂缩进是指段落中除首行外其余各行的缩进。

段落缩进的设置方法是编辑窗口上方的水平标尺。如果看不到标尺，在“视图”选项卡的“显示”组中选中“标尺”即可。在水平标尺上有四个常用的段落缩进按钮，使用这些按钮可以快速设置段落的缩进方式，如图 3-14 所示。

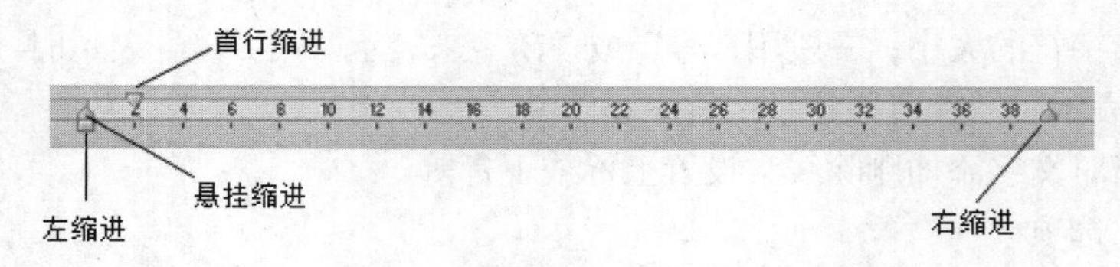

图 3-14　水平标尺的缩进按钮

另外，用户还可以使用菜单实现段落缩进。在图 3-13 所示的“段落”对话框中选择“缩进和间距”选项卡，在“缩进”组中可设置段落左缩进、右缩进、首行缩进及悬挂缩进的距离。

3. 段落间距

段落间距包括段前距、段后距和行间距。段前距是指当前段落的首行和前面段落的尾行之间的距离，段后距是指当前段落的尾行和后面段落的首行之间的距离，行间距是指段落中各行文本间的垂直距离，其默认值是单倍行距。

段落间距的设置方法是，首先在图 3-13 所示的“段落”对话框中选择“缩进和间距”选项卡。然后在“间距”组中的“段前”和“段后”微调框中输入所需的间距值，也可使用上下箭头调整间距数值。在“行距”下拉列表框中选择合适的选项，设置行之间的垂直距离，如果设置的是“最小值”“固定值”或“多倍行距”，可在右边的“设置值”微调框中输入数值。最后，在“预览”框中查看效果。设置完毕后，单击“确定”按钮。

最小值：以该行中最大字体或图形显示所需要的行距作为该行的行距。

固定值：以一个固定的值作为行间距。

多倍行距：以单倍行距的具体倍数确定具体行距。

段落缩进和间距设置在文本中的应用如图 3-15 所示。

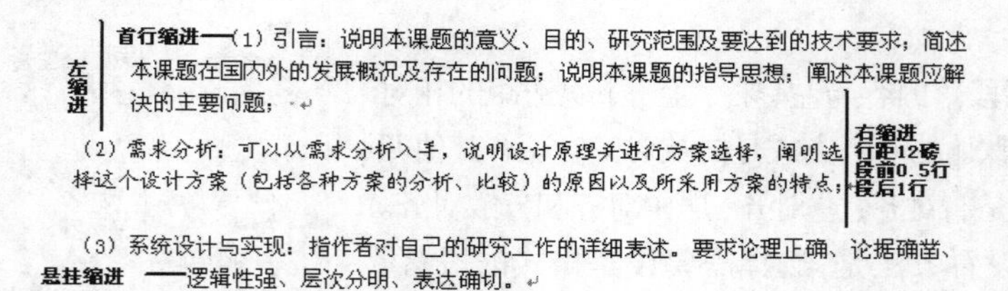

图 3-15　段落格式化示例

4. 项目符号、编号和多级列表

在文档中应用项目符号、编号和多级列表，可以使文档的结构更加清晰，便于阅读。项目符号可以是字符，也可以是图片，一般常用于表示并列关系；编号是连续的数字或字母，一般常用于表示顺序关系；多级列表是具有层次效果的项目符号或编号，一般用于表示层次关系。当增加或删除段落时，系统会自动调整相关的编号顺序。

为段落添加项目符号、编号和多级列表的方法如下。

（1）选择一个或者多个需要同时添加相同样式符号的段落。

（2）在“开始”选项卡的“段落”组中，单击项目符号按钮、编号按钮、多级列表按钮旁边的下拉按钮，打开相应的下拉菜单。

（3）选择系统预设的符号格式或编号格式。

如果用户需要自定义项目符号类型，可以单击项目符号旁边下拉按钮中的“定义新项目符号”，打开“定义新项目符号”对话框，如图 3-16 所示。单击“符号”按钮或“图片”按钮，则弹出“符号”对话框或“图片项目符号”对话框，可从中选择新的符号或图片作为项目符号。单击“字体”按钮，可进行项目符号的格式设置。自定义编号类型的方法与自定义项目符号类型的方法类似，单击编号按钮旁边下拉按钮中的“定义新编号格式”，打开图 3-17 所示的“定义新编号格式”对话框，通过对话框的设置来完成。

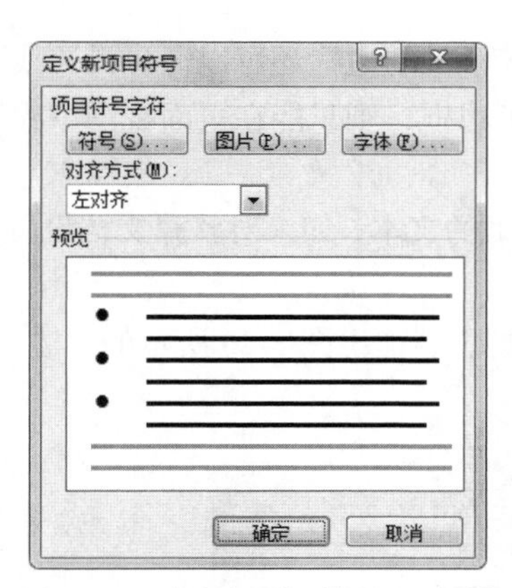

图 3-16 “定义新项目符号”对话框

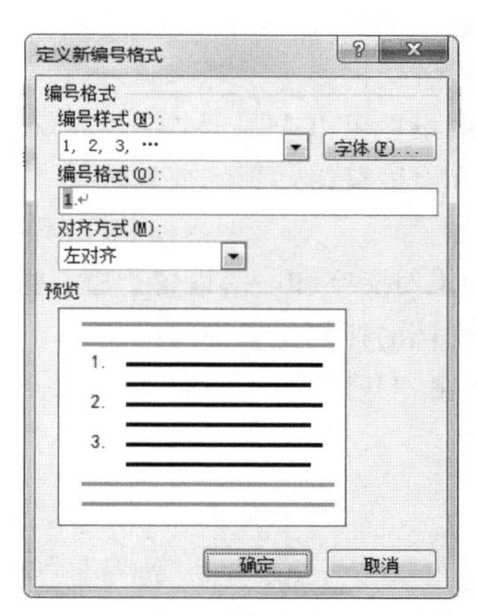

图 3-17 “定义新编号格式”对话框

5. 首字下沉

在文档中为段落设置首字下沉，可以丰富段落格式，增强排版效果，这也是报纸、杂志中常用的排版方式。

首字下沉的设置方法是，将光标置于需要设置首字下沉的段落，在“插入”选项卡的“文本”组中，单击“首字下沉”按钮，在下拉菜单中单击“首字下沉”选项，弹出图 3-18 所示的“首字下沉”对话框。用户可以通过此对话框设置下沉位置、字体、下沉行数等。

6. 分栏

如果文档过长，可以将版面分成多栏，从而使文档更便于阅读，版面显得更加美观。

设置分栏版式的方法是，选定需要设置分栏版式的文档，在“页面布局”选项卡的“页面设置”组中，单击“分栏”按钮，在下拉菜单中可以选择“一栏”“两栏”“三栏”“偏左”“偏右”等选项；或单击“更多分栏”选项，弹出图 3-19 所示的“分栏”对话框，在“预设”组或“栏数”微调框中可以设置需要的分栏类型和分栏的个数。

图 3-18 “首字下沉”对话框

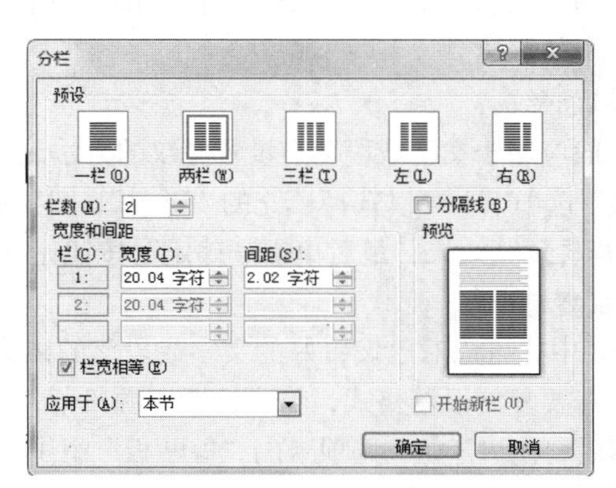

图 3-19 “分栏”对话框

除了等宽的分栏版式外，用户还可设置不等宽的分栏版式，方法是先取消选中“分栏”对话框中的“栏宽相等”复选框，再在“宽度和间距”组中逐栏输入栏宽和间距。如果要取消分栏版式，则在“分栏”对话框中选择“预设”组的“一栏”选项，单击“确定”按钮即可。

7. 边框和底纹

设置边框和底纹，可以突出文档中的内容，使文档更加美观、醒目，从而给人以深刻的印象。

（1）设置边框

边框的设置可以应用于文字、段落或整篇文档，对于添加的边框还可以通过设置线型、指定线条颜色和宽度获得理想的视觉效果。如果为页面设置了边框，则只能在页面视图中查看。边框设置方法如下。

① 如果对文字和段落设置边框，要先选中需设置边框的文本；如果对整篇文档设置边框，则光标置于文档的任何位置都可以。

② 单击“开始”|“段落”|“下框线”|“边框和底纹”，会弹出图 3-20 所示的“边框和底纹”对话框。

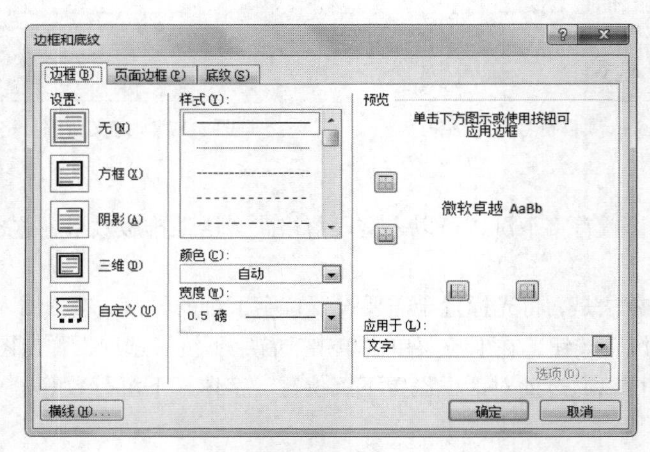

图 3-20 “边框和底纹”对话框

③ 在“边框”选项卡中，可以设置边框的样式、颜色和宽度。在“应用于”下拉列表框内可以选择“文字”或“段落”。单击“选项”按钮可以设置边框与正文的距离。

④ 在“页面边框”选项卡中，可以设置页面边框的样式、颜色、宽度或艺术型。在“应用于”下拉列表框内可以选择要设置边框的页面范围（如整篇文档、本节等）。单击“选项”按钮可以设置边框与正文的距离。

（2）设置底纹

底纹一般应用于文字或段落，设置底纹的方法是，在图 3-20 所示的“边框和底纹”对话框中选择“底纹”选项卡，可以选择填充的“颜色”，图案的“样式”，可以选择应用于“文字”或“段落”，并可查看预览效果，最后单击“确定”按钮完成设置。

8. 格式复制

在 Word 中，可以对已设置好的文字或段落的格式进行复制，以应用到文档的其他地方。

首先，若要复制段落格式，将光标置于源段落；若要复制文本格式，则选定需要复制格式的源文本。然后，在“开始”选项卡的“剪贴板”组中，单击格式刷按钮，当鼠标指针变成刷子形状时，用鼠标选定目标文本或段落即可。

若要将选定格式应用于多处，可双击格式刷按钮。再次单击此按钮或按【Esc】键即可取消此功能。

3.3.3　页面格式化

页面就是文档的一个版面，页面格式决定文档的整体外观和显示效果。页面格式化包括页面设置、页眉和页脚、脚注和尾注、添加页码等。

1. 页面设置

在编辑好文档后，需要对文档的页面进行设置。在“页面布局”选项卡的“页面设置”组中单击相应按钮，或单击“页面设置”组右下角的对话框启动器，打开“页面设置”对话框。对话框有 4 个选项卡，如图 3-21 所示。

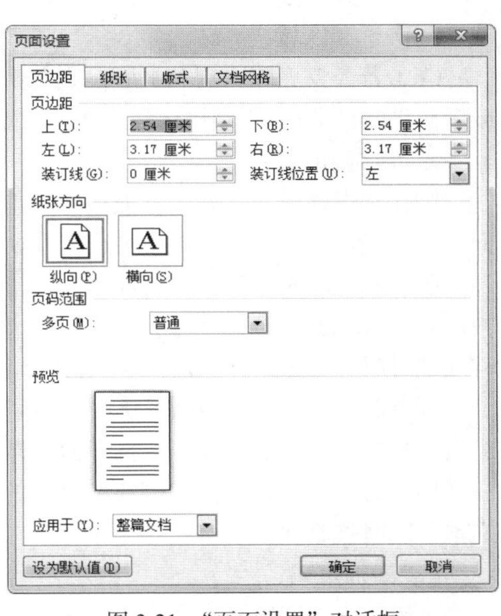

图 3-21　“页面设置”对话框

（1）“页边距”选项卡：用于设置页边距、纸张方向、页码范围等。页边距是指页面四周的空白区域，即页面边线到正文的距离，可以设置上、下、左、右的具体距离值。纸张方向可以设置纵向和横向两种。

（2）“纸张”选项卡：用于选择纸张的类型，一般默认为 A4 纸，用户也可以自定义纸张大小。

（3）“版式”选项卡：用于设置页眉和页脚的特殊效果，如距边界的距离、奇偶页不同或首页不同，以及设置页面的垂直对齐方式等。

（4）“文档网格”选项卡：用于设置每页容纳的行数和每行容纳的字数，以及文字打印方向和行、列网格线是否要打印等。

提示：一般情况下，页面设置作用于整个文档，若仅对部分文档页面进行设置，则在“应用于”下拉列表框中选择范围，如“插入点之后”“本节”等。

2. 页眉和页脚

页眉和页脚可以使用页码、日期、公司 Logo 等文字或图形，页眉设置在文档每页的顶部，页脚设置在页面底部。在文档中可以使用同一个页眉或页脚，也可在文档的不同部分使用不同的页眉和页脚，例如，奇数页的页眉设置为 Logo，而偶数页的页眉设置为文档名。Word 2010 中提供了 20 多种页眉和页脚的样式以供选择，用户也可以根据实际需要设置个性化的页眉和页脚样式。

设置页眉和页脚的方法如下。

（1）在“插入”选项卡的“页眉和页脚”组中，单击“页眉”按钮或“页脚”按钮，从下拉菜单中选择需要的样式。系统提供的样式分为普通和奇偶两种。

（2）选择某种样式或者在页面上双击页眉或页脚，在功能区出现“页眉和页脚工具”选项卡，如图 3-22 所示。

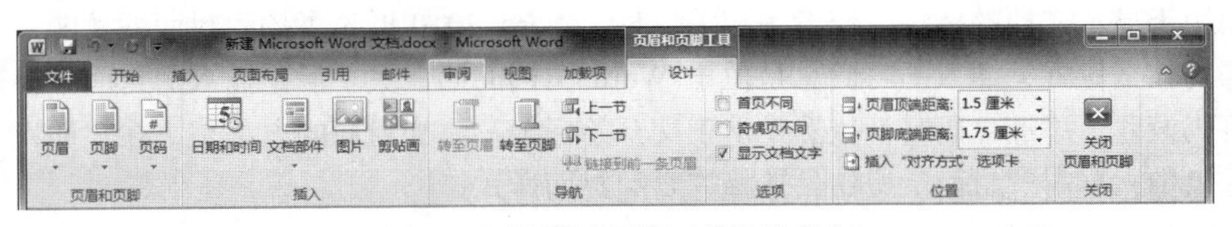

图 3-22　“页眉和页脚工具”选项卡

（3）在“页眉和页脚工具”选项卡的“选项”组中设置首页不同、奇偶页不同的页眉和页脚。

（4）如果文档被分为多个节，也可以为每节设置不同的页眉和页脚。此时，需要配合使用导航组中的“上一节”“下一节”“链接到前一条页眉”等按钮设置每节不同的页眉和页脚。

（5）若需要退出页眉和页脚的编辑状态回到正文，则单击“关闭”|“关闭页眉和页脚”按钮，或者双击正文区域。

（6）若需要删除页眉和页脚，则双击页眉和页脚，选定要删除的内容，按【Delete】键删除，或者在“页眉和页脚”组中选择“页眉”或“页脚”下拉菜单中的“删除页眉”或“删除页脚”命令。

3. 脚注和尾注

脚注和尾注是对文本的补充说明。脚注一般位于页面的底部，可以作为文档某处内容的注释。而尾注一般位于文档的末尾，列出引用文献的来源等。

脚注和尾注由“注释引用标记”和与其对应的“注释文本”组成。对于“注释引用标记”，用户可采用 Word 默认的编号格式或自定义的标记形式。若使用默认的编号格式，在添加、删除或移动编号时，Word 将对注释引用标记重新编号。

设置脚注和尾注的方法是，在“引用”选项卡的“脚注”组中单击相应按钮，或单击“脚注”组右下角的对话框启动器，在打开的“脚注和尾注”对话框中进行设置，如图 3-23 所示。删除脚注和尾注时，只要将文档中脚注和尾注的“注释引用标记”删除，则“注释引用标记”和“注释文本”同时被删除。

4. 添加页码

页码用来标明某页在文档中的相对位置，通常出现在页面的页眉区或者页脚区，用户可以为页码设置各种不同的效果。

添加页码的方法是，在“插入”选项卡的“页眉和页脚”组中，单击“页码”按钮，在打开的下拉菜单中选择将页码添加到“页面顶端”“页面底端”“页边距”或“当前位置”，每一种位置都可以选择多种页码样式，用户可以在图 3-24 所示的“页码格式”对话框中进行设置。

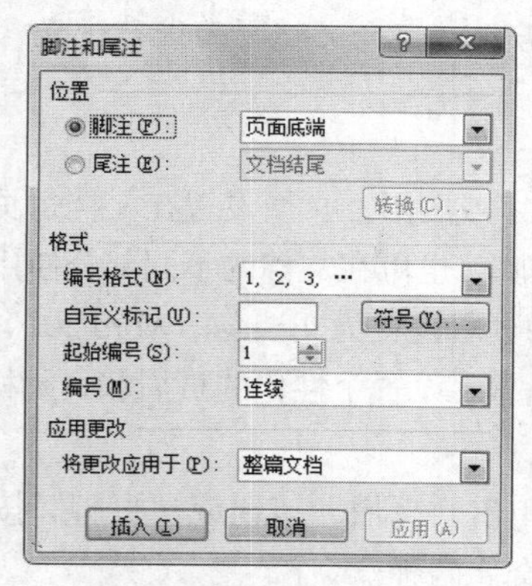

图 3-23 “脚注和尾注”对话框

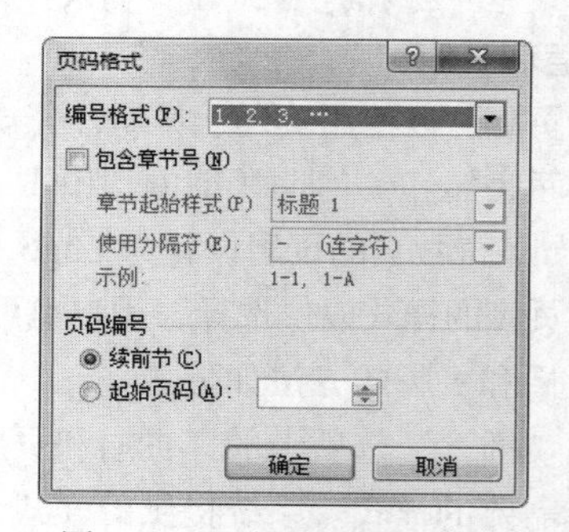

图 3-24 “页码格式”对话框

5. 添加封面和分隔符

封面用于显示文档的标题、作者等相关信息。Word 2010 增添了插入封面的功能，无论插入点在文档的什么位置，插入的封面总是位于 Word 文档的第一页。但是插入的封面不会影响正文内容的页码设置，添加页码时，依然是从正文开始标记。添加封面的方法是，在“插入”选项卡的“页”组中，单击“封面”按钮，选择需要的封面样式。

Word 中的分隔符包括分页符和分节符两种。如果希望在文档的某一位置强制进行分页，可以在该位置手动插入一个分页符。具体方法是将光标置于插入点，在“插入”选项卡的“页”组中，单击“分页”按钮，光标所在位置后面的内容将自动换到下一页。另外，分节符中的“下一页”不仅可以起到分页的作用，还起到分节的作用。分节符中的“连续”“奇数页”和“偶数页”可以在较复杂的排版中使用。

6. 文字方向

在默认情况下，文本都是水平横排的，但有时需要显示特殊效果。例如，要将文本设置为竖排或将整个文字旋转 90° 或 270°，就需要改变文字的排列方向。

设置文字方向的方法是，在“页面布局”选项卡的“页面设置”组中，单击“文字方向”按钮。如果把一篇文档中的部分文字改变方向，则被垂直排列或者旋转方向的文字会独占一页显示。

7. 页面背景

在 Web 版式视图和阅读版式视图中可以设置页面的背景颜色，但打印时不会显示。设置页面背景的方法是，在“页面布局”选项卡的“页面背景”组中，单击“页面颜色”按钮，设置某一颜色作为背景，也可以选择“填充效果”选项，设置渐变色、纹理、图案或图片等作为背景。

水印是显示在页面最底层的文字或图片，是可以被打印出来的。设置水印的方法是，在“页面布局”选项卡的“页面背景”组中，单击“水印”按钮，在打开的下拉菜单中选择“自定义水印”选项，弹出图 3-25 所示的“水印”对话框，用户可以在此设置图片水印或文字水印。

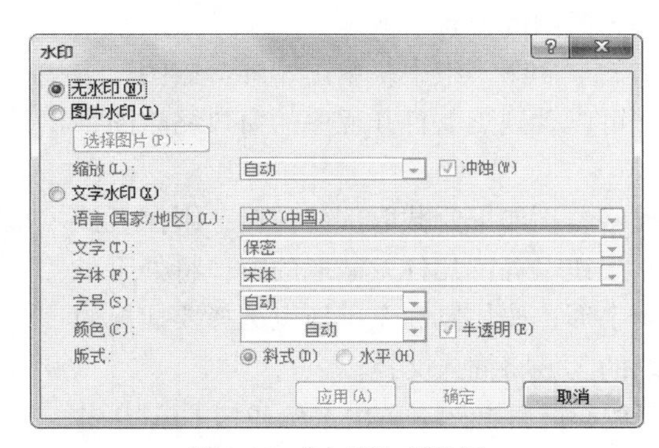

图 3-25 “水印”对话框

3.4 插入对象

在文档中插入不同的对象可以增强文档的直观性和生动性，使文档具有图文并茂的效果。Word 2010 提供了十分丰富的图形编辑手段，不仅系统本身包含了大量的图片让用户选择，而且用户还可以使用来自外界的图片或者自己在文档中设计的图片，例如，使用“自选图形”工具、“艺术字”工具以及“图表”工具等。

3.4.1 插入图片

Word 2010 插入的图片主要分为三大类：剪贴画、图片文件和屏幕截图。

1. 插入剪贴画

插入剪贴画的具体步骤如下。

（1）将光标定位到要插入图片的位置。

（2）在“插入”选项卡的“插图”组中，单击“剪贴画”按钮，打开“剪贴画”任务窗格，如图 3-26 所示。

（3）在“搜索文字”框内输入剪贴画的关键字，单击“搜索”按钮，搜索到的剪贴画会显示在任务窗格中。

（4）单击合适的剪贴画，或单击剪贴画右侧的下拉按钮并在其下拉菜单中选择“插入”选项，即可将剪贴画插入到指定位置。

图 3-26 “剪贴画”任务窗格

2. 插入图片文件

除了 Word 2010 自带的剪贴画以外，用户还可以插入计算机中已保存的图片。复制所需插入的图片，切换到 Word 文档进行粘贴。同样，也可以在“插入”选项卡的“插图”组中单击“图片”按钮，在打开的“插入图片”对话框中，选择需要插入的图片文件，将图片插入文档。

3. 插入屏幕截图

利用屏幕截图功能可以将当前打开的窗口图像以图片的形式插入 Word 文档。具体步骤如下。

（1）当计算机打开多个窗口时，单击需要截图的程序窗口，再将光标移动到文档中需要插入截图的位置。

（2）在“插入”选项卡的“插图”组中，单击“屏幕截图”按钮，在打开的下拉菜单中，可以看到当前打开程序的窗口缩略图，如图 3-27 所示。

图 3-27 “屏幕截图”缩略图

（3）单击需要截取的缩略图，如果要截取部分窗口，则在下拉菜单中，单击“屏幕剪辑”按钮。等待几秒，截取的窗口将处于半透明状态，鼠标指针变成十字形，按住鼠标左键拖曳选择要捕捉的屏幕区域。松开鼠标，截取的区域将插入文档。

（4）如果在拖曳之前要放弃屏幕截图，单击鼠标或按【Esc】键可退出屏幕截图。

3.4.2 设置图片格式

除了对插入文档的图片进行复制、移动和删除等基本操作之外，还可以对图片进行更多的设置。单击插入的图片，功能区会出现“图片工具”选项卡，如图 3-28 所示。

图 3-28 “图片工具”选项卡

1. 图片格式化

图片的格式化包括调整图片色彩、设置图片阴影效果、设置图片边框和艺术效果等。可以在“调整”和“图片样式”组中使用快捷按钮设置相关内容，也可以单击“图片样式”组右下角的对话框启动器，打开“设置图片格式”对话框进行图片格式的相关设置。图片格式化效果举例如图 3-29 所示。

图 3-29　图片格式化效果举例

2. 调整图片的大小

用户可以通过“图片工具”选项卡的“大小”组调整图片的尺寸和设置图片的缩放比例，也可以单击图片后，利用图片周围的控制点手动调整。裁剪图片时，先选中图片，在“图片工具”选项卡的“大小”组中，单击“裁剪”按钮，再手动调整图片的周边切线进行裁剪，也可以设置按比例或形状裁剪。

3. 图片的排列方式

为了实现图片和文字之间的更佳排版效果，Word 2010 提供了多种图片排列方式。选中图片，单击“自动换行”按钮，在打开的下拉菜单中，列出了多种图片排列方式。

文字对图片的环绕方式主要分为如下两类。

（1）嵌入型：将图片和文字视为一种对象，图片在文档中与文本一同移动，与上下左右文本的位置始终保持不变。嵌入型是系统默认的文字环绕方式。

（2）非嵌入型：将图片视为区别于文字的外部对象进行处理，文字环绕方式有四周型、紧密型、穿越型等。

几种常见的图片排列方式，效果如图 3-30 所示。

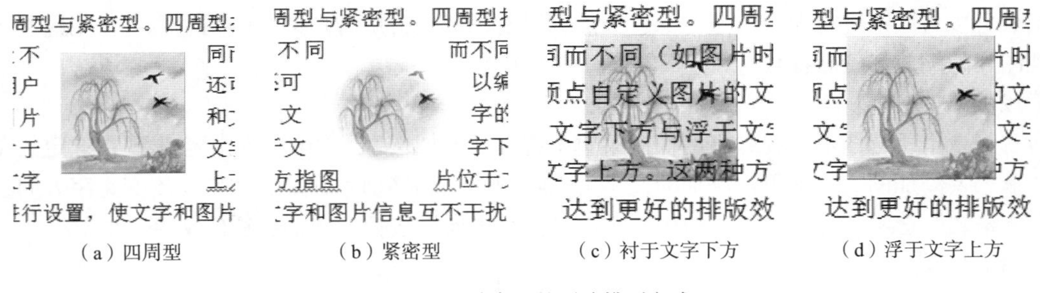

（a）四周型　（b）紧密型　（c）衬于文字下方　（d）浮于文字上方

图 3-30　几种常见的图片排列方式

① 四周型与紧密型。四周型指文字沿图片四周呈矩形环绕；紧密型指文字环绕形状随图片形状不同而不同（如图片是圆形，则环绕形状就是圆形）。针对不规则图片，用户还可以通过编辑环绕顶点来调整图片的文字环绕方式。

② 衬于文字下方与浮于文字上方。衬于文字下方指图片位于文字下方，浮于文字上方指图片位于文字上方。其中，衬于文字下方比较适合颜色较浅的图片，使文字和图片信息互不干扰，达到更好的排版效果。

3.4.3　插入绘制图形

绘制的图形包括特定形状图形和 SmartArt 图形。

1. 绘图画布

画布在屏幕上会提供一个绘图的空间，用户可以在画布中绘制图形、添加图片和文本框等，并将这些对象合成一个独立的编辑对象。

创建画布的方法是，在“插入”选项卡的“插图”组中，单击“形状”按钮，在打开的下拉菜单中，选择“新建绘图画布”选项，画布将自动出现在插入点之后。用户可以在绘图画布框中完成绘制图形、插入文本框、插入艺术字等操作。选中画布，可以在“绘图工具”选项卡中，对画布进行大小、位置、效果等相关设置，如图 3-31 所示。

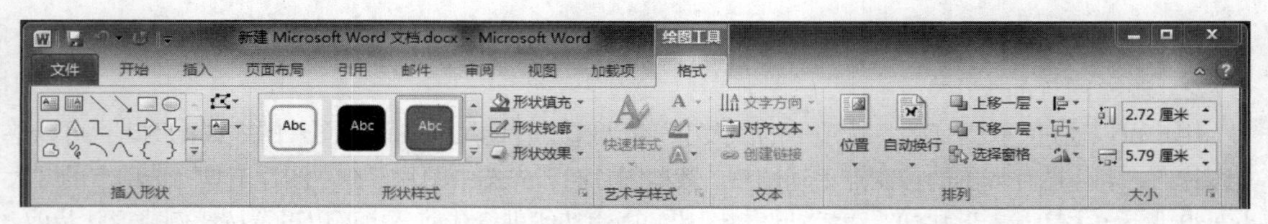

图 3-31 “绘图工具”选项卡

2. 绘制形状

Word 2010 包含现成的图形元件，如矩形、圆等基本形状，以及各种线条、连接符、箭头总汇、流程图符号、星与旗帜、标注等。用户可以在文档中使用这些图形元件，也可以对其进行必要的更改，或与其他图形组合成更为复杂的图形。

绘制形状的方法是，在“插入”选项卡的“插图”组中，单击“形状”按钮，在形状库中选择所需的图形元件，然后将十字形的鼠标指针在合适的位置拖曳，形成所需要的形状。选中插入的图形，可以在“绘图工具”选项卡中对图形进行相关设置。常用的设置主要包括以下内容。

（1）缩放和旋转

单击所绘制的图形，在图形四周出现 8 个方向控制点和一个绿色圆点，如图 3-32 所示。拖曳控制点可以对图形进行缩放，选中绿色圆点可以对图形进行旋转。插入的图片也可以用这种方法实现图片的缩放和旋转操作。

（2）添加文字

右键单击所选图形，在弹出的快捷菜单中选择“添加文字”选项，光标会出现在选定的图形中，输入要添加的文字即可。添加的文字可以随图形一起移动和旋转。如果要改变文字方向，可以在“格式”选项卡的“文本”组中，单击“文字方向”按钮，选择合适的文字方向。

（3）组合

在一个绘图画布框中，可以插入多个自选图形。多个图形元件放置好后，为了避免在以后的编辑过程中出现错位现象，用户可以将所有图形元件组合在一起。操作方法是选定需要组合的多个图形元件，右键单击所选图形，在弹出的快捷菜单中选择“组合”命令，如图 3-33 所示。

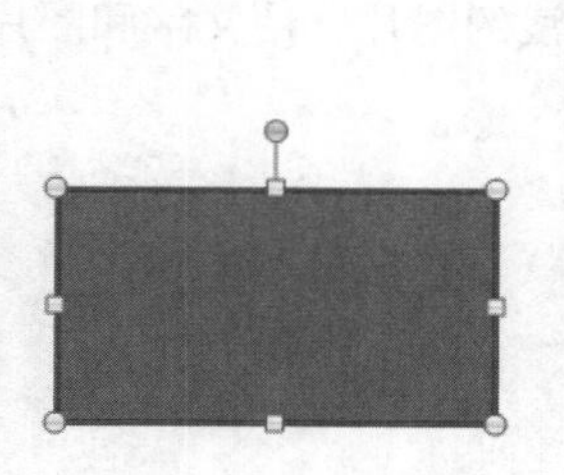

图 3-32 图形控制点

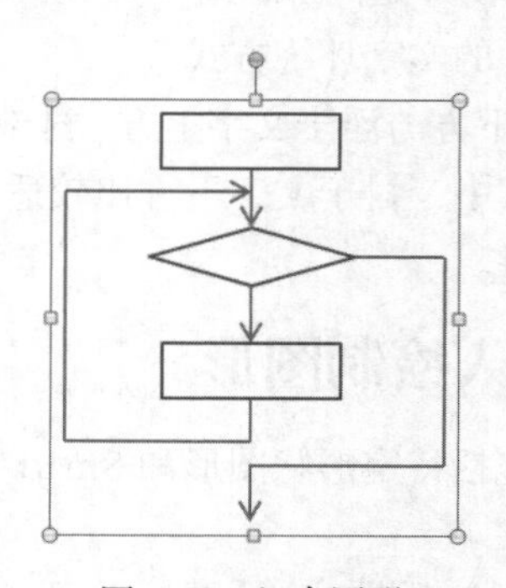

图 3-33 组合图形

组合后的图形元件将被当作一个整体对象来处理，用户可以对其进行翻转、旋转、调整大小或缩放等操作，还可以统一设置组合中所有对象的属性，如填充颜色、添加阴影等。如果用户对组合后的结果不满意，可以右键单击组合图形，在弹出菜单中选择“组合”|“取消组合”选项以取消图形的组合。

（4）叠放次序

当在文档中绘制多个重叠的图形时，可以通过调整叠放次序来改变图形的上下层关系。操作方法是右键单击需要调整次序的图形，在弹出的快捷菜单中选择“置于顶层”或“置于底层”选项，在子菜单中会显示用于调整次序的子选项。

微信图标绘制

【例 3-1】 绘制一个效果如图 3-34 所示的微信图标。

操作步骤如下。

（1）在“插入”选项卡的“插图”组中，单击“形状”按钮，在下拉菜单中选中“圆角矩形”，利用【Shift】键绘制一个圆角正方形，并调整四个角的弧度。在其上单击鼠标右键，选中“设置形状格式”，将线条颜色设置为“无线条”，填充色设置为绿色。

图 3-34　微信图标

（2）在“插入”选项卡的“插图”组中，单击“形状”按钮，在下拉菜单中选中“椭圆形标注”，并在①中的正方形中绘制，调整大小并移至合适位置。将“椭圆形标注”的线条颜色设置为“无线条”，填充色设置为白色。

（3）在“插入”选项卡的“插图”组中，单击“形状”按钮，在下拉菜单中选中“椭圆”，利用【Shift】键绘制一个圆形，并调整大小。将此圆形的线条颜色设置为“无线条”，填充色设置为黑色。将其复制并放在合适位置。

（4）将②中绘制的椭圆形标注和③中绘制的两个圆形复制并移至合适位置，并将复制的椭圆形标注调整大小，设置其线条颜色为绿色。

3. 绘制 SmartArt 图形

SmartArt 图形是 Word 中预设的形状、文字及样式的集合，以直观的视觉形式呈现信息。SmartArt 图形共包含了列表、流程、循环、层次结构、关系、矩阵、棱锥图和图片八种类型。每种类型包含多个图形样式，用户可以根据需要表达的信息和观点来选择相应的样式，并为图形添加文本、形状，设置样式等。

SmartArt 图形

【例 3-2】 绘制一个效果如图 3-35 所示的关系图。

操作步骤如下。

（1）在“插入”选项卡的“插图”组中，单击“SmartArt”按钮，弹出“选择 SmartArt 图形”对话框，单击“循环”类型中的“射线群集”按钮。

（2）在文本框中输入相应的内容，若需要改变颜色，则在“SmartArt 工具”选项卡的“SmartArt 样式”组中，单击“更改颜色”按钮，选择“强调文字颜色 1”的“彩色填充”样式。

（3）在“SmartArt 样式”组中选择“鸟瞰场景”选项。

图 3-35　SmartArt 图形应用

3.4.4　插入艺术字

用户在编辑文档时，如果需要一些特殊格式的字形，可以使用 Word 2010 中预设好的艺术字体为文字添加特殊效果。

提示：特殊效果的文字是图形对象，不能作为文本对待。

1. **添加艺术字**

在“插入”选项卡的“文本”组中，单击“艺术字”按钮，打开“艺术字库”对话框。选择所需的艺术字效果，单击“确定”按钮，如图 3-36 所示。

图 3-36　艺术字效果

2. **设置艺术效果**

选中插入的艺术字，在“绘图工具”选项卡的“艺术字样式”组中，单击“文本效果”下拉按钮，设置合适的艺术效果。

3. **设置艺术字边框**

在“绘图工具”选项卡的“形状样式”组中，单击“形状轮廓”下拉按钮，为艺术字添加任意颜色的边框。在“形状样式”组中，单击“形状效果”下拉按钮，选择合适的效果形式。

3.4.5　插入文本框

文本框是一种可移动、可调大小的文字或图形容器。使用文本框，可以精确控制文档中文字或图形在文档中的位置。文本框有两种：横排文本框和竖排文本框。

1. **插入空白文本框**

在“插入”选项卡的“文本”组中，单击“文本框”按钮，在打开的下拉菜单中，有多种内置文本框样式可供选择。如果需要自定义文本框，可以选择“绘制文本框”或“绘制竖排文本框”。用户可在文本框内的光标处输入内容。

2. **文本框的移动和格式设置**

将鼠标指针置于文本框边框之上，当鼠标指针变成十字箭头状时单击，可选中文本框。这时在文本框的四周会出现控制点，拖动控制点可移动文本框。

右键单击文本框，在弹出的快捷菜单中单击“设置形状格式”命令，弹出“设置形状格式”对话框，如图 3-37 所示。在“填充”选项卡中设置文本框的背景色，在“线条颜色”和“线型”选项卡中设置文本框的边框，在“文本框”选项卡中设置文字版式和内部边距。另外，也可以选中文本框，通过“绘图工具”选项卡对文本框进行设置。

图 3-37　“设置形状格式”对话框

3. **删除文本框**

选中文本框，按【Delete】键即可删除。

3.4.6 插入公式

利用 Word 2010 提供的公式编辑器，用户可以在文档中插入数学公式，并且能对已插入的公式进行编辑。用户可以选择预设的公式，也可以通过“插入新公式”按钮自定义公式。

【例 3-3】 输入公式 $\int_0^1 \frac{4x}{\sqrt{x^3+1}}\mathrm{d}x$ 。

插入公式

操作步骤如下。

（1）在“插入”选项卡的“符号”组中，单击“公式”按钮，在下拉列表框中单击“插入新公式”按钮，在光标处生成一个灰色的公式输入框，用于输入公式内容。在功能区会出现“公式工具”选项卡，如图 3-38 所示。

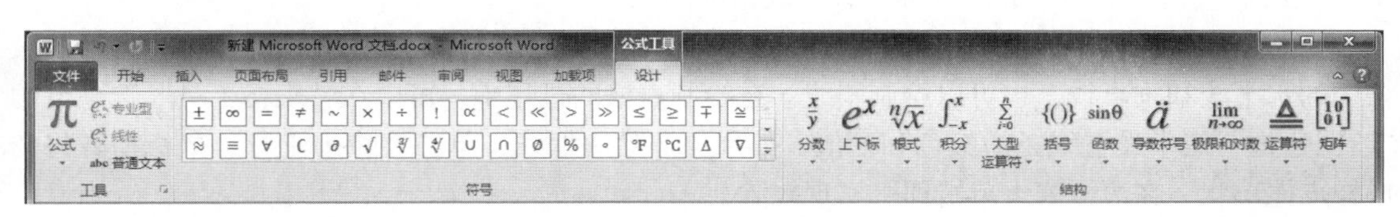

图 3-38 “公式工具”选项卡

（2）在“公式工具”选项卡的“结构”组中，选择“积分”下拉菜单中的$\int_{\square}^{\square}\square$选项。在积分的上标中输入“1”，下标中输入“0”，在中间的虚线框中，选择“分数”下拉菜单中的 $\frac{\square}{\square}$ 选项。依照此方式依次输入公式中需要的数据。

（3）输入完成后，在公式输入框之外单击，完成公式的输入。

3.5 表格制作

表格是由行和列组成的若干方框，方框又称为单元格，用户在单元格中可以插入文字、数据和图形。Word 2010 具有强大的表格处理功能，利用“绘制表格”功能可以方便地绘制出复杂的表格，同时系统还提供了一些常用的数据处理功能，如数值的加、减、乘、除运算，以及数据排序、按指定的类别进行汇总等。

3.5.1 表格的建立

表格通常分为标准的二维表和复杂的自定义表格。表格的创建有自动和人工两种方式。创建标准的二维表较为简单，常采用自动制表方式。而创建复杂的自定义表格则常采用人工制表方式。

1. **自动制表**

用户将光标定位在需要插入表格的位置，在“插入”选项卡的“表格”组中，单击“表格”按钮，在弹出的表格网格框中拖动鼠标，选择所需的行和列，释放鼠标，完成表格的插入。表格网格框如图 3-39 所示。

用户还可以利用对话框创建表格。在“插入”选项卡的“表格”组中，单击“表格”|“插入表格”按钮，打开图 3-40 所示的“插入表格”对话框，填入适当的列数和行数，单击“确定”按钮即可。

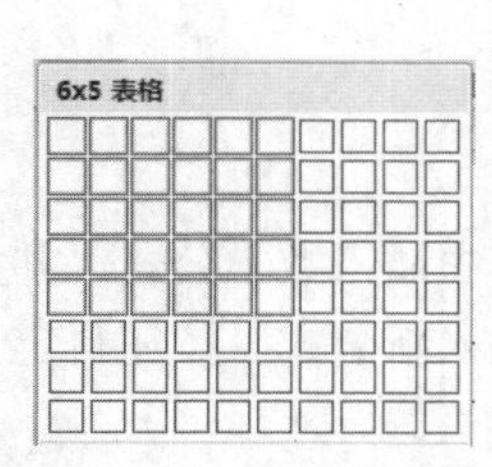

图 3-39　表格网格框

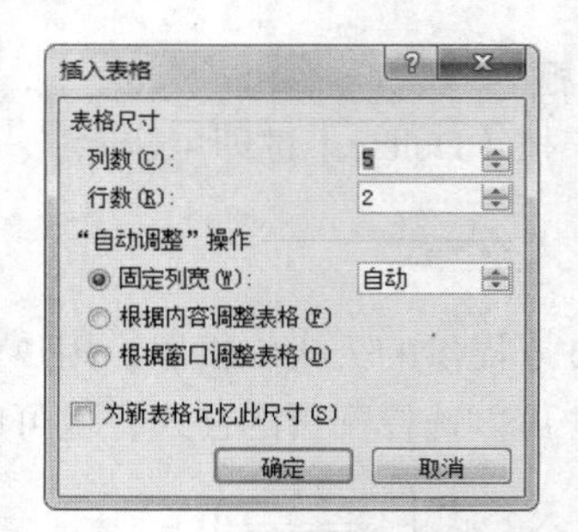

图 3-40　"插入表格"对话框

2．人工制表

用户可以利用"绘制表格"工具，绘制出自定义格式的表格。具体步骤如下。

（1）用户将光标定位到需要插入表格的地方，在"插入"选项卡的"表格"组中，单击"表格"|"绘制表格"按钮，此时鼠标指针变成铅笔形状。

（2）在文档的适当位置利用鼠标左键拖出一个大的方框，以确定整张表格的大小，再绘制表格中的水平线和垂直线，也可以绘制斜线。在绘制表格的过程中，可以在"表格工具"选项卡的"绘图边框"组中设置线条的颜色和磅值。如果要擦除边框线，单击擦除按钮，鼠标指针将变成橡皮擦形状，在边框线上单击即可实现擦除。

3.5.2　表格的编辑

表格建立之后，用户可以对表格进行编辑，如插入、删除单元格（行或列），调整行的高度或列的宽度，合并、拆分单元格，修改边框线和底纹等。

1．插入、删除单元格（行或列）

插入单元格的方法：将光标定位在表格内需要插入单元格的位置，在"表格工具"选项卡的"布局"|"行和列"组中，单击右下角的对话框启动器，打开图 3-41 所示的"插入单元格"对话框，选择相应的插入方式，单击"确定"按钮。

提示：*若要在表格末尾快速添加一行，可单击最后一行的最后一个单元格，然后按【Tab】键或【Enter】键。也可以使用"绘制表格"工具在所需的位置绘制行或列。*

删除单元格的方法：选定待删除的单元格，在"表格工具"选项卡的"布局"|"行和列"组中，单击"删除"按钮，在"删除单元格"对话框中选择适当的删除方式，如图 3-42 所示。

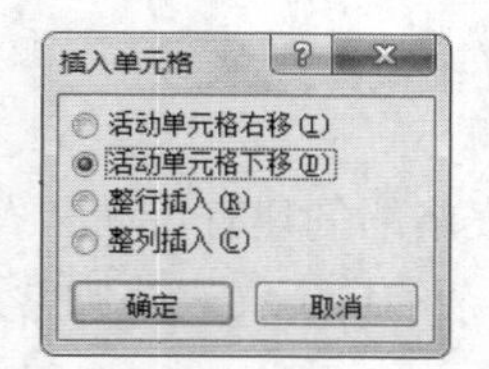

图 3-41　"插入单元格"对话框

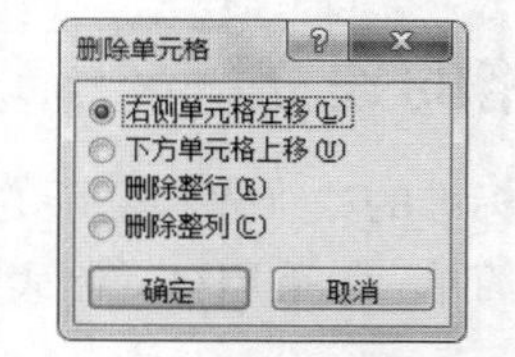

图 3-42　"删除单元格"对话框

2．调整行高和列宽

选定需要调整的单元格，在"表格工具"选项卡的"布局"|"单元格大小"组中，设置"行高"或"列宽"的值来调整单元格的大小。如果选定的是行或列，则调整的是整行的高度或整列的宽度。

提示：若表格中的行高或列宽分布不均匀，可以在“表格工具”选项卡的“布局”|“单元格大小”组中单击“分布行”按钮或“分布列”按钮，调整所选行的平均高度或所选列的平均宽度。

3. 合并和拆分单元格

针对一些特殊的要求，用户可以将表格中相邻的单元格合并为一个单元格。方法是选定需要合并的单元格，在“表格工具”选项卡的“合并”组中单击“合并单元格”按钮。

拆分单元格的方法是，将光标定位在需要拆分的单元格内，在“表格工具”选项卡的“合并”组中单击“拆分单元格”按钮，打开图 3-43 所示的“拆分单元格”对话框，在其中输入待拆分的列数和行数，单击“确定”按钮即可。

图 3-43　“拆分单元格”对话框

3.5.3　表格的格式化

表格创建好后，用户可以对表格进行外观设置，使表格看起来更加美观。

1. 设置边框和底纹

设置表格的边框和底纹，可以使表格中每个单元格、每一行、每一列都呈现出不同的风格，使表格看起来更加清晰。

（1）设置边框

将光标定位于表格的任意单元格中，在“表格工具”选项卡的“设计”|“表格样式”组中单击“边框”下拉按钮，在下拉菜单中选择框线类型。Word 2010 还提供了在单元格内绘制水平横线、竖线和斜线的选项。另外，用户可以在“表格工具”选项卡的“设计”|“绘图边框”组中单击“笔样式”“笔画粗细”和“笔颜色”来设置框线的样式、粗细和颜色。

（2）设置底纹

选中需要设置底纹的表格对象（单元格、行或列），在“表格工具”选项卡的“设计”|“表格样式”组中单击“底纹”下拉按钮，选中相应的颜色即可。

提示：用户可以在“表格工具”选项卡的“设计”|“表格样式”组中单击“边框”|“边框和底纹”按钮，打开“边框和底纹”对话框，设置方法与段落的边框和底纹设置类似，需要在“应用于”下拉列表框中选择“单元格”或“表格”。

2. 自动套用格式

Word 2010 提供了 90 多种表格样式，包括表格的边框、底纹、字体、颜色的设置等。无论是新建的空白表格还是已输入数据的表格，都可以通过自动套用格式来快速设置表格格式。具体操作步骤是，选中要进行格式化的表格，在“表格工具”选项卡的“设计”|“表格样式”组中单击“表的外观样式”下拉按钮，在下拉菜单中会显示系统预设的表格样式，选择自己需要的样式即可。

用户也可以在下拉菜单中选择“修改表格样式”选项，打开“修改表格样式”对话框，对表格样式进行修改。

3. 设置文本格式

表格中文本的格式化设置与文档中文本的格式化设置类似。选中表格中的文本，在“表格工具”选项卡的“布局”|“对齐方式”组中可以设置文字在单元格中的对齐方式、文字方向及单元格边距。

4. 设置表格分页

当一个表格比较长、内容比较多时，会出现表格分页的情况。表格分页有以下两种形式。

（1）无表头的分页。表格正常分页，不需要特殊排版，但表格下页并无表头，如图 3-44 所示。

姓名	院系	专业	学制	籍贯
郭飞	体育系	篮球	3	河南封丘
赵子丹	计算机科学系	计算机网络技术	4	河南长葛

王涛	会计系	会计	4	湖北武汉
王伟	艺术设计系	视觉	4	湖南长沙
张峰	计算机科学系	计算机软件技术	4	河南郑州

图 3-44　无表头分页效果图

（2）有表头的分页。表格在每页均有表头，如图 3-45 所示。设置有表头的分页有两种方法。

姓名	院系	专业	学制	籍贯
郭飞	体育系	篮球	3	河南封丘
赵子丹	计算机科学系	计算机网络技术	4	河南长葛

姓名	院系	专业	学制	籍贯
王涛	会计系	会计	4	湖北武汉
王伟	艺术设计系	视觉	4	湖南长沙
张峰	计算机科学系	计算机软件技术	4	河南郑州

图 3-45　有表头分页效果图

① 选中表头行，在“表格工具”选项卡的“布局”|“数据”组中单击“重复标题行”按钮。

② 选中表头行，在“表格工具”选项卡的“布局”|“表”组中单击“属性”按钮，打开“表格属性”对话框，在“行”选项卡中的“选项”栏内勾选“在各页顶端以标题行形式重复出现”复选框。

3.5.4　表格处理

1．表格与文本之间的转换

在 Word 中，可以方便地进行文本和表格的相互转换，这对于更灵活地使用不同的信息源，或利用相同的信息源实现不同的工作目的都是非常方便的。

（1）表格转换成文本

用户可将表格转换为由段落标记、制表符、逗号或其他指定字符分隔的文本。操作步骤如下。

① 将光标置于表格内的任意位置。

② 在“表格工具”选项卡的“布局”|“数据”组中单击“转换为文本”按钮，打开图 3-46 所示的“表格转换成文本”对话框。

③ 在对话框中选中一种文字分隔符，若选中“其他字符”单选按钮，可自定义一种分隔符。

④ 单击“确定”按钮，即可将表格的内容转换为普通的文本段落，各单元格中的内容由分隔符隔开。

（2）文本转换成表格

用户也可以将以段落标记、制表符、逗号或其他特定字符隔开的文本转化为表格内容。用户首先应在需要转换的文本中添加统一的分隔符，并选中这些文本，然后在“插入”选项卡的“表

格”组中单击“表格”|“文本转换成表格”按钮，打开图 3-47 所示的“将文字转换成表格”对话框。根据需要进行设置，单击“确定”按钮即可将文本转换成表格内容。

图 3-46　“表格转换成文本”对话框

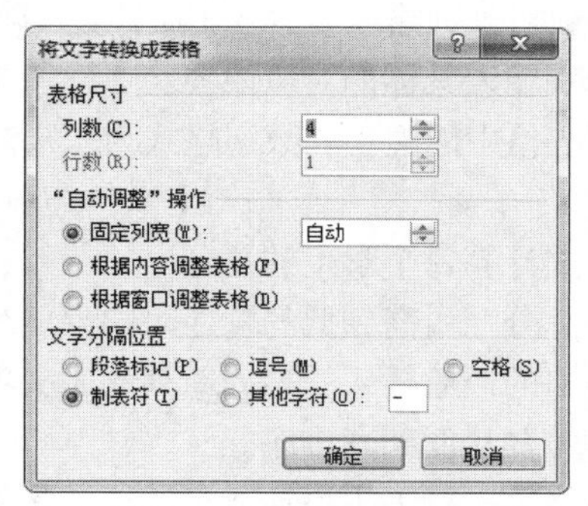

图 3-47　“将文字转换成表格”对话框

2. 表格的排序

用户在“表格工具”选项卡的“布局”|“数据”组中单击“排序”按钮，可以按照递增或递减的顺序把表格的内容按笔画、数字、拼音或日期等进行排序。

排序时可以设置关键字，最多有三个：主要关键字、次要关键字和第三关键字。如果按主要关键字排序时遇到数值相同的数据，则按次要关键字排序，如果按次要关键字排序时仍遇到数值相同的数据，则按第三关键字排序。

3. 表格的计算

利用表格的计算功能，用户可以对表格中的数据进行求和、求平均值、求最大值等运算。

在表格中，可以通过输入带有“+、–、*、/”等运算符的公式进行计算，也可以使用 Word 内部函数进行计算。计算是以单元格或区域为单位进行的，为了方便运算，Word 中用英文字母 A、B……从左至右表示列，用正数 1、2……自上而下表示行，每一个单元格的名字由它所在的列和行的编号组合而成。例如，C6 表示位于表格第三列与第六行交叉处的单元格。

在“表格工具”选项卡的“数据”组中单击“公式”按钮，打开“公式”对话框，在对话框中调用带参数的函数或直接输入表达式来实现表格的计算。

表 3-1 中列举了几个典型的利用参数表示一个单元格、一个区域或一整行（列）的方法。

表 3-1　　单元格参数及其意义

参数	意义
A1	位于第一列第一行的单元格
A1:B2	由 A1、A2、B1、B2 四个单元格组成的矩形区域
A1,B2	A1、B2 两个单元格
2:2	表示第二行所有单元格
D:D	表示第四列所有单元格

【例 3-4】 学生成绩统计表的制作。

操作步骤如下。

（1）建立一个 Word 空白文档，输入表格标题“学生成绩统计表”，设置其格式为“黑体、三号、居中对齐”。

学生成绩统计表的制作

（2）插入一个 6 列、9 行的表格，设置表格固定列宽 2 厘米。

（3）设置表格居中，行高 0.5 厘米。

（4）表头项目分别输入“学号、姓名、数据结构、数据库、软件工程、总分”，除“总分”外，表格前 5 列分别输入具体的对应内容。

（5）设置表格中的文字和数字格式为“宋体、5 号，表头字体加粗”，对齐方式均为“中部对齐”。

（6）用公式计算每个学生的总分。

（7）按“总分”由高到低的顺序对学生成绩表排序。

（8）在表格的最后插入一列，新列的表头项目输入“名次”，并输入排序名词序号 1～8，再将表格按“学号”从低到高排序。

（9）为表格第一行表头添加灰色底纹，其他行用深蓝 60%和蓝色 60%隔行填充底纹。

（10）设置表格外框线型为双线。以文件名“学生成绩表.docx”保存文档。

表格制作效果如图 3-48 所示。

学生成绩统计表

学号	姓名	数据结构	数据库	软件工程	总分	名次
11010301	董萌萌	90	77	66	233	6
11010302	刘明	68	85	84	237	5
11010303	王涛	85	86	85	256	3
11010304	李丽	95	82	82	259	2
11010305	卢丹	75	75	80	230	8
11010306	王伟	77	94	91	262	1
11010307	杜晓鹏	80	81	82	243	4
11010308	张丽	82	67	83	232	7

图 3-48　表格制作效果

3.6　高级操作

3.6.1　文档的样式

样式是系统自带或由用户自定义的一组排版格式的集合，包括字体、字号、段落缩进、制表位和边距等。文档中常包含各种标题，如果每次设置一个标题格式都执行多次相同的操作，将非常烦琐。而运用 Word 中的样式功能，则可以简化排版操作，提升排版效率。Word 2010 自带的样式称为内置样式，如标题样式中的“标题 1”“标题 2”等。

1. 使用 Word 内置样式

用户可以选中要应用样式的文本，在“开始”选项卡的“样式”组中单击“样式库”下拉按钮，显示图 3-49 所示的快速样式列表，选择需要的样式或者单击“样式”组右下角的对话框启动器，打开图 3-50 所示的“样式”任务窗格进行选择。

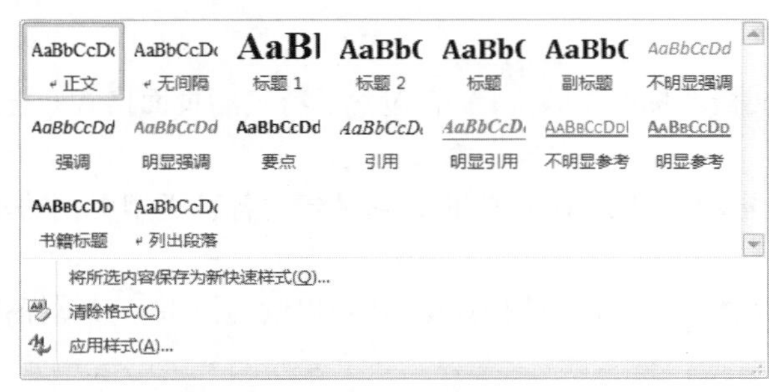

图 3-49　快速样式列表

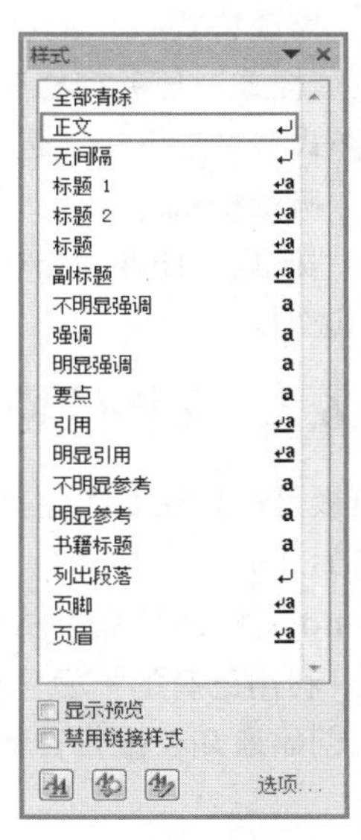

图 3-50　“样式”任务窗格

2. 新建样式

新建样式的具体操作如下。

（1）单击“样式”组右下角的对话框启动器，在“样式”任务窗格下单击新建样式按钮 。

（2）在图 3-51 所示的“根据格式设置创建新样式”对话框中输入样式名称，选择样式类型、样式基准，设置该样式的格式。设置完成后，选中“添加到快捷样式列表”复选框，单击“确定”按钮，完成样式设置。

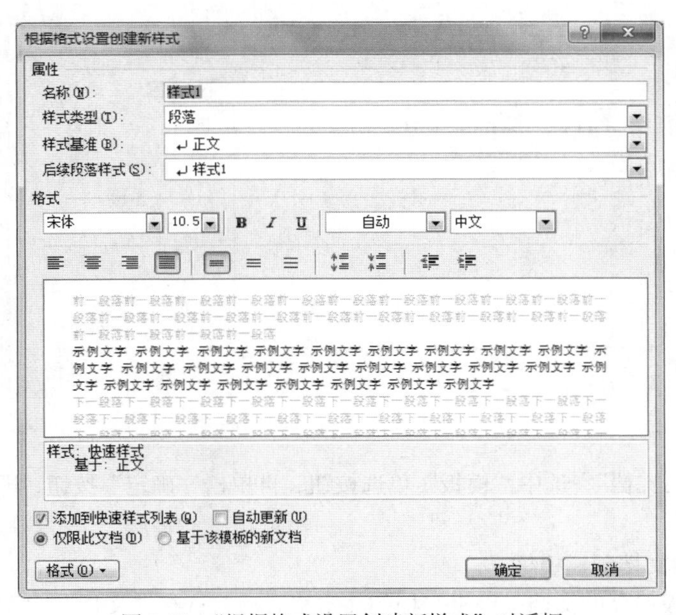

图 3-51　“根据格式设置创建新样式”对话框

（3）选定文本，应用新样式。

3. 修改样式

在“样式”任务窗格中，右键单击需要修改的样式名，在快捷菜单中选择“修改”选项，在“修改样式”对话框中，进行相应的修改。

4. 删除样式

在“样式”任务窗格中，右键单击需要删除的样式名，在快捷菜单中选择“从快速样式库中删除”选项。

3.6.2 文档的模板

模板是一种用来产生其他相同类型文档的标准格式文档，它包含了特定的页面格式和样式组，扩展名为.dot。

Word 文档都是基于模板建立的，最常用的是 Normal 模板，它是建立各种类型文档的基础。

1. 利用已有的模板创建文档

在创建通知、报告、传真等特殊的文档时，可以使用 Word 2010 提供的模板。具体操作步骤如下。

（1）单击“文件”菜单，在左侧的标签栏下单击“新建”按钮。

（2）在“可用模板”下的“主页”列表中单击“样本模板”按钮。

（3）打开“样本模板”列表，根据需要选择适合的模板，选中“文档”单选按钮，单击“创建”按钮，即可利用该模板快速创建一个 Word 文档。

2. 自定义模板

用户可以自行设计模板，具体操作步骤如下。

（1）单击“文件”|“新建”，在打开的窗口中单击“我的模板”，打开图 3-52 所示的“新建”对话框。

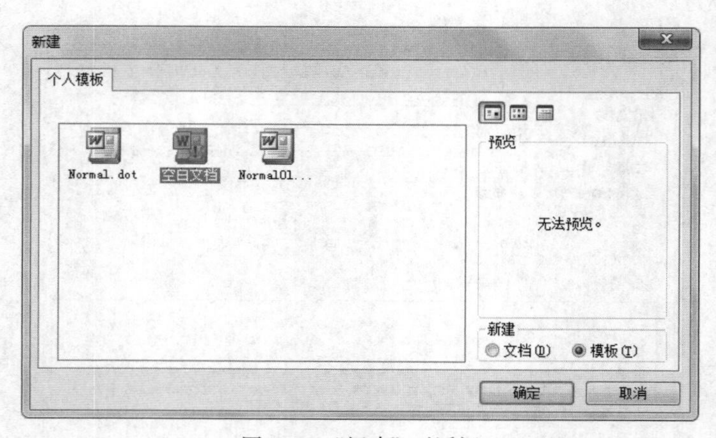

图 3-52 “新建”对话框

（2）选择“空白文档”，选中“模板”单选按钮，再单击“确定”按钮，即可建立模板类型的文档。

3. 利用已有的文档创建模板

打开要作为模板保存的文档，编辑文档的文本格式后，选择“文件”|“另存为”命令，弹出“另存为”对话框。在“保存类型”下拉列表中选择“Word 模板”选项，输入合适的文件名，设

置保存位置，即可将当前文档作为新模板保存。

3.6.3 设置超链接

单击超链接可以跳转至本文档的指定位置、其他文件或网页。设置超链接的具体操作步骤是，选中需要添加超链接的文本或图片，右键单击，在弹出的快捷菜单中选择“超链接”，打开图 3-53 所示的“插入超链接”对话框，设置待链接的目标，目标可以是本文档中的书签，也可以是其他文件或网址。设置完成后，单击“确定”按钮。

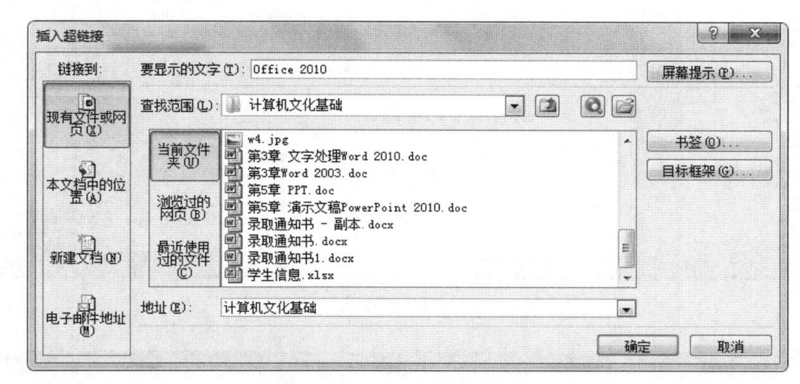

图 3-53 “插入超链接”对话框

3.6.4 生成目录

对于篇幅较长的文档，往往需要在最前面给出目录，目录包含文档中所有章节标题以及标题所对应的页码。

1. 自动生成目录

自动生成目录的前提条件是将文档中的各级标题文本用标题样式统一格式化。一般情况下，目录分为三级，需要将这三级目录分别用不同的样式格式化。

目录自动生成

【例 3-5】 以本章内容为例，自动生成章节目录。

操作步骤如下。

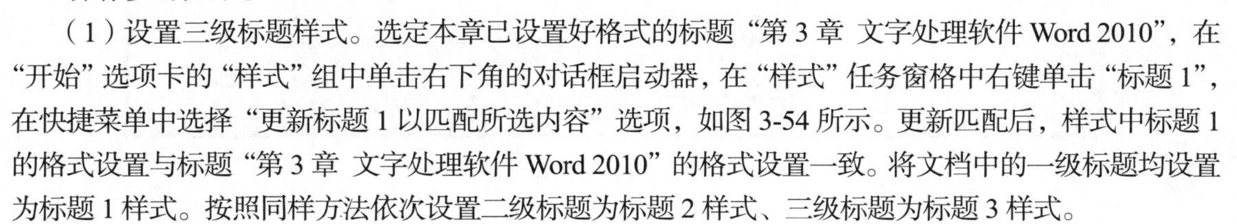
（1）设置三级标题样式。选定本章已设置好格式的标题“第 3 章 文字处理软件 Word 2010”，在“开始”选项卡的“样式”组中单击右下角的对话框启动器，在“样式”任务窗格中右键单击“标题 1”，在快捷菜单中选择“更新标题 1 以匹配所选内容”选项，如图 3-54 所示。更新匹配后，样式中标题 1 的格式设置与标题“第 3 章 文字处理软件 Word 2010”的格式设置一致。将文档中的一级标题均设置为标题 1 样式。按照同样方法依次设置二级标题为标题 2 样式、三级标题为标题 3 样式。

（2）将光标定位在待生成目录的地方，在“引用”选项卡的“目录”组中单击“自动目录”按钮，或者在“引用”选项卡的“目录”组中单击“目录”|“插入目录”按钮，打开“目录”对话框，进行编辑。

（3）生成的目录如图 3-55 所示。目录相当于超链接，按住【Ctrl】键并单击目录标题就会跳转到相应的正文位置。

2. 手动输入目录

手动输入目录无须将标题样式统一，将光标定位在待生成目录的地方，在“引用”选项卡的“目录”组中单击“目录”|“手动目录”按钮，由用户在生成的目录中手动输入标题信息即可。

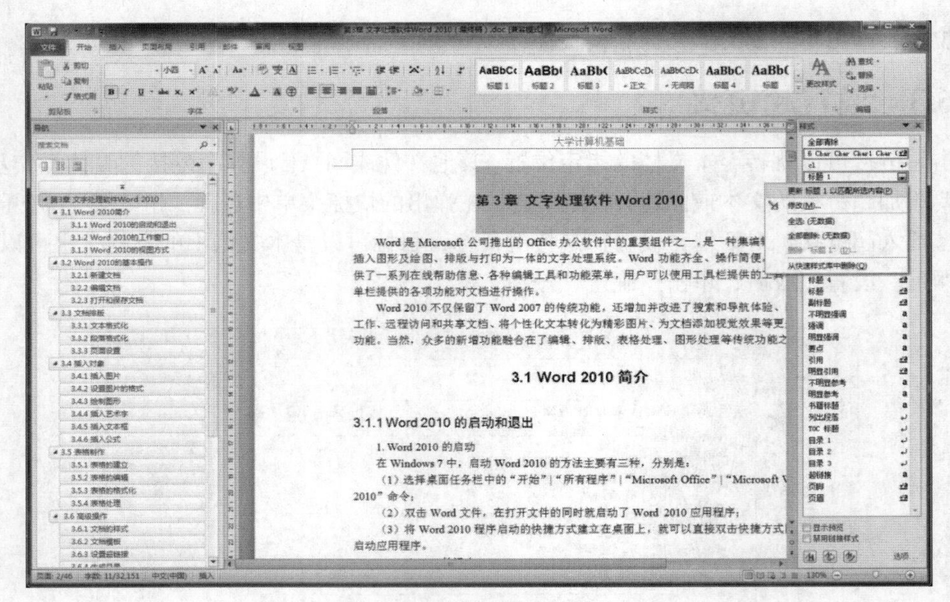

图 3-54　标题 1 样式的设置

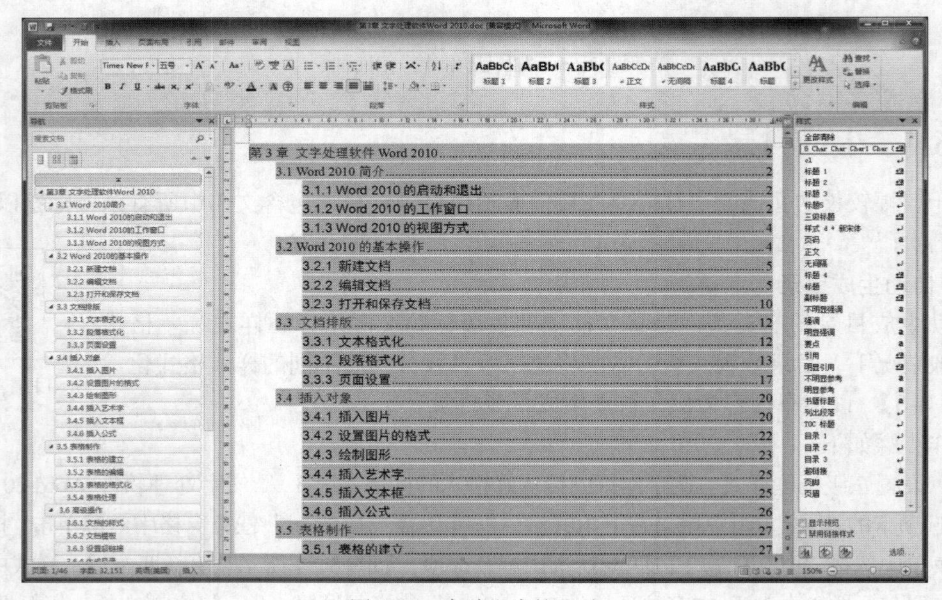

图 3-55　自动生成的目录

3. 更新目录

如果标题内容和页码在生成目录后发生了变化，可以随时更新目录。在“引用”选项卡的“目录”组中单击“更新目录”按钮，打开“更新目录”对话框，用户可以根据具体情况选择“只更新页码”或“更新整个目录”。

3.6.5　邮件合并

邮件合并是指将一系列信息输入固定格式的主文档，从而生成多个不同版本的子文档。主文档包含各子文档所需的统一文本，也可以插入相关的图片；数据源包含各子文档中互不相同的信息，将数据源合并到主文档中就能生成子文档。邮件合并功能除了可以批量处理信函、信封等与邮件相关的文档外，还可以轻松地批量制作标签、工资条、成绩单等。

邮件合并的过程可分为三个步骤：创建主文档、建立数据源、合并主文档与数据源。

邮件合并

【例 3-6】 批量制作学生录取通知书。

操作步骤如下。

（1）建立录取学生信息文档（数据源），效果如图 3-56 所示，保存为“学生信息.xlsx”。

	A	B	C	D	E	F	G
1	姓名	院系	专业	学制	报到起始时间	报到终止时间	籍贯
2	郭飞	体育系	篮球	3	9月1日	9月3日	河南封丘
3	赵子丹	计算机科学与技术系	计算机网络	4	9月1日	9月3日	河南长葛
4	王涛	会计系	会计学	4	9月1日	9月3日	湖北武汉
5	王伟	艺术设计系	视觉传达	4	9月1日	9月3日	湖南长沙
6	张峰	计算机科学与技术系	计算机软件	4	9月1日	9月3日	河南郑州
7							

图 3-56 “学生信息”数据源

（2）建立录取通知书模板（主文档），效果如图 3-57 所示，保存为“录取通知书模板.docx”。

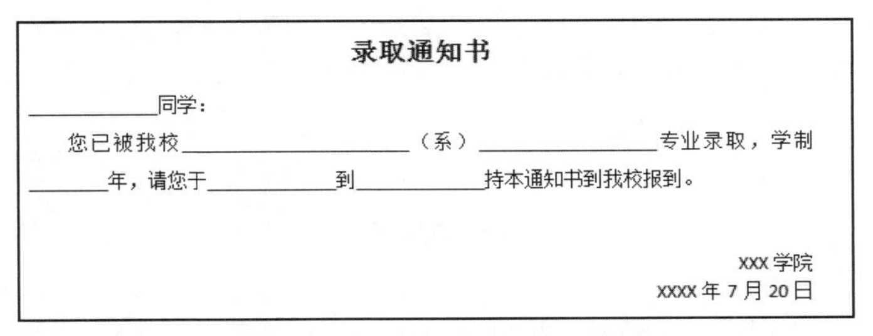

录取通知书

__________同学：

您已被我校__________________（系）______________专业录取，学制______年，请您于__________到__________持本通知书到我校报到。

xxx 学院
xxxx 年 7 月 20 日

图 3-57 录取通知书模板

（3）打开“录取通知书模板.docx”，在“邮件”选项卡的“开始邮件合并”组中单击“开始邮件合并”|“邮件合并分步向导”按钮，在窗口右侧会出现一个“邮件合并”任务窗格。“邮件”选项卡如图 3-58 所示。

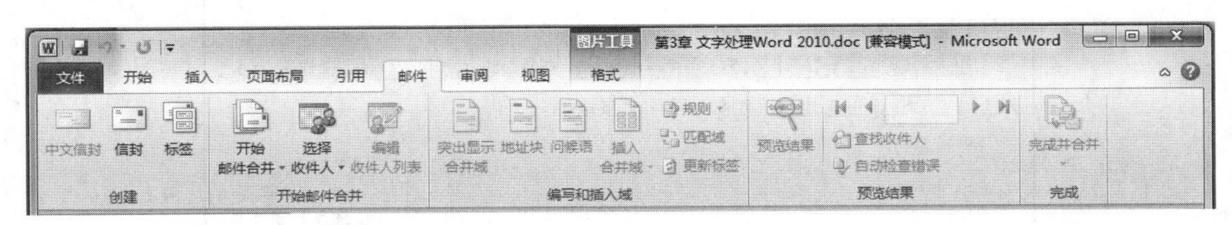

图 3-58 “邮件”选项卡

（4）在窗格中选择“信函”，单击“下一步：正在启动文档”，选择使用当前文档，单击“下一步：选取收件人”。

（5）选择“使用现有列表”，单击“浏览”按钮，然后在打开的“选取数据源”窗口中选择“学生信息.xlsx”，单击“确定”按钮，出现“邮件合并收件人”窗口。再单击“确定”按钮，单击“下一步：撰写信函”。

（6）将插入点定位到“录取通知书模板.docx”中需要显示可变内容的位置，在“邮件”选项卡的“编写和插入域”组中单击“插入合并域”下拉按钮，如图 3-59 所示，分别在“学生信息.xlsx”相应的位置插入各个域，插入域后的效果如图 3-60 所示。

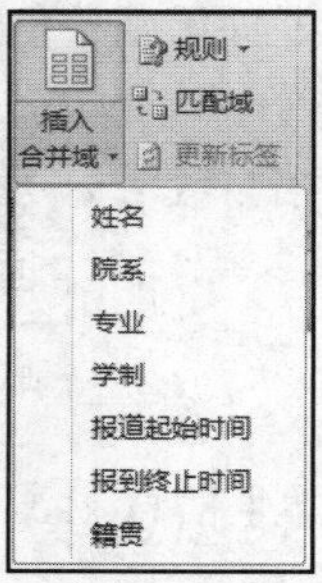

规则 ▾
匹配域
插入合并域 ▾
更新标签
姓名
院系
专业
学制
报道起始时间
报到终止时间
籍贯

图 3-59 “插入合并域”菜单

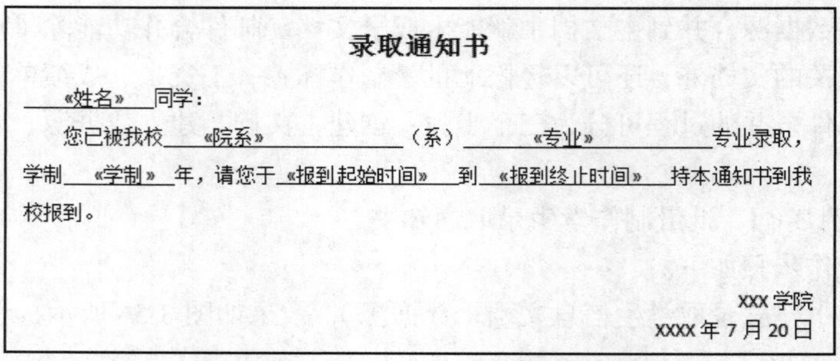

录取通知书

«姓名» 同学：

您已被我校 «院系» （系） «专业» 专业录取，学制 «学制» 年，请您于 «报到起始时间» 到 «报到终止时间» 持本通知书到我校报到。

XXX 学院
XXXX 年 7 月 20 日

图 3-60 插入域后的“录取通知书”

（7）在“邮件”选项卡的“完成”组中单击“完成并合并”|“编辑单个文档”按钮，打开“合并到新文档”对话框，合并记录选择“全部”。这时将生成一个图 3-61 所示的新文档，另存为新文件即可。

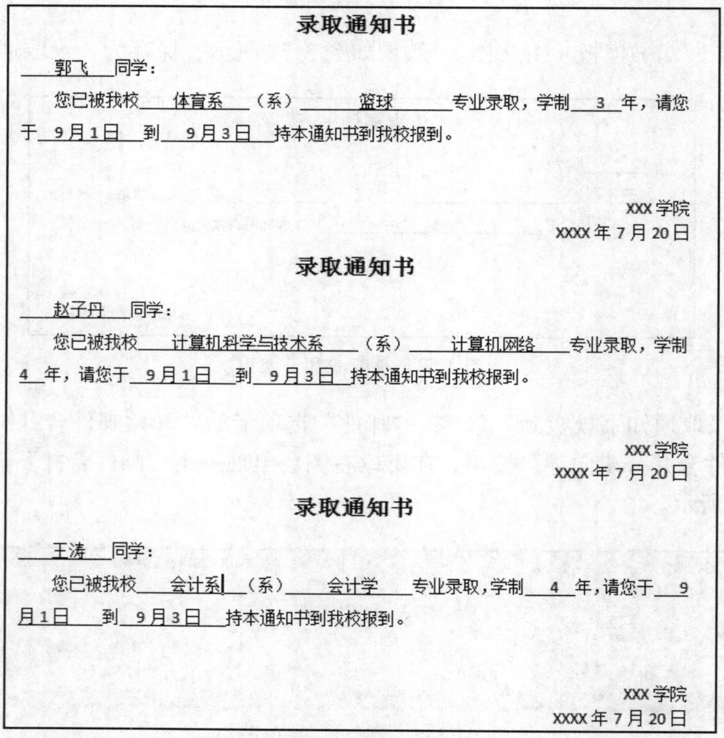

录取通知书

郭飞 同学：

您已被我校 体育系 （系） 篮球 专业录取，学制 3 年，请您于 9月1日 到 9月3日 持本通知书到我校报到。

XXX 学院
XXXX 年 7 月 20 日

录取通知书

赵子丹 同学：

您已被我校 计算机科学与技术系 （系） 计算机网络 专业录取，学制 4 年，请您于 9月1日 到 9月3日 持本通知书到我校报到。

XXX 学院
XXXX 年 7 月 20 日

录取通知书

王涛 同学：

您已被我校 会计系 （系） 会计学 专业录取，学制 4 年，请您于 9月1日 到 9月3日 持本通知书到我校报到。

XXX 学院
XXXX 年 7 月 20 日

图 3-61 邮件合并后的文档

3.7 Word 2010 典型实例

本节通过“毕业设计（论文）排版典型案例”的介绍，使学生了解毕业设计（论文）的基本结构和排版格式要求，掌握用 Word 处理长文档排版的技巧和技术，从而为以后论文撰写和排版做好准备，并为处理其他各类长文档打下基础。

毕业设计（论文）一般由以下几个部分构成：封面、中（英）文摘要与关键词、目录、正文、致谢、参考文献。

3.7.1 毕业设计（论文）各部分排版格式要求

1. 页面要求

A4 纸，上、下、左、右的页面边距分别为 3 厘米、2.5 厘米、3 厘米、2.5 厘米，指定每页 32 行、每行 36 个字符。

页眉和页脚距边界 1.5 厘米。

页眉采用奇偶页不同的内容，其中奇数页页眉采用每一章的标题，偶数页页眉采用“XXX（学校名称）毕业论文”，居中、五号、宋体。页眉从正文页开始到论文最后一页均需设置。

页脚内容：页码居中、五号、宋体。中英文摘要、目录和正文的页码形式不同。中英文摘要、目录页码采用“Ⅰ、Ⅱ、Ⅲ……”的数字形式。正文页码采用“1、2、3……”的数字形式，且从“1”开始连续编码到论文最后一页。

要求中文摘要、英文摘要、目录、正文各章、致谢、参考文献等各部分另起一页。

2. 封面

“XXX（学校名称）毕业设计（论文）”：二号、黑体、加粗、居中。

中文标题及其他：小二、加粗、居中。

3. 中（英）文摘要

摘要标题：小三、黑体、加粗、居中、无缩进，段前段后各 12 磅。

摘要正文：小四、中文摘要用宋体、英文摘要用 Times New Roman。

4. 目录

目录标题：小三、黑体、加粗、居中、无缩进，段前段后各 12 磅。目录要求包含三级目录。

一级目录（章标题）：四号、黑体、加粗、不缩进。

二级目录（节标题）：小四、宋体，适当缩进。

三级目录（小节标题）：小四、宋体，适当缩进。

目录要求自动提取生成。

5. 正文

正文字体（除标题）：小四、宋体，首行缩进 2 个字符。

一级标题（章）：小三、黑体、加粗，居中，段前段后各 6 磅（0.5 行）。

二级标题（节）：四号、宋体、加粗，段前段后各 3 磅（0.25 行）。

三级标题：小四、宋体、加粗，段前段后各 3 磅（0.25 行）。

四级标题：小四、宋体、加粗、适当缩进，段前段后各 0 磅（0 行）。

6. 致谢

格式同正文要求，页码续正文。

7. 参考文献

标题：同正文一级标题。

内容：五号、宋体（或 Times New Roman），页码续正文。

8. 图标

图标中汉字、字母、数字为五号、宋体。

图注：小四、黑体，位于图下方，居中。

表注：小四、黑体，位于表上方，居中。

图表序号按论文的“章”顺序排序，如图 1-1/表 1-1、图 2-1/表 2-1 等。

3.7.2 毕业设计（论文）排版

打开尚未排版的“毕业设计（论文）”文档，按照以下步骤排版。

1. 设置页面

在“页面布局”选项卡的“页面设置”组中单击右下角的对话框启动器，弹出“页面设置”对话框。

选择“纸张”选项卡，将“纸张大小”设置为“A4 纸”，应用于“整篇文档”。

选择“页边距”选项卡，分别设置上、下、左、右页边距为 3 厘米、2.5 厘米、3 厘米、2.5 厘米，应用于“整篇文档”。

选择“版式”选项卡，指定页眉页脚距边界为 1.5 厘米。

选择“文档网格”选项卡，“网格”选项选择“指定行和字符网格”，设置每页 32 行，每行 36 个字符。

将中文摘要至论文最后一页的内容，设置统一格式：小四、宋体，每段首行缩进 2 个字符。

2. 插入分节符

分别在封面、中文摘要、英文摘要、正文各章、致谢等各部分之后插入分节符。操作步骤是，定位插入点到各部分最后，或下一部分的标题文字前，单击“页面布局”选项卡|“页面设置”组，在“分隔符”下拉菜单中，选择“分节符”中下的“下一页”。

3. 自定义标题样式

自定义正文一级标题样式的操作方法如下。

选中正文一级标题段落，在“开始”选项卡的“样式”组中单击右下角的对话框启动器，打开“样式”任务窗格。单击“新样式”按钮，打开“根据格式设置创建新样式”对话框，将样式名称设置为“毕业论文标题 1”，“样式基准”和“后续段落样式”均选“正文”；单击“格式”按钮，设置字体格式为“小三、黑体、加粗”，设置段落格式为段前段后各“6 磅（0.5 行）”，对齐方式为“居中”，首行无缩进。

重复上述操作，自定义正文二级标题样式“毕业论文标题 2”、正文三级标题样式“毕业论文标题 3”、摘要目录标题样式“毕业论文摘要目录”等。

4. 应用样式

应用一级自定义标题：光标定位在正文的第 1 章标题段落，在“样式”任务窗格中选择自定义的“毕业论文标题 1”，即可将自定义的“毕业论文标题 1”样式应用到正文的第 1 章标题上。

同理，再把光标分别定位在正文的第 2 章、第 3 章等各章标题，以及致谢、参考文献标题所在的段落，分别将自定义的“毕业论文标题 1”样式应用在相应段落上。

当然，也可以先选中已经应用了样式的第 1 章标题，使用格式刷依次应用格式到后续各章同级别的标题上。

其他各级自定义标题的应用方法同上。参照上述方法，将自定义的标题样式“毕业论文标题 2”“毕业论文标题 3”等样式分别应用到论文的二级、三级等标题上。

5. 插入参考文献引用

将光标定位到需要标注参考文献引用的位置，在“引用”选项卡的“脚注”组中单击右下角的对话框启动器，打开“脚注和尾注”对话框。“位置”选择“尾注”和“文档结尾”，“编号格式”

选择阿拉伯数字，单击“插入”按钮。光标将自动跳到文档尾部，用户可以在参考文献编号后添加参考文献说明。依次采用上述办法，在论文的其他位置插入所有的参考文献引用。

如果同一个参考文献在论文的另一处还需要引用，则在“引用”选项卡的“题注”组中单击“交叉引用”按钮，打开“交叉引用”对话框。“引用类型”选择“尾注”，“引用内容”选择“尾注编号（带格式）”，“引用哪一个尾注”选择对应已插入的引用，单击“插入”按钮即可。

6. 插入图注和表注

选中论文第 1 章的第一个图，在“引用”选项卡的“题注”组中单击“插入题注”按钮，打开“题注”对话框。单击“新建标签”按钮，在“标签”文本框中输入“图 1-”，单击“编号”按钮，设置编号格式为阿拉伯数字，标签位置选“所选项目下方”，单击“确定”按钮。根据图的内容输入图注说明文字。依次插入本章其他图的图注时，可在打开的“题注”对话框中直接单击“确定”按钮。若为论文第 2 章的图插入图注，则将新建标签定义为“图 2-”。其他各章以此类推，方法同上。

如果希望插入图注时，图注编号能自动包括章节号，可以在“题注编号”对话框中选中“包含章节编号”复选框。但要注意的是，“包括章节编号”的前提是为章节标题应用唯一的标题样式。可按以下方式设置：在“开始”选项卡的“段落”组中单击“多级列表”|“定义新的多级列表”按钮，打开“定义新多级列表”对话框，单击“更多”按钮，如图 3-62 所示。

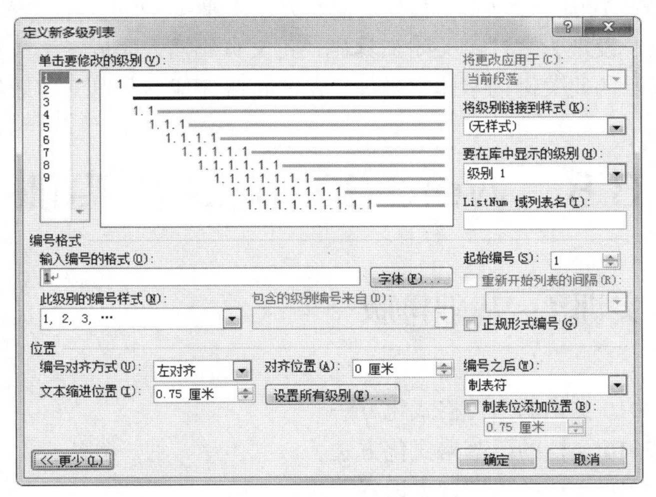

图 3-62　定义新多级列表

设置各级编号格式，如“1”级的编号格式、编号样式、起始编号等。“将级别链接到样式”选择标准样式“标题 1”。再依次设定“2”级标题，“3”级标题，完成后单击“确定”按钮即可。

注意：如果“将级别链接到样式”选自定义样式，可能会出现错误。

论文中表注的插入方法同上，所不同的是，表注出现在表格上方。

7. 自动生成目录

将光标定位到摘要页面的最后，插入“分隔符”|“分页符”，在新页面的第一行输入“目录”，并设置目录标题格式。

在“引用”选项卡的“目录”组中单击“目录”|“插入目录”按钮，打开“目录”对话框，编辑完成之后即可生成论文目录。

8. 插入页眉

将光标定位到正文第一部分的标题前，在“插入”选项卡的“页眉和页脚”组中单击“页眉”|

“编辑页眉”按钮，进入页眉编辑状态。

单击“页眉和页脚工具”选项卡|“导航”组的“链接到前一个页眉”按钮，使其处于“弹起”状态，再输入“XXX（校名）毕业论文”，设置五号、宋体、居中。单击“关闭页眉和页脚”按钮即可。

提示： 页眉文字下方的一条长横线无法选中。如果要删除它，需在页眉编辑状态下，在“开始”选项卡的“段落”组中单击“下框线”|“无框线”按钮。

9. 插入页码

（1）插入中英文摘要目录页码。

将光标定位到中文摘要第一页，在“插入”选项卡的“页眉和页脚”组中单击“页脚”|“编辑页脚”按钮，进入页脚编辑状态。在“页眉和页脚工具”选项卡的“导航”组中单击“链接到前一个页脚”按钮，使其处于“弹起”状态。再在“页眉和页脚工具”选项卡的“页眉和页脚”组中单击“页码”|“设置页码格式”按钮，打开“页码格式”对话框，“编号格式”选择“Ⅰ、Ⅱ、Ⅲ…”，“页码编号”选择“起始页码”，单击“确定”按钮。

（2）插入正文页码。

将光标定位到正文第一页，双击页脚处进入页脚编辑状态。在“页眉和页脚工具”选项卡的“导航”组中单击“链接到前一个页脚”按钮，使其处于“弹起”状态。把“编号格式”修改为“1、2、3…”，“起始页码”设定为“1”，关闭工具栏，正文页码插入完成。

按要求设置封面、摘要关键词字体字号等，论文排版完成后预览整体效果。

3.8 Word 2010 综合实训

3.8.1 综合实训1：基础排版

1. 目的

（1）掌握 Word 2010 文档的字符格式化方法。

（2）掌握 Word 2010 文档的段落格式化方法。

（3）掌握 Word 2010 文档的水印背景设置方法。

（4）掌握 Word 2010 文档的分栏方法。

（5）掌握 Word 2010 项目符号的设置和定义方法。

2. 操作要求

（1）按下文输入北京奥运会主题曲《我和你》的文字，行距设置为“1.5 倍行距”，将文档保存在 D 盘中，文件名为“我和你.docx”。

（2）设置主标题“我和你”为黑体、三号、加粗、居中、深蓝色。

（3）设置副标题“——2008 年北京奥运会开幕式主题曲”为宋体、小四、加粗、右对齐、深蓝色，黄色底纹（应用于文字）。

（4）设置词、曲作者姓名为宋体、小四、加粗、居中、红色。

（5）将正文居中，设置正文字体为仿宋、五号、加粗、绿色。

（6）为正文歌词每行加项目符号®，浅橙色底纹（应用于段落），项目符号颜色为红色。

（7）将正文分两栏排版，栏宽相同。

（8）设置水印背景，背景文字为“One World ,One Dream!”。

整体效果如图 3-63 所示。

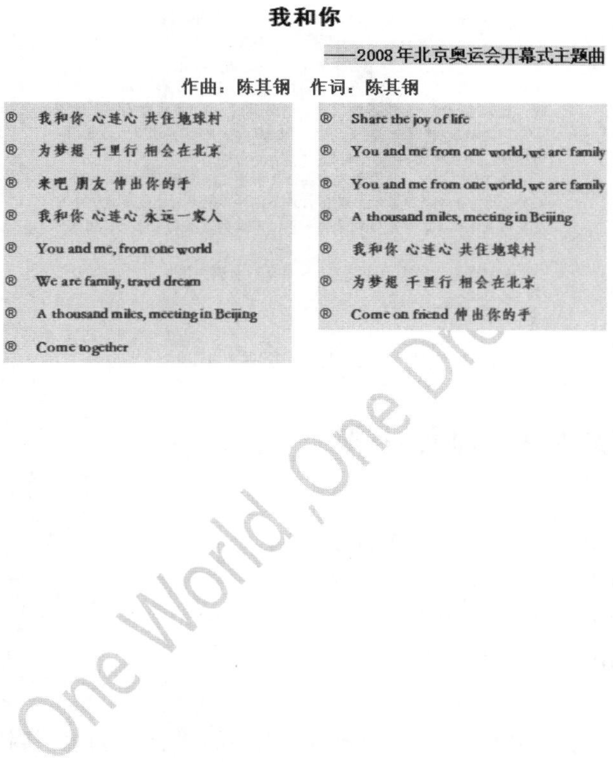

我和你

——2008 年北京奥运会开幕式主题曲

作曲：陈其钢　作词：陈其钢

® 我和你 心连心 共住地球村
® 为梦想 千里行 相会在北京
® 来吧 朋友 伸出你的手
® 我和你 心连心 永远一家人
® You and me, from one world
® We are family, travel dream
® A thousand miles, meeting in Beijing
® Come together
® Share the joy of life
® You and me from one world, we are family
® You and me from one world, we are family
® A thousand miles, meeting in Beijing
® 我和你 心连心 共住地球村
® 为梦想 千里行 相会在北京
® Come on friend 伸出你的手

One World ,One Dream

图 3-63　基础排版效果图

3.8.2　综合实训 2：图文混排

1．目的

（1）掌握 Word 2010 文档的页眉设置方法。

（2）掌握 Word 2010 图文混排方法。

2．操作要求

（1）标题：艺术字样式“金属棱台，映像”，华文行楷、40 号、加粗、居中、单倍行距。

（2）正文：楷体、四号，行距为固定值 20 磅，正文首行缩进 2 字符。

（3）对第一段内容分两栏，有分隔线，首字下沉两行。

（4）对第一段的第一个“圣诞”添加尾注，内容为“阳历 12 月 25 日”。对文中的“St. Nicholas”设置加粗、红色。

（5）对最后一段添加紫色双波浪线下画线。

（6）插图：可以采用任何图片，大小、位置适当，衬于文字下方。

（7）为文章添加“圣诞的故事”页眉。

（8）设置文档属性的“标题”为“圣诞”，“作者”为“Word 2010”。

整体效果如图 3-64 所示。

圣诞的故事

圣诞老人的传说

圣诞[i]老人的传说早在数千年前的斯堪的纳维亚半岛即出现。北欧神话中掌管智慧、艺术、诗词和战争的奥丁神，在寒冬时节，骑上他那“八脚马”坐骑驰骋于天涯海角，惩恶扬善，分发礼物。与此同时，他的儿子雷神穿着红衣，以闪电为武器与冰雪诸神昏天黑地恶战一场，最终战胜寒冷。据传说，圣诞老人为奥丁神的后裔。也有传说称，圣诞老人是由圣·尼古拉而来，所以圣诞老人也称 St. Nicholas.

每年的圣诞日，圣诞老人骑在白羊星座上，圣童手持圣诞树降临人间。随着世事变迁，作家和艺术家开始把圣诞老人描述成我们今日熟悉的穿着红装，留着白胡子的形象。不同的国度和文化对圣诞老人也有了不同的解释。

圣诞老人已经成为圣诞节最受喜爱的象征和标志。

i 阳历 12 月 25 日

图 3-64　图文混排效果图

3.8.3　综合实训 3：制作小报

1. 目的

（1）掌握 Word 2010 文档中页面设置的方法。

（2）掌握 Word 2010 文档中文本框的使用方法。

（3）掌握 Word 2010 文档中艺术字的插入和设置方法。

（4）掌握 Word 2010 文档中图片的插入和设置方法。

2. 操作要求

（1）利用“页面布局”选项卡的“页面设置”组中的“纸张方向”按钮，设置“横向”，利用“纸张大小”按钮设置 B4。

（2）在 B4 纸的适当位置插入文本框、艺术字、图片等内容，并根据需要自行设置具体格式。

（3）根据需要可以设置页面边框。最终以文件名“小报.docx”保存。

整体效果如图 3-65 所示。

小报

当教师把每个学生都理解为他是一个具有个人特点的、具有自己的志向、自己的智慧和性格结构的人的时候，这样的理解才能有助于教师去热爱儿童和尊重儿童。　——赞可夫

生活赋予我们一种巨大的和无限高贵的礼品，这就是青春：充满着力量，充满着期待、志愿，充满着求知和斗争的志向，充满着希望、信心的青春。　——奥斯特洛夫斯基

【养心六法】

1. 静心。静能生慧，智者无忧，计较是疼，比较是痛，淡然是福。2. 定心。不以物喜，不以己悲。3. 安心。尽人事而顺天意，随遇而安即得幸福。4. 正心。心术不正损人害己，意志不坚诸事难成。5. 宽心。心有多大，舞台就有多大。6. 平心。胸有平常心，幸福自然来。

英语园地

- Remember what should be remembered, and forget what should be forgotten. Alter what is changeable, and accept what is unchangeable.
- "You couldn' t see my tears cause I am in the water." Fish said to water.
"But I could feel your tears cause you are in my heart." Answered water.
- Penitence is something that enervates our spirit, causing a greater loss than the loss itself and making a bigger mistake than the mistake itself. So never regret.
- Your life only lasts for a few decades, so be sure that you don't leave any regrets. Laugh or cry as you like, and it 's meaningless to oppress yourself.

图 3-65　小报效果图

习题 3

一、单选题

1. Word 2010 文档默认的扩展名是（　　）。
   A. .wps　　B. .txt　　C. .doc　　D. .docx
2. 在 Word 中，查看统计的页数和字数，可以通过（　　）。
   A. 标题栏　　B. 编辑栏　　C. 状态栏　　D. 选项卡
3. 选择整个文档可以使用组合键（　　）。
   A.【Alt+A】　　B.【Shift+A】　　C.【Ctrl+A】　　D.【Ctrl+Shift+A】
4. Word 在编辑过程中，可以同时显示水平标尺和垂直标尺的视图方式是（　　）。
   A. 草图视图　　B. 大纲视图　　C. 页面视图　　D. 阅读版式视图
5. "剪切"命令用于删除文本和图形，并将删除的文本和图形放置到（　　）。
   A. 硬盘上　　B. 软盘上　　C. 剪贴板上　　D. 文档上
6. 在 Word 中，文本框（　　）。
   A. 不可与文字叠放　　B. 文字环绕方式多于两种
   C. 随着框内文本内容的增多而增大　　D. 文字环绕方式只有两种
7. 要选定一个段落，以下操作错误的是（　　）。
   A. 将插入点定位于该段落的任何位置，然后按【Ctrl+A】组合键
   B. 将鼠标指针拖过整个段落
   C. 将鼠标指针移到该段落左侧的选定区双击
   D. 将鼠标指针在选定区纵向拖动，经过该段落的所有行
8. 在 Word 的编辑状态下，执行两次"剪切"操作，则剪贴板中（　　）。
   A. 仅有第一次被剪切的内容　　B. 仅有第二次被剪切的内容
   C. 有两次被剪切的内容　　D. 无内容
9. 一个 Word 窗口被关闭后，被编辑的文件将（　　）。
   A. 被从磁盘中清除　　B. 被从内存中清除
   C. 被从内存或磁盘中清除　　D. 不会从内存和磁盘中被清除
10. 在 Word 编辑状态下，当前输入的文字显示在（　　）。
    A. 当前行尾部　　B. 插入点
    C. 文件尾部　　D. 光标处

二、填空题

1. 水平标尺上有首行缩进标记、________右缩进标记等三个滑块位置，从而可确定这三个边界的位置。

2. 在 Word 文档编辑中，要完成修改、移动、复制、删除等操作，必须先________要编辑的区域，使该区域"高亮"显示。

3. 在 Word 中，选定一个矩形区域的操作是将光标移动到待选择的文本的左上角，然后使用快捷键________并左键拖动鼠标到文本块的右下角。

4. 在 Word 中绘制椭圆时，若按住________键向左拖动可以画一个正圆。

5. 在 Word 中，段落格式编排最基本的内容是段落边界的设定、段落________的设定和行距及段落间距的设定。

6. Word 模板文档的扩展名为________。

三、简答题

1. 简述 Word 2010 窗口的主要组成。
2. 简述“撤销”和“恢复”命令的区别。
3. 查找和替换文本的步骤是什么？
4. 简述在文档中插入表格的步骤。
5. 如何为文档奇偶页设置不同的页眉和页脚？
6. 如何在文档中插入分节符？

四、操作题

根据个人情况制作一份求职简历。

第4章　电子表格软件 Excel 2010

Excel 是处理数据的电子表格程序，具有极强的计算和分析能力以及出色的图表功能。Excel 应用程序可以协助用户轻松地输入数据、处理数据，并通过它提供的函数进行自动计算，实现制表自动化。利用 Excel 程序可以很方便地由表格数据生成各种类型的图表，用户可以通过图表进行数据分析。Excel 广泛用于财务、预算、统计、数据跟踪、数据汇总等工作中。

本章将系统地介绍 Excel 2010 的主要操作，包括工作簿和工作表的各种基本操作以及公式、函数、图表等的应用。

4.1　Excel 2010 简介

Excel 2010 是办公软件 Office 2010 的组件之一，它不仅可以制作各种表格，而且可以对表格数据进行分析，根据数据制作图表。

4.1.1　Excel 2010 的启动和退出

在系统中安装了 Office 2010 也就安装了 Excel 2010，系统会自动将 Excel 2010 列入“程序”菜单，所以选择“开始”|“所有程序”|“Microsoft Office”|“Microsoft Excel 2010”命令，即可启动 Excel 2010。另外，也可以直接双击桌面上的快捷图标来启动，启动后出现图 4-1 所示的窗口。

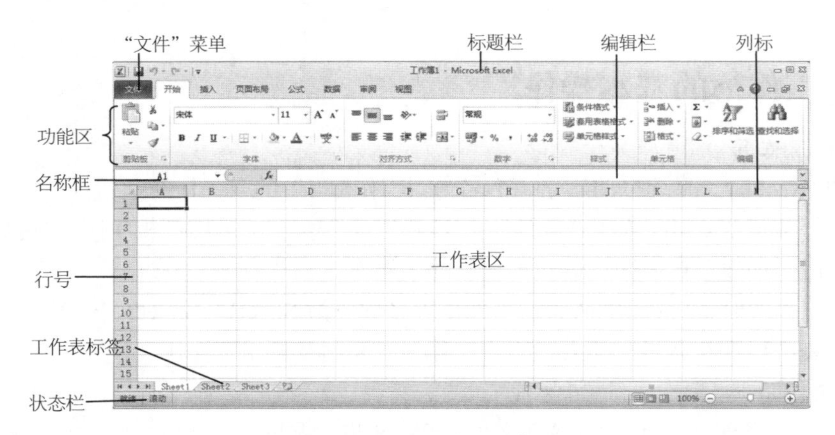

图 4-1　Excel 2010 的窗口

退出 Excel 2010 与退出 Word 2010 方法完全相同。

4.1.2　Excel 2010 的工作窗口

图 4-1 所示窗口与 Word 2010 的窗口界面相似，也有标题栏、功能区、状态栏，但 Excel 2010 明显不同的地方是，在功能区的下面多了一个“编辑栏”，而且工作窗口是以表格形式出现的。

4.1.3　Excel 2010 的基本概念

Excel 的窗口由两部分组成：一个是外层的程序窗口，也称主窗口；另一个是内层工作窗口，即工作簿窗口。

在 Excel 中保存的文件就是工作簿，每一个工作簿可以包含若干个工作表，默认情况下包含 3 个工作表。

工作表由行号、列号和网格线构成，工作表也称电子表格，它是 Excel 存储和处理数据的工作区域。工作表标签 Sheet1、Sheet2、Sheet3 等位于工作簿窗口的底端，用来表示工作表的名称。

每一个工作表由 16384 列和 1048576 行组成，行和列相交形成单元格，Excel 用列标和行号来表示某个单元格。例如，B5 代表第 2 列第 5 行处的单元格。

在工作表中单击任一单元格，该单元格即由粗边框线包围，称为当前单元格或活动单元格，它的右下角有一黑方块，称为填充柄，拖动此填充柄可以自动填充单元格数据。自动填充功能将在 4.3.2 节中介绍。

在工作表中拖动鼠标，会出现一个由粗边框线包围的区域，该区域可以用区域左上角单元格的列号行号加“:”再加区域右下角单元格的列号行号来表示。如图 4-2 所示，如果区域是从 B2 拖到 D5，则它可命名为 B2:D5。也可在名称框中输入字符给区域起一个名称，例如，图 4-2 中给这个区域起名为 test。

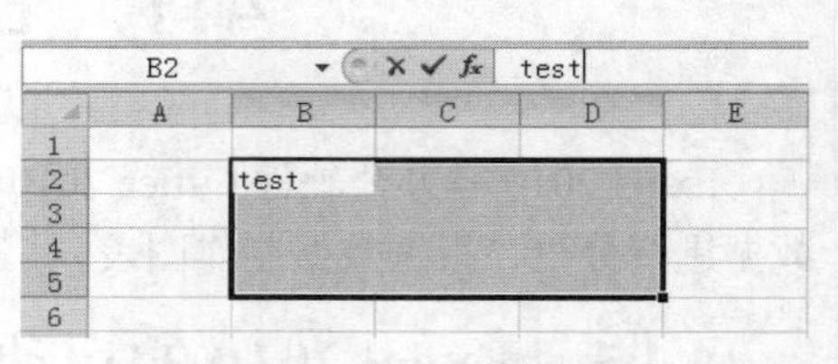

图 4-2　Excel 区域命名

4.2　Excel 2010 的基本操作

4.2.1　工作簿的基本操作

1. 创建新工作簿

每次启动 Excel 时，系统自动建立一个名为“工作簿 1”的空工作簿。

如果已经打开了 Excel，选择“文件”|“新建”命令，在“可用模板”区域选择一种模板。选择完毕，单击“创建”按钮即可创建出相应的工作簿。

新建一个工作簿时，Excel 默认的三个工作表名称分为 Sheet1、Sheet2、Sheet3。用户可以根据需要对工作表进行重新命名、插入、删除、移动、复制及打印等操作。

2. 保存工作簿

在退出 Excel 之前，如果没有保存文件，Excel 也会显示一个提示框，询问是否在退出之前保存该文件，单击“保存”按钮，将打开“另存为”对话框，用户选择保存位置并输入文件名即可。

3. 打开已有工作簿

如果要对已存在的工作簿进行编辑，需要先打开该工作簿，也就是把它从磁盘调入内存，并将内容显示在 Excel 窗口中。

打开已有工作簿的方法是，选择“文件”|“打开”命令，出现 “打开”对话框。在弹出的“打开”对话框中选择需要打开的工作簿文件，然后单击“打开”按钮。

4.2.2　工作表的基本操作

1. 选取工作表组

（1）选取单个工作表：只需单击该工作表的标签，该工作表即成为活动工作表，工作表标签显示为白色。

（2）选取一组相邻的工作表：先单击要成组的第一个工作表标签，然后按住【Shift】键，再单击最后一个工作表标签。

（3）选取不相邻的一组工作表：按住【Ctrl】键，依次单击要成组的每个工作表标签。

（4）选取工作簿中的全部工作表：用鼠标右键单击任一工作表标签，从弹出的快捷菜单中选择“选择全部工作表”命令。

2. 重命名工作表

Excel 默认工作表的名称都是 Sheet 加序号。显然，默认工作表的名称不便于查找、复制或移动。为此，Excel 允许用户给工作表重新命名，其操作步骤如下。

（1）双击要重新命名的工作表标签，这时该标签呈“高亮”显示，工作表标签处于编辑状态。

（2）在标签处输入新的名称。例如，在工作表 Sheet2 标签处输入“成绩表”。

（3）单击除该标签以外工作表的任一处或按【Enter】键结束编辑。

另外，右键单击需要重新命名的工作表标签，从弹出的快捷菜单中选择“重命名”命令也可以重命名工作表。

3. 插入工作表

一个新 Excel 工作簿通常默认含有三个工作表，即 Sheet1、Sheet2、Sheet3，用户可以直接在工作簿中插入更多的工作表。

在工作簿窗口直接单击工作表标签右侧的插入工作表按钮，即可插入一个新的工作表。插入的新工作表由 Excel 自动命名，默认情况下，第一个插入的工作表为 Sheet4，之后依次是 Sheet5、Sheet6……

4. 删除工作表

如要删除工作表，只需右键单击工作表标签，在弹出的快捷菜单中选择“删除”命令，这时将弹出提示对话框，单击“删除”按钮将永久删除工作表，且不可恢复。

5. 移动和复制工作表

移动和复制工作表的操作方法基本一致，区别是将工作表从一个位置移动到另一个位置，移动之后原来位置上的工作表就没有了；而复制工作表是在复制之后，添加一个工作表副本。移动或复制工作表操作方法如下。

使用鼠标拖动方法移动工作表：首先单击选定要移动的工作表标签，然后按住鼠标左键不放，沿着标签栏向左或向右移动鼠标，同时标签的左端会显示一个黑色三角形，移到目标位置时，释放鼠标左键即可完成工作表的移动操作。

使用鼠标拖动方法复制工作表：只需要在拖动工作表时按住【Ctrl】键即可，此时鼠标指针显示多了一个“+”号。

复制的工作表由 Excel 自动命名，其规律是在源工作表名后加一个带括号的编号。例如，源工作表名为 Sheet1，则第一次复制的工作表名为 Sheet1（2），第二次复制的工作表名为 Sheet1（3）。

6. 隐藏和显示工作表

有时候不希望别人看到某个工作表中的数据，可以选择将该工作表隐藏起来。在需要的时候，又可以将隐藏的工作表显示出来。

隐藏工作表的方法是，右键单击需要隐藏的工作表标签，在弹出的快捷菜单中单击“隐藏”命令。

显示隐藏的工作表的方法是，右键单击当前工作簿中任意工作表标签，在弹出的快捷菜单中单击“取消隐藏”命令，在弹出的“取消隐藏”对话框中选择要取消隐藏的工作表，然后单击“确定”按钮。

7. 保护工作表

在实际工作中，为了防止报表中的信息被修改，通常会用到保护工作表的操作，下面就来具体地介绍一下如何保护工作表和撤销保护工作表。

保护工作表的操作步骤如下。

（1）打开一个要保护的工作表，切换至“审阅”选项卡，在“更改”组中单击“保护工作表”按钮。

（2）弹出“保护工作表”对话框，选中“保护工作表及锁定的单元格内容”复选框，然后在“取消工作表保护时使用的密码”文本框中输入密码，并选中“允许此工作表的所有用户进行”列表框中的“选定锁定单元格”和“选定未锁定的单元格”复选框，如图 4-3 所示。

（3）单击“确定”按钮，弹出“确认密码”对话框，在“重新输入密码”文本框中输入刚刚设置的密码，然后单击“确定”按钮。

当用户需要编辑该工作表时，系统会弹出提示对话框，说明该对话框是受保护的，不能更改，单击“确定”按钮关闭该对话框。

单击“审阅”选项卡“更改”组中的“撤销工作表保护”按钮，弹出“撤销工作表保护”对话框，在“密码”文本框中输入保护密码，单击“确定”按钮即可撤销对工作表的保护。

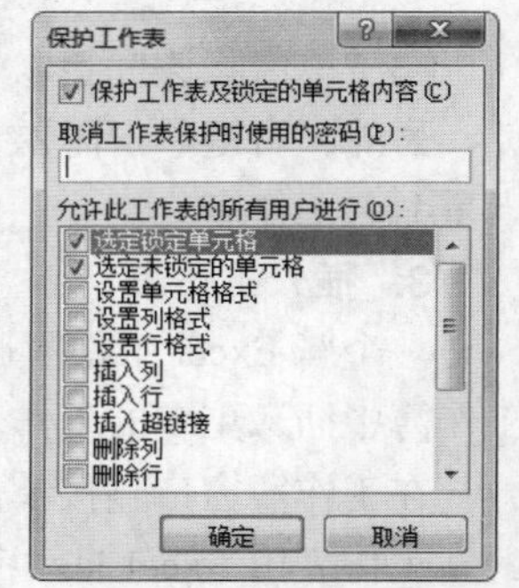

图 4-3 “保护工作表”对话框

8. 拆分工作表

有时工作表行和列比较多，需要同时查看工作表的不同部分，可以拆分工作表。拆分工作表有下面两种方法。

使用功能区命令进行拆分：先选中要拆分位置点的右下方的单元格，再单击“视图”选项卡“窗口”组的“拆分”按钮，则工作表就被拆分成四个部分。

使用鼠标拖动进行拆分：单击垂直滚动条上方的小方块按钮，鼠标指针变成上下箭头形状时，向下拖动鼠标，此时窗口中出现一条灰色分割线，工作表被拆分成上下两部分。使用类似的方法，可以将工作表拆分成左右两部分。

取消拆分：在拆分线上双击鼠标左键可去除拆分线，或者再次单击“拆分”按钮。

9. 冻结工作表

当一个 Excel 表格列数较多，行数也较多时，一旦向下滚屏，上面的标题行也跟着滚动，在处理数据时往往难以分清各列数据对应的标题，这时候就可以利用“冻结窗格”功能来解决问题。

冻结拆分窗格的方法是先选中要冻结的标题行（可以是一行或多行）的下一行，然后单击“视图”选项卡的“窗口”组中“冻结窗格”按钮，在打开的菜单中选择“冻结拆分窗格”。滚屏时，被冻结的标题行总是显示在最上面，大大增强了表格编辑的直观性。

如果要同时冻结顶部水平和左侧垂直窗格，可以选择要冻结区域的右下单元格，再使用上面的方法，冻结即可。

在“冻结窗格”中可以选择“冻结首行”或“冻结首列”命令，则首行或首列就一直显示在页面里。

如果要取消“冻结窗格”，只要再单击“冻结窗格”按钮，在弹出的菜单中单击“取消冻结窗格”命令即可。

4.3　数据输入与格式化

4.3.1　数据的输入与修改

要对数据进行处理，首先要将数据输入工作表。Excel 把输入单元格的内容都看成数据，包括文本、数值、时间、日期和公式等。

要输入数据，首先选择单元格，可直接在单元格中输入，也可在“编辑栏”中输入。此时“编辑栏”左边显示三个按钮：单击✓按钮即确认输入数据，结束单元格的数据输入；单击×按钮则取消输入，保留原有数据；fx表示输入函数。

1. 输入文本型数据

文本包含汉字、英文字母、具有文本性质的数字、空格以及其他键盘能够键入的符号。在默认的情况下文本型数据在单元格中左对齐。

当用户输入的数据过多，超过了单元格的宽度，会有两种结果：如果右边相邻的单元格中没有任何数据，则超出的文字会显示在右边相邻的单元格中；如果右边相邻的单元格中已有数据，则超出单元格的部分将不显示，可以增加列宽看到全部内容。

有时数字需要作为文本来输入，如身份证号码、手机号码等。输入数字文本的方法是，在输入具体的数值前先输入一个英文单引号（'），然后输入具体的值。例如，在某一个单元格中，输入手机号码“'13512345678”，按【Enter】键后，系统将该数据作为文本型数据处理。

2. 输入数值型数据

数值型数据是 Excel 工作表中最为重要的数据类型之一。

整数和小数直接输入即可，在默认的情况下，数值型数据在单元格中自动右对齐。

对于分数，在输入之前要先输入“0”，再输入一个空格，最后输入分数。例如，分数 1/2 需要输入“0 1/2”。

3. 输入日期、时间型数据

在单元格中输入日期数据时，需要使用“/”或者“-”来分割日期中的年、月、日。如“2015/4/25”或者“2015-4-25”都可以表示 2015 年 4 月 25 日。

在单元格中输入时间时，需要使用“:”将时、分、秒隔开，如 20 点 40 分 52 秒的输入内容为“20:40:52”。

如果要输入日期加时间，可以在日期和时间之间加一个空格，如 2015/4/25 20:40:52。

4. 设置单元格数据的有效性

在 Excel 表格中，用户经常需要输入大量的数据，为了提高输入的效率和准确性，可以根据不同的需要来设置数据的有效性输入规则。

删除有效性输入规则的方法：选择已设置有效性输入规则的单元格或者单元格区域，打开“数据有效性”对话框，单击“全部清除”按钮。

5. 数据的修改

当单元格中输入的内容有误或不完整时，就要对其进行修改。双击单元格即可直接在单元格中修改数据；如果单击单元格，编辑栏中将显示单元格的内容，此时可借助编辑栏修改单元格内容，修改结束后按【Enter】键。

如果希望将某个单元格中的内容用新数据代替，只要单击该单元格，然后直接输入新数据即可。如果想清除某个单元格中的内容，可首先单击该单元格，然后按【Delete】键。但这种方法只能清除内容，不能清除格式。如果想清除格式，单击“开始”选项卡的“编辑”组中“清除”按钮，在打开的菜单中选择“清除格式”命令即可。

4.3.2 自动填充

数据填充

1. 相同数据填充

如果要在连续的单元格中输入相同的数据，可以使用相同数据填充，有以下两种操作方法。

（1）使用鼠标拖动方法进行填充。把鼠标指针放在单元格右下角的填充柄上，鼠标指针变成十字状态，按住鼠标左键往下拖动到结束相同数据输入时停止，就得到一列相同数据；向右拖动填充则可以得到相同的一行数据。

（2）使用“填充”命令进行相同数据的填充。在起始单元格中输入要填充的数据，选定需要输入相同数据的单元格，在“开始”选项卡的“编辑”组中单击“填充”按钮，在打开菜单中按照需要选择“向下”或其他命令，选定的单元格区域会快速填充相同的数据。

2. 序列填充

有时，根据已知单元格中内容的排序规律，可以推知后续单元格中的数据内容，这样的表格数据称为序列。序列的类型主要有时间序列、等差序列、等比序列。

时间序列：包括按指定天数、周数或月数增长的序列，例如，周名称、月名称或者季度名称的循环序列。

等差序列：序列中任意两个连续的数差值相等，这个固定的差值称为步长，步长值为正数，序列递增，步长值为负数，序列递减。

等比序列：序列中每相邻两个数值之间的比例关系都相等，这个比例称为步长。

输入序列数据的方法有两种，下面以输入图 4-4 所示序列为例介绍这两种方法。

使用鼠标拖动输入序列数据，在 B3 和 B4 单元格中分别输入“1”和“3”，选中区域 B3:B4，将鼠标指向这个区域右下角，当鼠标指针变为“+”形状时，向下拖动鼠标，即可自动填充序列。

使用“填充”命令输入序列数据，在 B12 单元格中输入起始数据“1”，选择要填充序列的区域，然后在“开始”选项卡的“编辑”组中单击“填充”按钮，在打开的菜单中单击“序列”命令，就打开了“序列”对话框，如图 4-5 所示。

	A	B	C	D	E	F
1						
2		等差数列				
3		1				
4		3				
5		5				
6		7				
7		9				
8		11				
9		13				
10						
11						
12	等比数列	1	3	9	27	81

图 4-4 序列填充

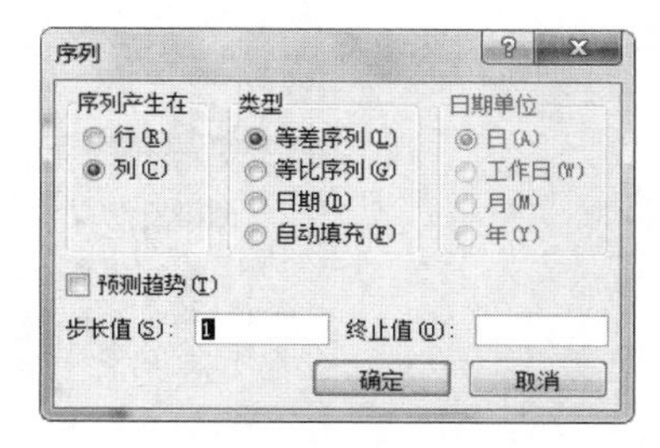

图 4-5 “序列”对话框

在“序列”对话框中，选择“等比序列”，“步长值”文本框中输入“3”，如果选择了填充区域，终止值可以不输入，也可以通过计算来输入终止值。输入完毕之后，单击“确定”按钮。

3. 自定义填充序列

自定义填充序列：如果用户经常填充某一序列，可以将它添加到自定义序列中。

操作步骤如下。

（1）单击“文件”|“选项”命令，弹出“Excel 选项”对话框。

（2）在“高级”选项卡中，单击“编辑自定义列表”按钮，如图 4-6 所示。

图 4-6 “Excel 选项”对话框

（3）打开“自定义序列”对话框，如图 4-7 所示。如果已有自定义序列的数据清单，则可先选中，再单击“导入”按钮即可。如要手动输入新的序列，则可选择“自定义序列”列表框中的“新序列”选项，然后在“输入序列”框中输入自己的列表，整个序列输入完成后，单击“添加”按钮。

以后只要将自定义序列中的一个条目输入某个单元格，拖动填充柄即可填充序列中的其他条目。

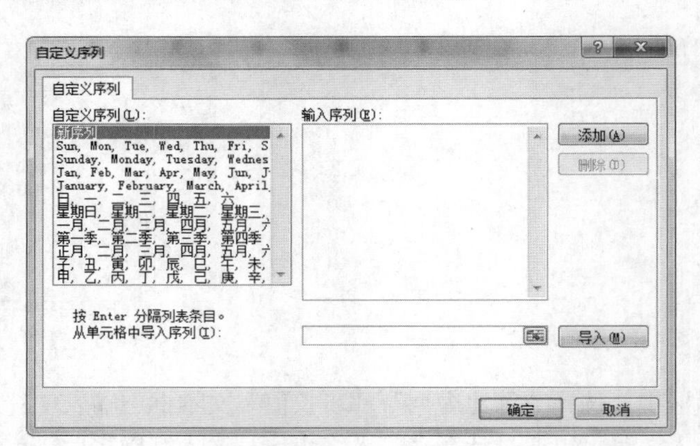

图 4-7 “自定义序列”对话框

4.3.3 编辑工作表

1. 选定工作范围

对工作表的编辑是针对单元格、行、列或整个工作表进行的，在编辑之前应先选定要编辑的范围。

利用鼠标选定单元格范围的方法如下。

选择一个单元格：单击该单元格。

选择一个区域：鼠标从区域的左上角拖动到其右下角。

选择一行：单击行号。

选择一列：单击列标。

选定整个工作表：单击工作表左上角行与列交界处的全选按钮。

鼠标与键盘命令的组合选择操作如下。

（1）选择相邻的行（列）单元格区域：首先选择一行（列），按住【Shift】键不放再选择另一行（列），两行（列）之间的单元格区域均被选中。

（2）选择不相邻的行（列）单元格区域：首先选择一行（列），按住【Ctrl】键不放再选择其余行（列），则所选的行（列）单元格区域均被选中。

（3）同时选择行、列、单元格或区域：按住【Ctrl】键，依次单击行号、列标、单元格或区域。

2. 插入行、列、单元格或区域

对于一个已建好的表格，可能需要在表格中插入一行、一列、单元格或区域来容纳新的数据。

（1）插入一行。选择一个单元格，然后在“开始”选项卡的“单元格”组中单击“插入”按钮，在打开的菜单中单击“插入工作表行”命令，即可在单元格所在行的上方插入一新行。

（2）插入一列。选择一列，然后单击鼠标右键，在弹出的快捷菜单中选择“插入”命令，即可在所选列的左侧插入一新列。

（3）插入单元格。先选定一单元格，然后单击鼠标右键，在弹出的快捷菜单中选择“插入”命令，弹出“插入”对话框。在“插入”对话框中若选中“活动单元格右移”单选按钮，则当前单元格及其右侧单元格右移；如果选中“活动单元格下移”单选按钮，则当前单元格及其下方单元格下移。操作完成后单击“确定”按钮。

（4）区域的插入方法是先选定一个区域，然后进行插入，操作步骤同上。

3. 删除行、列、单元格或区域

如果要删除单元格，操作步骤如下。

（1）选定要删除的单元格，然后在“开始”选项卡的“单元格”组中单击“删除”按钮，在打开的菜单中单击“删除单元格”命令，弹出“删除”对话框。

（2）在“删除”对话框中选择删除方式。

（3）单击“确定”按钮。

如果要删除行、列、区域，操作方法与删除单元格类似。

4.3.4 格式化工作表

1. 调整行高和列宽

当一个单元格中数据较多时，可能现有的宽度会显示不下所有数据，改变列宽可以让其显示出来。改变行高和列宽的方法相似，下面以改变列宽为例来介绍三种方法。

（1）使用右键菜单设置列宽。右键单击要设置列宽的列标，在弹出的快捷菜单中单击“列宽”命令，弹出“列宽”对话框，在对话框中可精确设置列宽。

（2）“格式”命令精确设置列宽。在“开始”选项卡“单元格”组中单击“格式”按钮，在打开的菜单中单击“列宽”命令，可以在弹出的“列宽”对话框中进行设置。

（3）鼠标改变列宽。将鼠标指针移到两列标之间，此时鼠标指针变为形状，按住鼠标左键移动，即改变左列的宽度。

2. 设置单元格文本的对齐方式

设置单元格文本的水平和垂直对齐方式有两种方法。

（1）使用对齐按钮。在“开始”选项卡的“对齐方式”组中单击对齐选项。例如，要更改单元格内容的水平对齐方式，可单击文本左对齐按钮、居中按钮或文本右对齐按钮。

（2）使用“设置单元格格式”对话框。单击“开始”选项卡“对齐方式”组右下角的对话框启动器，打开“设置单元格格式”对话框，选择“对齐”选项卡，如图 4-8 所示。

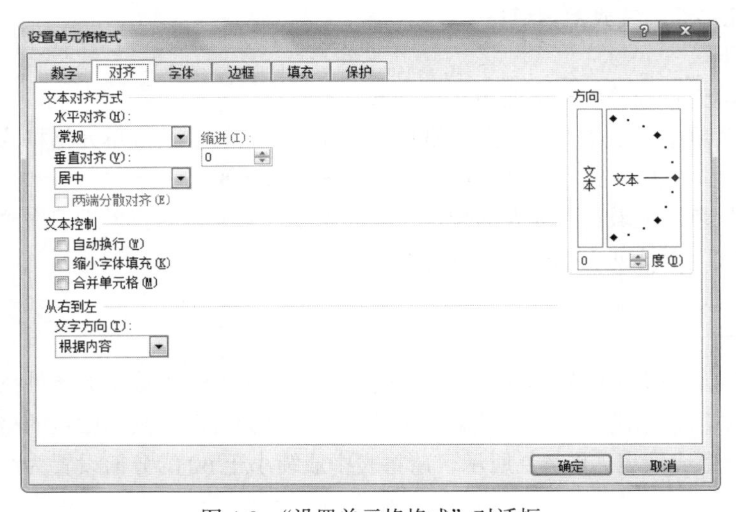

图 4-8 “设置单元格格式”对话框

在“水平对齐”下拉列表框中选择水平对齐方式，在“垂直对齐”下拉列表框中选择垂直对齐方式。选好后单击“确定”按钮。

“水平对齐”下拉列表框中的选项有“常规”“靠右”“居中”“靠左”“填充”“两端对齐”“跨列居中”和“分散对齐”；“垂直对齐”下拉列表框中的选项有“靠上”“居中”“靠下”“两端对齐”和“分散对齐”。

此外，还可以设置文字的方向，在对话框的“方向”一栏中选择文本的方向，或者在微调框中输入一个角度设置文本的方向及效果。

在此对话框中还可设置单元格的合并。选中要合并的区域，选中对话框中的“合并单元格”复选框，单击“确定”按钮即可。

3. 设置字体格式

可以利用“格式”工具栏设置常用的一些格式，也可以使用“设置单元格格式”对话框中的“字体”选项卡进行设置，方法类似 Word 的设置。

4. 设置单元格的边框和底纹

在 Excel 2010 中，默认表格线都是统一的淡虚线，这些虚线在打印时是没有的，如果需要将这些表格线打印出来，用户既可以使用“边框”按钮设置，也可以使用“设置单元格格式”对话框中的“边框”选项卡设置单元格的边框。

使用“设置单元格格式”对话框设置单元格的边框的操作步骤如下。

（1）选定需要添加边框的单元格或单元格区域。

（2）在右键菜单中，单击“设置单元格格式”命令，打开“设置单元格格式”对话框。

（3）在“设置单元格格式”对话框中，选择“边框”选项卡。

（4）在“预置”选项组中通过单击预置选项，或单击“边框”选项旁边的按钮，添加边框样式。

（5）在“样式”下拉列表框中为边框线设置线型。

（6）在“颜色”下拉列表框中选择边框的颜色。

（7）完成设置后单击“确定”按钮。

使用“边框”按钮进行设置的方法是，在“开始”选项卡的“字体”组中，单击“边框”按钮，在弹出的菜单中选择合适的边框命令。

5. 设置单元格的底纹或图案填充

操作步骤如下。

（1）选中要填充背景的单元格或单元格区域。

（2）在右键菜单中，单击“设置单元格格式”命令，打开“设置单元格格式”对话框。

（3）在“设置单元格格式”对话框中选择“填充”选项卡。

（4）在“背景色”区域选择需要的颜色，如果希望为单元格的背景设置底纹图案，则需要在打开的“图案样式”下拉列表框中选择合适的图案。

（5）单击“确定”按钮。

6. 条件格式

为工作表中满足一定条件的数据设置格式时，可以利用 Excel 提供的条件格式功能。条件格式是指当单元格中的数据满足某一个设定的条件时，系统会自动将其以设定的格式显示出来。

【例 4-1】 学生成绩表如图 4-9 所示，请将表中成绩小于 60 的分值设置为红色、加粗。

操作步骤如下。

（1）选取要设置格式的单元格区域 C2:F10，在“开始”选项卡的“样式”组中，单击“条件格式”按钮，从下拉菜单中选择“突出显示单元格规则”|“小于”命令，打开“小于”对话框，如图 4-10 所示。

条件格式

	A	B	C	D	E	F
1	姓名	专业	大学语文	物理	英语	计算机
2	汪伟	计科	65	50	72	79
3	周天天	工商	89	61	61	82
4	李明	数媒	65	88	53	81
5	周洋洋	网络	72	84	86	84
6	张英明	网络	66	58	91	75
7	钱敏	电商	82	75	81	90
8	张皓皓	工商	81	46	65	42
9	李林	计科	85	64	58	64
10	牛妞妞	数媒	99	76	81	85

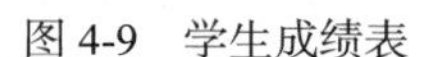

图 4-9　学生成绩表

图 4-10　“小于”对话框

（2）设置参数。单击右侧文本框后的折叠按钮选取数值，或者直接在文本框中输入数值，这里直接输入“60”。单击“设置为”后面的下拉按钮，在弹出的列表中选择“自定义格式”。

（3）在弹出的“设置单元格格式”对话框中，选择“字体”选项卡，在“字形”下拉列表框中设置“加粗”，在“颜色”下拉列表框中设置“红色”，然后单击“确定”按钮，返回“小于”对话框。

（4）单击“确定”按钮，结果如图 4-11 所示。

	A	B	C	D	E	F
1	姓名	专业	大学语文	物理	英语	计算机
2	汪伟	计科	65	50	72	79
3	周天天	工商	89	61	61	82
4	李明	数媒	65	88	53	81
5	周洋洋	网络	72	84	86	84
6	张英明	网络	66	58	91	75
7	钱敏	电商	82	75	81	90
8	张皓皓	工商	81	46	65	42
9	李林	计科	85	64	58	64
10	牛妞妞	数媒	99	76	81	85

图 4-11　设置条件格式效果

另外，单击“条件格式”按钮后，若在弹出的菜单中选择“项目选取规则”命令，则可对排名靠前或靠后的数据设置格式；若选择“数据条”命令，数据条的长度表示单元格中值的大小，数据条越长，值越大；若选择“色阶”命令，则根据单元格数值的大小设置单元格底纹颜色；若选择“图标集”命令，则根据单元格数值所属范围，应用不同的图标。

除此之外，用户还可以新建规则。方法是单击“条件格式”按钮，然后在弹出的菜单中选择“新建规则”命令，在弹出的“新建格式规则”对话框中的“选择规则类型”列表中，选择一种类型，在“编辑规则说明”区域中设置具体的规则和格式。

4.4　公式与函数的使用

公式与函数是 Excel 中两个重要的功能。公式可以对数据进行计算、统计等。函数是 Excel 中预定义的公式，通过各种函数可以进行专业的运算。如果没有公式与函数，那么 Excel 与 Word 表格功能相比不会有太多的优势。正是有了公式和函数，Excel 才具有强大的计算功能。

4.4.1　公式的使用

1. 什么是公式

公式以等号“=”开始，它是将运算符按照一定的顺序组合进行数据运算处理的等式。

2. Excel 中公式的基本结构

Excel 中公式的组成要素为等号“=”、运算符和运算数，以等号开始。运算数可以是常数、单元格或区域引用、函数等。运算符是连接公式中基本元素并完成计算的符号，如“+”“–”“*”“/”等。例如：

=(B4 + 25)/ SUM(D5:F5)

= 28+335

= A2*B3

= AVERAGE(B2:B5)

3. Excel 中的运算符

Excel 的运算符有以下几类。

（1）算术运算符：+（加）、–（减）、*（乘）、/（除）、%（百分号）、^（乘方）。

（2）比较运算符：=（等于）、< （小于）、< =（小于等于）、>（大于）、> =（大于等于）、< >（不等于）。

（3）文本运算符：&（用来将多个文本连接成组合文本）。

（4）引用运算符：冒号（:），逗号（,）。

利用比较运算符，可以根据公式的计算结果返回逻辑值 True 或 False。例如，在 A2 单元格中输入公式 = A1 < 16，如果单元格 A1 中的值大于或等于 16，则返回结果 False，否则返回结果 True。

文本运算符 & 仅用于将两个文本连接成一个组合文本，公式中可直接用文本连接，但要用双引号将文本项括起来，例如，在单元格 A1 中输入“2019 年”，在单元格 A2 中输入“上半年”，在单元格 A3 中输入“3058”，然后在单元格 C1 中输入“= A1 & A2 &‘销售额为：’& A3”，则将返回结果“2019 年上半年销售额为：3058”。

引用运算符中冒号（:）可以用来表示一个区域。例如，“A1:A5”表示 A1 到 A5 的所有单元格。逗号（,）运算符将两个单元格单独联合。例如，“A1，A5”表示 A1 和 A5 两个单元格。

4. 输入和修改公式

如果要在单元格中输入公式，则先选择该单元格然后输入公式。输入的公式必须以等号“=”开始，提示输入的是一个公式而不是文本。如果要修改公式，先选择单元格，然后在编辑栏中予以修改，修改完成，单击✓按钮确认修改，单击×按钮取消修改。

5. 公式的复制

在 Excel 中可以将已经编辑好的公式复制到其他单元格中，从而大大提高输入效率。

公式的输入及复制

复制公式最简单的方法就是使用填充柄，也可以使用“开始”选项卡的“剪贴板”组中的“复制”按钮和“粘贴”按钮。

6. 单元格引用

在编辑公式时引用单元格是必然的，以下介绍单元格的相对引用、绝对引用和混合引用等概念。

（1）相对引用

相对引用是指引用单元格的相对地址，即被引用的单元格相对于公式所在的单元格的地址。如果公式位置发生了变化，那么引用单元格的位置也会相应地发生变化。

（2）绝对引用

绝对引用是指被引用单元格与公式所在的单元格之间的位置关系是绝对的，即不管公式被复制到什么位置，公式中引用的仍然是原来单元格区域的数据。在某些操作中如果不希望调整引用位置，则可使用绝对引用。绝对引用，就是在列标和行号前分别加上符号“$”。

（3）混合引用

混合引用是指公式中参数的行、列分别采用相对引用或绝对引用，如$A1、A$1。公式中相对引用部分随公式复制而变化，而绝对引用部分不随公式复制而变化。

单元格的混合引用

【例 4-2】 利用公式计算图 4-12 所示工资表中所有人的工资，填入“工资合计”列。在基本工资上涨为原来的 1.1 倍、职务津贴增加了 30 元之后，再计算调整后的工资，填入“调整后工资”列。

	A	B	C	D	E	F	G	H	I	J	K
1	姓名	基本工资	职务津贴	各种奖金	个税	五险一金	公积金	工资合计	基本工资上涨	职务津贴增加	调整后工资
2	张颖	1000	2000	3000	500	550	550		1.1	30	
3	李思	1100	1500	3500	600	150	350				
4	王苗苗	550	1200	3000	200	330	120				
5	赵琳	2000	3000	3000	500	500	300				

图 4-12　某单位工资表

操作步骤如下。

（1）单击单元格 H2，输入公式“=B2+C2+D2−E2−F2−G2”，回车之后即可计算出张颖的工资。

（2）选中单元格 H2，将鼠标指针移动至填充柄，按下鼠标左键不放，向下拖动至 H5，所有人的工资都计算完成。这时公式中的参数引用使用的是相对引用，即被引用的单元格区域会自动改变。

（3）单击单元格 K2，输入公式“=B2*$I$2+C2+$J$2+D2−E2−F2−G2”，回车之后即可计算出张颖调整后的工资。

（4）选中单元格 K2，将鼠标指针移动至填充柄，按下鼠标左键不放，向下拖动至 K5，所有人的工资都计算完成。这时公式中的参数“$I$2”和“$J$2”使用的是绝对引用，即被引用的单元格区域不会改变。

结果如图 4-13 所示。

K2　fx　=B2*$I$2+C2+$J$2+D2-E2-F2-G2

	A	B	C	D	E	F	G	H	I	J	K
1	姓名	基本工资	职务津贴	各种奖金	个税	五险一金	公积金	工资合计	基本工资上涨	职务津贴增加	调整后工资
2	张颖	1000	2000	3000	500	550	550	4400	1.1	30	4530
3	李思	1100	1500	3500	600	150	350	5000			5140
4	王苗苗	550	1200	3000	200	330	120	4100			4185
5	赵琳	2000	3000	3000	500	500	300	6700			6930

图 4-13　计算工资合计和调整后工资

7. 跨工作表单元格引用

在 Excel 公式中可引用同一工作簿不同工作表中的单元格，也可以引用不同工作簿工作表中的单元格。下面通过两例来说明。

“= Sheet2!E5 + Sheet3!E5”表示工作表 Sheet2 中的 E5 单元格与 Sheet3 工作表的 E5 单元格求和。

“[Book3] Sheet2!B3”表示工作簿 Book3 中工作表 Sheet2 的 B3 单元格。

4.4.2　函数的使用

Excel 中的函数是预定义的公式，可以将函数引入工作表中进行简单或复杂的运算。函数可以有一个或多个参数，并能够返回一个计算结果。

函数的基本格式是“函数名(参数列表)”。

1．输入函数

输入函数的操作步骤如下。

（1）选定插入函数的单元格。

（2）在“公式”选项卡的“函数库”组中，单击“插入函数”按钮。

（3）打开“插入函数”对话框，如图 4-14 所示。

（4）分别在“或选择类别”和“选择函数”列表框中选择所需的函数类型和函数名。

（5）单击“确定”按钮，将打开“函数参数”对话框。

（6）在“函数参数”对话框中输入各参数，最后单击“确定”按钮。

利用插入函数按钮 *fx* 也可以输入函数。单击“编辑”工具栏中的插入函数按钮，将弹出“插入函数”对话框。

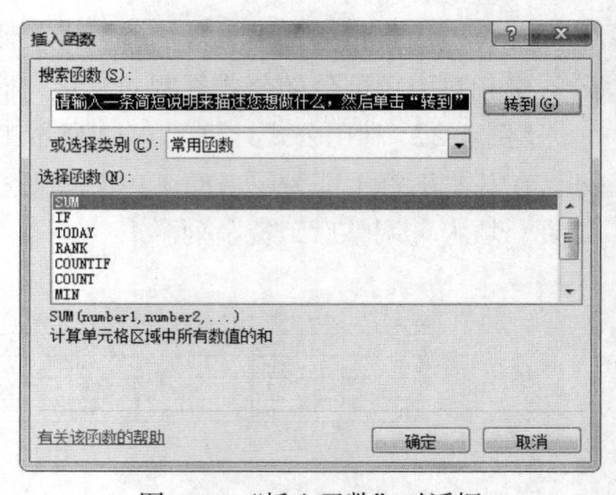

图 4-14 “插入函数”对话框

2．常用函数

（1）求和函数

格式：SUM(范围)

功能：对指定范围内的数值求和。

（2）求平均值函数

格式：AVERAGE(范围)

功能：求出指定范围内所有数值的平均值。

（3）条件函数

格式：IF(条件表达式，值 1，值 2)

功能：当条件表达式为真时返回值 1，为假时返回值 2。

（4）求最大值函数

格式：MAX(范围)

功能：求出指定范围内所有数值的最大值。

（5）求最小值函数

格式：MIN(范围)

功能：求出指定范围内所有数值的最小值。

（6）求四舍五入函数

格式：ROUND(单元格，保留小数位数)

功能：对单元格内的数值四舍五入。

（7）统计数据个数函数

格式：COUNT(范围)

功能：求指定范围内数据个数。

（8）统计符合条件数据个数函数

格式：COUNTIF(范围)

功能：求指定范围内符合条件的数据个数。

（9）求系统日期和时间

格式：TODAY()

功能：返回系统当前的日期。

（10）求指定日期中的年份

格式：YEAR(日期)

功能：返回日期的年份值，一个 1900～9999 的数字。

（11）判定是否所有参数为 True

格式：AND(逻辑表达式 1，逻辑表达式 2，…)

功能：如果所有的逻辑表达式都为 True，则返回 True，否则，返回 False。

3. 常用函数实例

【例 4-3】 使用函数求出图 4-15 中所有人的总分和平均分。

	A	B	C	D	E	F
1	姓名	专业	大学语文	物理	英语	计算机
2	汪伟	计科	65	50	72	79
3	周天天	工商	89	61	61	82
4	李明	数媒	65	88	53	81
5	周洋洋	网络	72	84	86	84
6	张英明	网络	66	58	91	75
7	钱敏	电商	82	75	81	90
8	张皓皓	工商	81	46	65	42
9	李林	计科	85	64	58	64
10	牛妞妞	数媒	99	76	81	85

图 4-15　学生成绩表

常用函数实例

操作步骤如下。

（1）选中 G2 单元格。

（2）在“公式”选项卡的“函数库”组中单击“插入函数”按钮，打开“插入函数”对话框，选择 SUM()函数，单击“确定”按钮，打开图 4-16 所示的“函数参数”对话框。在“函数参数”对话框中根据提示设置函数的参数，在“Number1”文本框中输入“C2:F2”或通过后面的折叠按钮直接选取“C2:F2”，设置好之后，单击“确定”按钮，G2 中将显示区域 C2:F2 所有单元格的和。

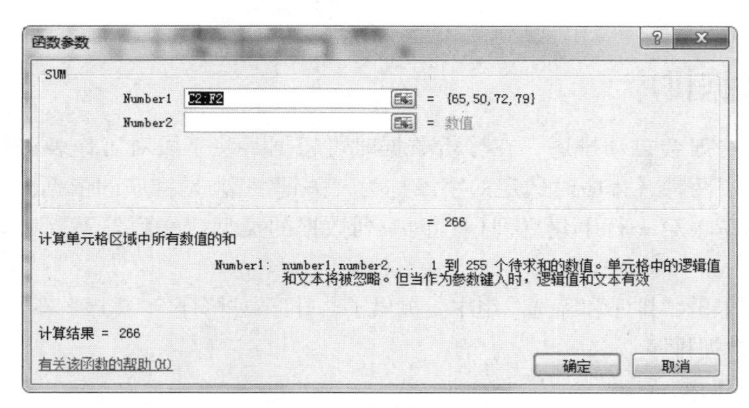

图 4-16　“函数参数”对话框

（3）单击 G2 单元格，把鼠标指针放置在单元格的填充柄上，拖动至 G10 单元格，即可求出所有人的总分。

（4）选中 H2 单元格。单击插入函数 按钮，打开“插入函数”对话框。选择 AVERAGE 函数，使用同样的方法来设置参数，单击“确定”按钮，求出汪伟的平均分。

（5）使用自动填充的方法求出所有人的平均分。

结果如图 4-17 所示。

	A	B	C	D	E	F	G	H
1	姓名	专业	大学语文	物理	英语	计算机	总分	平均分
2	汪伟	计科	65	50	72	79	266	66.5
3	周天天	工商	89	61	61	82	293	73.25
4	李明	数媒	65	88	53	81	287	71.75
5	周洋洋	网络	72	84	86	84	326	81.5
6	张英明	网络	66	58	91	75	290	72.5
7	钱敏	电商	82	75	81	90	328	82
8	张皓皓	工商	81	46	65	42	234	58.5
9	李林	计科	85	64	58	64	271	67.75
10	牛妞妞	数媒	99	76	81	85	341	85.25
11								

图 4-17　计算总分和平均分

4.5　数据的管理与分析

4.5.1　数据清单

数据清单是指在 Excel 中按记录和字段的结构特点组成的数据区域，如图 4-18 所示。

	A	B	C	D	E	F
1	姓名	班级	性别	高等数学	大学英语	总分
2	王天天	1班	男	78	80	158
3	李思	1班	男	89	86	175
4	程丽	1班	女	79	75	154
5	马鹏鹏	1班	男	90	92	182
6	李颖	2班	女	96	95	191
7	丁安	2班	男	74	74	148
8	张苗苗	2班	女	68	68	136
9	柳云云	2班	女	79	79	158

图 4-18　数据清单示意图

4.5.2　数据排序

数据输入时一般会自动排序，在分析数据时可根据某些字段对工作表进行重新排序。排序分为升序和降序两种，排序时选定的字段称为“关键字”，是排序的依据。在对数据排序时应注意，在数据清单第一行中建立列标，同一列数据的类型应一致，不要在数据清单中放置空白行或列。

“数据”选项卡的“排序和筛选”组中，提供了“升序”“降序”“排序”三个排序按钮，可以进行单项、多项数据排序。

1．单项数据排序

（1）单击所要排序列中任一单元格。

（2）在“数据”选项卡的“排序和筛选”组中，单击升序按钮或降序按钮，即可对此列排序。

2．多项数据排序

多项数据排序中最多允许 3 个字段，以主要关键字、次要关键字、第三关键字区分。

多项数据排序

【例 4-4】 对图 4-18 所示的数据清单按“总分”为“主要关键字”进行升序排列，按“高等数学”为“次要关键字”进行升序排列。

操作步骤如下。

（1）选定需要排序的数据清单中任意一个单元格。

（2）在“数据”选项卡的“排序和筛选”组中，单击“排序”命令，出现图 4-19 所示的“排序”对话框。

图 4-19 “排序”对话框

（3）在“主要关键字”列表中选择排序的主要关键字，如“总分”，并在其后选择排序顺序，选择“升序”。

（4）单击“添加条件”，在“主要关键字”下方会弹出 “次要关键字”一行，选择排序的次要关键字“高等数学”，并在其后选择排序顺序，选择“升序”。

（5）单击“确定”按钮，即完成在“总分”排序的基础上对“高等数学”进行排序，如图 4-20 所示。

	A	B	C	D	E	F
1	姓名	班级	性别	高等数学	大学英语	总分
2	张苗苗	2班	女	68	68	136
3	丁安	2班	男	74	74	148
4	王天天	1班	男	78	80	158
5	程丽	1班	女	79	75	154
6	柳云云	2班	女	79	79	158
7	李思	1班	男	89	86	175
8	马鹏鹏	1班	男	90	92	182
9	李颖	2班	女	96	95	191

图 4-20 多项数据排序结果

4.5.3 数据筛选

数据筛选，是将满足条件的记录显示出来，而将不满足条件的记录隐藏起来。

1. 自动筛选

在需要筛选的数据清单中，单击任一单元格，选择“数据”选项卡的“排序和筛选”组中的“筛选”命令，这时就会在数据清单的每个列标处出现下拉按钮。单击该按钮，从下拉列表中选择所需显示的项目。

要取消自动筛选时，重新选择“数据”选项卡的“排序和筛选”组中的“筛选”命令即可。

自定义自动筛选

2. 自定义自动筛选

【例 4-5】 在图 4-18 所示的数据清单中筛选出总分大于或等于 120 和小于等于 180 的记录。

操作步骤如下。

（1）单击任一单元格，选择“数据”选项卡的“排序和筛选”组中的“筛选”命令，单击“总分”列标处出现的下拉箭头，在弹出的菜单中选择“数字筛选”|“自定义筛选”命令，弹出“自定义自动筛选方式”对话框，如图 4-21 所示。在上面左侧下拉列表框中选择“大于或等于”，在右侧文本框中输入“120”。选择“与”，即两个条件同时满足。然后在下面左侧的下拉列表框中选择“小于或等于”，在右侧文本框中输入“180”。

图 4-21 “自定义自动筛选方式”对话框

（2）单击“确定”按钮，符合条件的记录被筛选出来，结果如图 4-22 所示。

	A	B	C	D	E	F
1	姓名	班级	性别	高等数学	大学英语	总分
2	王天天	1班	男	78	80	158
3	李思	1班	男	89	86	175
4	程丽	1班	女	79	75	154
7	丁安	2班	男	74	74	148
8	张苗苗	2班	女	68	68	136
9	柳云云	2班	女	79	79	158

图 4-22 自定义自动筛选结果

3. 高级筛选

使用“自动筛选”命令，可以快速地查找符合条件的记录，它用来查找符合一般条件的记录非常有效，但是查找条件不能太复杂。如果要进行复杂的数据筛选，就要使用 Excel 提供的高级筛选功能。

在使用“高级筛选”命令之前，一定要清楚进行高级筛选时数据的几个区域，如图 4-23 所示。

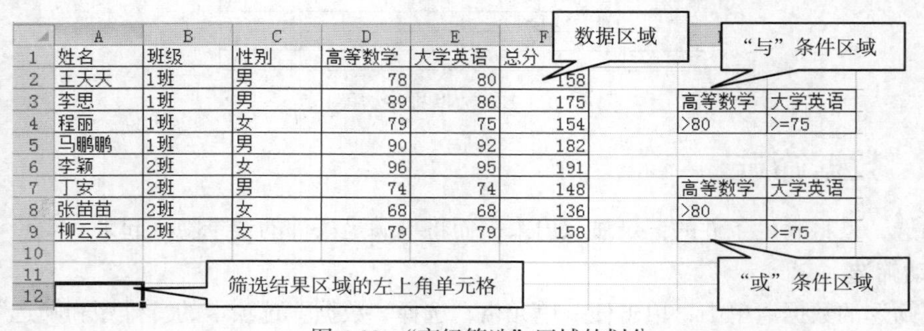

	A	B	C	D	E	F
1	姓名	班级	性别	高等数学	大学英语	总分
2	王天天	1班	男	78	80	158
3	李思	1班	男	89	86	175
4	程丽	1班	女	79	75	154
5	马鹏鹏	1班	男	90	92	182
6	李颖	2班	女	96	95	191
7	丁安	2班	男	74	74	148
8	张苗苗	2班	女	68	68	136
9	柳云云	2班	女	79	79	158

高等数学	大学英语
>80	>=75

高等数学	大学英语
>80	
	>=75

图 4-23 “高级筛选”区域的划分

（1）数据区域

数据区域是要进行筛选的数据清单，包括字段名行和全部记录行，但不包括数据清单的标题行。

（2）条件区域

用来指定筛选的数据所必须满足的条件，条件区域至少要有两行，第 1 行是作为筛选条件的字段名，第 2 行以下是筛选的条件。条件区域要远离数据清单。

两点提示如下。

① 条件区域的字段名要与数据清单中的字段名完全一致。

② 如果两个条件是“与”的关系，则筛选条件放在同一行，如图 4-23 中的“与”条件区域；如果两个条件是“或”的关系，则筛选条件放在不同行，如图 4-23 中的“或”条件区域。

（3）筛选结果区域

可以在原数据清单的位置显示筛选结果，也可以在数据清单以外的单元格区域中显示筛选结果。定义筛选结果区域时，只给出区域的左上角单元格地址即可。

【例 4-6】 在图 4-18 所示的数据清单中，筛选出高等数学分数值大于 80 且大学英语分数值大于等于 75 的记录，将筛选出的记录复制到 A12 开始的区域；筛选出高等数学分数值大于 80 或大学英语分数值大于等于 75 的记录，将筛选出的记录复制到 H12 开始的区域。

高级筛选

操作步骤如下。

（1）先在数据区域之外建立条件区域，在 H3:I4 区域建立“与”条件区域，对应高等数学分数值大于 80 且大学英语分数值大于等于 75 的条件；在 H7:I9 区域建立“或”条件区域，对应高等数学分数值大于 80 或大学英语分数值大于等于 75 的条件，如图 4-23 所示。

（2）选中数据区域，在“数据”选项卡的“排序和筛选”组中单击“高级”按钮。

（3）在“高级筛选”对话框中，设定“列表区域”为 A1:F9，“条件区域”为 H3:I4。

（4）默认设置是“在原有区域显示筛选结果”，选中“将筛选结果复制到其他位置”单选按钮，同时设定“复制到”左上角单元格为 A12 的区域，如图 4-24 所示。

图 4-24 “高级筛选”对话框

（5）单击“确定”按钮。

（6）选中数据区域，在“数据”选项卡的“排序和筛选”组中单击“高级”按钮。

（7）在“高级筛选”对话框中，设定“列表区域”为 A1:F9，“条件区域”为 H7:I9。

（8）默认设置是“在原有区域显示筛选结果”，选中“将筛选结果复制到其他位置”单选按钮，同时设定“复制到”左上角单元格为 H12 的区域。

（9）单击“确定”按钮，结果如图 4-25 所示。

	A	B	C	D	E	F	G	H	I	J	K	L	M
1	姓名	班级	性别	高等数学	大学英语	总分							
2	王天天	1班	男	78	80	158							
3	李思	1班	男	89	86	175		高等数学	大学英语				
4	程丽	1班	女	79	75	154		>80	>=75				
5	马鹏鹏	1班	男	90	92	182							
6	李颖	2班	女	96	95	191							
7	丁安	2班	男	74	74	148		高等数学	大学英语				
8	张苗苗	2班	女	68	68	136		>80					
9	柳云云	2班	女	79	79	158			>=75				
10													
11													
12	姓名	班级	性别	高等数学	大学英语	总分		姓名	班级	性别	高等数学	大学英语	总分
13	李思	1班	男	89	86	175		王天天	1班	男	78	80	158
14	马鹏鹏	1班	男	90	92	182		李思	1班	男	89	86	175
15	李颖	2班	女	96	95	191		程丽	1班	女	79	75	154
16								马鹏鹏	1班	男	90	92	182
17								李颖	2班	女	96	95	191
18								柳云云	2班	女	79	79	158

图 4-25 高级筛选结果

4.5.4 分类汇总

分类汇总是对排序后的数据清单进行数据统计的一种操作，按某一字段进行分类后，再对另一字段汇总。

分类汇总

【例 4-7】 在图 4-18 所示的数据清单中，对男生考试总分和女生考试总分进行统计。

操作步骤如下。

（1）对“性别”字段排序，之后单击清单中任一单元格。

（2）单击“数据”选项卡的“分级显示”组中“分类汇总”按钮，弹出“分类汇总”对话框，如图 4-26 所示。

（3）分类字段选择“性别”。

（4）汇总方式选择“求和”。

（5）汇总项选择“总分”。

（6）通过复选框选择汇总结果的显示方式，例如，选中“汇总结果显示在数据下方”。

（7）单击“确定”按钮，结果如图 4-27 所示。

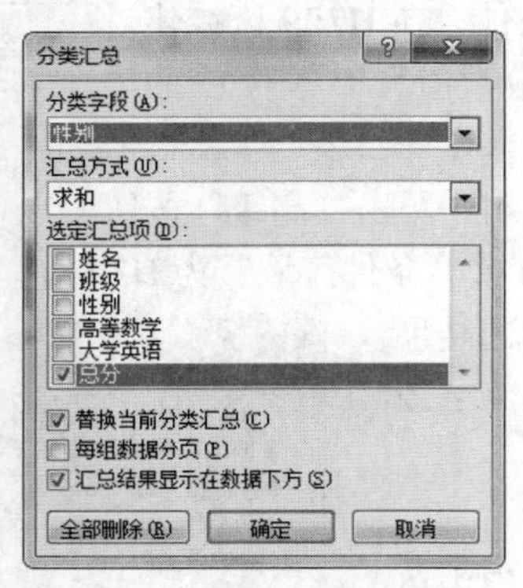

图 4-26 “分类汇总”对话框

	A	B	C	D	E	F
1	姓名	班级	性别	高等数学	大学英语	总分
2	张苗苗	2班	女	68	68	136
3			女 汇总			136
4	丁安	2班	男	74	74	148
5	王天天	1班	男	78	80	158
6			男 汇总			306
7	程丽	1班	女	79	75	154
8	柳云云	2班	女	79	79	158
9			女 汇总			312
10	李思	1班	男	89	86	175
11	马鹏鹏	1班	男	90	92	182
12			男 汇总			357
13	李颖	2班	女	96	95	191
14			女 汇总			191
15			总计			1302

图 4-27 分类汇总结果

从结果可以看出，分别对“男生”和“女生”的“总分”进行求和，对数据进行分类汇总的前提是必须对“分类字段”进行排序，即把相同的分类字段放在一起。

分类汇总的取消：单击“视图”选项卡的“分级显示”组中“分类汇总”按钮，弹出“分类汇总”对话框，单击“全部删除”按钮。

4.5.5 数据透视表

数据透视表是交互式报表，可快速合并和比较大量数据。当需要对清单进行多种比较时，可以使用数据透视表。对于图 4-18 所示的数据清单，如果想知道各班男女生的各门功课的平均分，虽然用多重分类汇总可以实现，但用数据透视表可以更轻松地实现。

4.6 Excel 图表

图表能够直观、简洁、明了地表达数据间的逻辑关系。以图表的形式显示数据，具有很好的视觉效果，方便用户查看数据的差异或预测趋势。

4.6.1 图表的组成部分

Excel 2010 提供 11 种图表类型，包括柱形图、折线图、饼图、条形图、面积图、散点图、股价图、曲面图、圆环图、气泡图、雷达图，每一种图表类型又包括若干子图表形式。

“插入”选项卡的“图表”组列出了部分常见的图表类型，如图 4-28 所示。

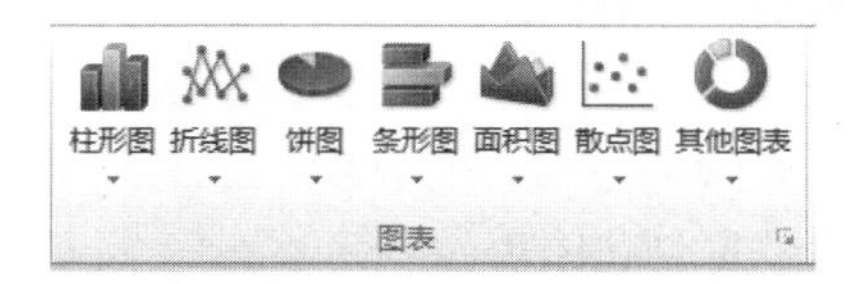

图 4-28　“图表”组

如果用户想选择更多图表类型，可以单击“图表”组右下角的对话框启动器，打开图 4-29 所示的“插入图表”对话框，这里列出了 Excel 中可以使用的具体图表形式。

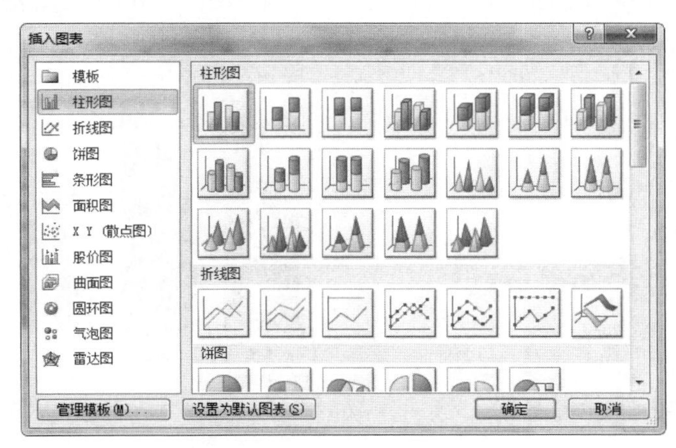

图 4-29　“插入图表”对话框

通常一个完整的图表由图表标题、图表区、绘图区、背景墙、数据标志、坐标轴、图例等组成，如图 4-30 所示。

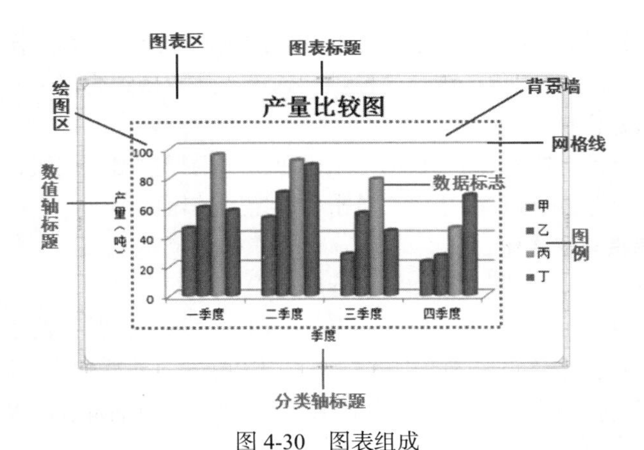

图 4-30　图表组成

（1）图表标题：用来直观表示图表内容的名称，用户可设置是否显示以及显示位置。

（2）图表区：图表边框以内的区域，所有的图表元素都在该区域内。

（3）绘图区：绘制图表的具体区域，不包括图表标题、图例等标签区域。

（4）背景墙：用来显示数据系列的背景区域，通常只在三维图表中才存在。

（5）数据标志：图表中对应的柱形或条形等。

（6）坐标轴：用于显示分类或数值的坐标，包括横坐标和纵坐标。

（7）图例：用来区分不同数据系列的标志。

4.6.2 创建图表

创建图表

【例 4-8】 根据图 4-31 所示数据创建图表。

操作步骤如下。

（1）选择用来创建图表的数据区域“A1:E5”。

（2）在“插入”选项卡的“图表”组中选择图表类型，这里选择“柱形图”。

（3）在打开的菜单中指定图表类型，这里选择“圆柱图”，即可生成图表，如图 4-32 所示。

	A	B	C	D	E
1		一季度	二季度	三季度	四季度
2	甲	46	53	28	23
3	乙	60	70	56	27
4	丙	96	92	79	46
5	丁	58	89	44	68

图 4-31 产品各季度产量表

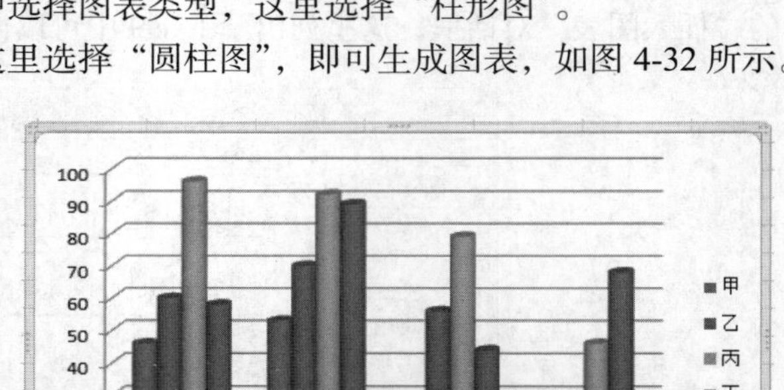
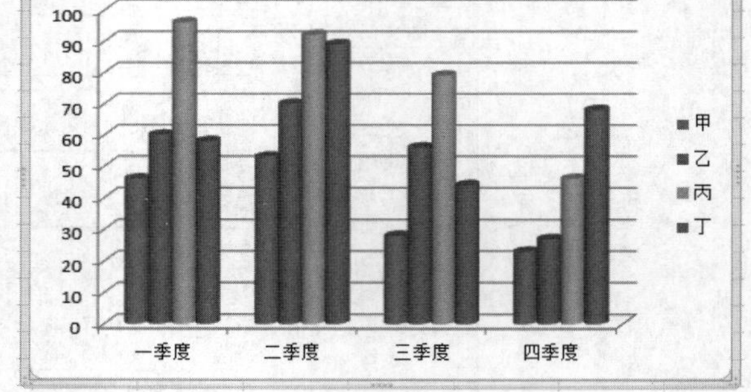

图 4-32 创建图表

另一种方法是单击“图表”组右下侧按钮，打开图 4-29 所示的“插入图表”对话框，用户可以从中选择更多的图表类型。还可以使用【F11】快捷键针对选中的数据区域快速生成一个图表。

4.6.3 图表的编辑和格式化设置

在创建好图表以后，用户还可以在系统标准图表的基础上进行一系列操作，如更改图表的数据区域、图表标题的编辑与格式化、添加坐标轴标题等，从而得到简洁、实用、美观的图表。

1. 更改图表的数据区域

选中图表，在“设计”选项卡的“数据”组中单击“选择数据”按钮，弹出“选择数据源”对话框，将图表数据区域用鼠标重新选定，单击“确定”按钮即可。

2. 图表标题的编辑与格式化

系统默认的图表不带图表标题，添加图表标题的操作如下。

选中图表，在“布局”选项卡中，单击“标签”组的“图表标题”按钮，在打开的菜单中选择适当的命令，如“图表上方”，在图表中就添加了图表标题，然后输入标题内容。

如果单击“其他标题选项”，将打开“设置图表标题格式”对话框，可以对图表标题格式进行设置。

3. 添加坐标轴标题

系统默认的图表不带坐标轴标题，添加坐标轴标题的操作如下。

选中图表，在“布局”选项卡的“标签”组中单击“坐标轴标题”按钮，在打开的菜单中选择“主要横坐标轴标题”，再选择适当的命令，如“坐标轴下方标题”，在图表中就添加了横坐标轴标题，然后输入标题内容。

4. 坐标轴的编辑

在创建图表时，Excel 能够根据原始数据自动设定坐标轴刻度。当原有坐标轴不能满足需要时，可以通过坐标轴格式设置调整坐标的刻度。

5. 应用内置图表的样式

Excel 中的图表有可供选择的丰富的内置样式，选中图表后，用户可以在“设计”选项卡的“图表样式”组中选择合适的样式。

6. 设置各图表元素格式

对图表的各个元素，如绘图区、图表区、图例等都可以进行格式的设置。设置方法大致相同。选中图表后，在“格式”选项卡的“当前所选内容”组中选择要设置的图表元素。可以通过“当前所选内容”组中的“设置所选内容格式”“形状样式”“艺术字样式”“排列”等对所选的图表元素格式进行设置。

4.7 打印工作表

用户设计好工作表之后，通常还需要将工作表的内容打印出来，Excel 为用户提供了丰富的打印功能，如设置打印区域、设置页面、打印预览等。

4.7.1 分页

1. 插入或删除分页符

默认情况下，Excel 会自动在工作表中插入分页符将工作表分成多页。自动分页符有水平分页符和垂直分页符两种，在屏幕上显示为一条水平点线和一条垂直点线。

如果不想按这种固定的尺寸进行分页，Excel 允许人工插入分页符，操作步骤如下。

（1）单击新起页第一行所对应的行号，在“页面布局”选项卡的“页面设置”组中单击“分隔符”按钮，在弹出菜单中单击“插入分页符”命令，即可在该行的上边插入水平分页符。单击新起页第一列所对应的列号，在“页面布局”选项卡的“页面设置”组中单击“分隔符”按钮，在弹出菜单中单击“插入分页符”命令，即可在该列左边插入垂直分页符。

（2）在“视图”选项卡的“工作簿视图”组中单击“分页预览”按钮，插入的分页符为蓝色实线，自动设置的分页符为蓝色虚线。用鼠标单击并拖动分页符，可以调整分页符的位置。调整完成后，单击“工作簿视图”组中“普通”选项，可恢复到普通视图。

2. 删除分页符

删除分页符的操作步骤如下。

（1）先选择要修改的工作表，若要删除垂直分页符，请选择位于要删除的分页符右侧的那一列；若要删除水平分页符，请选择位于要删除的分页符下方的那一行。

（2）在“页面布局”选项卡的“页面设置”组中单击“分隔符”按钮，在打开菜单中单击“删除分页符”命令即可将其删除。

4.7.2 页面设置

在打印工作表之前，需要进行一些必要的设置。例如，设置打印的方向、纸张的大小、页眉/页脚、页边距等。选择“文件”菜单“打印”选项的“页面设置”命令，将打开“页面设置”对话框。

1. 页眉、页脚的设置

页眉和页脚在打印工作表时非常有用，我们通常会将有关工作表的标题放在页眉中，而将页码放置在页脚中。在“插入”选项卡的“文本”组中单击“页眉和页脚”按钮，就可添加页眉/页脚。

退出“页眉和页脚”编辑视图的方法是，在“视图”选项卡的“工作簿视图”中单击“普通”按钮。

2. 打印标题

在实际使用中常常有这样的情况：数据清单很长，由于是自动分页的，于是从第二页开始就看不到标题行了，这给查看数据带来不便。而实际上，只要在“页面设置”对话框里进行相应的设置就可以实现在每一页自动加上标题行。

设置打印标题的操作步骤如下。

（1）选择要打印的工作表。

（2）在“页面布局”选项卡上的“页面设置”组中，单击“打印标题”，打开“页面设置”对话框。

（3）在“工作表”标签页的“打印标题”功能项内，执行下列一项或两项操作。

在“顶端标题行”框中，键入对包含列标签的行的引用。例如，如果要在每个打印页的顶部打印列标签，则可以在“顶端标题行”框中键入“$1:$1”。

在“左端标题列”框中，键入对包含行标签的列的引用。

3. 页面打印顺序

在“页面设置”对话框的“工作表”选项卡中，默认按照先列后行的顺序打印工作表。也可以更改打印顺序，使 Excel 按先行后列的顺序打印。

4.7.3 打印

1. 设置打印区域

在默认的状态下，Excel 会自动选择有文字的最大行和列的区域作为打印区域，如果在打印工作表时只想打印某一区域的数据，只要将这一区域设置为打印区域即可，操作步骤如下。

（1）选定要打印的区域。

（2）在“页面布局”选项卡的“页面设置”组中选择“打印区域”下的“设置打印区域”，此时所选区域周围将出现虚线。

2. 打印预览工作表

单击工作表或选择要预览的工作表。单击“文件”菜单中“打印”命令，或按住【Ctrl+P】组合键，窗口右侧即为预览区。若要预览下一页或上一页，在“打印预览”窗口的底部，单击“下一页”按钮或“上一页”按钮。只有在选择了多个工作表，或者一个工作表含有多页数据时，“下一页”按钮和“上一页”按钮才可用。

3. 设置打印选项

（1）更改打印机：单击“打印机”下的下拉框，选择所需使用的打印机。

（2）更改页面设置：包括更改页面方向、纸张大小和页边距，在“设置”下更改选项。

（3）缩放整个工作表以适合单个打印页：在“设置”下的缩放选项的下拉框中单击所需的选项。

4．打印所有或部分工作表

（1）打印工作表的某个部分：单击该工作表，然后选择要打印的数据区域。

（2）打印整个工作表：单击该工作表将其激活，单击“打印”，在“设置”下，选择相应的选项来打印选定区域、一个或多个活动工作表或整个工作簿。

（3）如果用户对打印预览窗口中所看到的效果满意，就可打印输出。使用“文件”|“打印”命令，单击“打印”按钮，即可正式开始打印。

4.8　Excel 2010 典型实例

本节通过“大学英语四六级报名表典型案例”的介绍，让读者进一步熟悉并掌握使用 Excel 综合处理数据的技巧和技术。某大学考务中心负责报名的小李要对“大学英语四六级报名表”进行处理，需要做的工作有以下内容。

4.8.1　大学英语四六级报名表数据处理要求

大学英语四六级报名表典型案例

大学英语四六级报名表数据处理要求如下。

（1）考试科目有 2 项，请根据图 4-33 所示“考试科目表”中的报名费，来填写“报名表”（见图 4-34）中各考生的“报名费”，对“是否缴费”为“是”的填写相应的费用，对“是否缴费”为“否”的填写“未缴费”。

	A	B	C	D	E
1	考试科目	报名费	考试日期	考试时间	考试地点
2	CET4	35	6月23日	9:00-11:00	主教楼001楼
3	CET6	37	6月23日	15:00-17:00	主教楼002楼

图 4-33　考试科目表

	A	B	C	D	E	F	G
1	报名序号	姓名	身份证号码	班级	报考科目	是否缴费	报名费
2	410001	张三	411000199906100001	计科171	CET4	是	
3	410002	李四	411000199805010010	计科171	CET4	是	
4	410003	王五	411000199701030011	计科171	CET4	是	
5	410004	马六	411000199810110011	计科172	CET6	否	
6	410005	钱七	411000199711110012	计科172	CET4	是	
7	410006	牛三	411000199912120013	计科172	CET4	否	
8	410007	张二	411000199809200123	计科173	CET4	否	
9	410008	赵一	411000199801010001	计科173	CET6	是	
10	410009	田九	411000199904091011	计科173	CET4	是	
11	410010	王琪	411000199712160026	计科174	CET4	是	
12	410011	张凯	411000199910250013	计科174	CET6	否	
13	410012	解晔	411000199906120011	计科174	CET4	否	
14	410013	巩建国	411000199905100012	计科174	CET4	否	
15	410014	王建兴	411000199906100003	网络171	CET4	是	
16	410015	王晓东	411000199809100014	网络171	CET4	是	
17	410016	李月霞	411000199710160015	网络171	CET4	是	
18	410017	孙良成	411000199806120011	网络171	CET4	是	
19	410018	谢勇	411000199907260002	网络171	CET6	是	
20	410019	李小红	411000199706220002	网络172	CET6	是	
21	410020	区浩	411000199810100011	网络172	CET4	是	
22	410021	李敏	411000199908100012	网络173	CET4	否	
23	410022	张家珍	411000199905100021	网络173	CET4	是	
24	410023	艾敬	411000199911100010	网络173	CET4	是	
25	410024	郑美艳	411000199805100015	网络173	CET6	是	
26	410025	王菲菲	411000199906220011	网络174	CET4	是	

图 4-34　报名表

（2）在“报名统计表”（见图 4-35）中，根据统计的内容填上各科目的“报考人数”“已缴费人数”“已缴费金额”，然后计算出“总计”。

（3）利用“报名统计表”中的数据制作出“各科目报考与缴费人数比较图”，其中报名人数以柱形图形式显示，缴费人数以折线图形式显示。

	A	B	C	D
1	科目	报考人数	已缴费人数	已缴费金额
2	CET4			
3	CET6			
4	总计			

图 4-35　报名统计表

（4）利用“报名表”，在新建的“报名人数统计表”中生成数据透视图，在数据透视图中按“报考科目”分别统计“是”“否”缴费人数。

（5）复制“报名表”到“报名人数统计表”之后，将后者重命名为“报名费汇总表”，按照“报考科目”分类汇总“报名费”。

（6）在“收据表”（见图 4-36）的 B2 单元格中生成报名序号下拉列表框，根据选择的下拉列表框的报名序号，在“大学生英语考试（CET）报名费收据单”中生成对应的内容。在 F9 单元格中插入图片“考务中心印”。

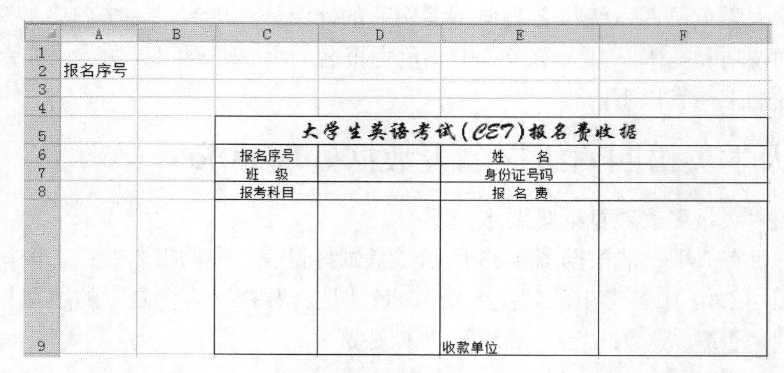

图 4-36　收据表

4.8.2　大学英语四六级报名表数据处理

1. “报名表”中“报名费”列的计算

（1）先使用 VLOOKUP()函数计算对应的报考科目的报名费用：VLOOKUP(E2,考试科目表!$A$2:$B$3,2,0)。

VLOOKUP()函数的语法：

=VLOOKUP(查找值,在哪个区域查找,返回区域中第几列,匹配方式)

其中匹配方式有两种：1 表示精确；0 表示模糊。

（2）使用 IF 函数判断是否缴费，如果为“是”，则填入相应的报名费用，如果为“否”，则填入“未缴费”。选中 G2 单元格，填入公式“=IF(F2="是",VLOOKUP(E2,考试科目表!$A$2:$B$3,2,0),"未缴费")”，即可计算出报名费。接下来通过复制公式，计算出 G 列中所有的报名费，如图 4-37 所示。

G2　=IF(F2="是",VLOOKUP(E2,考试科目表!$A$2:$B$3,2,0),"未缴费")

	A	B	C	D	E	F	G	H	I
1	报名序号	姓名	身份证号	班级	报考科目	是否缴费	报名费		
2	410001	张三	411000199906100001	计科171	CET4	是	35		
3	410002	李四	411000199805010010	计科171	CET4	是	35		
4	410003	王五	411000199701030011	计科171	CET4	是	35		
5	410004	马六	411000199810110011	计科172	CET6	否	未缴费		
6	410005	钱七	411000199711110012	计科172	CET4	是	35		
7	410006	牛三	411000199912120013	计科172	CET4	否	未缴费		
8	410007	张二	411000199809200123	计科173	CET4	否	未缴费		
9	410008	赵一	411000199801010001	计科173	CET6	是	37		
10	410009	田九	411000199904091011	计科173	CET4	是	35		
11	410010	王琪	411000199712160026	计科174	CET4	是	35		

图 4-37　计算“报名费”列

2. “报名统计表”中“报考人数”“已缴费人数”“已缴费金额”列“总计”的计算

（1）“报名人数”需要分别统计“报名表”中“报考科目”为“CET4”或“CET6”的人数，在“报名统计表”的 B2 列中填入“=COUNTIF(报名表!E2:E26,A2)”，即可计算出“CET4”的“报考人数”，通过复制公式计算出“CET6”的报考人数。

（2）对报考科目“CET4”的“已缴费人数”的计算，需要统计“报名表”中报考科目为“CET4”并且“是否缴费”为“是”的人数，这里需要满足两个条件，可以使用 COUNTIFS()函数。COUNTIFS()函数可计算多个区域中满足给定条件的单元格的个数。

在“报名统计表”的 C2 列中填入“=COUNTIFS(报名表!E:E,A2,报名表!F:F,"是")”即可计算出“已缴费人数”，通过复制公式的方法可以计算出“CET6”的“已缴费人数”。

COUNTIFS()函数的语法：

= COUNTIFS (条件区域 1,条件 1,条件区域 2,条件 2，…)

（3）“报名费”需要分别统计“报名表”中“报考科目”为“CET4”或“CET6”的报名费，并计算总和，可以使用 SUMIF()函数，该函数可以对满足条件的区域进行求和。

在“报名统计表”的 D2 列中填入“=SUMIF(报名表!E:E,A2,报名表!G:G)”即可计算出报考科目为“CET4”的报名总费用，通过复制公式的方法可以计算出“CET6”的报名总费用。

SUMIF()函数的语法：

= SUMIF (条件区域,条件,求和区域)

（4）选中区域“A1:D4”，在“开始”选项卡的“编辑”组中单击“自动求和”按钮，即可求出总计。

3. “报名统计表”中“各科目报考与缴费人数比较图”的生成

（1）单击“报名统计表”数据清单任一单元格，在“插入”选项卡的“图表”组中单击“柱形图”按钮，在弹出菜单中选择二维柱形图中的“簇状柱形图”，生成图表。

（2）选中图表，在“设计”选项卡的“数据”组中单击“选择数据”按钮，弹出“选择数据源”对话框。在对话框中选中“总计”后，单击“删除”，然后单击“切换行/列”，选中“已缴费”，单击“删除”，如图 4-38 所示，最后单击“确定”按钮。

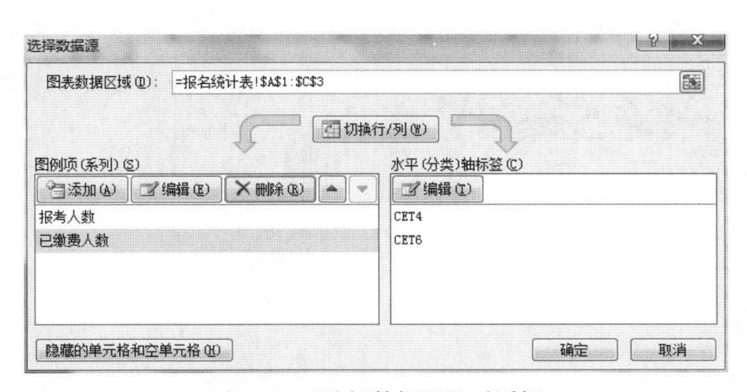

图 4-38　“选择数据源”对话框

（3）右键选中图例中的“已缴费人数”，在弹出快捷菜单中选择“设置数据序列格式”命令，在对话框中选择“系列选项”，在右侧“系列绘制在”选中“次坐标轴”单选按钮，然后单击“确定”按钮。

右键选中图例中的“已缴费人数”，在弹出快捷菜单中选择“更改系列图表类型”命令，在对话框中选择“折线图”，在右侧“折线图”中选择“带数据标记的折线图”，然后单击“确定”按钮。

（4）在“布局”选项卡的“标签”组中单击“图表标题”按钮，在弹出菜单中选择“图表上方”命令，在标题中填入“各科目报考与缴费人数比较图”。

单击“坐标轴标题”按钮，在弹出菜单中选择“主要横坐标轴标题”|“坐标轴下方标题”命令，在标题中填入“报考科目”。

单击“坐标轴标题”按钮，在弹出菜单中选择“主要纵坐标轴标题”|“竖排标题”命令，在标题中填入“报考人数”。

单击“坐标轴标题”按钮，在弹出菜单中选择“次要纵坐标轴标题”|“竖排标题”命令，在标题中填入“缴费人数”。

生成的图表如图 4-39 所示。

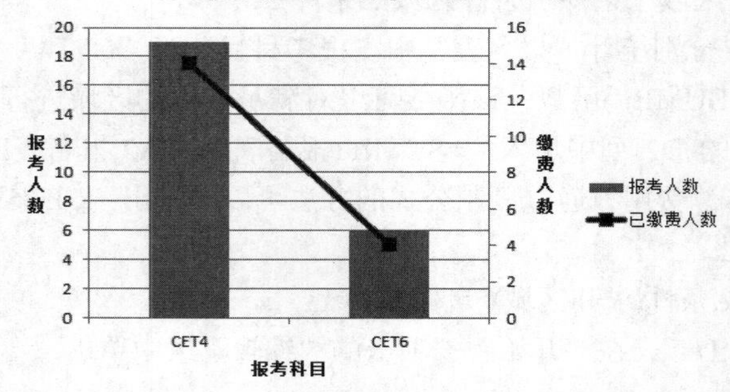

图 4-39　各科目报考与缴费人数比较图

4. “报名人数统计表”中数据透视图的生成

在“插入”选项卡的“表格”组中单击“数据透视表”按钮，在弹出菜单中选择“数据透视图”命令，弹出“创建数据透视表及数据透视图”对话框，选择“报名表!$A$1:$G$26”区域，选择放置数据透视表及数据透视图的位置为“新工作表”。

按照图 4-40 所示将指定字段拖入相应的区域，然后将工作表重命名为“报名人数统计表”，移动位置到“报名统计表”之后。

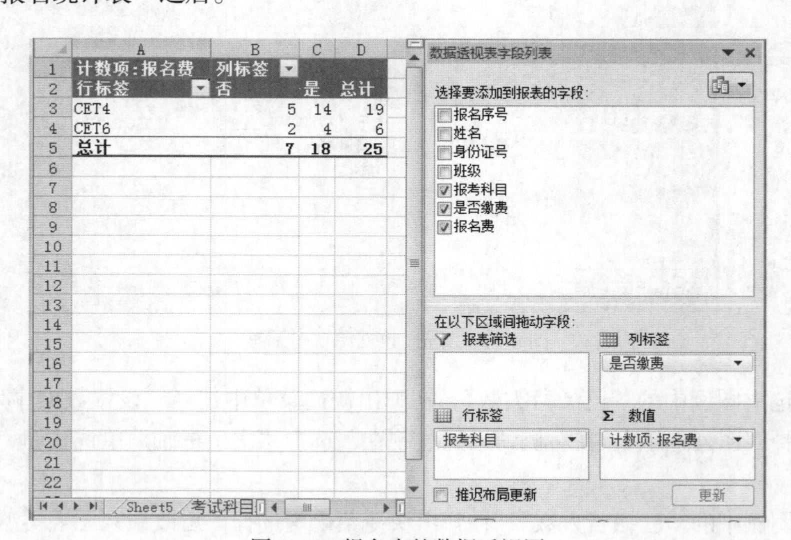

图 4-40　报名表的数据透视图

5. 分类汇总到“报名费汇总表”

复制“报名表”到“报名人数统计表”之后，将后者重命名为“报名费汇总表”，首先按照“报考科目”进行排序，然后在“数据”选项卡的“分级显示”组中单击“分类汇总”按钮，弹出“分类汇总”对话框，分类字段选择“报考科目”，汇总方式选择“求和”，汇总项选择“报名费”，单击“确定”按钮，完成分类汇总。

6. “收据表”中“大学生英语考试（CET）报名费收据单”的生成

（1）在“收据表”中，选中 B2 单元格，在“数据”选项卡的“数据工具”组中单击“数据有效性”按钮，弹出“数据有效性”对话框，如图 4-41 所示。在“设置”选项卡中“允许”项选择“序列”，“来源”项选择“=报名表!$A$2:$A$26”，即“报名表”中所有的报名序列。

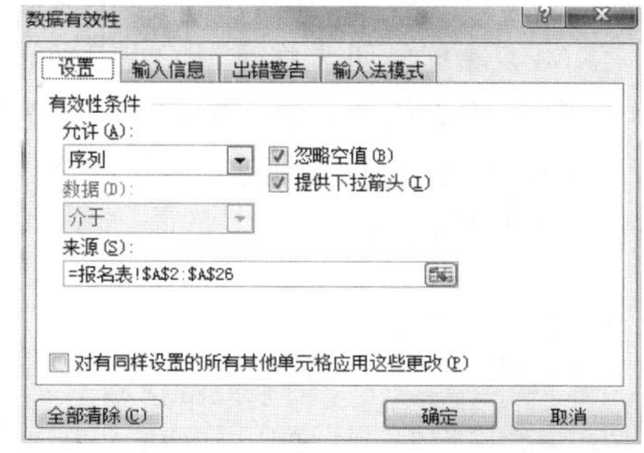

图 4-41　“数据有效性”对话框

（2）设置 D6 的值为“=B2”，在 B2 中选择报名序号后，D6 中就会显示出一样的值。F6 中填入“=VLOOKUP(D6,报名表!A1:G26,2,1)”，同理填写 D7、D8、F7、F8。

（3）在“插入”选项卡的“插图”组中单击“图片”按钮。弹出“插入图片”对话框，选择印章的图片，单击“插入”按钮。然后右键单击该“图片”，在弹出的“设置图片格式”对话框中，选择“属性”，在右侧选择“大小和位置随单元格而变”，最后单击关闭按钮。得到的效果如图 4-42 所示。

	A	B	C	D	E	F
1						
2	报名序号	410004				
3						
4						
5			大学生英语考试(CET)报名费收据			
6			报名序号	410004	姓　名	马六
7			班　级	计科172	身份证号码	411000199810110011
8			报考科目	CET6	报 名 费	未缴费
9					收款单位	考务中心专用章

图 4-42　大学英语考试（CET）报名费收据

4.9　Excel 2010 综合实训

4.9.1　综合实训 1：上半年利润表

1. 目的

（1）掌握 Excel 2010 中数据的自动填充和边框的绘制方法。

（2）掌握 Excel 2010 中公式的应用方法。

（3）掌握 Excel 2010 中单元格的设置和绝对引用方法。

（4）掌握 Excel 2010 中生成图表的操作方法。

2. 操作要求

（1）绘制图 4-43 所示的上半年利润表。

（2）计算各行“税额”。（使用公式，保留两位小数。公式：税额=利润×税率。“税率：0.07”分别放在 B11、C11 单元格中。）

（3）计算各行“税后利润”。（使用公式，保留两位小数。）

（4）计算各列“总计”。（使用函数，保留两位小数。）

（5）将表格中的数据单元格设置为“￥”货币格式。

（6）按照上半年利润表中“月份”和“税后利润”两列生成图 4-44 所示的饼图，并在图中显示月份和相应比例。

	A	B	C	D	E
1		上半年利润表			
2		月份	利润	税额	税后利润
3		1月	52000.00		
4		2月	56900.00		
5		3月	68000.00		
6		4月	79000.00		
7		5月	59600.00		
8		6月	91500.00		
9		总计			
10					
11		税率:	0.07		

图 4-43　上半年利润表

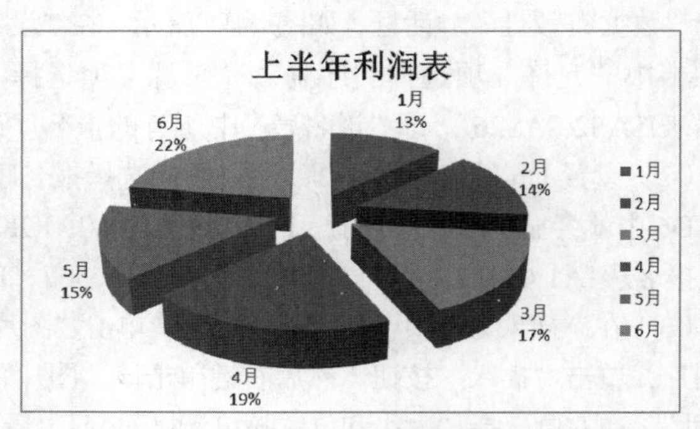

图 4-44　上半年利润饼图

4.9.2　综合实训 2：销售统计表

1. 目的

（1）掌握 Excel 2010 中单元格格式的设置方法。

（2）掌握 Excel 2010 中公式的应用方法。

（3）掌握 Excel 2010 中筛选和自动筛选的操作方法。

（4）掌握 Excel 2010 中分类汇总的操作方法。

2. 操作要求

（1）建立表 4-1 所示的笔类一月和二月销售表，要求用公式求出“总销售额”，并在“设置单元格格式”对话框中设置“单价”和“销售额”为会计专用显示方式。

表 4-1　　笔类一月和二月销售表

月份	类别	数量	单价	销售额
一月	圆珠笔	23	1.5	
一月	铅笔	11	1.0	
一月	水彩笔	41	1.5	
一月	钢笔	43	29	
二月	圆珠笔	22	1.3	
二月	铅笔	13	1.2	
二月	水彩笔	32	1.4	
二月	钢笔	24	32	
总销售额				

（2）选择“数据”选项卡的“排序和筛选”组“筛选”命令，单击“类别”右侧的向下箭头，查看“水彩笔”的销售情况。

（3）按“类别”排序，将相同的记录集中在一起，选择“分级显示”组“分类汇总”命令，打开“分类汇总”对话框，对产品的“数量”和“销售额”求和，如图 4-45 所示。

	A	B	C	D	E
1	月份	类别	数量	单价	销售额
2	一月	钢笔	43	29	1247
3	二月	钢笔	24	32	768
4		钢笔 汇总	67		2015
5	一月	铅笔	11	1	11
6	二月	铅笔	13	1.2	15.6
7		铅笔 汇总	24		26.6
8	一月	水彩笔	41	1.5	61.5
9	二月	水彩笔	32	1.4	44.8
10		水彩笔 汇总	73		106.3
11	一月	圆珠笔	23	1.5	34.5
12	二月	圆珠笔	22	1.3	28.6
13		圆珠笔 汇总	45		63.1
14		总计	209		2211
15	总销售额				2211
16					

图 4-45　分类汇总样张

4.9.3　综合实训 3：公司个人工资表

1. 目的

（1）掌握 Excel 2010 中单元格格式的设置方法。

（2）掌握 Excel 2010 中公式的应用方法。

（3）掌握 Excel 2010 中生成图表的操作方法。

2. 操作要求

（1）建立图 4-46 所示的公司个人工资表，表中内容按照图中内容填写。

公司个人工资表

部门	工资号	姓名	性别	工资	补贴	应发工资	税金	实发工资
销售部	00300025	王前	男	3200	240			
策划部	00300020	于大鹏	男	3000	300			
策划部	00300055	周彤	女	3100	260			
销售部	00300043	郭飞	男	3500	300			
销售部	00300026	刘洁	女	3400	310			
策划部	00300030	赵子丹	男	3600	350			

图 4-46　公司个人工资表

（2）删除表中“王前”所在的行。

（3）利用公式计算应发工资、税金及实发工资（应发工资=工资+补贴）（税金=应发工资*3%）（实发工资=应发工资−税金）（精确到角，即小数点后一位）。

（4）将表格中的数据按“部门”“工资号”升序排列。

（5）用图表显示该月所有人的应发工资、税金和实发工资，以便清楚地比较工资状况，效果如图 4-47 所示。

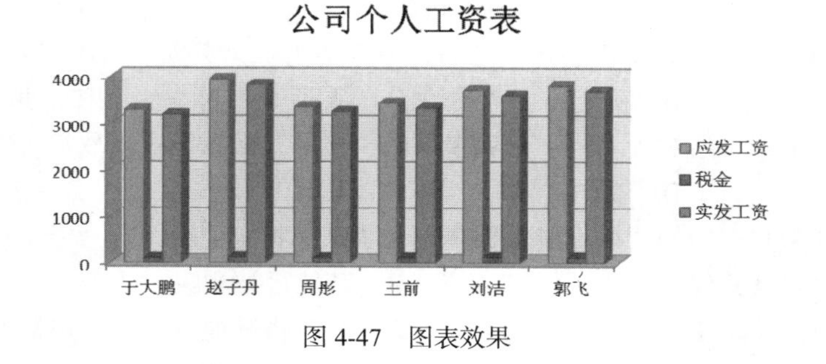

图 4-47　图表效果

习题 4

一、选择题

1. 通常一个 Excel 文件就是（　　）。
A. 一个工作表　　B. 一个工作表和统计表
C. 一个工作簿　　D. 若干个工作簿
2. 一个工作表的第 28 列列标是（　　）。
A. 28　　B. R28　　C. C28　　D. AB
3. 在工作表中按默认规定，单元格中的数值在显示时（　　）。
A. 靠右对齐　　B. 靠左对齐　　C. 居中　　D. 不定
4. 如果在工作表中的第 4 行和第 5 行之间插入 2 个空行，首先选取的行号是（　　）。
A. 4　　B. 5　　C. 4、5　　D. 5
5. 在工作表中的某个单元格内直接键入"6-20"，Excel 认为这是一个（　　）。
A. 数值　　B. 字符串　　C. 时间　　D. 日期
6. 为了复制一个工作表，用鼠标拖动该工作表标签到达复制位置的同时，必须按住（　　）。
A.【Alt】　　B.【Ctrl】　　C.【Shift】　　D.【Ctrl+Shift】
7. 在工作表中单元格区域 D8:B6 包括的单元格个数是（　　）个。
A. 3　　B. 6　　C. 9　　D. 18
8. 在单元格中输入"=32470+2216"以后，默认该单元格显示（　　）。
A. =32470+2216　　B. =34686
C. 34686　　D. 324702216
9. 在工作表中调整单元格的行高可以用鼠标拖动（　　）。
A. 列标左边的边框线　　B. 列标右左边的边框线
C. 列标上边的边框线　　D. 行号下边的边框线
10. 在对数字格式进行修改时，如出现"#######"，其原因为（　　）。
A. 格式语法错误　　B. 单元格长度不够
C. 系统出现错误　　D. 以上答案都不正确
11. 将选定单元格（或区域）的内容去掉，单元格格式依然保留，称为（　　）。
A. 重写　　B. 清除　　C. 改变　　D. 删除
12. 使用 Excel 时，打开多个工作簿后，在同一时刻有（　　）个是活动工作簿。
A. 4　　B. 1　　C. 9　　D. 2
13. 一般情况下，在对话框内容选定之后，需单击（　　）按钮操作才会生效。
A. 保存　　B. 确定　　C. 帮助　　D. 取消
14. 在 Excel 中，可通过（　　）选项卡下的"显示"命令设置来取消工作表中的网格线。
A. 编辑　　B. 视图　　C. 工具　　D. 格式
15. 在 Excel 中筛选后的清单仅显示那些包含了某一特定值或符合一组条件的行，（　　）。
A. 暂时隐藏其他行　　B. 其他行被删除
C. 其他行被改变　　D. 暂时将其他行放在剪贴板上，以便恢复

16. 在 Excel 中，插入一组单元格后，活动单元格将（ ）移动。

A. 向上 B. 向左 C. 向右 D. 由设置而定

17. 在 Excel 工作表中，当前单元格的填充句柄在其（ ）。

A. 左上角 B. 右上角 C. 左下角 D. 右下角

二、填空题

1. 在 Excel 中，若要在某一单元格中输入内容，应先将该单元格________；若要在某一单元格中计算另外一些单元格中的数据，应首先在该单元格中输入________。

2. 在 Excel 中，若某表执行了“自动筛选”命令，则各列标题处将出现________。

3. 在 Excel 的某一单元格中，输入分数“五又三分之一”的输入顺序是________。

4. 在 Excel 的某一单元格中输入“3/2”，系统自动认为它的数据类型是________。

5. 在 Excel 中，某单元格的内容为“=SUM（D3:D5,F5）”，则其显示结果等价于公式：________。

6. 设工作表单元格 F2 中有公式“=A1+$B1+$D$1”，将 F2 复制到 G3，则 G3 单元格中公式为________。

7. 在 Excel 的某工作表中，引用同一工作簿中另一工作表 My Sheet3 的单元格 D6 的值，其表达式为________。

8. 在 Excel 的同一工作表窗口中，欲把它拆分成水平的两个窗口，应执行________命令。

9. 当某个工作簿有 4 个工作表时，系统会将它们保存在________个工作簿文件中。

10. 在 Excel 的数据库管理功能中，利用________可以查找数据清单中所有满足条件的数据。

11. 在 Excel 中，对数据表做分类汇总前，先要________。

12. 在 Excel 中，最多可以指定________个关键字字段对数据记录进行排序。

13. 对于 Excel 数据表，排序是按照________来进行的。

三、简答题

1. 简述在 Excel 中单元格、工作表、工作簿的区别。

2. 简述“清除”操作与“删除”操作的异同点。

3. 简述单元格地址的不同引用法。

4. 创建和使用数据清单时要注意哪些事项？

5. 简述分类汇总与数据透视表汇总的区别。

第5章 演示文稿软件 PowerPoint 2010

PowerPoint 2010 是微软公司推出的 Office 2010 的成员之一，可以制作出集图形、音频以及视频等多媒体元素于一体的演示文稿，把用户所要表达的信息组织在一组图文并茂的画面中，一般用于介绍公司产品、展示学术成果等。制作的演示文稿可以通过计算机屏幕或投影进行播放，也可以将演示文稿打印出来，以便应用到更广泛的领域中。

5.1 PowerPoint 2010 简介

5.1.1 PowerPoint 2010 的启动和退出

1. 启动 PowerPoint 2010

启动 PowerPoint 2010 的常用方法有以下两种。

（1）从“开始”菜单启动。单击“开始”|“所有程序”|“Microsoft Office”|“Microsoft Office PowerPoint 2010”。

（2）通过桌面快捷方式启动。双击桌面上的 Microsoft PowerPoint 2010 图标来启动 PowerPoint 2010。

2. 退出 PowerPoint 2010

与 Word、Excel 类似，退出 PowerPoint 2010 的常用方法有以下三种。

（1）单击“文件”|“退出”。

（2）双击窗口标题栏左侧的图标P。

（3）单击窗口标题栏右侧的关闭按钮。

5.1.2 PowerPoint 2010 的工作窗口

启动 PowerPoint 2010 后，会显示图 5-1 所示的工作窗口，主要由标题栏、“文件”菜单、选项卡、编辑区、视图窗格、备注窗格、状态栏等组成。

1. 标题栏

标题栏处于工作窗口的顶端，包括控制菜单图标、快速访问工具栏、文档名称和窗口控制按钮。

（1）控制菜单图标P：位于标题栏最左边，单击该图标可显示一个菜单，可以对窗口进行还原、移动、大小、最小化、最大化和关闭等操作。

（2）快速访问工具栏：位于控制菜单图标的右侧，用户可以根据需要通过工具栏右侧的按钮添加和更改常用按钮。

（3）文档名称：位于标题栏的正中间位置，表示当前正在编辑的文档名称。

（4）窗口控制按钮：位于标题栏的最右边，共有 3 个，分别提供最小化、最大化/还原和关闭窗口的功能。

图 5-1 PowerPoint 2010 的工作窗口

2. “文件”菜单

打开“文件”菜单，在菜单中可以对幻灯片进行保存、另存为、打开、关闭、PowerPoint 选项设置以及退出等操作。通过 PowerPoint 选项，可以对编辑的幻灯片进行常规、显示、校对、保存、版式等信息的设置。

3. 选项卡

在“文件”菜单的右侧分布着“开始”“插入”“设计”“切换”“动画”“幻灯片放映”“审阅”“视图”等选项卡。单击不同的选项卡，可以在功能区显示相关的操作设置。

4. 编辑区

PowerPoint 2010 窗口的编辑区是演示文稿的核心部分，主要用于编辑和显示当前幻灯片。

5. 视图窗格

视图窗格位于幻灯片编辑区的左侧，包括 “幻灯片”和“大纲”两个选项卡，用于显示演示文稿幻灯片的数量及相应位置。视图窗格中默认显示的是“幻灯片”选项卡，以缩略图的形式显示当前演示文稿中的所有幻灯片，以便查看幻灯片的设计效果。若切换到“大纲”选项卡，则以大纲的形式列出当前演示文稿中所有幻灯片的内容。

6. 备注窗格

备注窗格位于幻灯片编辑区的正下方，用于为幻灯片添加说明，便于存放当前幻灯片内容的相关信息。

7. 状态栏

状态栏位于窗口的底端，用于显示当前幻灯片的页面信息。状态栏右侧为视图按钮和缩放比例按钮，拖动缩放比例滑块可以调节幻灯片的显示比例。单击状态栏右侧的按钮，可以使幻灯片的显示比例自动适应当前窗口的大小。

5.1.3 PowerPoint 2010 的视图方式

PowerPoint 2010 有五种视图方式：普通视图、幻灯片浏览视图、备注页视图、幻灯片放映视图和阅读视图。在“视图”选项卡|“演示文稿视图”组中可以选择所需视图模式，也可以在状态栏右侧通过视图按钮进行切换。

1. 普通视图

普通视图主要用于编辑和设计演示文稿，是 PowerPoint 的默认视图。该视图包括幻灯片浏览方式和大纲浏览方式，如图 5-2 和图 5-3 所示。

图 5-2　普通视图幻灯片浏览方式

图 5-3　普通视图大纲浏览方式

2. 幻灯片浏览视图

幻灯片浏览视图以缩略图的形式显示幻灯片内容，用户可以浏览当前演示文稿中的所有幻灯片，调整幻灯片排列次序等，但不能对幻灯片进行编辑，如图 5-4 所示。

图 5-4　幻灯片浏览视图

3. 备注页视图

备注页视图以上下结构显示幻灯片和备注页面，主要用于编辑和保存备注内容，如图 5-5 所示。

4．幻灯片放映视图

用户可以在幻灯片放映视图中以全屏方式播放和查看演示文稿的效果，如图形、声音、动画和切换效果等，如图 5-6 所示。

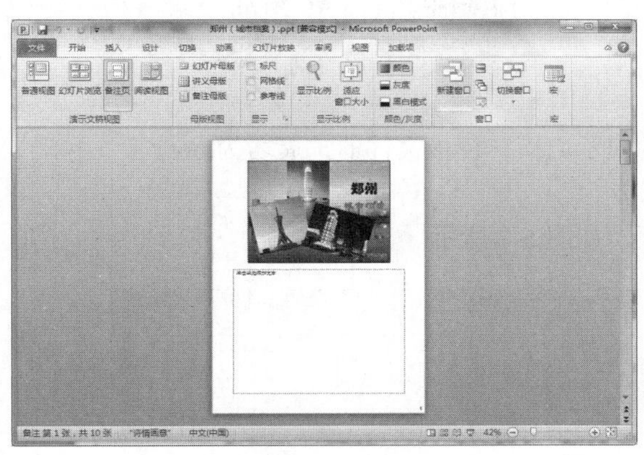

图 5-5　备注页视图

图 5-6　幻灯片放映视图

5．阅读视图

阅读视图以窗口形式播放演示文稿，并可以展示演示文稿的动画和切换效果，如图 5-7 所示。

图 5-7　阅读视图

5.2　PowerPoint 2010 的基本操作

PowerPoint 2010 中演示文稿由一张或多张幻灯片组成，演示文稿文件默认的扩展名为.pptx。

5.2.1　创建演示文稿

1．创建空白演示文稿

如果希望创建具有自己风格和特色的演示文稿，可以从创建空白演示文稿开始。新建空白演示文稿的方法有以下三种。

（1）启动 PowerPoint 2010，系统会自动创建“演示文稿 1.pptx”。

（2）在 PowerPoint 2010 窗口中，利用【Ctrl+N】组合键创建空白演示文稿。

（3）在 PowerPoint 2010 窗口中，单击“开始”选项卡|“幻灯片”组的“新建幻灯片”按钮。

2. 利用模板创建演示文稿

用户可以使用模板快速创建各种较为专业的演示文稿。模板文件的扩展名为.pot。

利用模板创建演示文稿的具体操作步骤如下。

（1）单击“文件”菜单，选择“新建”选项，如图 5-8 所示。

图 5-8　利用模板创建演示文稿

（2）在中间窗格中的“Office.com 模板”栏中选择模板类型，如“证书、奖状”。

（3）在打开的界面中选择需要的模板样式，单击右侧窗格中的“下载”按钮，弹出“正在下载模板”对话框，表示系统正在下载所选的模板。

3. 通过相册创建演示文稿

具体操作步骤是，在“插入”选项卡的“图像”组中单击“相册”|“新建相册”按钮，弹出“相册”对话框。单击左上角的“文件/磁盘”按钮，在弹出的“插入新图片”对话框中选择需要的图片，再单击“插入”按钮，系统返回到“相册”对话框，单击“创建”按钮，即可创建演示文稿。

5.2.2 保存演示文稿

演示文稿的保存方法是单击“文件”选项卡|“保存”命令，或者单击快速访问工具栏上的“保存”按钮。若用户第一次保存该演示文稿，则会弹出一个“另存为”对话框，用户需选择保存路径，并在文本框中输入文件名，最后单击“保存”按钮。

若用户要将当前演示文稿以新文件名命名或保存到其他位置，则可以单击“文件”|“另存为”

命令，在弹出的“另存为”对话框中进行设置。

5.2.3　幻灯片的基本操作

1．插入新幻灯片

插入幻灯片的方法有两种。

（1）单击“开始”选项卡|“幻灯片”组的“新建幻灯片”按钮。

（2）在普通视图的“幻灯片”窗格中单击鼠标右键，在弹出的快捷菜单中选择“新建幻灯片”命令。

2．复制幻灯片

复制幻灯片的方法有两种。

（1）首先在普通视图的幻灯片窗格中选择要复制的幻灯片，单击“开始”选项卡|“剪贴板”组的“复制”按钮；或在要复制的幻灯片上单击鼠标右键，在弹出的快捷菜单中单击“复制”命令，然后单击幻灯片要复制到的位置，单击“开始”选项卡|“剪贴板”组的“粘贴”按钮，或在目标位置上单击鼠标右键，在弹出的快捷菜单中单击“粘贴”命令。

（2）在普通视图的幻灯片窗格中选择要复制的幻灯片，按【Ctrl】键的同时，将其拖动到目标位置，在放开鼠标左键前按住【Ctrl】键。

3．移动幻灯片

移动幻灯片的方法有两种。

（1）首先在普通视图的幻灯片窗格中选择要移动的幻灯片，在“开始”选项卡的“剪贴板”组中单击“剪切”按钮，或在要移动的幻灯片上单击鼠标右键，在弹出的快捷菜单中单击“剪切”命令，然后单击幻灯片要移动到的位置，在“开始”选项卡的“剪贴板”组中单击“粘贴”按钮，或在目标位置上单击鼠标右键，在弹出的快捷菜单中单击“粘贴”命令。

（2）在普通视图的幻灯片窗格中选择要移动的幻灯片，将其拖动到目标位置。

4．隐藏幻灯片

在普通视图的幻灯片窗格中选择需要隐藏的幻灯片，单击鼠标右键，在弹出的快捷菜单中单击“隐藏幻灯片”命令，在该幻灯片左上角的数字上会显示斜线，表明该幻灯片被隐藏，在放映过程中不会被展示。

5．删除幻灯片

在普通视图的幻灯片窗格中选择需要删除的幻灯片，单击鼠标右键，在弹出的快捷菜单中单击“删除幻灯片”命令；或选择要删除的幻灯片，按【Delete】键。

5.3　幻灯片的内容编辑

5.3.1　幻灯片版式

幻灯片上占位符的排列称为幻灯片版式。打开 PowerPoint 2010 时自动创建的幻灯片中有两个占位符，分别用于标题格式和副标题格式。

用户可以在“开始”选项卡的“幻灯片”组中单击“版式”按钮，从下拉菜单中选择所需的幻灯片版式，如图 5-9 所示。

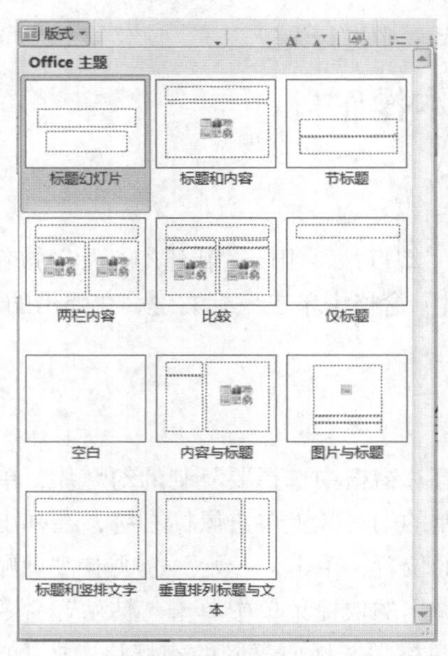

图 5-9　幻灯片版式

5.3.2　在幻灯片中插入对象

1. 插入文本

（1）占位符中输入文本

可以在文本占位符中输入幻灯片的标题、副标题和正文，也可以调整占位符的大小和位置，为占位符设置边框和底纹。

默认情况下系统会随着内容的输入来调整文本的大小以适应占位符。用户可以设置占位符中文本的格式。

（2）文本框中输入文本

在“插入”选项卡的“文本”组中单击“文本框”|“横排文本框”或“垂直文本框”按钮。在需要插入文本的位置单击，或拖放出文本框。在文本框中可以插入文本，基本操作和 Word 2010 相同。

（3）文本的编辑和修改

可以使用鼠标拖动的方式或 Word 中选定文本的方式来完成文本选定。选定需要设置的文本后，在“开始”选项卡“字体”组中进行文本的字体、字形和字号等设置；在“开始”选项卡的“段落”组中进行段落的对齐方式、项目和编号、文本行距等设置。

2. 插入表格和图表

（1）插入表格

在幻灯片中单击表格占位符后，在“插入”选项卡的“表格”组中单击“表格”|“插入表格”“绘制表格”或“Excel 电子表格”按钮。

（2）插入图表

在“插入”选项卡的“插图”组中单击“图表”按钮，弹出“插入图表”对话框，对话框左侧为图表类型，右侧为每一种类型中可供选择的具体图表。选中需要的图表后，单击“确定”按钮，系统就会自动启动 Excel 2010，在蓝色框线内相应的单元格中输入数据，完成后返回“幻灯片编辑窗口”。单击图表，功能区会出现“图表工具”选项卡，可以通过“设计”“布局”“格式”

等功能组继续编辑图表。

3. 插入艺术字

艺术字一般用于幻灯片的标题和需要特殊标记的文字，用户可以根据需要对一般文本或文本框等对象中的文本设置艺术字效果。

具体操作步骤是，在“插入”选项卡的“文本”组中单击“艺术字”按钮，显示系统提供的所有艺术字类型，选择需要的艺术字类型后，按照提示输入艺术字文本，内容就会以艺术字的形式呈现出来。单击艺术字，功能区会出现“绘图工具”选项卡，在“艺术字样式”组中，可以继续进行设置艺术字样式、文本填充、文本轮廓、文字效果等编辑操作。

4. 插入图片

在幻灯片中也可以插入剪切画、来自文件的图片、自选图形等。

（1）插入剪切画

在“插入”选项卡的“图像”组中单击“剪切画”按钮，在打开的任务窗格中单击需要插入的剪切画。

（2）插入来自文件的图片

在“插入”选项卡的“图像”组中单击“图片”按钮，弹出“插入图片”对话框，选择需要插入的图片，单击“打开”按钮。

5. 插入媒体

在放映演示文稿时，可以插入音频、视频等多媒体对象，使幻灯片能更好地展示作者的意图。在幻灯片中插入音频的具体操作步骤如下。

（1）在“插入”选项卡的“媒体”组中单击“音频”下拉按钮。

（2）在打开的“音频”下拉列表中，单击“文件中的音频”按钮，弹出“插入音频”对话框，选中需要插入的音频文件，单击“插入”按钮。

（3）将音频文件插入之后，幻灯片中会显示一个喇叭图标。当鼠标指针停留在喇叭图标上时，会出现“播放按钮”和“进度条”，可对音频进行播放控制。

（4）可以在“音频工具”选项卡中进行“添加书签”“剪裁音频”“编辑音频”“淡化持续时间”“调整音量”“设定音频文件播放形式”等设置。

插入视频文件与插入音频文件的操作步骤类似，这里不再介绍。

6. 插入编号、日期和时间

用户可以在幻灯片页脚上插入编号、日期和时间等信息。对演示文稿中所有幻灯片设置编号、日期和时间，显示页脚的方法如下。

（1）在“插入”选项卡的“文本”组中单击“页眉和页脚”按钮，打开“页眉和页脚”对话框。

（2）选中“日期和时间”复选框，可以选择“自动更新”效果，并在下拉菜单中选择日期的具体样式。

（3）选中“幻灯片编号”和“页脚”复选框，并在“页脚”文本框中填写页脚内容，如图 5-10 所示，可以设置标题幻灯片中是否显示；设置完毕后单击“应用”按钮。

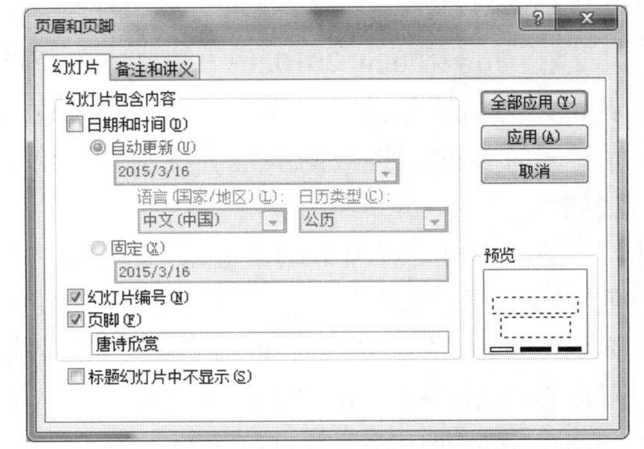

图 5-10 “页眉和页脚”对话框

5.3.3 建立超链接

PowerPoint 2010 可以为演示文稿中的任何对象（包括文本、图形、图片、表格等）创建超链接，通过超链接可以跳转到不同的位置，如当前演示文稿中的某张幻灯片、其他演示文稿、Word 文档、Excel 电子表格、网页等。

首先选中要设置超链接的对象，在“插入”选项卡的“链接”组中单击“超链接”按钮，或者在设置对象上单击鼠标右键，在弹出的快捷菜单中选择“超链接”命令，在弹出的“插入超链接”对话框中设置跳转的位置。

如果要链接到本文档中的幻灯片，则选择“本文档中的位置”，然后选择要跳转到的幻灯片。如果要链接到一个新建 PowerPoint 文档，则选择“新建文档”。如果要链接到电子邮件，则选择“电子邮件地址”，在放映时会打开电子邮件处理程序。

【例 5-1】 为目录中的标题添加超链接。

添加超链接

操作步骤如下。

（1）在幻灯片中选中文本“郑州简介”，单击鼠标右键，在弹出的快捷菜单中单击“超链接”命令，将弹出“插入超链接”对话框，如图 5-11 所示。

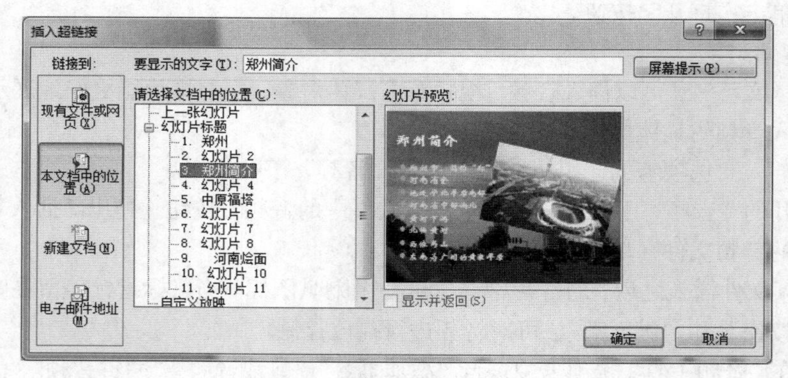

图 5-11 “插入超链接”对话框

（2）选择“本文档中的位置”，在幻灯片标题中选择“郑州简介”，然后单击“确定”按钮，这样就建立了文本“郑州简介”和幻灯片“郑州简介”的超链接。

在 PowerPoint 2010 中设置文本的超链接后，其文本颜色会以当前主题默认的颜色来显示，若需要对超链接的颜色进行调整，操作方法如下。

在“设计”选项卡的“主题”组中单击“颜色”右侧下拉按钮，选择“新建主题颜色”，弹出图 5-12 所示的“新建主题颜色”对话框。可以在“超链接”和“已访问的超链接”的下拉菜单中对默认的颜色进行更改。

图 5-12 “新建主题颜色”对话框

5.3.4　设置动画

在幻灯片放映时可以为某个对象（如文本、图片、图形等）设置动画效果，这样会增加幻灯片的吸引力。相关操作在“动画”选项卡的四个选项组“预览”“动画”“高级动画”和“计时”中进行。

1. 设置动画

设置动画的具体操作步骤如下。

（1）选择需要设置动画的对象，在“动画”选项卡的“动画”组中单击右侧的下拉按钮，打开图 5-13 所示的动画下拉列表。在“进入”“强调”“退出”和“动作路径”动画选项组中选择合适的动画效果。在“动画”选项卡的“高级动画”组中单击“动画窗格”按钮，界面右侧出现图 5-14 所示的“动画窗格”任务窗格，显示当前幻灯片中所有动画的列表。

图 5-13　动画下拉列表

图 5-14　“动画窗格”任务窗格

（2）如需设置更多动画效果，可以在下拉菜单中选择“更多进入效果”“更多强调效果”“更多退出效果”和“其他动作路径”，弹出的对话框如图 5-15 所示。

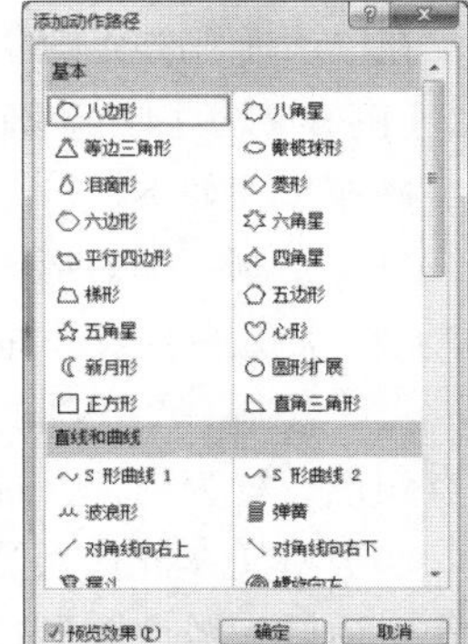

图 5-15　设置更多动画效果的对话框

（3）在“动画窗格”任务窗格中，选中某一动画，在“动画”选项卡的“动画”组中单击“效果选项”下拉按钮，可以为该动画设置不同的效果。在图 5-16 所示的“计时”选项组中，可以通过“开始”“持续时间”和“延迟”控制动画出现的具体时间。

2. 修改动画效果

如果要修改某个对象的动画效果，首先在“动画窗格”任务窗格中选中该动画，然后在“动画”选项卡的“动画”组中单击右侧的下拉按钮，从中选择其他动画进行修改；如果要删除该对象的动画效果，在“动画窗格”中选择该动画并单击鼠标右键，在弹出的快捷菜单中选择“删除”命令即可。

3. 修改动画路径

如果对 PowerPoint 2010 提供的动画路径不满意，可以自定义动画路径，具体操作步骤如下。

（1）选中需要设置动画路径的对象，在“动画”选项卡的“动画”组中单击“其他”按钮，在打开的下拉列表中，单击“动作路径”组的“自定义路径”按钮。在绘制自定义路径之前，可以在“动画”选项卡的“动画”组中单击“效果选项”下拉按钮，设置“类型”等路径信息，如图 5-17 所示。

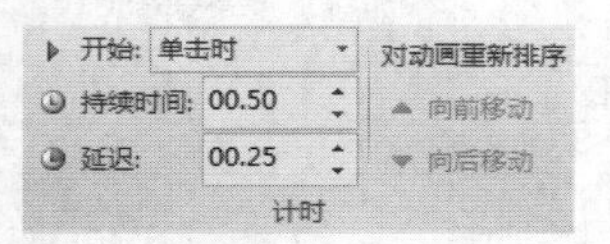

图 5-16 “计时”选项组

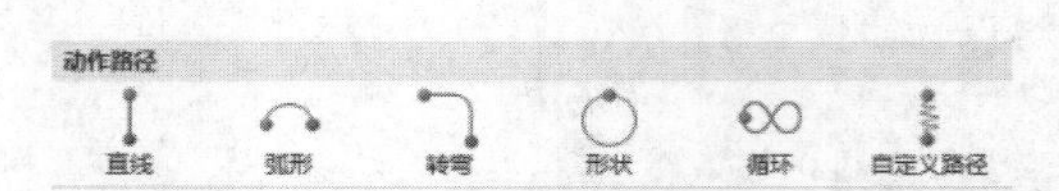

图 5-17 设置动作路径

（2）在幻灯片上绘制路径后，单击“动画窗格”任务窗格中的“播放”按钮，观看动画效果。若对效果不满意，还可以对动画路径进行修改。

4. 计时

在播放幻灯片之前，可以设定动画开始的触发条件、动画延迟时间、执行时长等。“动画”选项卡“计时”组中的 ▶ 后的下拉列表中，有以下选项。

（1）“单击时”：表示动画效果在单击鼠标时开始播放。

（2）“与上一动画同时”：表示动画效果开始播放的时间与列表中上一个动画效果相同。

（3）“上一动画之后”：表示动画效果在列表中上一个动画效果播放结束后立即开始播放。

在 文本框中可以设置动画持续时间，用来控制动画显示的速度。在 文本框中可以设置动画延迟时间，用来控制动画延后播放的时间。

5. 预览

在“动画”选项卡的“预览”组中单击“预览”按钮，可以查看动画的播放效果。

扫光动画

【例 5-2】 扫光动画。

操作步骤如下。

（1）绘制一个矩形，将矩形的填充和轮廓色均设置为黑色。

（2）插入一个文本框，在文本框中添加文本“PowerPoint 2010”，根据需要设置字体和字号。

（3）绘制一个正圆的光晕，利用渐变色填充，将“类型”设置为“路径”，渐变光圈两侧的停止点颜色设置为白色，透明度分别为 0%和 100%。

（4）将文本框移入黑色的矩形，把光晕放置在文本框的第一个字母上面。注意，一定要把文本置于顶层，黑色矩形置于底层，光晕置于中间层。

（5）为光晕添加自左向右的路径动画，其路径长度与文本框的长度一致。在“动画”选项卡的“高级动画”组中单击“动画窗格”按钮，在“动画窗格”任务窗格中此路径动画右边下拉菜单中选中“效果选项”，在弹出窗口的“效果”选项卡中选中“自动翻转”按钮，在“计时”选项卡中设置速度，并将“重复”设置为“直到幻灯片末尾”。效果如图 5-18 所示。

图 5-18　扫光动画制作效果

5.4　幻灯片的外观设置

5.4.1　母版

母版是一种特殊的幻灯片，它包含了幻灯片文本和页脚（如日期、时间和幻灯片编号）等占位符，这些占位符中的字体、字号、颜色、阴影和项目符号等可以被设置成指定的格式。演示文稿中所有的幻灯片都使用母版中统一设定的格式。因此，可以修改母版的格式，来达到统一修改所有采用这一母版的幻灯片格式的目的。

母版有三种形式：幻灯片母版、讲义母版、备注母版。

利用幻灯片母版可以统一设置字体、字号和颜色等文本特征，还可以统一设置项目符号样式、背景色等个性化效果。

备注和讲义也都有母版，可以在其中每一页上添加要显示的项目。

各种母版建立方法类似，具体操作步骤如下。

（1）打开或新建一个演示文稿。

（2）在“视图”选项卡的“母版视图”组中单击“幻灯片母版”按钮，进入图 5-19 所示的“幻灯片母版视图”，此时功能区出现“幻灯片母版视图”选项卡。

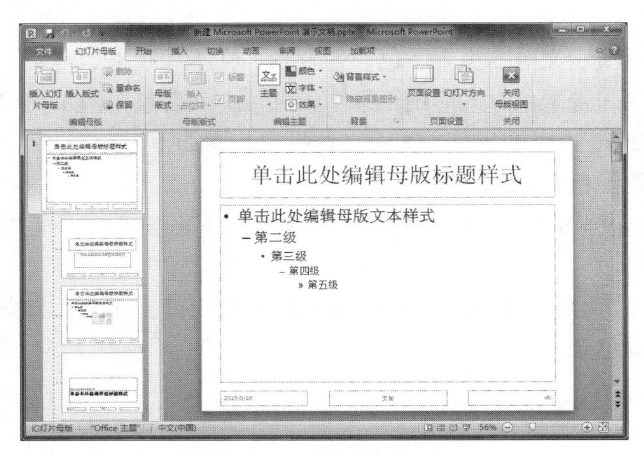

图 5-19　幻灯片母版视图

（3）设置“标题区”文本格式。在“单击此处编辑母版标题样式”字符上单击鼠标右键，在弹出的快捷菜单中单击“字体”命令，打开“字体”对话框，按需要设置相应的选项之后，单击“确定”按钮。

（4）设置“内容区”文本格式。参照步骤（3）分别设置“第二级”“第三级”“第四级”“第五级”文本格式。

（5）设置项目符号。选中“单击此处编辑母版文本样式”字符，在“开始”选项卡的“段落”组中单击“项目符号”右侧的下拉按钮，选择“项目符号和编号”，打开“项目符号和编号”对话框，设置一种项目符号样式后，单击“确定”按钮。用同样的方法分别设置“第二级”“第三级”“第四级”“第五级”等项目符号格式。

（6）设置“日期区”“页脚区”“数字区”格式。在“插入”选项卡的“文本”组中单击“页眉和页脚”按钮，打开“页眉和页脚”对话框，设置幻灯片的日期、页脚和编号。

（7）在母版中插入对象（如图片、文本框等）。插入方法和幻灯片中的插入方法一样，并可以进行格式设置。

（8）设置好母版之后，在“幻灯片母版”选项卡的“关闭”组中单击“关闭母版视图”按钮，退出幻灯片母版视图。

5.4.2 主题

演示文稿的母版和模板只是主题的一部分，主题不仅包含每张幻灯片中使用的文本和图形，还包含主题的颜色、字体、效果、背景、幻灯片母版和幻灯片版式。主题适用于演示文稿中所有部件。

1. 更改演示文稿主题

每个演示文稿都包含了一个主题，默认的是白色背景，同时包含各种默认字体和颜色。PowerPoint 2010 预置了很多主题，可以直接使用。更改文档主题的方法如下。

（1）新建一个演示文稿，在“设计”选项卡的“主题”组中单击“其他”按钮。

（2）在弹出的“所有主题”列表框中选择一种主题样式，演示文稿被应用了新的主题样式。

2. 保存自定义主题

对一个演示文稿的母版、背景、颜色或效果等进行任意更改时，就自定义了一个新的主题。保存主题就意味着保存这一系列的设置，并且可以将其应用到其他的演示文稿中。

3. 更换主题颜色

主题颜色用于显示演示文稿的主要颜色，如背景、文本和线条、阴影、标题文本、填充等所使用的颜色。可以选用一种配色方案应用于某个幻灯片，或者整个演示文稿。

使用 PowerPoint 2010 提供的配色方案，具体操作步骤如下。

（1）选择需要应用配色方案的幻灯片。

（2）在“设计”选项卡的“主题”组中单击“颜色”下拉按钮，选择“新建主题颜色”，弹出“新建主题颜色”对话框。

（3）“主题颜色”选项框中展示了 PowerPoint 2010 提供的主题颜色方案。如果不满意颜色方案，可以设置自定义颜色方案。

5.4.3 背景

幻灯片的背景包括幻灯片的颜色、阴影、图案、纹理。在幻灯片或者母版上只能使用一种背景类型。要想更改当前幻灯片的背景，具体操作步骤如下。

（1）在当前幻灯片的空白处单击鼠标右键，选择“设置背景格式”选项，在弹出的“设置背景格式”对话框中，可以设置背景的填充形式：纯色填充、渐变填充、图片或纹理填充等。“设置背景格式”对话框如图 5-20 所示。

图 5-20　“设置背景格式”对话框

（2）设置完成之后，若单击“重置背景”按钮，先前的设置将仅应用于当前幻灯片；若单击“全部应用”按钮，先前的设置将应用于该演示文稿的所有幻灯片。

5.5　演示文稿的放映、打印和发布

5.5.1　演示文稿的放映

1. 幻灯片的播放

制作好演示文稿后就可以播放幻灯片了。播放幻灯片的方式有两种。

（1）在“幻灯片放映”选项卡的“开始幻灯片放映”组中单击“从头开始”按钮，或按【F5】键。

（2）单击窗口状态栏右端的“幻灯片放映”按钮，或按【Shift+F5】组合键。

幻灯片放映为全屏幕放映，方式（1）是从第一张幻灯片开始放映，方式（2）则是从当前幻灯片开始放映。

2. 结束放映

结束放映有两种方法。

（1）在放映过程中，单击鼠标右键在弹出快捷菜单中选择“结束放映”命令。

（2）在放映过程中按【Esc】键。

3. 幻灯片的切换

幻灯片放映过程中，可以设置幻灯片的切换效果。为幻灯片的切换设置动态效果，具体操作步骤如下。

（1）设置切换效果。选中要设置切换效果的幻灯片，在“切换”选项卡的“切换到此幻灯片”组中单击“效果选项”，选择一种切换效果，此时可在幻灯片编辑区中自动预览这种效果。也可以单击“切换”选项卡“切换到此幻灯片”组的“其他”按钮，打开的下拉列表框中有“细微型”“华丽型”和“动态内容”三种类型的多种切换效果可供选择。

（2）设置切换声音和速度。在“切换”选项卡的“计时”组中，可以设置幻灯片切换时的声音和切换的持续时间等。

可以在“幻灯片放映”选项卡的“开始放映幻灯片”组中单击“从当前幻灯片开始”按钮观看当前幻灯片的切换效果。如果希望对演示文稿中所有的幻灯片都设置这种切换效果，则在“切换”选项卡的“计时”组中单击“全部应用”按钮。

4. 排练计时

幻灯片自动播放时，常需要在播放之前进行排练计时，以得到最佳的播放效果。排练计时的具体操作步骤如下。

（1）打开要进行排练计时的演示文稿，在“幻灯片放映”选项卡的“设置”组中单击“排练计时”按钮，进入“排练计时”状态。

（2）在屏幕左上角弹出一个“录制”对话框，对话框中显示了当前幻灯片的放映时间和文稿放映到当前幻灯片所用的时间。手动播放一遍演示文稿，并利用“录制”对话框中的“暂停”和“重复”等按钮来控制排练计时的过程。

（3）演示结束后，将弹出一个对话框询问是否要保存排练时间，选择“是”则保存放映时间，否则不保存。

5. 设置放映方式

用户可以根据需要设置不同的放映方式，在“幻灯片放映”选项卡的“设置”组中单击“设置幻灯片放映”按钮，打开图 5-21 所示的“设置放映方式”对话框。

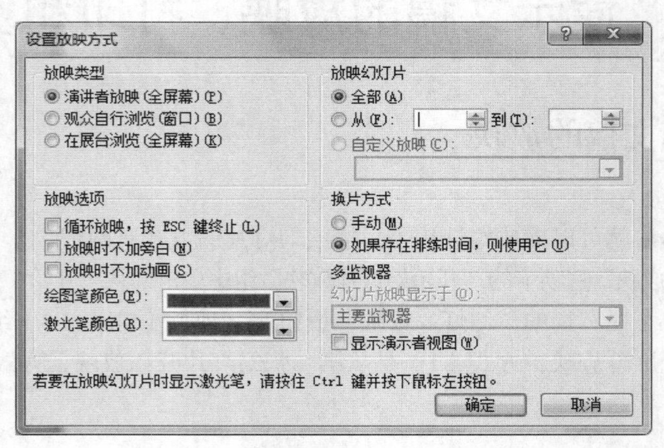

图 5-21 “设置放映方式”对话框

设置放映类型，可以选择“演讲者放映（全屏幕）”“观众自行浏览（窗口）”和“在展台浏览（全屏幕）”。

如果事先为演示文稿进行排练计时，并在“设置放映方式”对话框中选择“如果存在排练时间，则使用它”，这种放映类型适合展览会场的循环播放，可以使用【Esc】键终止放映。

如果需要循环放映，可以选择“循环放映，按 ESC 键终止”。设置幻灯片的放映范围，可以使用对话框右侧的两个单选按钮。

（1）“全部”：如果放映全部幻灯片，则选择它。

（2）“从……到……”：可以指定放映幻灯片的范围，即从哪一张幻灯片开始放映，到哪一张幻灯片结束。

换片方式的设置如下。

（1）“手动”：支持手动切换幻灯片。

（2）“如果存在排练时间，则使用它”：如果存在排练时间，则会按照排练时间自动放映。

6. 自定义放映

自定义放映功能可以为一份演示文稿定义不同的放映方式，在每一种放映方式中可以选择某些幻灯片，或者将某些幻灯片的顺序重新排列进行放映。具体操作步骤如下。

（1）在“幻灯片放映”选项卡的“开始放映幻灯片”组中单击“自定义幻灯片放映”按钮，打开图 5-22 所示的“自定义放映”对话框。

（2）单击“新建”按钮，弹出图 5-23 所示的“定义自定义放映”对话框。选择在演示文稿中的幻灯片，单击“添加”按钮，则选取的幻灯片将添加至“在自定义放映中的幻灯片”中。

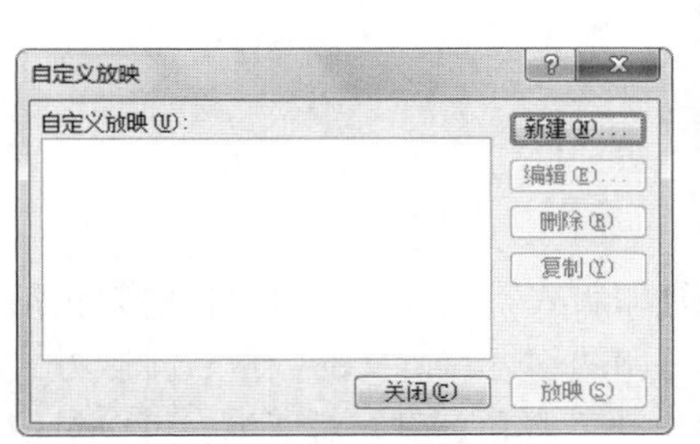

图 5-22 “自定义放映”对话框

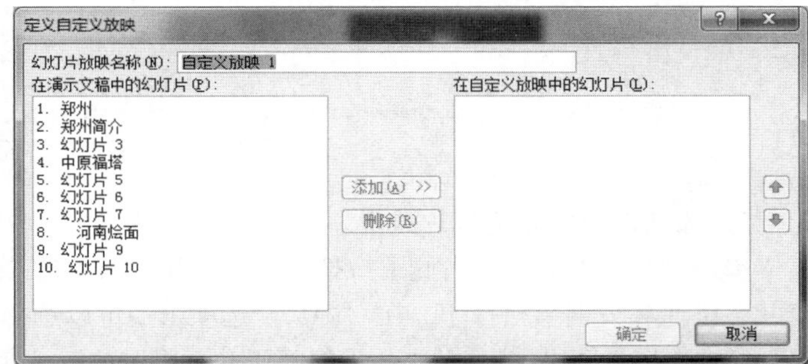

图 5-23 “定义自定义放映”对话框

（3）如果要对自定义放映的幻灯片进行排序，则选择要移动的幻灯片，然后使用对话框右侧的上下箭头按钮来调整顺序。

（4）在“幻灯片放映名称”文本框中输入名称，单击“确定”按钮，返回到“自定义放映”对话框，单击关闭按钮。

使用自定义放映的步骤是，在“幻灯片放映”选项卡的“设置”组中单击“设置幻灯片放映”按钮，打开“设置放映方式”对话框，单击“自定义放映”单选按钮，并选择要放映的幻灯片组的名称，单击“确定”按钮。

5.5.2 演示文稿的打印

演示文稿除了播放以外，还可以使用打印机进行打印。

打开演示文稿，单击“文件”|“打印”，系统将打开演示文稿打印界面，如图 5-24 所示。

1. 设定幻灯片打印颜色

在演示文稿打印界面中单击“设置”选项组中的“颜色”右侧下拉按钮，在下拉菜单中可以根据需要选择“颜色”“灰度”或“纯黑白”。

2. 设置打印范围

单击“设置”选项组中的“打印全部幻灯片”右侧下拉按钮，可以选择“打印全部幻灯片”“打印所选幻灯片”“打印当前幻灯片”以及“打印自定义范围内的幻灯片”。

图 5-24 演示文稿打印界面

3. 设置单页打印幻灯片数量

单击“整页幻灯片”右侧下拉按钮，在下拉列表框的“打印版式”选项组中可以针对整页幻灯片、备注和大纲单独打印，在“讲义”选项组中可以选择打印的幻灯片讲义的数量、排版方式是“横向”还是“纵向”。单击“编辑页眉和页脚”按钮，弹出“页眉和页脚”对话框，可以对幻灯片设置编号，也可以添加页眉和页脚信息。

确定好打印设置之后，打印效果将显示在右侧窗格中，单击“打印”按钮即可。

5.5.3 演示文稿的发布

演示文稿制作完成后，还可以通过 CD、电子邮件、视频等形式进行共享。

1. 便携式分发

单击“文件”|“保存并发送”命令，在中间窗格中单击“将演示文稿打包成 CD”按钮，在右侧窗格中单击“打包成 CD”按钮。在打开的“打包成 CD”对话框中设置 CD 的名称，单击“复制到 CD”按钮即可制成 CD。

2. 幻灯片发布

单击“文件”|“保存并发送”命令，在中间窗格中单击“发布幻灯片”按钮，在右侧窗格中单击“发布幻灯片”按钮。在打开的“发布幻灯片”对话框中选择要发布的幻灯片，单击“浏览”按钮，在打开的对话框中选择存放的位置并单击“确定”按钮，最后单击“发布”按钮即可。

3. 讲义发布

单击“文件”|“保存并发送”命令，在中间窗格中单击“创建讲义”按钮，在右侧窗格中单击“创建讲义”按钮，在打开的对话框中选择讲义版式，最后单击“确定”按钮即可。

5.6　PowerPoint 2010 典型实例

本节通过“城市档案”的制作，使读者掌握 PowerPoint 2010 的制作基本方法和技巧。

城市档案
PPT 的制作

新建演示文稿，按照下列要求添加新的幻灯片。资料准备：若干有关郑州的图片，一个声音文件。

（1）添加第一张幻灯片，要求如下。

① 用具体图片为幻灯片设置背景，幻灯片版式为“标题幻灯片”。

② 主标题内容为“郑州”，字号为 70 磅，字体为华文琥珀，副标题内容为“城市档案”，字号 50，字体为华文隶书。

③ 插入三张图片，调整图片大小及位置。

④ 设置图片的叠放顺序：第一张图片置于底端，第三张图片位于顶端。

⑤ 插入背景音乐并设置效果选项。

⑥ 自定义动画：为主标题、副标题、图片设置不同的出现次序，全部设置为“上一动画之后”。

（2）添加第二张幻灯片，要求如下。

① 用具体图片为幻灯片设置背景。

② 插入一张图片，调整图片大小及位置。

③ 输入下面的文本内容，标题为“郑州简介”，字号为 45，字体为华文新魏，内容字号为 28，并添加灰色项目符号“●”。

- 郑州市，简称“郑”
- 河南省会
- 地处华北平原南部
- 河南省中部偏北
- 黄河下游
- 北临黄河
- 西依嵩山
- 东南为广阔的黄淮平原

④ 自定义动画：为标题、图片和内容设置不同的出现次序，全部设置为“上一动画之后”。

（3）添加第三张幻灯片，要求如下。

① 用具体图片为幻灯片设置背景。

② 插入艺术字“中原福塔”，将其置于幻灯片的右边。在幻灯片的左边插入以下文字。

◆ 位于河南省郑州市航海东路与机场高速路交汇处

◆ 该塔是世界最高的全钢结构电视发射塔，是一座集广播电视发射、旅游观光、名画展览、文化娱乐、餐饮休闲等多功能的城市基础设施

◆ 该塔由同济大学建筑设计研究院设计，总投资 8.36 亿元

◆ 塔高 388 米，其中，塔主体高 268 米，桅杆高 120 米，钢结构总重量约一万六千吨

③ 自定义动画：为标题、图片和内容设置不同的出现次序，全部设置为“上一动画之后”。

（4）添加第四张幻灯片，要求如下。

① 用具体图片为幻灯片设置背景。

② 插入艺术字“郑州大学”，添加内容，设置灰色项目符号“●”，并设置相应动画。

- 简称郑大
- 创建于 1956 年
- 由原郑州大学、郑州工业大学、河南医科大学于 2000 年 7 月 10 日合并组建而成
- 河南省唯一一所入选国家“中西部高校综合实力提升工程”的高校，是河南省人民政府与教育部共建高校

（5）添加第五张幻灯片，要求如下。

① 用具体图片为幻灯片设置背景。

② 插入艺术字“郑州地铁”，添加如下内容，并设置相应动画。

郑州地铁，是郑州市的轨道运输系统，郑州轨道线网共规划 17 条线路，覆盖郑州新区、航空港区、荥阳-上街组团、新密、新郑和开封等地区。目前，郑州地铁近景规划 6 条线路，远景规划 17 条线路。地铁建设分为起步、发展、成熟完善 3 个建设阶段。

（6）添加第六张幻灯片，要求如下。

① 用具体图片为幻灯片设置背景。

② 插入艺术字“郑州欢迎你!”，并设置相应动画。

具体效果如图 5-25 所示。

图 5-25 城市档案效果图

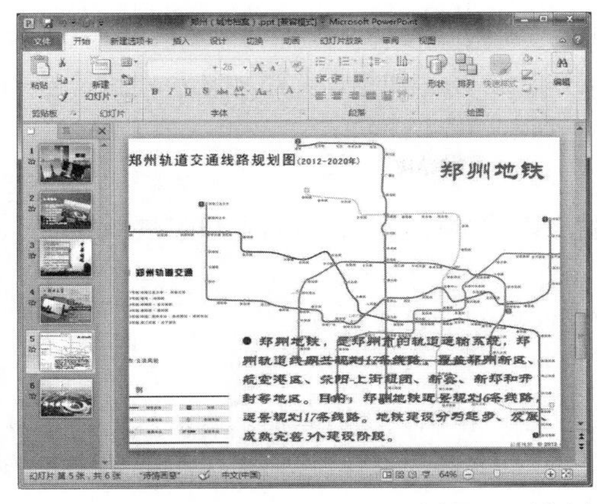

图 5-25　城市档案效果图（续）

5.7　PowerPoint 2010 综合实训

1. 目的

（1）掌握 PowerPoint 2010 中幻灯片的相关操作，如设置版式、幻灯片插入、图片插入和叠放次序等。

（2）掌握 PowerPoint 2010 中插入背景音乐并设置效果、设置自定义动画、设置幻灯片的切换方式等方法。

2. 操作要求

新建演示文稿，按照下列要求添加新的幻灯片，资料准备：中原工学院信息商务学院校园相关的图片 8 张，声音文件 1 个。

步骤一：添加第一张幻灯片，默认版式为“标题幻灯片”，要求如下。

（1）应用一个幻灯片主题：在幻灯片“设计”选项卡的“主题”组中选择“行云流水”。

（2）主标题内容为“中原工学院信息商务学院”，字号 40 磅，副标题内容为“学校简介”，字号 28 磅。

（3）插入 3 张图片，并调整图片大小及位置（旋转）。

（4）设置图片的叠放顺序：第 1 张图片置于底端，第 3 张图片置于顶端。

（5）插入背景音乐并设置播放方式（开始方式为跨幻灯片播放，设置“放映时隐藏”和“循环播放，直到停止”）。

（6）自定义动画：出场顺序及动画效果如下，并将全部动作的开始方式设置为“上一动画之后”。

① 图片 1 为“曲线向上”，持续时间“02.00”（即“中速”）。

② 图片 2 为“缩放”，持续时间“01.00”（即“非常快”）。

③ 图片 3 为“玩具风车”，持续时间“02.00”（即“中速”）。

④ 标题为“挥鞭式”，持续时间“01.00”（即“快速”）。

⑤ 副标题为“浮入”，持续时间“01.00”（即“快速”）。

步骤二：添加第二张幻灯片，要求如下。

（1）幻灯片版式为“两栏内容”。

（2）输入标题内容为“学校基本信息”，设置居中、字号 38 磅、宋体、加粗。

（3）单击右栏中“插入来自文件的图片”，插入第 4 张图片。

（4）在左栏中输入下面的文本内容，设置为宋体、22 磅、加粗；并添加灰色项目符号“●”。

- 校训：厚德博学，求是创新
- 校风：勤奋，严谨，进取，文明
- 办学理念：以质量求生存，以特色创品牌，以管理促效益，以就业谋发展
- 位置：（北校区）郑州市中原中路 41 号
  （主校区）郑州市南龙湖宜居教育园区双湖大道 2 号
- 创办时间：2003 年 4 月

（5）自定义动画：出场顺序为标题、图片 4、文本。依次设置对象的动画效果。标题为“基本缩放”；图片 4 为“飞入”，效果选项为“自右下部”；文本为“螺旋飞入”。全部动作的开始方式设置为“上一动画之后”。

（6）幻灯片切换设置为“立方体”。

步骤三：添加第三张幻灯片，要求如下。

（1）新建一张幻灯片，幻灯片版式为“标题和内容”。

（2）输入标题内容为“学校风采”。

（3）单击“插入来自文件的图片”插入第 5 张图片，再在“插入”选项卡的“图像”组中，单击“图片”按钮，插入第 6 张图片，改变两张图片大小及位置（旋转）。

（4）自定义动画：出场顺序为标题、图片 5、图片 6。依次设置对象的动画效果。标题为“劈裂”，效果选项为“中央向左右展开”；图片 5 为“曲线向上”；图片 6 为“回旋”“非常快”。全部动作的开始方式设置为“上一动画之后”。

（5）幻灯片切换设置为“百叶窗”，效果选项为“水平”。

步骤四：添加第四张幻灯片，要求如下。

（1）新建一张幻灯片，幻灯片版式为“空白”。

（2）插入艺术字“系部设置”作为标题，字号 48 磅、加粗。

（3）插入一个横排文本框，输入以下内容。

信息技术系
商学系
会计系
外语系
政法与传媒系
机械工程系
电气工程系
建筑工程系
艺术设计系
基础科学部

（4）设置文本框中内容的格式为左对齐、字号 28 磅、宋体、加粗，添加任意一种项目符号，设置项目符号的颜色为“蓝色”，调整行距为单倍行距、段前 6 磅。

（5）插入第 7 张图片，对图片进行旋转。

（6）自定义动画：出场顺序为标题（不设置进入效果）、图片 7、文本。依次设置对象的动画效果。图片 7 为“阶梯状”，持续时间“01.00”（即“快速”）；文本为“向内溶解”，持续时间“01.00”

（即“快速”）。全部动作的开始方式设置为“上一动画之后”。

（7）幻灯片切换设置为“淡出”，效果选项为“平滑”，声音为“风铃”。

步骤五：添加第五张幻灯片，要求如下。

（1）新建一张幻灯片，幻灯片版式为“垂直排列标题与文本”。

（2）输入标题内容为“荣誉称号”，字号 40 磅、宋体、加粗。

（3）输入以下文本内容。

- 全国先进独立学院
- 中国民办高等教育优秀院校
- 河南省民办教育办学先进单位
- 河南高等教育质量社会满意十佳院校

（4）设置文本格式为宋体、字号 24 磅、加粗，添加项目符号（任意一个）。

（5）插入第 8 张图片，放在幻灯片左侧。

（6）自定义动画：出场顺序为图片 8、标题、文本。依次设置对象的动画效果。图片 8 为“向内溶解”；标题为“切入”，效果选项为“自右侧”，文本为“空翻”，持续时间“00.75”。全部动作的开始方式设置为“上一动画之后”。

（7）幻灯片切换设置为“随机线条”，效果选项为“水平”。

步骤六：添加第六张幻灯片，要求如下。

（1）新建一张幻灯片，幻灯片版式为“空白”。

（2）插入艺术字（艺术字形状任意）“THE END”，字号 96 磅、加粗。

步骤七：在第一张和第二张幻灯片之间插入一张新的幻灯片，要求如下。

（1）幻灯片版式为：“标题和内容”。

（2）输入标题内容为“目录”，设置楷体、54 磅。

（3）在文本占位符中输入下面的文本内容，并设置字体、字号为隶书、36 磅。

- 学校基本信息
- 学校风采
- 系部设置
- 荣誉称号

（4）为每项设置超链接，链接到相应的幻灯片。

（5）在右下角插入形状“太阳形”，设置其填充颜色为“橙色”，并设置超链接，链接到最后一张幻灯片。

（6）幻灯片切换设置为“摩天轮”。

步骤八：在第三张到第六张幻灯片右下角插入剪贴画，设置其进入效果为“轮子”，开始方式设置为“上一动画之后”，并设置超链接，链接到第二张幻灯片。

习题 5

一、选择题

1. 关于 PowerPoint 2010 的打开方式，以下说法不正确的是（　　）。

　A. 从“开始”菜单选择程序，然后选择 Microsoft PowerPoint

B. 从“开始”菜单选择程序，然后单击 Microsoft Office 工具

C. 双击 PowerPoint 演示文稿文件

D. 双击桌面上的 Microsoft PowerPoint 快捷方式

2. 关闭 PowerPoint 的正确操作应该是（　　）。

A. 关闭显示器

B. 拔掉主机电源线

C. 使用【Ctrl+Delete+Alt】组合键

D. 单击 PowerPoint 标题栏右上角的关闭按钮

3. 幻灯片浏览视图中，关于每行显示幻灯片的数量，下列说法正确的是（　　）。

A. 每行只能显示三张幻灯片　　B. 每行显示幻灯片的张数是固定的

C. 每行只能显示五张幻灯片　　D. 每行显示幻灯片的张数可以调整

4. PowerPoint 2010 中，各种视图模式切换的快捷按钮在 PowerPoint 窗口的（　　）。

A. 左上角　　B. 右上角

C. 左下角　　D. 右下角

5. PowerPoint 2010 默认文件的扩展名为（　　）。

A. .ppm　　B. .pptx　　C. .ppt　　D. .ppn

6. 在幻灯片浏览视图中，可多次使用（　　）键+单击来选定多张幻灯片。

A.【Ctrl】　　B.【Alt】　　C.【Shift】　　D.【Tab】

7. 在幻灯片浏览视图中，可使用（　　）键+鼠标拖动，来复制选定的幻灯片。

A.【Ctrl】　　B.【Alt】　　C.【Shift】　　D.【Tab】

8. 在演示文稿中插入超链接时，所链接的目标不能是（　　）。

A. 另一个演示文稿　　B. 同一演示文稿的某一张幻灯片

C. 其他应用程序的文档　　D. 幻灯片中的某一个对象

9. 在 PowerPoint 2010 中，下列有关幻灯片动画的叙述，错误的是（　　）。

A. 动画设置有幻灯片内动画设置和幻灯片间动画设置两种

B. 动画效果分预设动画效果和自定义动画效果

C. 动画中不能播放符合系统要求的声音文件

D. 幻灯片内动画的顺序是可改变的

10. 在演示文稿放映过程中，可随时按（　　）键终止放映，返回到原来的视图中。

A.【Enter】　　B.【Esc】　　C.【Pause】　　D.【Ctrl】

二、简答题

1. 创建演示文稿的方法有哪些？
2. 怎样向已有的幻灯片中添加表格？
3. 如何在幻灯片中插入剪辑库中的剪贴画或图片？
4. 如何在幻灯片中建立超链接，创建交互式的演示文稿？
5. 如何为幻灯片添加页眉、页脚和编号？

三、综合应用

任选以下主题。

（1）我的大学生活（可包括对大学生活的憧憬、开启大学生活的新篇章、大学期间的学习和朋友、我的目标和规划、学习经验分享、不足和努力的方向等）。

（2）我的家乡（可包括家乡介绍、风土人情、美食美景、我对家乡的期待等）。

（3）我的职业规划（可包括自我介绍、专业特点、职业目标、职业能力塑造、职业执行计划等）。

（4）我和偶像（偶像主要指作家、书画家、音乐家、行业专家。可包括自我介绍、偶像的成就、偶像的力量、对我的影响等）。

（5）我的社会实践调查（可包括实践主题、实践过程、实践记录、调查结果分析、实践经验和心得等）。

具体要求如下。

（1）演示文稿内容必须符合演讲展示的实际需要，内容充实、呈现形式多样，包括文字、图片、音乐、图表、SmartArt 图形等对象。

（2）幻灯片页面包括标题页、目录页、结束页，综合运用超链接、动画设置、幻灯片切换、多种版式设置、小节设置等。

（3）可以选用 PowerPoint 2010 自带主题或 PowerPoint 2010 模板主题（可网络下载）。

（4）围绕题目呈现的内容要丰富，所选图片要真实有效，必须包括 15 张以上幻灯片。

第6章 计算机网络基础与互联网应用

随着计算机应用的深入，特别是家用计算机的普及，用户一方面希望能共享信息资源，另一方面也希望各计算机之间能互相传递信息。由于这些原因，计算机向网络化发展，分散的计算机连接成网，组成计算机网络。

计算机网络，是指通过通信线路和通信设备将位于不同地理位置的具有独立功能的多台计算机连接起来，在网络软件的支持下，实现资源共享和信息传递的系统。

6.1 计算机网络概述

6.1.1 计算机网络的发展

20 世纪 50 年代起步的计算机网络技术，随着计算机和通信技术的飞速发展而进入了一个崭新的时代。信息技术的迅猛发展，特别是当今新一轮计算机发展热潮的到来，使得计算机网络技术面临新的机遇和挑战，同时也将促进网络技术的进一步发展。计算机网络的形成与发展历史大致可以划分为以下四个阶段。

1. 主机–终端阶段（20 世纪 50 年代）

主机-终端系统是以单个计算机为中心的面向终端的计算机网络系统，其特点是计算机是网络的中心和控制者，终端围绕中心计算机分布在各处，呈分层星形结构，各终端通过通信线路共享主机的硬件和软件资源，计算机的主要任务还是进行批处理。

2. 计算机互联互通阶段（20 世纪 60 年代至 70 年代）

从 20 世纪 60 年代开始，若干个计算机互联系统的出现开创了计算机通信时代。随后各大计算机公司都陆续推出了自己的网络体系结构，以及实现这些网络体系结构的软件硬件产品。1974 年 IBM 公司提出的 SNA（System Network Architecture）和 1975 年 DEC 公司推出的 DNA（Digital Network Architecture）就是两个著名的例子。但这些网络也存在不少弊端，主要问题是各厂家提供的网络产品实现互联十分困难。

3. 标准化网络阶段（20 世纪 80 年代）

从 20 世纪 80 年代开始，计算机网络向体系结构标准化的方向迈进，步入网络标准化时代。1984 年国际标准化组织正式颁布了开放系统互联参考模型的国际标准 OSI7498。模型分为七个层次，有时也被称为 ISO/OSI 七层参考模型。从此网络产品有了统一的标准，这也促进了企业间的竞争，尤其为计算机网络向国际标准化方向发展提供了重要依据。

4. 网络互联与高速网络阶段（20 世纪 90 年代至今）

第四阶段从 20 世纪 90 年代开始。这个阶段最有挑战性的话题是互联网、高速通信网络、无线网络与网络安全技术。互联网作为国际性的大型信息系统，正在当今经济、文化、科研、教育与社会生活等方面发挥越来越重要的作用。更高性能的下一代互联网正在发展中。

6.1.2 计算机网络的基本功能

计算机网络的基本功能主要如下。

（1）数据传输：计算机之间可以快速传递各种信息，进行相互通信和交流。

（2）资源共享：位于同一个网络的计算机用户可以相互享用各种允许访问的资源，包括软硬件资源、数据、信息等。

（3）协同工作：大型的任务可以由多台计算机共同处理。

（4）提高可靠性：利用网络上的计算机作为后备计算机，当计算机出现故障，可以马上交给后备计算机来处理，从而避免整个系统崩溃。

计算机网络可以实现资源共享和信息交换，在各行各业得到了越来越广泛的应用。网络提供的应用一般又被称为网络服务。

6.1.3 计算机网络的基本组成

计算机网络是非常复杂的系统。网络的组成根据应用范围、目的、规模、结构以及采用的技术不同而不尽相同，但计算机网络都必须包括硬件和软件两大部分。网络硬件提供的是数据处理、数据传输和建立通信通道的基础，而网络软件用来控制数据通信。软件的各种网络功能是建立在硬件的基础上的，二者缺一不可。

1. 计算机网络硬件系统

组成一般计算机网络的硬件有网络服务器、网络工作站、网络适配器（又称为网络接口卡或网卡）和传输介质（主要包括同轴电缆、双绞线或光纤等）。如果要扩展局域网的规模，就需要增加通信连接设备，如调制解调器、集线器、交换机和路由器等。我们把这些硬件连接起来，再安装上专门用来支持网络运行的软件，包括系统软件和应用软件，那么一个能够满足工作或生活需求的计算机网络就建成了。

2. 计算机网络软件系统

计算机网络中的软件按其功能可以划分为数据通信软件、网络操作系统和网络应用软件。

（1）数据通信软件。数据通信软件是指按照网络协议的要求完成通信功能的软件。

（2）网络操作系统。网络操作系统是指能够控制和管理网络资源的软件。网络操作系统的功能作用在两个级别上：在服务器上，它为在服务器上的任务提供资源管理；在每个工作站机器上，它向用户和应用软件提供网络环境的“窗口”。这样，网络操作系统向用户和管理人员提供了整体的系统控制能力。网络服务器操作系统要完成目录管理、文件管理、安全管理、网络打印、存储管理、通信管理等主要服务。工作站的操作系统软件主要完成工作站任务的识别和与网络的连接，即首先判断应用程序提出的服务请求是使用本地资源还是使用网络资源，若使用网络资源则完成与网络的连接。常用的网络操作系统有 Windows Server 系统、UNIX 系统和 Linux 系统等。

（3）网络应用软件。网络应用软件是指通过网络为用户提供各种服务的软件，如 QQ 软件、

FTP 应用软件、远程登录软件等。

6.1.4 计算机网络的分类

由于计算机网络的复杂性，人们可以从多个不同角度来对计算机网络进行分类，因此计算机网络的分类方法和标准多种多样。可以按网络传输技术、网络规模和覆盖范围、网络拓扑结构、网络管理性质等进行分类。

1. 按网络传输技术分类

（1）点到点式网络。在点到点式网络中，每两台主机之间、节点交换机之间或主机与节点交换机之间都存在一条物理信道，即每条物理线路连接一对计算机。发送的数据沿某信道确定无疑地传送给信道另一端的唯一主机。

（2）广播式网络。在广播式网络中，所有联网计算机共享一个公共通信信道，当一台计算机利用共享通信信道发送数据时，其他所有计算机都会接收并处理这个数据。

2. 按网络规模和覆盖范围分类

（1）局域网。局域网（Local Area Network, LAN）是联网距离有限的数据通信系统，可分布于一间房间、一个楼层、整栋楼及楼群之间等，范围一般在两千米以内，通常是用户自己所专有的。

（2）城域网。城域网（Metropolitan Area Network, MAN）覆盖范围通常为几千米至几十千米，采用与局域网相同的联网技术，一般能够覆盖一座城市。城域网的传送速率比局域网高，可以用于公用网络或私有网络。

（3）广域网。广域网（Wide Area Network, WAN）的覆盖范围很大，通常几个城市、一个国家、几个国家甚至全球的网络都属于广域网的范畴，覆盖范围从数十千米到数千甚至数万千米。因特网（Internet）就是一个典型的广域网。

3. 按网络拓扑结构分类

（1）总线型网络。总线型网络是一种比较简单的计算机网络结构，它采用一条公共总线作用传输介质，各计算机直接与总线连接，信息沿总线逐个节点广播传送，网络结构如图 6-1 所示。

（2）星形网络。星形网络由中心节点和其他从节点组成，中心节点可直接与从节点通信，而从节点间必须通过中心节点通信。在星形网络中，中心节点通常由一种称为集线器或交换机的设备充当，网络上的计算机之间是通过集线器或交换机来相互通信的。星形网络是目前局域网最常见的结构，如图 6-2 所示。

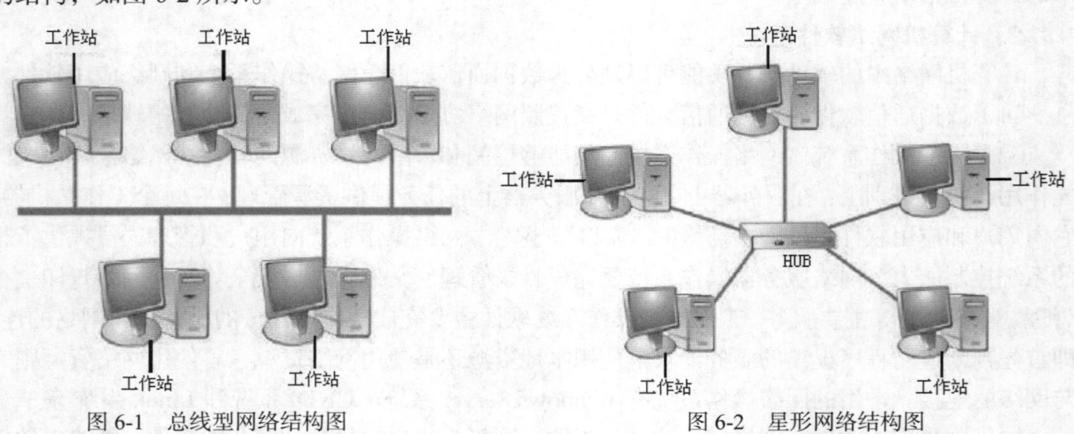

图 6-1　总线型网络结构图

图 6-2　星形网络结构图

（3）环形网络。环形网络将计算机连成一个环。在环形网络中，每台计算机按位置不同有一个顺序编号，网络中的信号按计算机编号顺序以“接力”方式传输，其结构如图 6-3 所示。

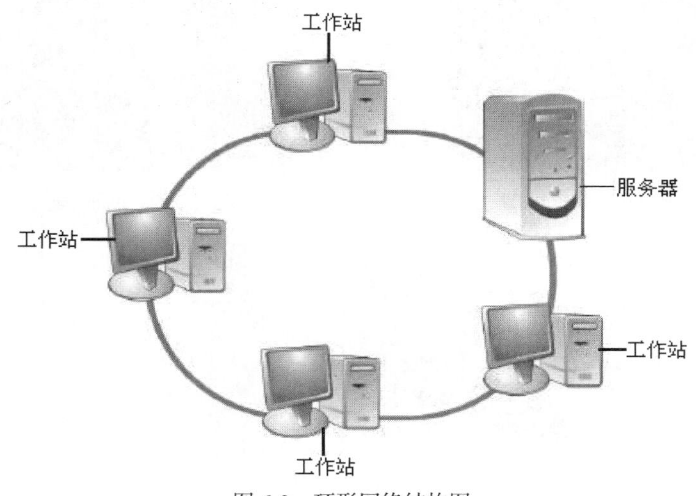

图 6-3 环形网络结构图

在现实中，上述三种类型的网络经常被综合应用，连接为树形或网状的复杂网络。

4. 按网络管理性质分类

（1）公用网。公用网由电信部门或其他提供通信服务的经营部门组建、管理和控制，网络内的传输和转接装置可供任何部门和个人使用。公用网常用于广域网络的构建，支持用户的远程通信，如我国的电信网、广电网、联通网等。

（2）专用网。专用网由用户或部门组建经营，不容许其他用户和部门使用。专用网常为局域网或通过租借电信部门的线路而组建的广域网，如由学校组建的校园网、由企业组建的企业网等。

6.1.5 计算机网络传输介质

网络传输介质是网络中发送方与接收方之间的物理通路。常用的传输介质有双绞线、同轴电缆、光纤，或无线传输。

1. 双绞线

双绞线由螺旋状扭在一起的两根绝缘导线组成，如图 6-4 所示。把两条导线按一定密度对扭在一起可以减少相互间的电磁干扰，每一根导线在传输中辐射的电波会被另一根线上发出的电波抵消。

2. 同轴电缆

同轴电缆由一根空心的圆柱导体和一根位于中心轴线的内导线组成，内导线和圆柱导体及外界之间用绝缘材料隔开，如图 6-5 所示。它具有抗干扰能力强、连接简单等特点，信息传输速度可达每秒几百兆，是中、高档局域网的首选传输介质。

3. 光纤

光纤又称为光缆或光导纤维，由光导纤维纤芯、玻璃网层和能吸收光线的外壳组成，是一种能够进行光信号传输的介质，如图 6-6 所示。与其他传输介质比较，光纤的电磁绝缘性能好、信号衰减少、频带宽、传输速度快、传输距离大，但价格昂贵。它主要用于传输距离较长、布线条件特殊的主干网连接。

图 6-4　双绞线

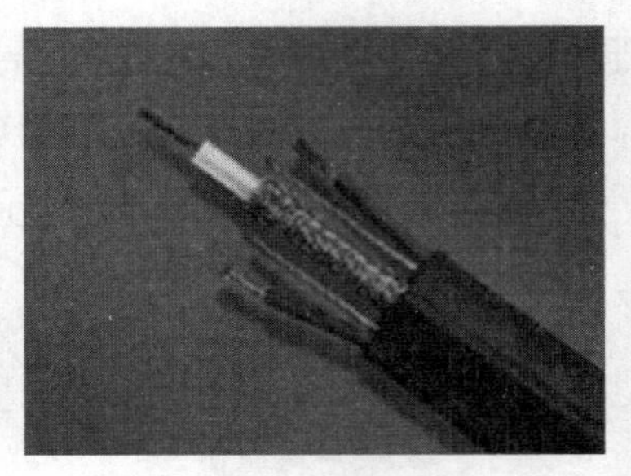
图 6-5　同轴电缆

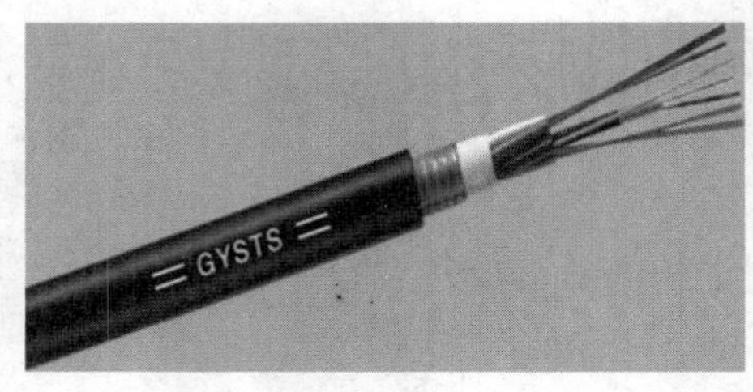

图 6-6　光纤

4. 无线传输

无线传输是指在自由空间利用电磁波发送和接收信号进行通信。无线传输可利用微波、无线电波和红外线等。

6.1.6 计算机网络连接设备

网络连接设备是把网络中的通信线路连接起来的各种设备的总称，这些设备包括中继器、集线器、交换机和路由器等。

1. 中继器

中继器（Repeater）是一种放大模拟信号或数字信号的网络连接设备，如图 6-7 所示。它接收传输介质中的信号，将其复制、调整和放大后再发送出去，从而使信号能传输得更远。中继器不具备检查和纠正错误信号的功能，它只转发信号。

2. 集线器

集线器（Hub）是构成局域网的最常用的连接设备之一，如图 6-8 所示。它是局域网的中央设备，每一个端口可以连接一台计算机，局域网中的计算机通过它来交换信息。常用的集线器可通过两端装有 RJ-45 连接器的双绞线与网络中计算机上安装的网卡相连，每个时刻只有两台计算机可以通信。集线器实际上是一个拥有多个网络接口的中继器，不具备信号的定向传送能力。

图 6-7　中继器

图 6-8　集线器

3. 交换机

交换机（Switch）又称交换式集线器，在网络中用于完成与它相连的线路之间的数据单元的交换，是一种基于网卡的硬件地址（MAC）识别，完成封装、转发数据包功能的网络设备，如图 6-9 所示。在局域网中可以用交换机来代替集线器，其数据交换速度比集线器快得多。这是由于集线器不知道目标地址在何处，只能将数据发送到所有的端口，而交换机中会有一张地址表，它通过查找表格中的目标地址，把数据直接发送到指定端口。

图 6-9 交换机

4. 路由器

路由器（Router）是一种连接多个网络或网段的网络设备，它能对不同网络或网段之间的数据信息进行“翻译”，以使它们能够相互“读”懂对方的数据，实现不同网络或网段间的互联互通，从而构成一个更大的网络，如图 6-10 所示。目前，路由器已成为各种骨干网内部、骨干网之间、骨干网和互联网之间连接的枢纽。校园网一般就是通过路由器连接到互联网上的。

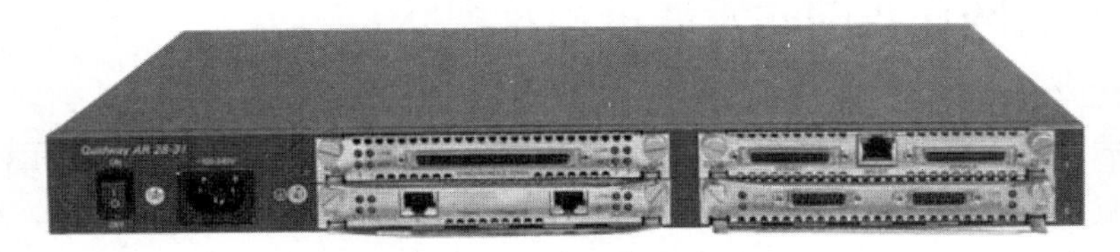

图 6-10 路由器

6.2 互联网基础

网络和网络可以通过路由器互联起来，构成一个覆盖范围更大的网络，即互联网。互联网采用 TCP/IP 作为通信规则，向用户提供的最重要功能是信息连通和资源共享。人们通过互联网可以与远在千里之外的朋友相互发送邮件、共同完成一项工作、共同娱乐。

6.2.1 互联网的历史

互联网是在美国较早的军用计算机网 ARPANET 的基础上经过不断发展变化而形成的。互联网的诞生和发展主要可分为以下几个阶段。

（1）互联网的雏形形成阶段。1969 年，ARPA（美国国防部研究计划署）制定了协定，将美国西南部的四所大学 UCLA（加利福尼亚大学洛杉矶分校）、Stanford Research Institute（斯坦福大学研究院）、UCSB（加利福尼亚大学圣塔芭芭拉分校）和 University of Utah（犹他大学）的四台主要的计算机连接起来。人们普遍认为这个在 1969 年 12 月开始建立的网络就是互联网的雏形。

互联网沿用了 ARPANET 的技术和协议，而且在互联网正式形成之前，以 ARPANET 为主的国际网已经建立，该网络的连接模式也是随后互联网所用的模式。

（2）互联网的发展阶段。美国国家科学基金会（NSF）在 1985 年开始建立 NSFNET。NSF 规划建立了 15 个超级计算中心及国家教育科研网，建立了用于支持科研和教育的全国性的计算机网络 NSFNET，并以此作为基础，实现同其他网络的连接。NSFNET 成为互联网用于科研和教育的主干部分，代替了 ARPANET 的骨干地位。

1989 年 MILNET（由 ARPANET 分离出来）实现和 NSFNET 连接后，就开始采用 Internet 这个名称。自此以后，其他部门的计算机网相继并入互联网，ARPANET 宣告解散。

（3）互联网的商业化阶段。20 世纪 90 年代初，商业机构进入互联网，使互联网开始了商业化的新进程，也成为互联网大发展的强大推动力。

1995 年，NSFNET 停止运作，互联网已彻底商业化。

随着商业网络和大量商业公司进入互联网，网上商业应用取得高速的发展，同时也使互联网能为用户提供更多的服务，使互联网迅速普及。

现在互联网已变得多元化，不仅为科研服务，而且正逐步进入日常生活的各个领域。近年来，互联网在规模和结构上都有了很大的发展，已经成为名副其实的“全球网”。

从目前的情况来看，互联网市场仍具有巨大的发展潜力，未来其应用将涵盖从办公室共享信息到市场营销、服务的广泛领域。另外，互联网带来的电子贸易正在改变商业活动的传统模式，其提供的方便而广泛的互联必将对未来社会生活的各个方面带来影响。

6.2.2 互联网在我国的发展进程及现状

我国自 1994 年接入互联网以来，经过 20 多年的发展，互联网普及率已达到世界平均水平。近年来，互联网正逐步深入国民经济更深层次和更宽领域。商务部发布的数据显示，2018 年我国网上零售额突破 9 万亿元，其中实物商品网上零售额 7 万亿元，同比增长 25.4%，对社会消费品零售总额增长的贡献率达 45.2%，较上年提升 7.3 个百分点。

中国互联网覆盖人群迅速扩大。城乡之间、地区之间的“数字鸿沟”正在缩小，网民也由以青年人为主向各年龄段人群扩展。中国互联网络信息中心（CNNIC）发布的第 44 次《中国互联网络发展状况统计报告》指出，截至 2019 年 6 月，我国网民规模达 8.54 亿人，较 2018 年年底增长 2598 万人；互联网普及率达 61.2%，较 2018 年年底提升 1.6 个百分点；手机网民规模达 8.47 亿人，我国网民使用手机上网的比例达 99.1%。目前，中国移动互联网正在加速发展。基于 5G 的新服务将为未来互联网企业提供更多发展机遇。

互联网在中国的发展历程可以大略地划分为三个阶段。

第一阶段是研究试验阶段（1986 年至 1993 年）。

在此期间中国一些科研部门和高等院校开始研究互联网技术，并开展了科研课题研究和科技合作工作。这个阶段的网络应用仅限于小范围内的电子邮件服务，而且仅为少数高等院校、研究机构提供电子邮件服务。

第二阶段是起步阶段（1994 年至 1996 年）。

1994 年 4 月，中关村地区教育与科研示范网络工程实现和互联网的 TCP/IP 连接，从而开通了互联网全功能服务。从此中国被国际上正式承认为有互联网的国家。之后，ChinaNet、CERNet、CSTNet、ChinaGBNet 等多个互联网络项目在全国范围相继启动，互联网开始进入公众生活，并在中国得到了迅速的发展。1996 年底，中国互联网用户数已达 20 万，利用互联网开展的业务与应用逐步增多。

第三阶段是快速增长阶段（1997 年至今）。

截至 2018 年，中国的网络规模容量及用户数都居世界第一。人们通过网络获取他们感兴趣的各种信息，借助网络丰富的内容填充自己的生活。

6.2.3　IP 地址

互联网上的每台主机（Host）都有唯一的 IP 地址。IP 协议规定了如何定位计算机在互联网上的位置及计算机地址的统一表示方法。所谓 IP 地址就是给每个连接在互联网上的主机分配的在全世界范围内唯一的 32bit 地址。IP 地址的结构使我们可以在互联网上很方便地寻址。

1. IP 地址分类

（1）A 类 IP 地址。一个 A 类 IP 地址由 1 字节的网络地址和 3 字节的主机地址组成，网络地址的最高位必须是“0”，地址范围为 1.0.0.1～126.255.255.254（二进制表示为 00000001 00000000 00000000 00000001～01111110 11111111 11111111 11111110）。可用的 A 类网络有 126 个，每个网络能容纳 1677214 个主机。

IP 地址的设置

（2）B 类 IP 地址。一个 B 类 IP 地址由 2 字节的网络地址和 2 字节的主机地址组成，网络地址的最高位必须是“10”，地址范围为 128.1.0.1～191.255.255.254（二进制表示为 10000000 00000001 00000000 00000001～10111111 11111111 11111111 11111110）。可用的 B 类网络有 16384 个，每个网络能容纳 65534 个主机。

（3）C 类 IP 地址。一个 C 类 IP 地址由 3 字节的网络地址和 1 字节的主机地址组成，网络地址的最高位必须是“110”，地址范围为 192.0.1.1～223.255.255.254（二进制表示为 11000000 00000000 00000001 00000001～11011111 11111111 11111110 11111110）。可用的 C 类网络可达 2097152 个，每个网络能容纳 254 个主机。

（4）D 类地址用于多点广播（Multicast）。D 类 IP 地址以“1110”开始，它是专门保留的地址，并不指向特定的网络，地址范围为 224.0.0.1～239.255.255.254。多点广播地址用来一次寻址一组计算机，它标识共享同一协议的一组计算机。

（5）E 类 IP 地址。以“1111”开始，为将来使用保留，仅供实验和开发用。全“0”（0. 0. 0. 0）地址指任意网络。全“1”的 IP 地址（255.255.255.255）是当前子网的广播地址。

2. Ipv4 和 Ipv6

现有的互联网是在 IPv4 协议的基础上运行的。随着互联网的迅速发展，IPv4 定义的有限地址空间将被耗尽，地址空间的不足必将妨碍互联网的进一步发展，IPv6 作为下一版本的互联网协议应运而生。IPv4 采用 32 位地址长度，只有大约 43 亿个地址，目前已经被分配完毕，而 IPv6 采用 128 位地址长度，几乎可以不受限制地提供地址。按保守方法估算 IPv6 实际可分配的地址，整个地球的每平方米面积上可分配 1000 多个地址。IPv6 的设计过程中除解决了地址短缺问题以外，还考虑了在 IPv4 中解决不好的一些其他问题，主要有端到端 IP 连接、服务质量（QoS）、安全性、多播、移动性、即插即用等。

随着互联网的飞速发展和互联网用户对服务水平要求的不断提高，IPv6 在全球将会越来越受重视。

6.2.4　互联网主要服务

1. 域名服务

互联网上的通信必须使用 32 位 IP 地址。然而对人们来说，记忆 IP 地址是一件很麻烦的事，所以要求有一个系统能够将 IP 地址转换为一种符号，这种符号就是域名，在互联网上提供的这种服务就是域名服务（Domain Name Service，DNS）。例如，要访问“61.158.246.139”网站，只需要在浏览器中输入“www.baidu.com”即可。

2．WWW 服务

WWW（World Wide Web）服务是一种建立在超文本（Hypertext）技术基础上的浏览、查询互联网信息的方式。它是一个分布式的超媒体系统，供用户以交互方式查询和访问存放于远程计算机的文本、图像、声音和动画。

3．电子邮件服务

电子邮件服务，即通常所说的 E-mail 服务或者电子邮箱服务，是互联网上应用最广的服务。它既可以收信、回信、写信和转信，也可以用来订阅大量免费的新闻、专题邮件，并实现轻松的信息搜索。与传统邮政系统相比，电子邮件服务有着如下显著的优点：易于保存、低廉的价格、快速的投递（几秒之内就可以发送到世界上任何目的地）和多样的形式（可以是文本、图像、声音等）。

4．文件传送服务

文件传送服务使用 TCP/IP 中的文件传输协议（File Transfer Protocol，FTP），在两台计算机之间实现文件的上传与下载，用户计算机是 FTP 客户端，互联网上的文件服务器就是 FTP 服务器端。

5．远程登录服务

远程登录服务是应用 Telnet 协议来实现的，通过互联网登录和使用远程的计算机系统，就可以像使用本地计算机一样使用远程计算机。

6.2.5 互联网主要应用

1．搜索引擎

搜索引擎是对互联网上的信息资源进行搜集整理，供用户查询的系统，它一般包括信息搜集、信息整理和用户查询三部分。搜索引擎提供信息检索服务，它使用某些程序把互联网上的所有信息归类以帮助人们在茫茫网海中搜寻到所需要的信息。常用的搜索引擎有百度、有道、必应等。

2．电子公告牌

电子公告牌，常被称为 BBS（Bulletin Board System），是互联网提供的最早的应用之一。早期它只是用来发布一些信息，如股票价格、商业信息等，并且只能是文本形式。而现在，BBS 主要为用户提供交流意见的场所，它能提供信件讨论、软件下载、在线游戏、在线聊天等多种服务。比较著名的 BBS 有天涯社区、猫扑等。

3．即时消息

即时消息缩写为 IM 或 IMing，是一种使人们能在网上识别在线用户并与他们实时交换消息的技术。常用的即时消息软件有腾讯 QQ、微软 MSN 等。

4．博客

博客，即 blog（“web log”的缩写），又称“网志”或者“网络日志”，是个人在网络上发布的流水记录，通常由简短且经常更新的帖子构成，这些帖子一般是按照日期倒序排列的。

5．网络电话

网络电话，也称为 IP 电话，是按 TCP/IP 规定的网络技术开通的电话业务，使用的协议是 VoIP

（Voice over Internet Protocol）。它是利用互联网作为语音传输的媒介，从而实现语音通信的一种全新的通信技术。网络电话的通信费用低廉。常用的网络电话软件有 Skype 等。

6. 电子商务

电子商务是利用计算机技术、网络技术和远程通信技术，实现整个商务（买卖）过程的电子化、数字化和网络化。人们不再是面对面、看着实实在在的货物、靠纸介质单据（包括现金）进行买卖交易，而是通过网络上琳琅满目的商品信息、完善的物流配送系统和方便安全的资金结算系统进行交易。比较著名的电子商务网站有亚马逊、淘宝、京东等。

7. 网络游戏

网络游戏（Online Game）又称“在线游戏”，简称“网游”，指以互联网为传输媒介，以游戏运营商服务器和用户计算机为处理终端，以游戏客户端软件为信息交互窗口，旨在实现娱乐、休闲、交流和取得虚拟成就的具有可持续性的游戏。

当然，互联网上发展起来的应用远非以上几种，几乎每天都有新的互联网应用诞生。

6.2.6 互联网主要接入方式

1. ADSL 宽带接入

ADSL（Asymmetric Digital Subscriber Line，非对称数字用户线路）是一种通过现有普通电话线为家庭、办公室提供宽带数据传输服务的技术。ADSL 能够在现有的铜双绞线（即普通电话线）上提供最高为 8Mbit/s 的高速下行速率，而上行接入速率为 512kbit/s。

在 ADSL 接入方案中，每个用户都有单独的一条线路与 ADSL 局端相连，数据传输带宽是由每一个用户独享的。ADSL 技术特性使它可以满足用户宽带上网的要求，曾是主流的互联网接入方式。

2. 有线电视宽带接入

有线电视宽带接入是利用 Cable-Modem（电缆调制解调器），通过现成的有线电视网络进行数据传输的技术。

Cable-Modem 连接方式可分为两种：对称速率型和非对称速率型。前者数据上传速率和数据下载速率相同，都是 500kbit/s～2Mbit/s；后者的数据上传速率为 500kbit/s～10Mbit/s，数据下载速率为 2Mbit/s～40Mbit/s。

Cable-Modem 模式采用的是相对落后的总线型网络结构，这就意味着网络用户共同分享有限带宽。随着用户的增多，个人的接入速率会有所下降，安全保密性也欠佳，这些均阻碍了 Cable-Modem 接入方式在国内的普及。

3. 小区宽带接入

小区宽带接入是利用局域网接入技术，采用光缆和双绞线的方式进行综合布线。现在局域网的技术成熟、成本低、结构简单、稳定性高、可扩充性好，便于网络升级，网速可以达到 100Mbit/s，甚至 1Gbit/s，同时可实现实时监控、智能化物业管理、小区/大楼/家庭保安、家庭自动化（如远程遥控家电、可视门铃）、远程抄表等，可提供智能化、信息化的办公与家居环境，满足人们对信息化的各类需求。小区宽带是大中城市目前较普及的一种宽带接入方式，网络服务商采用光纤接入到楼，再通过网线接入用户家。目前国内有多家公司提供此类宽带接入方式，如长城宽带、方正宽带等。

4. FTTx 技术接入

多种宽带光纤接入方式（Fiber To The …，FTTx），这里的字母 x 代表不同的光纤接入方式。

根据光网络单元的位置，光纤接入方式可分为 FTTB（光纤到大楼）、FTTC（光纤到路边）、FTTH（光纤到用户）。FTTC 主要是为住宅用户提供服务的，光网络单元设置在路边机箱，即用户住宅附近。FTTH 就是把光纤一直铺设到用户家庭，只有在光纤进入用户的家门后，才把光信号转换为电信号，这样做可以获得最高的上网速度。目前大中城市新建的小区均采用此种接入方式，中国移动、中国联通、中国电信等网络运营商均可提供此业务。

5. 无线上网卡接入

无线上网卡接入是指使用无线信号接入互联网的方式。它可以在无线电话信号覆盖的任何地方，利用无线上网卡连接基站，进而接入互联网。无线上网卡的作用、功能就好比无线化了的调制解调器。在该接入方式中，一个基站可以覆盖直径 20 千米的区域，每个基站可以负载 2.4 万用户，每个终端用户的带宽可达到 25Mbit/s。但是，它的带宽总容量为 600Mbit/s，每基站下的用户必须共享带宽，因此一个基站如果负载用户较多，那么每个用户所分到带宽就很小了，所以这种技术对于较多用户的接入是不合适的。采用这种方案的好处是可以在已建好的宽带地区迅速开通运营，缩短建设周期。目前中国移动、中国联通、中国电信等网络运营商均可提供此业务。

6.2.7 下一代互联网

互联网的更新换代是一个渐进的过程，下一代互联网还没有统一定义，但人们对其主要特征已达成如下共识。

（1）更大的地址空间：采用 IPv6 协议，使下一代互联网具有非常巨大的地址空间，网络规模将更大，接入网络的终端种类和数量更多，网络应用更广泛。

（2）更快：100Mbit/s 以上的端到端高性能通信。

（3）更安全：可进行网络对象识别、身份认证和访问授权，具有数据加密和完整性，是更可信任的网络。

（4）更及时：提供组播服务，进行服务质量控制，可开发大规模实时交互应用。

（5）更方便：无处不在的移动和无线通信应用。

（6）更易管理：有序的管理、有效的运营、及时的维护。

（7）更有效：有盈利模式，可创造重大社会效益和经济效益。

目前，5G 时代已经到来，随着万物互联需求的加大以及 IPv4 地址的枯竭，IPv6 取代 IPv4 已是必然趋势。IPv6 作为下一代互联网的技术基础，对物联网、车联网、人工智能等新兴产业的发展有着重大影响。世界各国均已充分认识到部署 IPv6 的紧迫性和重要性，纷纷出台国家发展战略，积极推动下一代互联网发展，力求在新一轮产业技术和国家经济竞争中占据主动。全球下一代互联网进入高速发展期。

下一代互联网的发展为我国从网络大国向网络强国迈进带来了前所未有的机遇。2017 年 11 月 26 日，中共中央办公厅、国务院办公厅印发了《推进互联网协议第六版（IPv6）规模部署行动计划》，提出用 5 到 10 年时间，形成下一代互联网自主技术体系和产业生态，建成全球最大规模的 IPv6 商业应用网络。在工信部发布关于贯彻落实《推进互联网协议第六版（IPv6）规模部署行动计划》的通知一个多月后，阿里云宣布联合中国电信、中国联通、中国移动、教育网全面对外提供 IPv6 服务，希望能在 2025 年前真正实现“IPv6 Only”（仅支持 IPv6）。借助 IPv6 部署，中国将能够参与互联网运营和关键资源的组织和分配。在 IPv6 时代，我国跟发达国家同时起步，关于 IPv6 我国已经提出了 100 多个标准。可以说 IPv6 为中国互联网发展打开了一个新的创新空间。

6.2.8 “互联网+”时代

“互联网+”的意思是“互联网+各个传统行业”。它代表着一种新的经济形态，指的是依托互联网信息技术实现互联网与传统产业的联合，以优化生产要素、更新业务体系、重构商业模式等途径来完成经济转型和升级。其特点就是把互联网的创新成果与传统产业深度融合。

“互联网+”最有价值之处是用互联网的思维去提升传统行业，互联网对传统行业的影响体现在如下三点。

（1）对产生的大数据进行整合利用，使资源利用最大化。

（2）打破信息的不对称性格局，使信息透明化。

（3）改变传统行业的运作模式，使传统行业互联网化。

国内“互联网+”理念的提出，最早可以追溯到2012年11月于扬在“易观第五届移动互联网博览会”的发言。

2015年7月，国务院印发《关于积极推进“互联网+”行动的指导意见》，明确要推动移动互联网、云计算、大数据、物联网等与现代制造业结合，加速提升产业发展水平，增强各行业创新能力，构筑经济社会发展新优势和新动能。

“互联网+”影响了诸多行业，目前在工业、金融、农业、零售业、医疗、交通等行业都有着广泛的应用。

（1）互联网+工业

“互联网+工业”是采用移动互联网、云计算、大数据、物联网等信息通信技术，改造原有产品及研发生产方式。借助移动互联网技术，传统制造厂商可以在汽车、家电、配饰等工业产品上增加网络软硬件模块，实现用户远程操控、数据自动采集分析等功能，极大地改善工业产品的使用体验。

（2）互联网+金融

“互联网+金融”是传统金融机构与互联网企业利用互联网技术和信息通信技术实现资金融通、支付、投资和信息中介服务的新型金融业务模式。新型的网络金融服务公司，利用大数据、搜索等技术，让上百家银行的金融产品可以直观地呈现在用户面前。传统银行用融资服务吸引商户，再通过对商户的资金流、商品流、信息流等大数据的分析，为这些中小企业提供灵活的线上融资服务，提高用户黏性的同时，也节约了银行自身的运营成本。“互联网+金融”的实践，正在让越来越多的企业和百姓享受更高效的金融服务。

（3）互联网+农业

“互联网+农业”是生产方式、产业模式与经营手段的创新，通过便利化、实时化、物联化、智能化等手段，对农业的生产、经营、管理、服务等环节产生深远影响，为农业现代化发展提供新动力。“互联网+农业”有助于发展智慧农业、精细农业、高效农业、绿色农业，提高农业质量效益和竞争力，实现由传统农业向现代农业的转型。

（4）互联网+零售业

“互联网+零售业”主要是实现电商和传统零售的融合，新零售模式整合线下、线上的资源，打通订单和库存，优化客户体验，并通过大数据分析，实现以客户为中心的转变。

（5）互联网+医疗

“互联网+医疗”是互联网在医疗行业的新应用，主要包括以互联网为载体和技术手段的健康教育、医疗信息查询、电子健康档案、疾病风险评估、在线疾病咨询、电子处方、远程会诊、远程治疗和康复等多种形式的健康医疗服务。“互联网+医疗”代表医疗行业新的发展方向，有利于解决医疗资源不平衡和人们日益增加的健康医疗需求之间的矛盾。

（6）互联网+交通

“互联网+交通”是指借助移动互联网、云计算、大数据、物联网等先进技术和理念，将互联网产业与传统交通运输业有效融合，形成“线上资源合理分配，线下高效优质运行”的新业态和新模式。它将盘活现有的公共资源，构建新的商业模式，塑造新的生态体系，并且创造新的就业机会，大大便利群众的出行。

6.3 搜索引擎

互联网上的信息浩瀚万千，而且毫无秩序。所有的信息像汪洋上的一个个小岛，网页链接是这些小岛之间纵横交错的桥梁，而搜索引擎则为我们绘制了一幅信息地图，供随时查阅。搜索引擎（Search Engine）是指根据一定的策略、运用特定的计算机程序从互联网上搜集信息，在对信息进行组织和处理后，为用户提供检索服务，将用户检索相关的信息展示给用户的系统。目前搜索引擎常与其他服务集成在一起，互联网上常见的中文信息搜索引擎有百度搜索、网易有道搜索、搜狗搜索、微软必应搜索等。

6.3.1 搜索引擎的分类

搜索引擎按其工作方式主要可分为三种，分别是全文搜索引擎（Full Text Search Engine）、目录索引类搜索引擎（Search Index/Directory）和元搜索引擎（Meta Search Engine）。百度搜索属于第一种搜索引擎。

1. 全文搜索引擎

全文搜索引擎是名副其实的搜索引擎，国外具代表性的有 Google、AlltheWeb、AltaVista、Inktomi、Teoma、WiseNut 等，国内著名的有百度搜索。它们都是从互联网上提取各个网站的信息（以网页文字为主）建立数据库，从中检索与用户查询条件匹配的相关记录，然后按一定的排列顺序将结果返回给用户。

从搜索结果来源的角度，全文搜索引擎又可细分为两种：一种拥有自己的检索程序（Indexer），俗称“蜘蛛”（Spider）程序或“机器人”（Robot）程序，并自建网页数据库，搜索结果直接从自身的数据库中调用，如 Google 引擎；另一种则是租用其他引擎的数据库，并按自定的格式排列搜索结果，如 Lycos 引擎。

2. 目录索引类搜索引擎

目录索引虽然有搜索功能，但在严格意义上算不上是真正的搜索引擎，仅仅是按目录分类的网站链接列表而已。用户完全可以不进行关键词查询，仅靠分类目录也可找到需要的信息。目录索引中具有代表性的是 Yahoo、Open Directory Project（DMOZ）、LookSmart、About 等。国内的搜狐、新浪、网易搜索也都属于这一类。

3. 元搜索引擎

元搜索引擎在接受用户查询请求时，同时在其他多个引擎上进行搜索，并将结果返回给用户。著名的元搜索引擎有 InfoSpace、Dogpile、Vivisimo 等，中文元搜索引擎中具代表性的有搜星搜索引擎。在搜索结果排列方面，有的直接按来源引擎排列搜索结果，如 Dogpile，有的则按自定的规则将结果重新排列组合，如 Vivisimo。

6.3.2　百度基本搜索

利用百度搜索与“搜索引擎”有关的网页，步骤如下。

（1）打开 IE 浏览器窗口。

（2）在地址栏输入 http://www.baidu.com，打开网站首页。

（3）在页面的文本框中输入“搜索引擎”，然后按【Enter】键或单击“百度一下”按钮。

（4）搜索的结果如图 6-11 所示。

图 6-11　基本搜索示例结果

6.3.3　百度高级搜索

为了更加精确地进行搜索，过滤掉无用信息，快速找到自己需要的结果，可以采用“高级搜索”的方式。

1. 排除搜索

排除搜索是指搜索结果中不出现某一个关键词。百度使用“-”进行排除搜索。例如，我们要搜索“手机”的相关记录，但不希望搜索结果中出现“电话”，则可以输入“手机 -电话”，搜索结果如图 6-12 所示。

2. 并列搜索

并列搜索是指搜索结果中同时出现输入的多个关键词。百度使用“空格”进行并列搜索。例如，我们要搜索包括“手机”和“电话”的相关记录，则可以输入“手机 电话”，搜索结果如图 6-13 所示。

3. 选择搜索

选择搜索是指搜索结果至少包括输入的多个关键词中的任意一个。百度使用“|”进行选择搜索。例如，我们要搜索包括“手机”或者“电话”的相关记录，则可以输入“手机|电话”，搜索结果如图 6-14 所示。

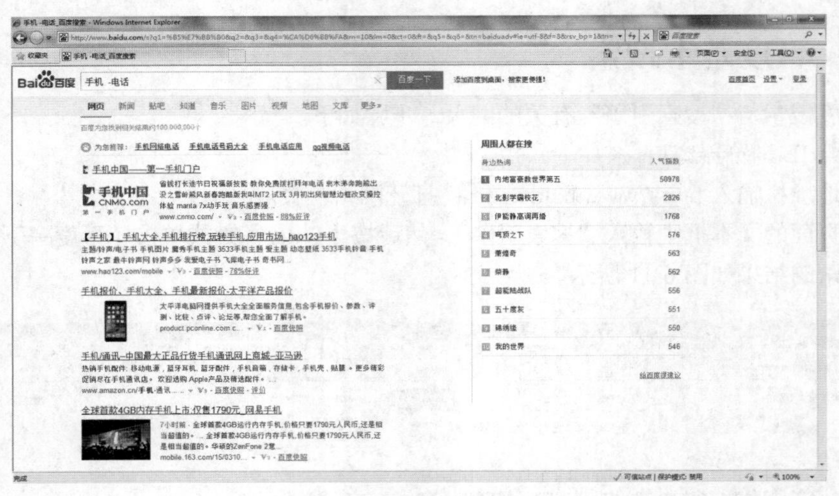

图 6-12　排除搜索示例结果

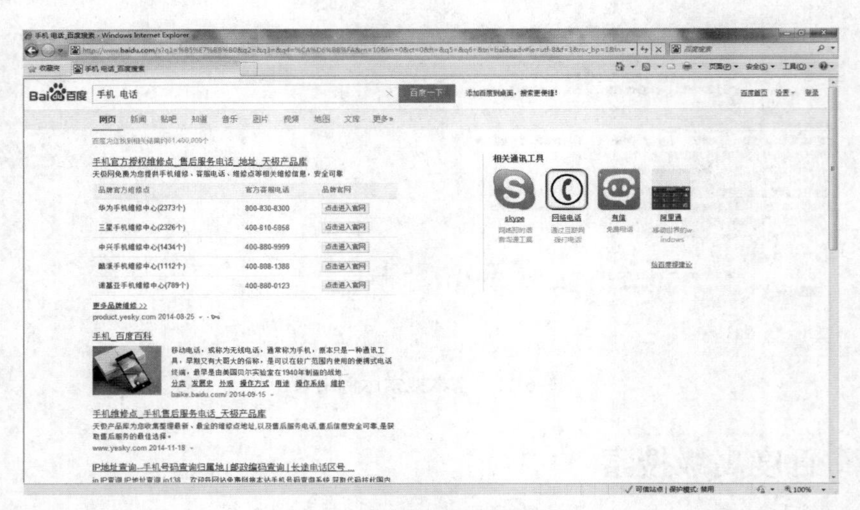

图 6-13　并列搜索示例结果

图 6-14　选择搜索示例结果

4. 整句搜索

整句搜索是指搜索结果必须完整包含输入的语句，不对关键词进行分词处理。百度使用“英文双引号”进行整句搜索。例如，我们要搜索包含“to be or not to be that is a question”整句的相关记录，则可以输入“"to be or not to be that is a question"”，搜索结果如图 6-15 所示。

图 6-15　整句搜索示例结果

6.4 计算机网络安全

计算机网络的广泛应用已经对经济、文化、科学与教育的发展产生了重要的影响，同时也不可避免地带来了一些新的社会、道德与法律问题。随着互联网的应用日益深入，网上的信息资源也越来越丰富，所涉及的领域也越来越广泛，大到国家高级军事机密、经济情报、企业策划，小到证券投资、个人信用、生活隐私等。互联网的开放性及网络操作系统目前还无法杜绝的各种隐患，使一些企图非法窃取他人机密的不法分子有机可乘。利用计算机犯罪日益引起社会的普遍关注，而计算机网络则是被攻击的重点。

计算机安全问题引起了国际上各方面专家的重视。国际信息处理协会（IFIP）从 20 世纪 80 年代初起，每年组织召开关于信息处理系统的安全与保护方面的技术交流会，欧洲地区也有相应的组织机构进行交流研讨。我国对计算机安全问题从 1981 年就开始关注并着手工作，由公安部计算机管理和监察局牵头，在中国电子学会、中国计算机学会以及中央各有关部委的支持和推动下，从 20 世纪 80 年代初至今做了大量的工作，多次召开全国性计算机安全技术学术交流会，发布了一系列管理法规、制度等。

1. 网络安全定义

国际标准化组织对计算机系统安全的定义是：为数据处理系统建立和采用的技术和管理的安全保护，保护计算机硬件、软件和数据不因偶然和恶意的原因遭到破坏、更改和泄露。

由此可以为网络安全下一个通用的定义：网络安全就是指保护网络系统中的硬件、软件及信息资源，使之免受偶然或恶意的破坏、篡改和泄露，保证网络系统正常运行、网络服务不中断。

2. 网络安全面临的威胁

由于互联网的发展，整个世界经济正在迅速地融为一体，而整个国家犹如一部巨大的网络机器。计算机网络在经济和生活的各个领域正在迅速普及，整个社会对网络的依赖程度越来越高。众多的企业、组织、政府部门都在组建和发展自己的网络，并连接到互联网，以充分共享、利用网络的信息和资源。网络已经成为社会和经济发展的强大动力。伴随着网络的发展，各种各样的问题也产生了，其中安全问题尤为突出。了解网络面临的各种威胁，防范和消除这些威胁，实现真正的网络安全，已经成了网络发展中最重要的事情。

任何未受保护的计算机或者网络都是脆弱的。构成威胁的因素很多，这些因素可能是有意的，也可能是无意的；可能是人为的，也可能是非人为的。总的说来，主要有以下三方面的因素。

（1）物理因素。网络物理安全是整个网络系统安全的前提。物理安全的风险如地震、水灾、火灾、灰尘、静电、强电磁场等环境事故，轻则造成业务工作的混乱，重则造成系统中断甚至造成无法估量的损失。

（2）人为因素。在网络安全问题中，人为因素是不可忽视的，多数的安全事件都是由人员的疏忽大意、黑客主动攻击、恶意病毒等造成的。人为因素对网络安全的危害性更大，更难以防御。大体上人为因素可分为有意和无意两种。

有意的人为因素是指恶意攻击、违纪、违法和犯罪等行为。

无意的人为因素是指网络使用者或网络管理员由于工作的疏忽造成失误，不是主观故意但同样会对系统造成不良后果的行为。

（3）系统自身因素。比如计算机硬件系统本身有故障、软件设计中有安全漏洞、网络协议中有缺陷等。

3. 网络安全的目标

通俗地说，网络信息安全与保密主要是指保护网络信息系统，使其没有危险、不受威胁、不出事故。从技术角度来说，网络信息安全与保密的目标主要是系统的可靠性、可用性、保密性、完整性、不可抵赖性等。

（1）可靠性。可靠性是网络信息系统能够在规定条件下和规定的时间内完成规定的功能的特性。可靠性是系统安全中最基本的要求之一，是所有网络信息系统的建设和运行目标。

（2）可用性。可用性是网络信息可被授权实体访问并按需求使用的特性，即网络信息服务在需要时，允许授权用户或实体使用的特性，或者是网络部分受损或需要降级使用时，仍能为授权用户提供有效服务的特性。可用性是网络信息系统面向用户的安全性能，一般用系统正常使用时间和整个工作时间之比来度量。

（3）保密性。保密性是网络信息不被泄露给非授权的用户、实体，或供其利用的特性，即防止信息泄露给非授权个人或实体，信息只供授权用户使用的特性。保密性是在可靠性和可用性基础之上，保障网络信息安全的重要手段。

常用的保密技术包括：防辐射（防止有用信息以各种途径辐射出去）、信息加密（在密钥的控制下，用加密算法对信息进行加密处理，即使对手得到了加密后的信息也会因为没有密钥而无法读懂有效信息）、物理保密（利用各种物理方法，如限制、隔离、掩蔽、控制等措施，保护信息不被泄露）。

（4）完整性。完整性是网络信息未经授权不能被改变的特性。即网络信息在存储或传输过程中保持不被偶然或蓄意地删除、修改、伪造、乱序、重放、插入的特性。完整性是一种面向信息的安全性，它要求信息保持原样，即信息正确生成、存储与传输。

完整性与保密性不同，保密性要求信息不被泄露给未授权的人，而完整性要求信息不能因各种原因受到破坏。影响网络信息完整性的主要因素有设备故障、误码（传输、处理和存储过程中产生的误码，定时的稳定度和精度降低造成的误码，各种干扰源造成的误码）、人为攻击、计算机病毒等。

（5）不可抵赖性。不可抵赖性也称为不可否认性，是指在网络信息系统的信息交互过程中，确信参与者的真实同一性，即所有参与者都不可能否认或抵赖曾经完成的操作和承诺。

4. 网络安全防范技术

（1）保证物理安全

为保证网络的正常运行，在物理安全方面应采取以下措施。

产品保障方面：主要指产品采购、运输、安装等方面的安全措施。

运行安全方面：网络中的设备，特别是安全类产品在使用过程中，必须能够从生产厂家或供货单位得到及时的技术支持服务。

防电磁辐射方面：所有涉密的重要设备都应该安装防电磁辐射产品，如辐射干扰机。

安保方面：主要是防盗、防火等，还包括网络系统所有网络设备、计算机、安全设备的安全防护。

（2）防火墙技术

防火墙是一个或一组系统，它用来在两个或多个网络间加强访问控制。通过防火墙，系统管理员可以设置哪些服务允许网外访问、哪些网外人员可以访问内部网络，以及内部用户可以访问哪些网外服务等，从而将未经授权的访问阻止在受保护的内部网络之外，并限制容易受到攻击的服务出入网络。

防火墙是加强网络安全非常流行的方法。在互联网上超过三分之一的网站都是用某种形式的防火墙加以保护的，这是对黑客防范最严、安全性最强的方式之一。任何关键性的服务器，都应该放在防火墙之后。

目前主要的防火墙技术有两种，一种基于包过滤（Packet Filtering）技术，另一种基于代理服务器（Proxy Server）技术。从总体上看，防火墙具有以下基本功能。

① 限制未授权用户进入内部网络，过滤掉不安全服务和非法用户。

② 防止入侵者接近内部网络的防御设施，对网络攻击进行检测和报警。

③ 限制内部用户访问特殊站点。

④ 记录通过防火墙的信息内容和行动，为监视互联网安全提供方便。

（3）数据加密技术

数据加密是计算机安全的重要组成部分。口令加密主要防止文件被人偷看，文件加密主要应用于互联网上的文件传输，防止文件被看到或劫持。

电子邮件给人们提供了一种快捷便宜的通信方式，但电子邮件是不安全的，很容易被别人偷看或伪造。为了保证电子邮件的安全，人们可以采用数字签名技术和基于加密的身份认证技术，这样邮件接收者就能够核实发送者对报文的签名，确认该报文的确是发送者发送的。

数据加密的基本过程包括对明文的可读信息进行处理，形成密文或密码的代码形式。该过程的逆过程称为解密，即将该编码信息转化为其原来形式的过程。

在计算机上实现的数据加密，其加密或解密变换是由密钥控制实现的。密钥（Key）是用户按照一种密码体制随机选取的，它通常是一个随机字符串，是控制明文和密文变换的唯一参数。根据密钥类型的不同，可将现代密码技术分为两类：一类是对称加密（秘密密钥加密）系统，另一类是非对称加密（公开密钥加密）系统。

对称加密系统是指加密和解密采用同一把密钥，而且通信双方都必须获得这把密钥，并保持密钥秘密。对称加密系统的算法实现速度极快。

非对称加密系统采用的加密密钥（公钥）和解密密钥（私钥）是不同的。由于加密密钥是公开的，密钥的分配和管理就很简单，比如对于具有 m 个用户的网络而言，仅需要 $2m$ 个密钥。非对称加密系统还能够很容易地实现数字签名，因此很适合用于电子商务。

（4）系统容灾技术

性能、价格和可靠性是评价一个网络系统的三大要素，为了提高网络系统的可靠性，人们通过长期的研究总结了两种方法。第一种方法叫作避错，它试图构造一个不包含故障的“完美”的系统，其手段是采用正确的设计和质量控制尽量避免把故障引进系统。第二种方法叫作容错，它是指当出现某些指定的硬件或软件错误时，系统仍能执行规定的一组程序。从容错技术的实际应用出发，可以将容错系统的实现方法分为以下几类。

空闲备件。空闲备件就是指在系统中配置一个处于空闲状态的备用部件。

负载平衡。负载平衡是另一种提供容错的途径，在具体实现时使用两个部件共同承担一项任务，一旦其中的一个部件出现故障，另一个部件立即将原来由两个部件负担的任务全部承担下来。

镜像。在镜像技术中，两个部件执行完全相同的工作，如果其中的一个出现故障，另一个系统继续工作。

复现。复现又称延迟镜像，它是镜像技术的变种。在复现技术中，需要有两个系统：辅助系统和原系统。辅助系统从原系统中接收数据，这种数据的接收存在一定的延时。当原系统出现故障时，辅助系统接替原系统工作。

冗余系统配件。在系统中重复配置一些关键的部件可以增强容错性。被重复配置的部件通常有如下几种：主处理器、电源、输入/输出设备和通道。

存储系统的冗余。存储系统是网络系统中最易发生故障的部分。实现存储系统冗余的主要方法是磁盘镜像、磁盘双联和磁盘阵列。

（5）漏洞扫描技术

漏洞扫描主要通过两种方法来检查目标主机是否存在漏洞。第一种方法，在端口扫描后得知目标主机开启的端口以及端口上的网络服务，将这些相关信息与网络漏洞扫描系统提供的漏洞库进行匹配，查看是否有满足匹配条件的漏洞存在。第二种方法，通过模拟黑客的攻击手法，对目标主机系统进行攻击性的安全漏洞扫描，如测试弱势口令等，若模拟攻击成功，则表明目标主机系统存在安全漏洞。

漏洞扫描主要包括 CGI 漏洞扫描、POP3 漏洞扫描、FTP 漏洞扫描、SSH 漏洞扫描、HTTP 漏洞扫描等。这些漏洞扫描基于漏洞库，将扫描结果与漏洞库相关数据进行比较得到漏洞信息。漏洞扫描还包括没有相应漏洞库的各种扫描，比如 unicode 遍历目录漏洞探测、FTP 弱势密码探测、OPENRelay 邮件转发漏洞探测等，这些扫描通过使用插件（功能模块技术）进行模拟攻击，测试出目标主机的漏洞信息。

6.5 网页制作基础

6.5.1 网页制作概述

1. 网页与网站

网页是按照特定的语言和格式来描述内容的纯文本文件。通过网页浏览器的解析执行，可以将其中内容按照约定的方式展现给浏览者。网站是指存放在互联网上，根据一定的规则使用HTML等工具制作的用于展示特定内容的相关网页集合。平时所说的访问某个站点，实际上访问的是该站点的网页。

2. 网页代码的主要构成

最早的网页是采用HTML编写的，随着互联网的发展，HTML的很多不足便体现出来，于是人们发明了CSS（层叠样式表）和JS（JavaScript）去弥补。

因此，现在的网页并不是只由HTML代码构成，而是由HTML、CSS和JS共同组成。HTML用于描述网页的内容，CSS用于描述内容的样式，JS用于描述内容的行为。

需要注意的是，一个网页不一定包含CSS代码和JS代码，但肯定包含HTML代码，所以HTML代码是构成网页文档的最重要代码。

3. 静态网页制作的基本流程

一般而言，一个成熟的商业网站是由一个团队集体协作完成的。所以，不同的人员完成网站制作流程中的不同环节。

（1）网页效果图的设计与制作

网页效果图是网页的图片表现形式，多用于建站前期。网站制作人员在了解客户需求之后，网站美工要制作出若干张网页效果图。网页效果图可以形象理解为在装修房子前，设计师制作的装修效果图。网页效果图确定了未来网页的色彩、风格、版式、布局，基本上和未来的网页是一模一样的。

网页效果图的主要设计工具有Photoshop、Fireworks等。

（2）静态网页的制作

依据先前设计好的网页效果图，制作出相应的静态网页文档。这一环节由网页设计师来完成。很多公司网页设计师和网站美工是同一个人或同一组人。

静态网页制作实质就是用HTML代码、CSS代码和JS代码来描述网页效果图中的内容。为了提高效率，在实践中可采用可视化的网页制作工具Dreamweaver来完成。

6.5.2 HTML

超文本标记语言（HyperText Mark-up Language，HTML）是构成网页文档的主要语言。HTML主要由HTML标签组成。HTML标签可以描述文字、图像、动画、声音、表格、链接等。由HTML组成的文件称为HTML页面或HTML文档，后缀为.htm、.html或.shtml。

1. HTML标签

HTML标签由尖括号包围的关键词构成，比如<html>。HTML标签有成对出现（双标签）的，如“<p>互联网，你好！</p>”（段落标签）；也有单个出现（单标签）的，如“
”（换行标签）。HTML 标签对中的第一个标签是开始标签，第二个标签是结束标签。

（1）p 标签：用于表达段落。

（2）a 标签：用于表达超链接。

（3）h*n* 标签：*n* 的取值为 1～6，用于表达 1 级～6 级标题。

（4）br 标签：用于表达换行。

（5）img 标签：用于表达图像。

（6）table 标签：用于表达表格。

2. HTML 属性

HTML 标签可以拥有属性，属性为 HTML 标签提供附加信息。属性总是在 HTML 元素的开始标签中规定，总是以名称/值对的形式出现，例如：属性名称="属性值"。我们可以给超链接标签定义链接的地址，需要在 href 属性中指定，示例代码如下。

```
<a href="http://www.zcib.edu.cn">中原工学院信息商务学院</a>
```

3. HTML 文档结构

HTML 页面的结构包括头部（Head）、主体（Body）两大部分：头部描述浏览器所需的信息；主体包含所要说明的具体内容。基本结构如下。

```
<html>
<head>头部信息在这里设置</head>
<body>
    HTML 文档的正文写在这里……
 </body>
</html>
```

HTML 页面的第一行经常带有 HTML 版本信息，版本信息也可以省略。下面是一个常见的版本信息。

```
<!DOCTYPE html PUBLIC "-//W3C//DTD XHTML 1.0 Transitional//EN"
"http://www.w3.org/TR/xhtml1/DTD/xhtml1-transitional.dtd">
<html xmlns="http://www.w3.org/1999/xhtml">
```

下面是一个简单的 HTML 页面代码。

```
<html>
<head>
<title>中原工学院信息商务学院欢迎您</title>
</head>
<body>
 <h1>学院简介</h1>
 <p>中原工学院信息商务学院成立于 2003 年 4 月，是首批经教育部批准的具有全日制普通本科学历教育办学资格的独立学院。</p>
 </body>
</html>
```

在记事本中输入上述代码，另存为“index.html”，然后双击在浏览器中打开，效果如图 6-16 所示。

上述代码中，<html>与</html>之间的文本描述网页，<body>与</body>之间的文本是可见的页面内容，<head>与</head>之间的文本描述网页头部信息，<title>与</title>之间的文本被显示为网页的标题，<h1>与</h1>之间的文本被显示为正文一级标题，<p>与</p>之间的文本被显示为段落。

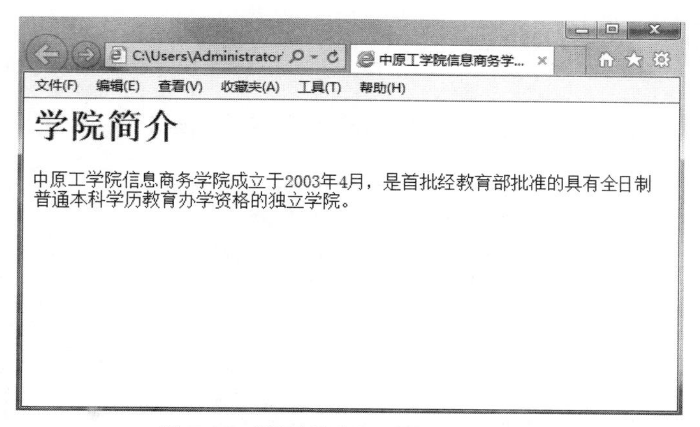

图 6-16 “学院简介”页面的运行效果

4. table 网页布局

网页布局是指对网页元素进行排版，即网页元素的摆放。table 网页布局是指采用<table>标签对网页进行布局。table 即表格，一般主要用于展示数据，但在网页设计中，table 主要用于布局。图 6-17 所示为网页中表格的主要结构。

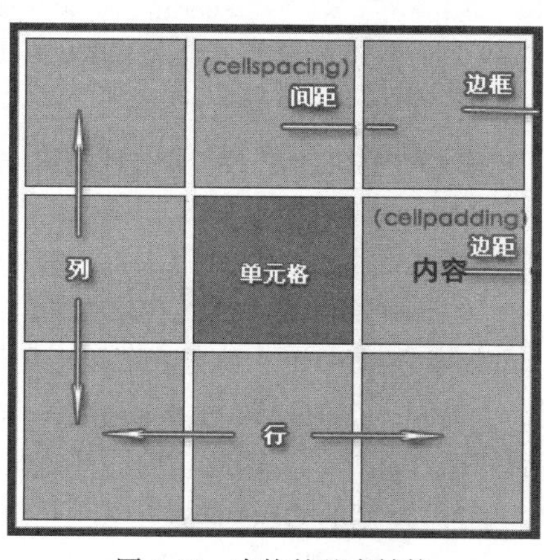

图 6-17 表格的基本结构

HTML 中表格由<table>标签来定义，每个表格均有若干行（由<tr>标签定义），每行被分割为若干单元格（由<td>标签定义），<td>中的内容为表格数据，可以包含文本、图片、列表、段落、水平线、表格等任何元素。<table>标签、<tr>标签和<td>标签共同组成了网页中的表格，使用时必须同时出现，不能分开使用。表格标签的常用属性如下。

（1）cellspacing 属性：用来定义表格的间距。

（2）cellpadding 属性：用来定义表格的边距。

（3）width 属性：用来定义表格的宽度。

（4）height 属性：用来定义表格的高度。

（5）border 属性：用来定义表格的边框粗细。

（6）align 属性：用来定义表格在页面中的水平对齐方式。

需要注意的是，行标签<tr>和单元格标签<td>也具有 width、height、align 属性。

下面是表格使用的一个简单实例。

```
<table border="1" cellpadding="0" cellspacing="0" width="300" height="200">
<tr>
   <th>班级</th>
   <th>学生人数</th>
</tr>
<tr>
   <td>自动化</td>
   <td>100</td>
</tr>
<tr>
   <td>艺术</td>
```

```
    <td>90</td>
</tr>
</table>
```

在记事本中输入以上代码，并保存为“table.html”文件，运行效果如图 6-18 所示。

班级	学生人数
自动化	100
艺术	90

图 6-18　table.html 页面运行效果

6.5.3　CSS

层叠样式表（Cascading Style Sheets，CSS）是一种可对网页元素实现更加精确控制的技术，用于调控网页样式。它不仅可用在一个页面，也可同时用于多个页面。

1. CSS 的定义方式

（1）内联样式：定义在 HTML 标签的 style 属性内的样式。此方式只能应用于该标签。

（2）内部样式：定义在<head>标签内的样式，通过<style>标签来定义。此方式只能应用于定义该样式的页面。

（3）外部样式：定义在单独的样式文件（.css）中的样式。此方式可以通过在<head>标签内用<link>标签来引用。此方式可以应用于任何页面。

当同一个 HTML 元素被不止一个样式定义时，它会优先使用内联样式，其次是内部样式，最后使用外部样式。因此，内联样式优先级最高，外部样式优先级最低，内部样式优先级居中。

2. 常用的 CSS 样式

（1）color 样式：定义文本颜色。

例如，定义段落文本的颜色为红色，则代码为：

```
<p style="color:red">中原工学院信息商务学院</p>
```

（2）font-size 样式：定义文本字体大小。

例如，定义段落文本的字体大小为 16 像素，则代码为：

```
<p style="font-size:16px">中原工学院信息商务学院</p>
```

（3）font-family 样式：用于定义字体。

例如，定义段落文本的字体为黑体，则代码为：

```
<p style="font-family:黑体">中原工学院信息商务学院</p>
```

（4）text-align 样式：定义文本水平对齐方式。

例如，定义段落文本在水平方向上居中对齐，则代码为：

```
<p style="text-align:center">中原工学院信息商务学院</p>
```

（5）text-indent 样式:定义文本缩进距离。

例如，定义段落文本首行缩进 20 像素，则代码为：

```
<p style="text-indent:20px">中原工学院信息商务学院</p>
```

（6）text-decoration 样式：定义文本装饰方式，装饰方式有 none（无外观）、underline（下画线）、overline（上画线）、line-through（中间画线）4 个可选值。

例如，定义段落文本增加下画线，则代码为：

```
<p style="text-decoration:underline">中原工学院信息商务学院</p>
```

（7）font-weight 样式:定义文本加粗。

例如，定义段落文本加粗，则代码为：

```
<p style="font-weight:bold">中原工学院信息商务学院</p>
```

（8）background-color 样式：定义背景色。

例如，定义段落背景为蓝色，则代码为：

```
<p style="background-color:blue">中原工学院信息商务学院</p>
```

（9）background-image 样式：定义背景图片。

例如，定义段落背景为 a.jpg，则代码为：

```
<p style="background-image:url(a.jpg)">中原工学院信息商务学院</p>
```

（10）line-height 样式：定义行高。

例如，定义段落行高为 28 像素，则代码为：

```
<p style="line-height:28px">中原工学院信息商务学院</p>
```

6.5.4 Dreamweaver 网页制作

"学院简介"网页的制作

Dreamweaver 是 Adobe 公司开发的集网页制作和网站管理于一身的所见即所得网页编辑器，它是一套针对专业网页设计师特别开发的视觉化网页开发工具，利用它可以轻而易举地制作出跨越平台限制和跨越浏览器限制的充满动感的网页。Dreamweaver 是当前最流行的网页设计软件之一，它与同为 Adobe 公司出品的 Fireworks 和 Flash 一道，被誉为网页制作三剑客，图 6-19 是 Dreamweaver CS5 启动的主界面。

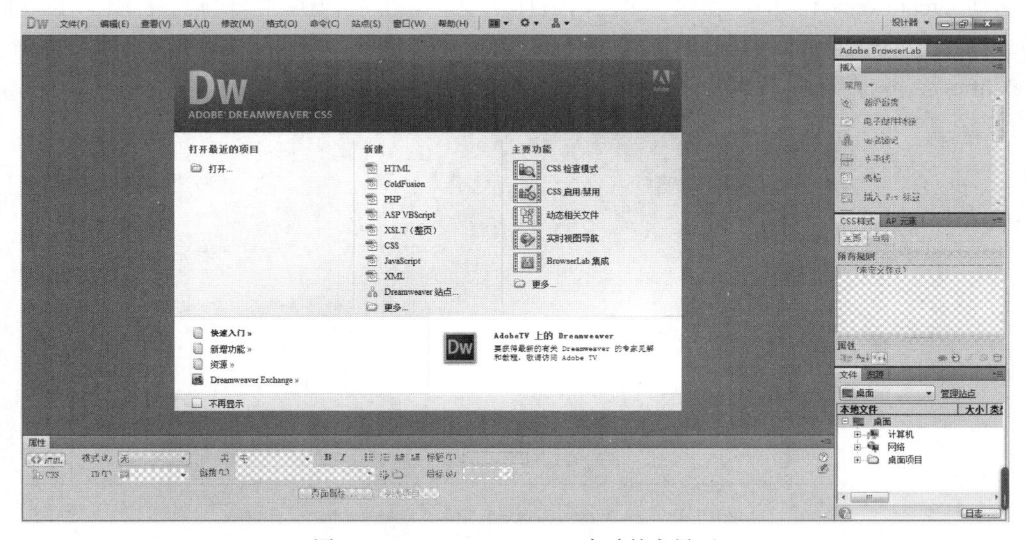

图 6-19 Dreamweaver CS5 启动的主界面

Dreamweaver 与其他同类软件相比主要有以下优点。

（1）不生成冗余代码。可视化的网页编辑器，都要把使用者的操作转换成 HTML 代码。一般的编辑器都会生成大量的冗余代码，给以后网页的修改带来了极大的不方便，同时还增加了网页文件的大小。Dreamweaver 则在使用时完全不生成冗余代码，避免了诸多麻烦。而且，通过设置，还可用 Dreamweaver 清除掉网页文件原有的冗余代码。

（2）方便的代码编辑。可视化编辑和源代码编辑都有其长处和短处。有时候，直接用源代码编辑会很有效。Dreamweaver 提供了 HTML 快速编辑器和自建的 HTML 编辑器，能方便地在可视化编辑状态和源代码编辑状态间切换。

（3）强大的动态页面支持。Dreamweaver 的 Behavior 能在使用者不懂 JavaScript 的情况下，向网页中加入丰富的动态效果。Dreamweaver 还可精确地对层进行定位，再加上 timeline 功能，可生成动感十足的动态层效果。

（4）操作简便。首先，Dreamweaver 提供的历史面板、HTML 样式、模板、库等功能避免了重复劳动，使用者不必重复输入相同的内容、格式。其次，Dreamweaver 能直接向页面中插入 Flash、Shockwave 等插件，经过设置后还可直接调用相应的软件对这些插件进行编辑。最后，Dreamweaver 与 Fireworks 集成紧密，可直接调用 Fireworks 对页面的图像进行修改、优化。

（5）优秀的网站管理功能。在定义的本地站点中，改变文件的名称、位置，Dreamweaver 会自动更新相应的超链接。Check in 和 Check out 功能可协调多个使用者对远程站点的管理。

（6）便于扩展。使用者可给 Dreamweaver 安装各种插件，使其功能更强大。使用者若有兴趣，还可自己给 Dreamweaver 制作插件，使 Dreamweaver 更适应个人的需求。

下面介绍使用 Dreamweaver CS5 制作“中原工学院信息商务学院学院简介”页面的过程。

1. 创建站点文件夹

首先在桌面上新建一个文件夹，命名为“学院简介制作”，然后在此文件夹下新建一个名为“images”的文件夹，images 文件夹用于存放网页制作过程中用到的图片，这里将网页中需要用到的素材图片 banner.jpg、nav_bg.gif、door.jpg、line.jpg 复制到此文件夹中。

2. 创建“学院简介”页面文档

启动 Dreamweaver CS5，新建一个空白 HTML 文档，然后切换到“代码”视图，在<title>与</title>标签之间输入页面的标题：学院简介。选择“文件”|“保存”命令，将该页面命名为“index.html”，并保存到“学院简介制作”文件夹中，如图 6-20 所示。

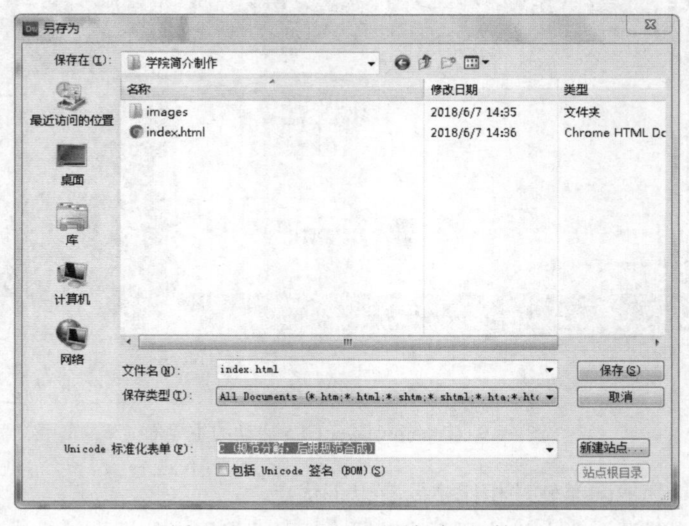

图 6-20 index.html 页面保存对话框

3. 制作“学院简介”页面头部

（1）重新将页面切换到“设计”视图，选择“插入”|“表格”命令，在页面中插入一个 850 像素的 1 行 1 列的表格，并设置表格边框、单元格边距和单元格间距均为 0，然后单击“确定”按钮，如图 6-21 所示。然后在“属性”面板中设置此表格对齐方式为居中对齐，如图 6-22 所示。

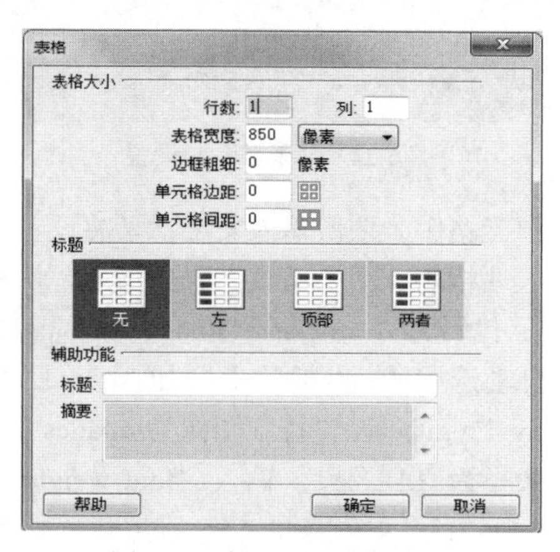

图 6-21　插入页面头部表格

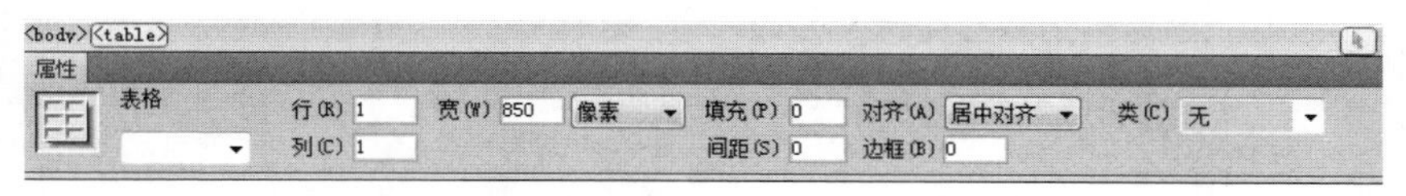

图 6-22　设置表格对齐方式为居中对齐

（2）将光标定位于此表格中，选择“插入”|“图像” 命令，选择 images 文件夹中的 banner.jpg，将此图片插入表格，并在“属性”面板中设置图像的宽度为 850 像素，插入后效果如图 6-23 所示。

图 6-23　插入 banner.jpg 图片

（3）将光标定位在页面空白处，并选择“插入”|“表格”命令，在页面中插入一个宽为 850 像素的 1 行 17 列的表格，在“属性”面板中设置此表格的对齐方式为居中对齐。然后选中此表格的行，并在“属性”面板中设置单元格“水平”方向和“垂直”方向均为居中对齐，如图 6-24 所示。

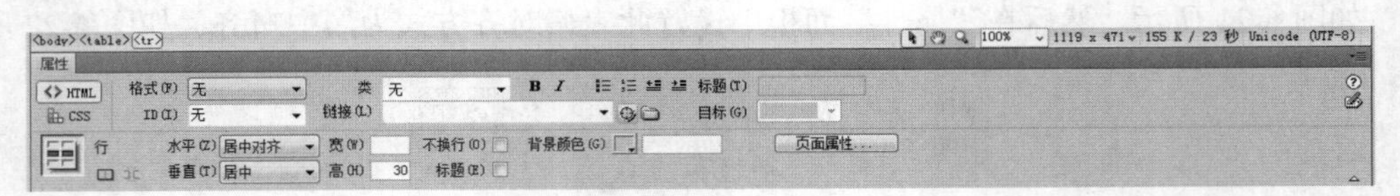

图 6-24　导航条参数设置

（4）在导航条表格的奇数单元格中，依次输入文字：学院设置、机构设置、教育教学、学生工作、招生工作、就业工作、人才招聘、图书馆藏、服务指南。切换到“代码”视图，在偶数单元格中插入分隔线图片 line.jpg，代码为“<img src="images/line.jpg" height="35" width="1"/>”。然后再次选中此表格的行，在自动选中的<tr>标签上增加 style 属性，并在 style 属性值中输入“background-image:url(images/nav_bg.gif)”设置背景图像为 images 文件夹中的 nav_bg.gif 图片，输入“font-size:14px”设置字体大小为 14 像素，输入“font-weight:bold”设置字体为粗体，输入“color:#FFFFFF”设置字体颜色为白色。导航条的 CSS 设置代码如图 6-25 所示。设置完成后，切换到“设计”视图，导航条的完成效果如图 6-26 所示。

```
<table width="850" border="0" align="center" cellpadding="0" cellspacing="0">
  <tr align="center" valign="middle" style="background-image:url(images/nav_bg.gif);
font-size:14px;font-weight:bold;color:#FFFFFF;">
    <td>学院设置</td>
    <td><img src="images/line.jpg" height="35" width="1"/></td>
    <td>机构设置</td>
    <td><img src="images/line.jpg" height="35" width="1"/></td>
    <td>教育教学</td>
    <td><img src="images/line.jpg" height="35" width="1"/></td>
    <td>学生工作</td>
    <td><img src="images/line.jpg" height="35" width="1"/></td>
    <td>招生工作</td>
    <td><img src="images/line.jpg" height="35" width="1"/></td>
    <td>就业工作</td>
    <td><img src="images/line.jpg" height="35" width="1"/></td>
    <td>人才招聘</td>
    <td><img src="images/line.jpg" height="35" width="1"/></td>
    <td>图书馆藏</td>
    <td><img src="images/line.jpg" height="35" width="1"/></td>
    <td>服务指南</td>
  </tr>
</table>
```

图 6-25　导航条的 CSS 设置代码

图 6-26　导航条的完成效果

4. 制作“学院简介”页面中部

（1）将光标定位在页面空白处，并选择“插入”|“表格” 命令，在页面中插入一个 3 行 1 列、宽 850 像素的表格，在“属性”面板中设置对齐方式为居中。将光标定位在中部表格的第 1 行第 1 列中，并在此输入“学院简介”，然后调整此行“高度”为 65 像素、“文本对齐方式”为居中对齐、文字加粗，并使用 CSS 代码“font-size:20px”设置字体大小为 20 像素。

（2）将光标定位在中部表格第 2 行第 1 列中，设置对齐方式为水平居中，在其中插入一个 1 行 1 列、宽度为 90%的表格。在单元格里面输入“作者：学院办公室 点击数：5833 时间：2018-06-07 录入：学院办公室”文字内容，在“属性”面板中设置表格水平方向上对齐方式为居中、高度为 28 像素、背景颜色为#CCCCCC，并使用 CSS 代码“font-size:13px”设置字体大小为 13 像素，完成效果如图 6-27 所示。

图 6-27 “作者”板块的完成效果

（3）将光标定位在中部表格第 3 行第 1 列中，然后在 Dreamweaver CS5 右上角的“插入”面板中选择“常用”|“文本”|“段落”；在表格中输入“中原工学院信息商务学院……等荣誉称号。”文字内容；输入文本后按【Enter】键，插入学校素材图片 door.jpg；选中图片所在的段落标签，设置水平方向居中对齐。切换到“代码”视图，对段落文字的样式进一步设置，这里采用 CSS 的内联样式来设置。在段落<p>标签上增加 style 属性，并在 style 属性中增加如下 CSS 代码。

```
padding-left:40px;padding-right:40px;font-size:14px;line-henght:25px;text-align:left;
text-indent:2em
```

输入以上 CSS 代码后的“代码”视图如图 6-28 所示。

（4）选中整个中部表格，然后切换到“代码”视图，将此表格的边框调整为 1 像素的绿色细线，设置方式为：在 table 标签上添加代码“style="border:1px solid #009900"”。网页中部的完成效果如图 6-29 所示。

```
  <tr>
    <td align="center"><p style="padding-left:40px;padding-right:40px;font-size:14px;
line-henght:25px;text-align:left;text-indent:2em">中原工学院信息商务学院成立于2003年4月，是首批
经国家教育部批准具有全日制普通本科学历教育办学资格的独立学院。学校由河南省教育厅主管，实行董事
会领导下的院长负责制，具有独立法人资格。学校位于河南省省会郑州市南龙湖教育园区双湖大道2号，毗邻
郑州航空港区。学校拥有完备的教学楼、行政楼、实验楼、图书馆、体育馆等教学设施；拥有河南省标准化
食堂和标准化学生公寓等生活设施；建有标准的塑胶田径运动场、篮球场、网球场等。十多年来，学校不断
加强内涵建设，办学条件日益改善，师资队伍建设不断加强，学科专业建设成效显著，人才培养质量稳步提
高，为区域经济社会发展作出了较大贡献，赢得了上级主管部门和社会各界的一致好评。学校先后被授予全
国先进独立学院、中国民办高等教育优秀院校、中国影响力独立学院、河南省优秀民办学校、2015中国独立
学院50强和2015中国最具专业特色高等院校等荣誉称号。</p>
      <p><img src="images/door.jpg" width="730" height="260" /></p>
    </td>
  </tr>
```

图 6-28　添加段落文字 CSS 代码

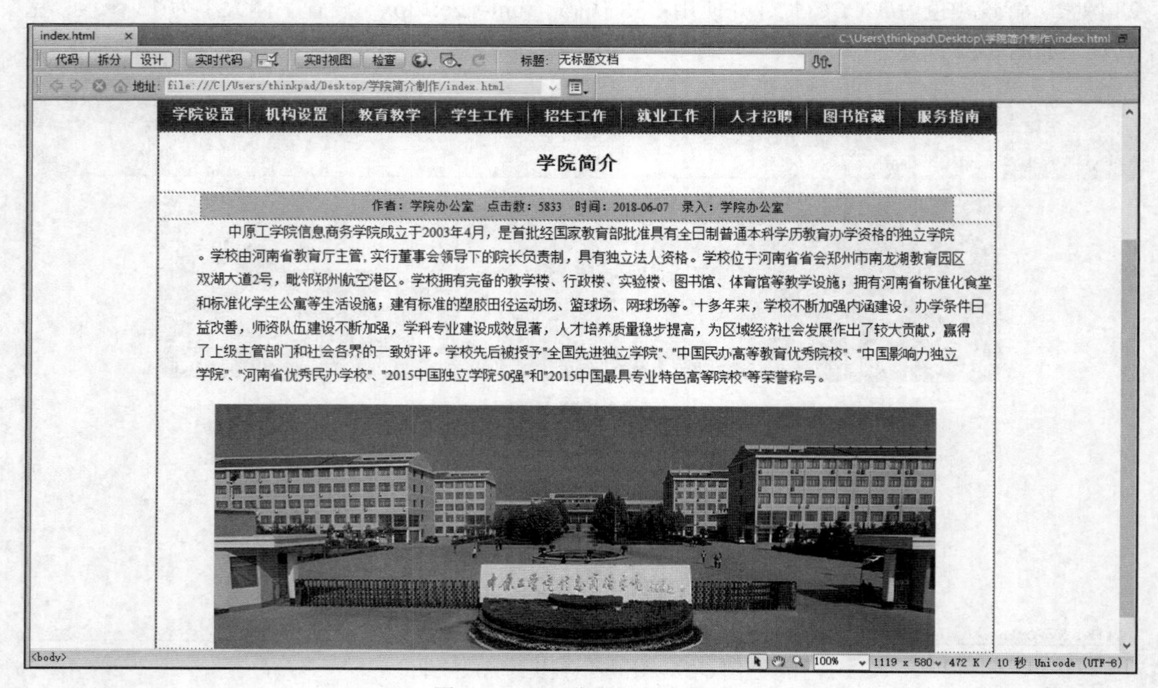

图 6-29　网页中部的完成效果

5. 制作“学院简介”页面底部

将光标定位在页面空白处，然后插入一个 2 行 1 列、宽 850 像素的表格，选择对齐方式为水平居中。在第 1 行第 1 列中输入“河南省郑州市新郑龙湖……0371-62499997”，文本对齐方式为居中。在第 2 行第 1 列中输入“河南省郑州市中原中路……信息技术系 制作维护 管理”，文本对齐方式为居中。选中整个表格，通过 CSS 代码设置字体大小为 12 像素（font-size:12px），行高为 25 像素（line-height:25px）。调整完版权文字样式后效果如图 6-30 所示。

河南省郑州市新郑龙湖科技教育产业园区双湖大道2号（主区）邮编：451191 招生咨询电话：0371-62499999 办公室电话：0371-62499997

河南省郑州市中原中路41号（北区）邮编：450007 招生咨询电话：0371-67698776 信息技术系 制作维护 管理

图 6-30　网页底部的完成效果

至此，“学院简介”页面制作完成。页面在浏览器中的运行效果如图 6-31 所示。

图 6-31 “学院简介”网页的运行效果

习题 6

一、选择题

1. 在同一幢办公楼连接的计算机网络是（　　）。

   A. 互联网　　B. 局域网　　C. 城域网　　D. 广域网

2. 不属于网络连接设备的是（　　）。

   A. 交换机　　B. 集线器　　C. 路由器　　D. 网卡

3. 以下说法错误的是（　　）。

   A. 计算机网络按地理位置分为局域网、广域网和城域网。

   B. 计算机网络按拓扑结构分为星形、环形、总线型、树形等。

   C. 星形结构的网络延迟时间较短，但误码率较高。

   D. 总线型拓扑结构的信道的利用率高。

4. Internet 是一个容量巨大的（　　）宝库。

   A. 网络　　B. 信息　　C. 计算机　　D. 多媒体

5. WWW 即 World Wide Web，人们经常称它为（　　）。

   A. 万维网　　B. 世界网　　C. 局域网　　D. 邮件网

6. 个人计算机通过电话线拨号方式接入互联网时，应使用的网络设备是（　　）。
   A. 交换机　　B. 调制解调器　　C. 浏览器软件　　D. 电话机
7. IE 浏览器在 Internet 中的主要作用是（　　）。
   A. 网络购物　　B. 网络会议　　C. 浏览与检索信息　　D. 收发 E-mail
8. 要刷新 IE 浏览器打开的某一网页，下面错误的操作是（　　）。
   A.【Ctrl+R】　　B.【F5】
   C.【F8】　　D. 选择“查看|刷新”命令
9. 下一代互联网的地址空间长度是（　　）。
   A. 32 位　　B. 64 位　　C. 128 位　　D. 256 位
10. 202.196.32.6 是一个（　　）IP 地址。
   A. A 类　　B. B 类　　C. C 类　　D. D 类
11. 不属于无线传输介质的是（　　）。
   A. 无线电波　　B. 微波　　C. 红外线　　D. 光纤

二、简答题

1. 按网络拓扑结构分类，计算机网络有哪些结构？
2. 简述互联网的主要应用。
3. 网络安全面临的威胁有哪些？
4. 简述 CSS 样式定义的方式。
5. 网页布局的方式有哪些？

第 7 章 多媒体技术基础

计算机多媒体技术是现代信息技术领域发展最快、应用最多、变化最快的技术，是电子技术发展和竞争的热点。多媒体技术融智能、声音、数据、图像、视频和通信等于一体，借助日益普及的高速信息网，可实现计算机的全球联网和信息资源共享，因此被广泛应用在工业生产管理、学校教育、公共信息咨询、商业广告、军事指挥与训练、建筑规划设计，以及家庭生活与娱乐等领域。

7.1 多媒体基础知识

7.1.1 多媒体概述

1. 多媒体的概念

“多媒体”一词译自英文“multimedia”，而该词又是由 multiple（多种多样的）和 media（媒体）复合而成，核心词是媒体。媒体在计算机领域有两种含义：一是指存储信息的实体，如磁盘、光盘、磁带、半导体存储器等；二是指传递信息的载体，如数字、文字、声音、图形、动画及视频等。

“媒体”分为以下五类。

（1）感觉媒体：能使人产生直接感觉的媒体，如声音、动画、文本等。

（2）表示媒体：为了传送感觉媒体而人为研究出来的媒体，如语言编码、电报码、条形码等。

（3）显示媒体：用于在通信中使电信号和感觉媒体之间产生转换的媒体，如键盘、鼠标、打印机等。

（4）存储媒体：用于存放某种媒体的媒体，如纸张、磁带、磁盘、光盘等。

（5）传输媒体：用于传输某些媒体的媒体，常用的有电话线、电缆、光纤等。

多媒体技术中所说的媒体一般指感觉媒体。

多媒体技术就是把文字、声音、图形、动画及视频等多种信息类型综合在一起，并通过计算机进行处理和控制，使其支持一系列交互式操作的信息技术。多媒体技术是一门综合的跨学科的交叉技术，它综合了计算机通信以及多种信息科学领域的技术成果，它的研究涉及计算机软、硬件和体系结构、图像处理、语音处理、信号处理、通信技术等诸多方面技术。多媒体技术给传统的计算机系统、音频和视频设备带来了方向性的变革，对大众传媒产生了深远的影响。

2. 多媒体技术的特征

多媒体强调的是使用多种媒体、综合表达信息内容并进行交互式处理，多媒体技术主要有以下几个方面的特征。

（1）集成性

多媒体技术是多种媒体的有机集成。它集文字、图形、视频、语音等多种媒体信息于一体。它像人的感官系统一样，从眼、耳、口、鼻等多种信息渠道接收信息，然后送入大脑，经过综合分析、判断，去伪存真，获得全面准确的信息。

（2）协同性

每一种媒体都有其自身规律，各种媒体必须有机地配合才能协调一致。多种媒体之间的协调以及时间、空间的协调是多媒体的关键技术之一。

（3）交互性

交互性是多媒体应用有别于传统信息交流媒体的主要特点之一。传统信息交流媒体只能单向地、被动地传播信息，而多媒体技术则可以实现人对信息的主动选择和控制。

（4）实时性

当用户给出操作命令时，相应的多媒体信息都能够得到实时控制。

3. 多媒体技术介绍

多媒体技术涉及面相当广泛，主要包括以下内容。

音频技术：音频采样、压缩、合成及处理，语音识别。

视频技术：视频数字化及处理。

图像技术：图像处理、图像动态生成。

压缩技术：图像压缩、动态视频压缩。

通信技术：语音、视频、图像的传输。

下面以音频技术、视频技术和压缩技术为例进行介绍。

（1）音频技术

音频技术发展较早，几年前一些技术已经成熟并产品化，甚至进入了家庭，如数字音响。音频技术主要包括四个方面：音频数字化、语音处理、语音合成及语音识别。

音频数字化目前是较为成熟的技术，多媒体声卡就是采用此技术而设计的，数字音响也是采用了此技术取代传统的模拟方式而达到了理想的音响效果。音频采样包括两个重要的参数，即采样频率和采样数据位数。采样频率即对声音每秒采样的次数，人耳听觉上限在 20kHz 左右，目前常用的采样频率为 11kHz、22kHz 和 44kHz 几种。采样频率越高音质越好，存储数据量越大。CD 唱片采样频率为 44.1kHz，达到了很好的听觉效果。采样数据位数即每个采样点的数据表示范围，目前常用的有 8 位、12 位和 16 位三种。不同的采样数据位数决定了不同的音质，采样数据位数越高，存储数据量越大，音质也越好。CD 唱片采用了双声道 16 位采样，因而达到了专业级水平。

语音处理包括范围较广，但主要集中在音频压缩上，目前最新的 MPEG 语音压缩算法可将声音压缩六倍。语音合成是指将文本合成为语音播放，目前国外几种主要语音的合成水平均已到实用阶段，汉语合成近年来也有突飞猛进的发展，实验系统正在运行。在音频技术中难度最大最吸引人的技术当属语音识别，其广阔的应用前景使之一直是研究关注的热点之一。

（2）视频技术

虽然视频技术发展的时间较短，但是产品应用范围已经很大，与 MPEG 压缩技术结合的产品已开始进入家庭。视频技术包括视频数字化和视频编码技术两个方面。

视频数字化是将模拟视频信号经模数转换和彩色空间变换转为计算机可处理的数字信号，使得计算机可以显示和处理视频信号。目前采样格式有两种：Y:U:V 4:1:1 和 Y:U:V 4:2:2。前者是早期产品采用的主要格式，而后者使得色度信号采样增加了一倍，视频数字化后的色彩、清晰度及稳定性有了明显的改善，是视频产品的发展方向。

视频编码技术将数字化的视频信号经过编码变成电视信号，从而可以录制到 DVD、硬盘，或在电视上播放。不同的应用环境可以采用不同的技术，从低档的游戏机到电视台广播级的编码技术都已成熟。

（3）压缩技术

图像压缩一直是技术热点之一，它的潜在价值相当大，是计算机处理图像和视频以及网络传输的重要基础。目前国际标准化组织制定了两个压缩标准，即 JPEG 和 MPEG。

JPEG 是静态图像的压缩标准，适用于连续色调彩色或灰度图像。它包括两部分：一是基于 DPCM（空间线性预测）技术的无失真编码算法；一是基于 DCT（离散余弦变换）和哈夫曼编码的有失真算法。前者图像压缩无失真，但是压缩比很小，目前主要应用的是后一种算法，图像有损失但压缩比很大，压缩到二十分之一左右时基本看不出失真。

MPEG 是指 Motion JPEG，即按照 25 帧/秒速度使用 JPEG 算法压缩视频信号，完成动态视频的压缩。MPEG 算法是适用于动态视频的压缩算法，它除了对单幅图像进行编码以外还利用图像序列中的相关原则将帧间的冗余去掉，这样大大提高了图像的压缩比例，通常能保持较高的图像质量而压缩比高达 100。

7.1.2　多媒体计算机组成

多媒体计算机是能够对声音、图像、视频等多媒体信息进行综合处理的计算机。多媒体计算机一般指多媒体个人计算机（MPC）。1985 年出现了第一台多媒体计算机，其主要功能是把音频视频、图形图像和计算机交互式控制结合起来，进行综合处理。多媒体计算机一般由四个部分构成：多媒体硬件平台（包括计算机硬件、声像等多种媒体的输入/输出设备和装置）、多媒体操作系统（MPCOS）、图形用户接口（GUI）和支持多媒体数据开发的应用工具软件。总的来说，一个完整的多媒体计算机系统由多媒体计算机硬件和多媒体计算机软件两部分组成。

1. 多媒体计算机的硬件

多媒体计算机的主要硬件除了常规的硬件（如主机、软盘驱动器、硬盘驱动器、显示器、网卡）之外，还要有音频信息处理硬件、视频信息处理硬件及光盘驱动器等部分。

（1）音频卡（Sound Card）：用于处理音频信息，它可以对话筒、录音机、电子乐器等输入的声音信息进行模数转换（A/D）、压缩等处理，也可以把经过计算机处理的数字化的声音信号通过还原（解压缩）、数模转换（D/A）后用音箱播放出来，或者用录音设备记录下来。

（2）视频卡（Video Card）：用来支持视频信号（如电视）的输入与输出。

（3）采集卡：能将电视信号转换成计算机的数字信号，便于使用软件对转换后的数字信号进行剪辑处理、加工和色彩控制。还可将处理后的数字信号输出到存储设备。

（4）扫描仪：将摄影作品、绘画作品或其他印刷材料上的文字和图像，甚至实物图像，扫描到计算机中，以便进行加工处理。

（5）光驱：用于读取或存储大容量的多媒体信息。分为只读光驱（CD-ROM）和可读写光驱（CD-R、CD-RW），可读写光驱又称刻录机。

2. 多媒体计算机的软件

多媒体软件包括多媒体操作系统、多媒体处理工具和用户应用软件。

（1）多媒体操作系统：或称为多媒体核心系统（Multimedia Kernel System），具有实时任务调度、多媒体数据转换和同步控制，以及图形用户界面管理等功能。

（2）多媒体处理工具：或称为多媒体系统开发工具软件，是多媒体系统的重要组成部分。

（3）用户应用软件：根据多媒体系统终端用户要求而定制的应用软件，或面向某一领域的用户应用软件系统，是面向大规模用户的系统产品。

7.1.3 多媒体技术应用

近年来，多媒体技术得到迅速发展，多媒体系统的应用更以极强的渗透力进入人类生活的各个领域，如教育、档案、图书、娱乐、艺术、股票债券、金融交易、建筑设计、家庭、通信等。

1. 教育与培训

世界各国的教育学家们正努力研究用先进的多媒体技术改进教学与培训。以多媒体计算机为核心的现代教育技术使教学手段丰富多样，使计算机辅助教学（CAI）如虎添翼。

实践已证明多媒体教学系统有如下优点。

（1）学习效果好。

（2）说服力强。

（3）教学信息的集成使教学内容丰富，信息量大。

（4）感官整体交互，学习效率高。

（5）各种媒体与计算机结合可以使人类的感官与想象力相互配合，产生前所未有的思维空间。

2. 桌面出版物与办公自动化

桌面出版物主要包括广告、市场图表、商品图等。多媒体技术为办公室工作人员增加了控制信息的能力和充分表达思想的机会，许多应用程序都是为提高工作人员的工作效率而设计的。采用先进的数字影像和多媒体计算机技术，把文件扫描仪、图文传真机、文件资料微缩系统和通信网络等现代化办公设备综合管理起来构成的全新办公自动化系统，将成为新的发展方向。

3. 多媒体电子出版物

国家新闻出版署对电子出版物的定义为“以数字代码方式将图、文、声、像等信息存储在磁、光、电介质上，通过计算机或类似设备阅读使用，并可复制发行的大众传播媒体”。

电子网络出版是以数据库和通信网络为基础的新出版形式，在计算机管理和控制下，向读者提供网络联机、传真出版、电子报刊、电子邮件、教学及影视等多种服务。电子书刊主要以只读光盘（CD-ROM）、交互式光盘（CD-I）、图文光盘（CD-G）、照片光盘（Photo-D）、集成电路卡（IC）等为载体，具有容量大、成本低的特点。

4. 多媒体通信

在通信工程中的多媒体终端和多媒体通信也是多媒体技术的重要应用领域之一。多媒体通信有着极其广泛的内容，对人类生活、学习和工作产生深刻影响的当属信息点播（Information Demand）和计算机协同工作（Computer Supported Cooperative Work）。

信息点播有桌上多媒体通信系统和交互电视（ITV）。通过桌上多媒体通信系统，人们可以远距离点播所需信息。交互电视和传统电视不同之处在于用户在电视机前可对电视台节目库中的信息按需选取，即用户主动与电视进行交互，获取信息。

计算机协同工作是指在计算机支持的环境中，一个群体协同工作以完成一项共同的任务，其应用于工业产品的协同设计制造、远程会诊、不同地理位置的同行们进行学术交流、师生间的协同式学习等。

多媒体计算机与电视、网络的结合形成了一个极大的多媒体通信环境，它不仅改变了信息传递的面貌，带来了通信技术的大变革，而且计算机的交互性、通信的分布性和多媒体的现实性相结合，将构成继电报、电话、传真之后的第四代通信手段，向社会提供全新的信息服务。

5. 多媒体声光艺术品的创作

专业艺术家可以通过多媒体系统的帮助增进其作品的品质。乐器数字接口（MIDI）可以让设计者利用音乐器材、键盘等合成音响输入，然后进行剪接、编辑，制作出许多特殊效果。电视工作者可以用媒体系统制作电视节目。美术工作者可以制作动画的特殊效果。制作的节目存储到视频光盘上，不仅便于保存，图像质量好，价格也已为人们所接受。

7.1.4 多媒体制作工具简介

多媒体素材包括图形、图像、声音、动画和视频等。多媒体制作工具能够采集、制作和编辑这些多媒体素材。常用的多媒体制作工具如下。

1. 声音制作工具

声音制作工具用来采集声音，制作或编辑声音文件等。常见的声音制作工具有 Windows 录音机、Adobe Audition、作曲大师、MidiEditor、SoundEdit、WaveStudio 等。

2. 图形图像制作工具

图形图像制作工具用来采集图像、绘制矢量图形和点阵图、加工处理图像。常见的图形图像制作工具有 Photoshop、CorelDRAW、Illustrator 等。

3. 动画制作工具

动画制作工具用来制作或编辑二维和三维的动画。常见的动画制作工具有 Flash、Ulead Gif Animator、3ds Max、Maya 等。

4. 视频制作工具

视频制作工具用来采集、制作和编辑 AVI、WMV、RMVB 等格式的视频文件。通常是通过视频采集卡从摄像机或电视机等视频源上捕捉视频信号，再利用视频制作工具对它们进行编辑。常见的视频制作工具有 Premiere、Ulead Media Studio、会声会影、Windows Movie Maker 等。

7.2 图像处理技术

7.2.1 图像的基本概念

图像是客观对象的一种相似性的、生动性的描述，是人类社会活动中最常用的信息载体。或者说图像是客观对象的一种表示，它包含了被描述对象的有关信息，它是人们主要的信息源。据统计，一个人获取的信息大约有 75%来自视觉。广义上，图像就是所有具有视觉效果的画面，它包括底片或照片上的、电视、投影仪或计算机屏幕上的。图像根据记录方式的不同可分为两大类：模拟图像和数字图像。模拟图像可以通过某种物理量（如光、电等）的强弱变化来记录图像亮度信息，如模拟电视图像。数字图像则是用计算机存储的数据来记录图像上各点的亮度信息。大多数的图像是以数字形式存储，因而图像处理很多情况下指数字图像处理。

在计算机科学中，图形和图像这两个概念是有区别的：图形一般指用计算机绘制的直线、圆、圆弧、任意曲线和图表等，图像则是指由输入设备捕捉的实际场景画面或以数字化形式存储的任意画面。

图像是由像素组成的，图像用数字描述像素点、强度和颜色，描述信息文件较大，所描述对象在缩放过程中会损失细节或产生锯齿。在显示时，计算机将对象以一定的分辨率分辨以后将每个点的色彩信息以数字化方式呈现。分辨率和灰度是影响显示的主要参数。图像适用于表现含有大量细节（如明暗多变、场景复杂、轮廓色彩丰富）的对象，通过图像软件可进行复杂图像的处理，以得到更清晰的图像或产生特殊效果。

与图像不同，图形文件中只记录生成图的算法和图上的某些特点，也称为矢量图。在计算机还原时，相邻的点之间用特定的很多线段连接形成曲线，若曲线围成封闭的图形，则可靠着色算法来填充颜色。它最大的优点就是容易进行移动、压缩、旋转和扭曲等变换，主要用于表示线框型的图画、工程图、美术字等。图形只保存算法和特征点，占用的存储空间较小。但由于每次屏幕显示时都需要重新计算，故显示速度没有图像快。

7.2.2 矢量图

矢量图使用直线和曲线来描述图形，图形中的元素是一些点、线、矩形、多边形、圆等，它们都是通过数学公式计算获得的。例如，一幅花的矢量图形实际上是由线段形成外框轮廓，由外框的颜色以及外框所封闭区域的颜色决定花显示出的颜色。矢量图也称为面向对象的图像或绘图图像。矢量图最大的优点是放大、缩小或旋转后不会失真；最大的缺点是难以表现色彩层次丰富的逼真图像效果。

矢量图是根据几何特性来绘制的，矢量可以是一个点或一条线。矢量图只能靠软件生成，文件占用存储空间较小。这种类型的文件包含独立的分离图像，可以无限制地重新组合。它放大后图像不会失真，和分辨率无关，适用于图形设计、文字设计和一些标志设计、版式设计等，常用的绘制工具有 Adobe 公司的 Illustrator、Corel 公司的 CorelDRAW、Autodesk 公司的 AutoCAD 等。

矢量图的主要特点如下。

（1）文件体积小。图像中保存的是线条和图块的信息，所以矢量图文件与分辨率和图像大小无关，只与图像的复杂程度有关，文件所占的存储空间较小。

（2）可以无级缩放。对图形进行缩放、旋转或变形操作时，图形不会产生锯齿效果。

（3）可采取高分辨率印刷。矢量图文件可以在输出设备上以打印或印刷的最高分辨率进行打印输出。

（4）难以表现色彩层次丰富的逼真图像效果。

（5）线条非常顺滑并且是同样粗细的，颜色的边缘也是非常顺滑的。

常见的矢量图格式如下。

1. AI 格式

AI 格式文件扩展名为.ai，它是 Illustrator 软件中的一种图形文件格式，也即 Illustrator 软件生成的矢量图格式。它的优点是占用硬盘空间小，打开速度快，用 Illustrator、CorelDRAW、Photoshop 等软件均能打开修改。

2. CDR格式

CDR格式文件扩展名为.cdr，它是Corel公司旗下著名绘图软件CorelDRAW的专用图形文件格式，兼容性比较差，所有CorelDRAW应用程序中均能够使用，但其他图形编辑软件打不开此类文件。

3. SVG格式

SVG格式文件扩展名为.svg。SVG是一种开放标准的矢量图格式，可任意放大图形显示，边缘清晰，文字在SVG图像中保留可编辑和可搜寻的状态，没有字体的限制，生成的文件很小，下载很快，十分适合用于设计高分辨率的Web图形页面。

4. EPS格式

EPS是跨平台的标准格式，扩展名在PC平台上是.eps，在Macintosh平台上是.epsf，主要用于矢量图和光栅图的存储。EPS格式采用PostScript语言进行描述，并且可以保存其他一些类型信息，如多色调曲线、Alpha通道、分色、剪辑路径、挂网信息和色调曲线等，因此EPS格式常用于印刷或打印输出。

5. DWG格式

DWG格式文件扩展名为.dwg，它是AutoCAD创立的一种图纸保存格式，已经成为二维CAD的标准格式。

7.2.3 位图

位图亦称为点阵图或绘制图，是由称作像素的单个点组成的。这些点可以进行不同的排列和染色以构成图像。当放大位图时，可以看见构成整个图像的无数个方块。扩大位图尺寸的效果是增大单个像素，这会使线条和形状显得参差不齐。然而，如果从稍远的位置观看它，位图图像的颜色和形状又是连续的。最常用的位图处理软件是就是Adobe公司的Photoshop。

常见的位图格式如下。

1. BMP格式

BMP格式是一种与硬件设备无关的图像文件格式，使用范围非常广。它采用位映射存储格式，除了图像深度可选以外，不采用其他任何压缩，因此，BMP文件所占用的空间很大。由于BMP文件格式是Windows环境中交换与图有关的数据的一种标准，因此在Windows环境中运行的图形图像软件都支持BMP格式。

2. JPEG格式

JPEG格式文件的扩展名为.jpg或.jpeg。由于相对于BMP等格式而言，品质相差无几的JPEG格式能让图像文件减小很多，无论是传送还是保存都非常方便，因此JPEG格式是现在使用最为广泛的图像格式之一。

3. GIF格式

GIF格式文件的扩展名为.gif，它是一种压缩位图格式，1987年由CompuServe公司引入，因其占用空间小而成像相对清晰，特别适合于初期慢速的互联网，所以大受欢迎。它采用无损压缩技术，支持透明背景图，适用于多种操作系统，网上很多小动画都是GIF格式。

4. PNG格式

PNG是一种位图文件存储格式，文件扩展名为.png。PNG格式的优势是占用空间小、无损压缩、支持透明背景等。

5. PSD 格式

PSD 是 Photoshop 软件的专用位图文件格式。用 PSD 格式保存图像时，图像没有经过压缩，所以在图像制作完成后，通常需要将其转化为一些比较通用的图像格式（如 JPG、PNG）。

7.2.4 Photoshop 图像处理

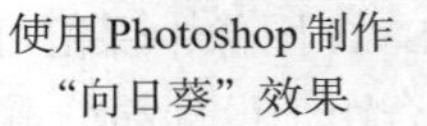

使用 Photoshop 制作“向日葵”效果

使用 Photoshop 制作“去除雀斑”效果

Photoshop 简称 PS，是由 Adobe 公司推出的一款图像处理软件，可用于平面设计、数码艺术、网页制作、多媒体制作等领域。Photoshop CS6 启动后的主界面如图 7-1 所示。

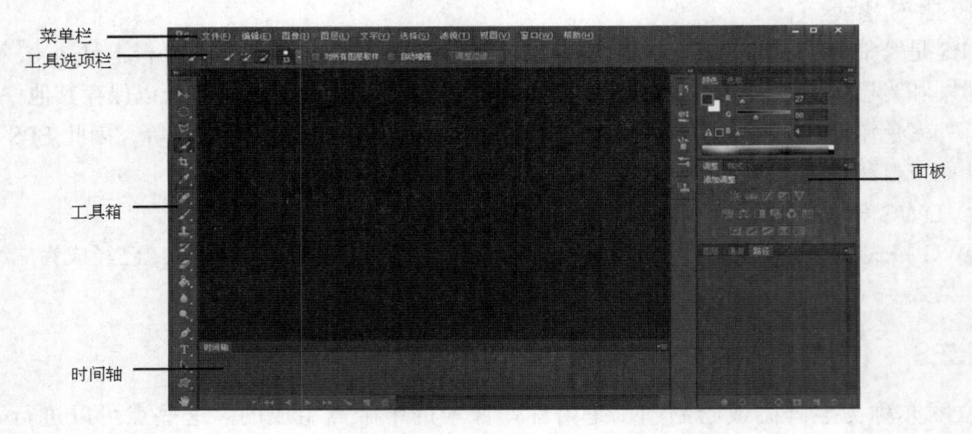

图 7-1　Photoshop CS6 的主界面

Photoshop CS6 的工作界面主要由菜单栏、工具箱、面板等组件构成。

1. 菜单栏

菜单栏中提供了 11 个菜单，在 Photoshop 中能用到的命令几乎都集中在菜单中，包括“文件”“编辑”“图像”“图层”“文字”“选择”“滤镜”“3D”“视图”“窗口”和“帮助”菜单。单击菜单栏中的命令，就会打开相应的菜单。

2. 工具箱

工具箱将 Photoshop 的功能以图标的形式聚在一起，从工具的图标和名称就可以了解该工具的功能，将鼠标指针放置到某个图标上，即可显示该工具的名称，若长按图标，即会显示该工具组中其他隐藏的工具。PS 工具箱如图 7-2 所示。

3. 面板

面板汇集了 Photoshop 操作中常用的选项和功能，“窗口”菜单提供了 20 多种面板命令，单击命令就可以在工作界面中打开相应的面板。利用工具箱中的工具或菜单栏中的命令编辑图像后，使用面板可进一步细致地调整各选项，将面板功能应用于图像上。主要面板包括“图层”面板、“通道”面板、“路径”面板、“创建”面板、“颜色”面板、“色板”面板、“样式”面板、“导航器”面板、“段落”面板、“字符”面板、“字符样式”面板、“段落样式”面板、“属性”面板等。

【例 7-1】 使用 Photoshop 处理图像。

操作步骤如下。

（1）启动 Adobe Photoshop CS6，选择“文件”|“打开”命令，在弹出的“打开”对话框中

选择需要处理的图片“背景”，如图 7-3 所示。

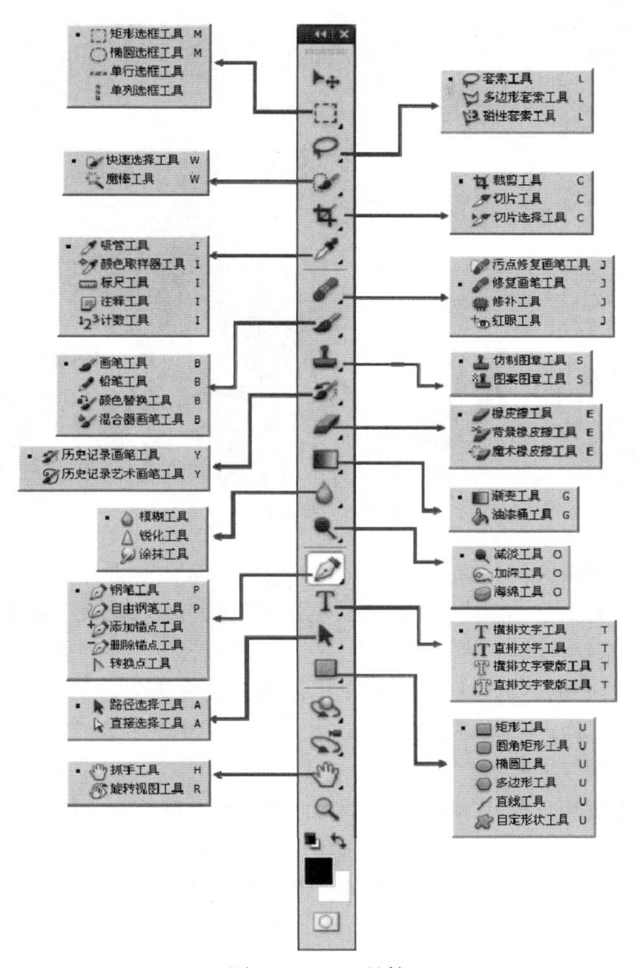

图 7-2　PS 工具箱

（2）打开“向日葵”图像文件，如图 7-4 所示。选择“魔棒”工具，设置容差为 80，单击图片中浅蓝色任意位置，按【Ctrl+Shift+I】组合键反选，选中向日葵部分。然后使用“移动”工具将其拖动到“背景”中，叠加效果如图 7-5 所示。

图 7-3　背景

图 7-4　向日葵

图 7-5　叠加效果

（3）打开“花朵”图像文件，如图 7-6 所示，选择“魔棒”工具，单击黑色部分选中花朵，然后选择“编辑”|“定义画笔预设”，完成“花朵”画笔的定义。

图 7-6　花朵

（4）单击“新建”按钮，新建一个“图层 1”，用于放置花朵。

（5）选中“画笔”工具，选择“花朵”画笔，并对画笔的形状动态、散布、颜色状态进行设置，如图 7-7 所示。

（6）设置前景色为红色，然后在“图层 1”上用鼠标进行绘制，得到图 7-8 所示的效果。如果感觉效果不好，可按【Ctrl+Alt+Z】组合键撤销操作后重新绘制。

（7）选择“文字”工具，选择 Amelia 字体，设置颜色为墨绿色，键入相应文字，最终效果如图 7-9 所示。

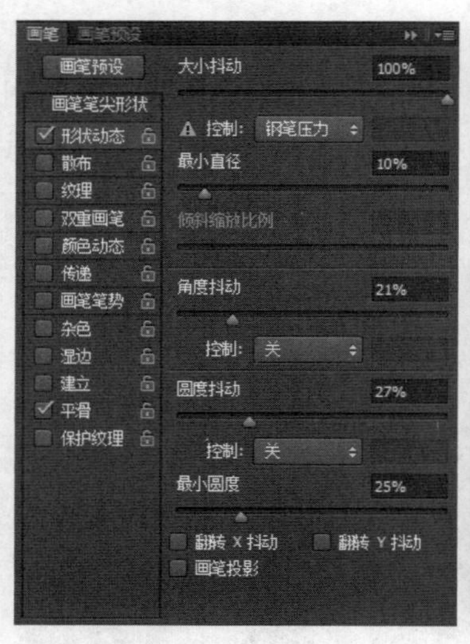

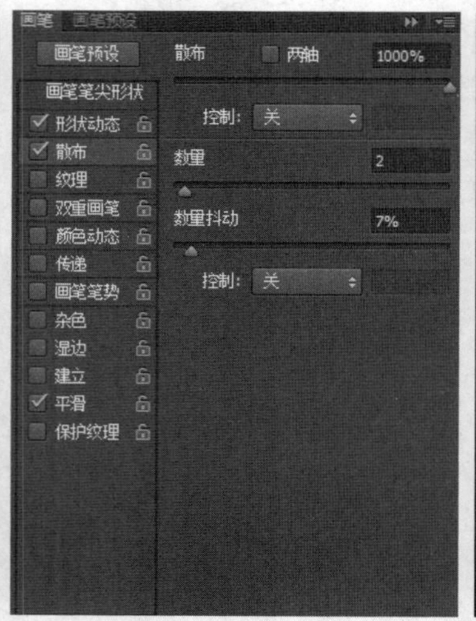

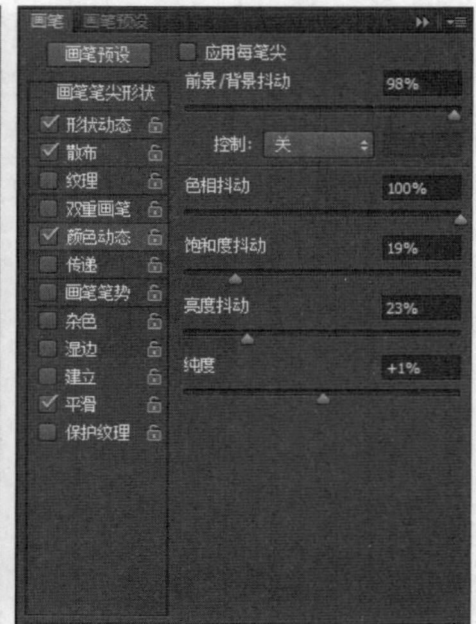

图 7-7　“花朵”画笔的设置

图 7-8　绘制花朵

图 7-9　最终效果

【例 7-2】 使用 Photoshop 修饰照片。

操作步骤如下。

（1）启动 Adobe Photoshop CS6，选择“文件”|“打开”命令，在弹出的“打开”对话框中选择需要修饰的照片“雀斑女孩”，如图 7-10 所示。

图 7-10　雀斑女孩

（2）选择“滤镜” | “杂色” | “蒙尘与划痕”，进行相应参数设置，如图 7-11 所示。

（3）选择“滤镜” | “模糊” | “高斯模糊”，进行相应参数设置，如图 7-12 所示。

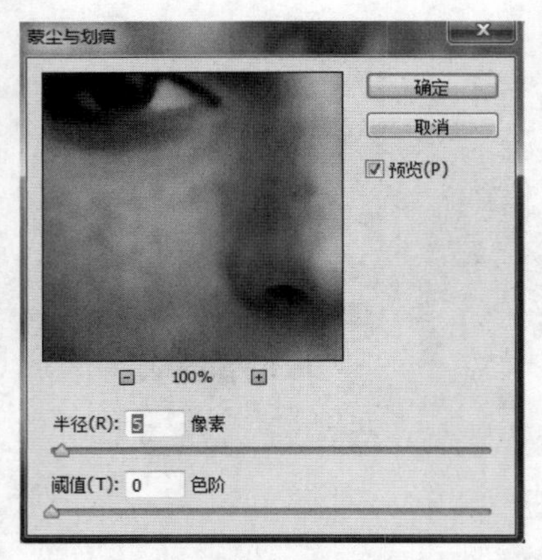

图 7-11 蒙尘与划痕参数设置

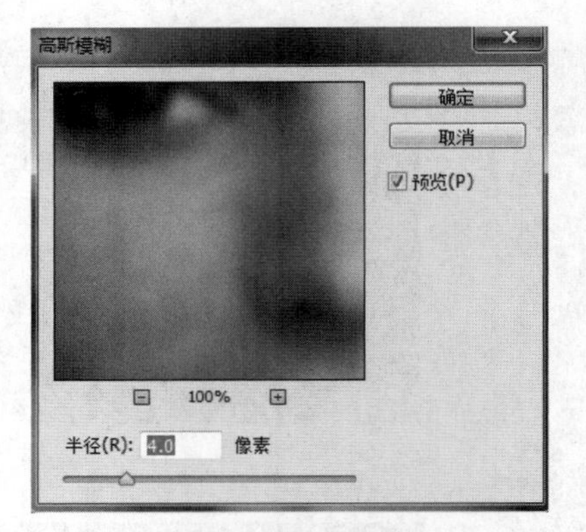

图 7-12 高斯模糊参数设置

（4）选取“历史记录画笔”工具，设置画笔的笔刷大小为 23 像素，设置不透明度为 50%，在图像素材的眉毛、眼睛、鼻孔、嘴唇、手指以及脸部的头发处涂抹，使涂抹的地方变得清晰。

（5）选取“历史记录画笔”工具，设置画笔的笔刷大小为 50 像素，并设置不透明度为 100%，在图像的脸部以外区域涂抹。

（6）选择“图像” | “调整” | “亮度/对比度”，设置亮度参数，如图 7-13 所示。

（7）最终效果如图 7-14 所示。

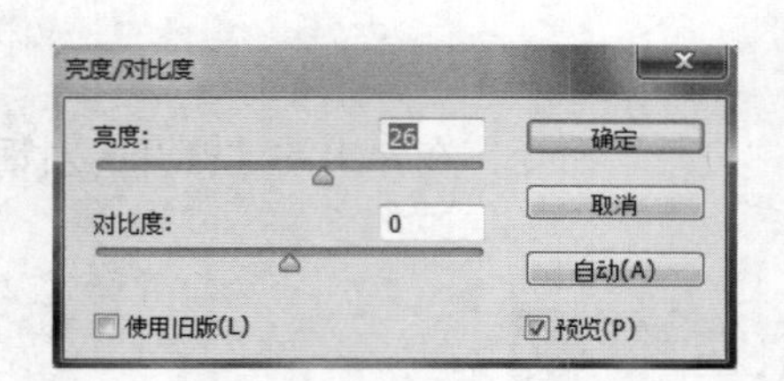

图 7-13 亮度参数设置

图 7-14 最终效果

7.3 数字音频处理技术

7.3.1 数字音频的基本概念

数字音频处理技术是一种利用数字化手段对声音进行录制、存放、编辑、压缩或播放的技术，它是随着数字信号处理技术、计算机技术、多媒体技术的发展而形成的一种全新的声音处理手段。

数字音频的主要应用领域是音乐后期制作和录音。为了能够更好地利用计算机处理音频信号，我们还需要了解几个关于数字音频的基本概念。

1. 采样率

采样率是指通过波形采样的方法记录1秒长度的声音需要多少个数据。44kHz采样率的声音要花费44000个数据来描述1秒的声音波形。理论上采样率越高，声音的质量越好。

2. 压缩率

压缩率是指音频文件压缩前和压缩后大小的比值，用来简单描述数字声音的压缩效率。

3. 比特率

比特率是另一种数字音乐压缩效率的参考性指标，表示记录音频每秒所需要的平均比特数，通常我们使用kbit/s（每秒1024比特）作为单位。CD中的数字音乐比特率为1411.2kbit/s（也就是记录1秒的CD音乐，需要1411.2×1024比特的数据），近乎于CD音质的MP3数字音乐需要的比特率大约是112kbit/s～128kbit/s。

4. 量化级

量化级是指描述声音波形的数据是多少位的二进制数据，通常用bit作为单位，如16bit、24bit。16bit量化级表示记录声音的数据采用16位的二进制数。量化级也是数字声音质量的重要指标。我们形容数字声音的质量，可能会说24bit（量化级）、48kHz采样。标准CD音乐的质量就是16bit、44.1kHz采样。

7.3.2 音频文件的基本格式

在多媒体技术领域，声音主要表现为语音、自然声和音乐。人耳所能听到的声音频率是20Hz至20kHz，20kHz以上人耳是听不到的，因此音频文件格式的最大带宽是20kHz。音频格式日新月异，下面简要介绍常见的格式。

1. MP3格式

MP3是一种音频压缩技术，它是在1991年由德国埃尔朗根的一组工程师发明和标准化的。MP3格式音频非常好地保持了原来的音质，而且占用空间很小，在网络音乐中有广泛的用途。

2. WMA格式

WMA是微软公司推出的与MP3格式齐名的一种音频格式，文件扩展名为.wma。WMA在压缩比和音质方面都超过了MP3，即使在较低的采样频率下也能产生较好的音质。

3. WAV格式

WAV格式也是微软公司开发的，文件扩展名为.wav。WAV属于无损压缩格式，是最早的数字音频格式，被Windows平台及其应用程序广泛支持。WAV格式支持许多压缩算法，支持多种音频位数、采样率和声道，采用44.1kHz的采样率，16bit量化级，因此WAV的音质很高，但对存储空间需求太大，不便于交流和传播。

4. RA格式

RA格式是RealNetworks公司开发的一种流式音频文件格式，文件扩展名为.ra或.ram。RA格式采用了“音频流”技术，所以非常适合网络广播，在制作时可以加入版权、演唱者、制作者、邮箱地址和歌曲标题等信息。

5. OGG格式

OGG格式是一种新的音频压缩格式，类似于MP3等现有的音乐格式，文件扩展名为.ogg。

但不同的是，它是完全免费、开放和没有专利限制的，同时它支持多声道。现在创建的 OGG 文件可以在未来的任何播放器上播放，因此，这种文件格式可以不断地进行文件大小和音质的改良，而不影响旧有的编码器或播放器。

7.3.3 Adobe Audition 音频编辑

使用 Adobe Audition 制作“混音效果”音频

Adobe Audition 是 Adobe 公司推出的一款专业级音频录制、混合、编辑和控制软件。Adobe Audition 3.0 中文版主界面如图 7-15 所示。

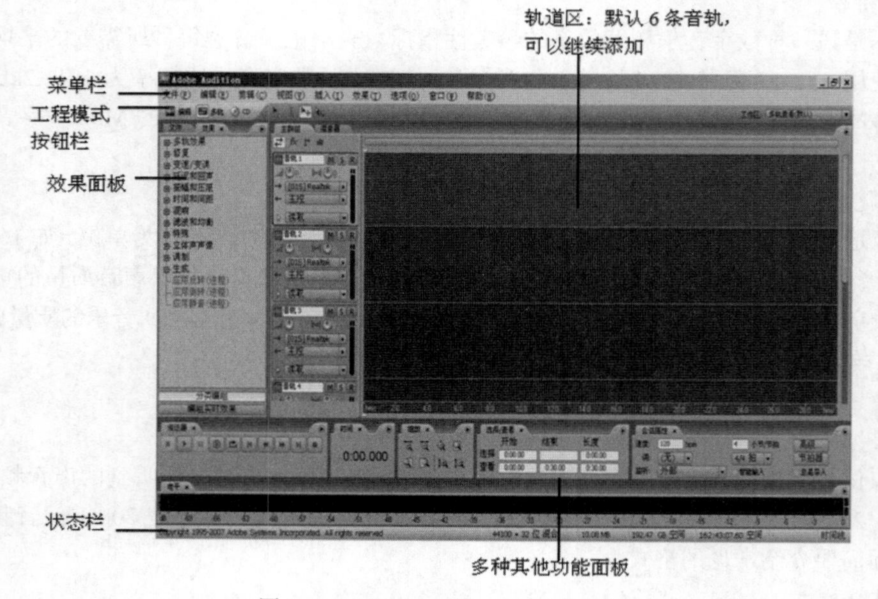

图 7-15　Adobe Audition 3.0 的主界面

【例 7-3】 使用 Adobe Audition 制作“混音效果”音频。

操作步骤如下。

（1）启动 Adobe Audition 3.0，在“单轨查看”模式下，选择“编辑”|“转换采样类型”命令，将伴奏文件“忧伤还是快乐.mp3”设置为 44100Hz 采样、立体声通道、16 位深度，如图 7-16 所示。

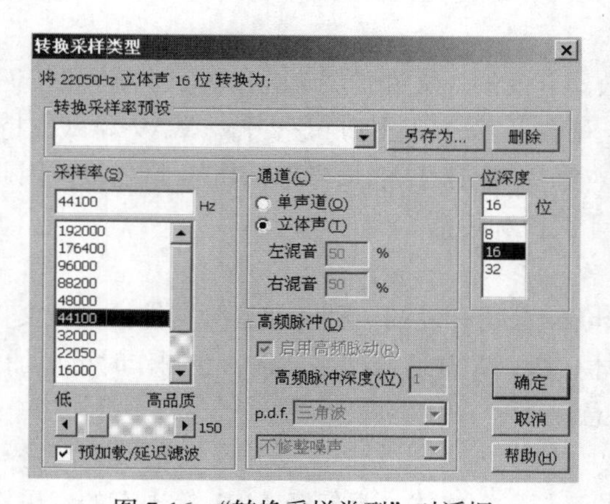

图 7-16　“转换采样类型”对话框

（2）在“多轨查看”模式下，将伴奏文件“忧伤还是快乐.mp3”和录音“作品 29.mp3”分别导入音轨 1 和音轨 2，减小伴奏的音量，增大录音声音的音量，设置播放时间长度一致。

（3）单击轨道 2 上的“效果”按钮，添加“房间混响”效果，选择预设值“Great Hall”，如图 7-17 所示。

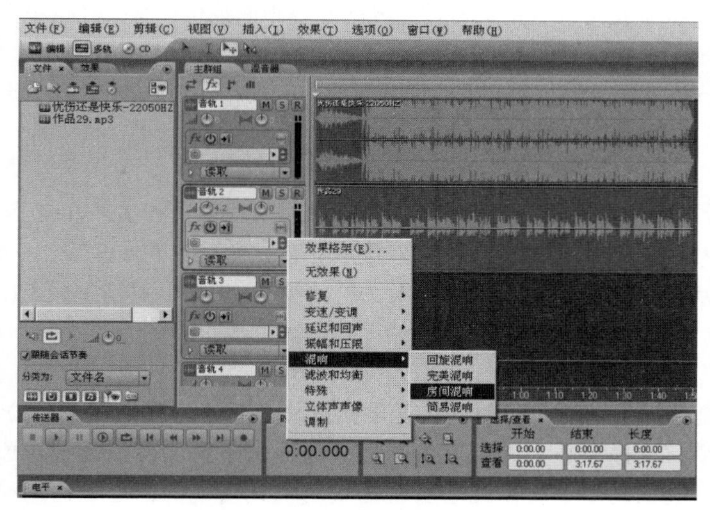

图 7-17 “多轨设置”界面

（4）右键单击音轨区的空白处，在快捷菜单中选择“合并到新轨道”|“所选范围的音频剪辑”菜单项，即可将人声和伴奏混缩在一起。此时会生成一个新的音轨（如音轨 7）。

（5）“混缩”完成后，单击“文件”|“导出”|“混缩音频”，弹出“导出音频混缩”对话框，如图 7-18 所示。在“混缩选项”中选中音轨 7，保存到指定位置即可。

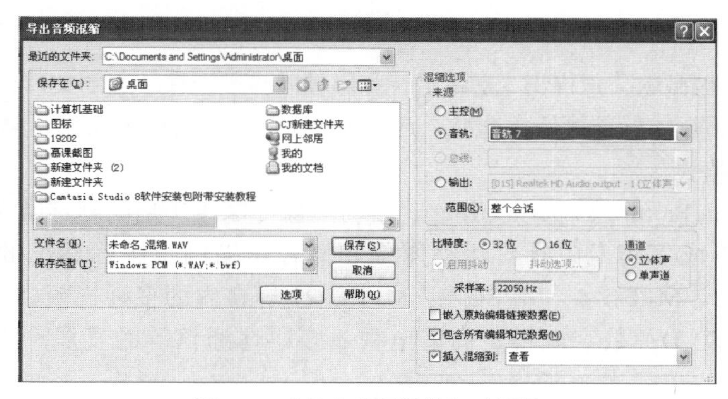

图 7-18 “导出音频混缩”对话框

7.4 数字视频处理技术

7.4.1 数字视频的基本概念

连续的图像变化每秒超过 24 帧画面以上时，根据视觉暂留原理，人眼无法辨别单幅的静态画面，看到的是平滑连续的视觉效果，这样连续的画面叫作视频。数字视频就是先用摄像机之类的视频捕捉设备，将外界影像的颜色和亮度信息转变为电信号，再记录到储存介质（如录像带、存储卡等）的视频文件。下面简要介绍一些与数字视频相关的概念。

1. 帧率

帧率（Frame Rate）是指视频格式每秒播放的静态画面数量，它的计量单位为 fps。典型的画面帧率由早期的 6fps 或 8fps 至现今的 120fps 不等。欧洲、亚洲大多数国家以及澳洲的电视广播格式规定帧率为 25fps；而美国、加拿大、日本等地的电视广播格式则规定帧率为 29.97 fps，电影胶卷则是以稍慢的 24fps 拍摄。

2. 分辨率

分辨率是衡量视频清晰度的重要参数，指视频图像所在垂直和水平方向上能显示的像素有多少，如 1920 像素×1080 像素、1280 像素×720 像素、720 像素×576 像素等，一般分辨率越高，视频越清晰。根据视频分辨率不同，可以将其分为标清视频（SD）、高清视频（HD）和全高清视频（Full HD）。

3. 码率

视频码率就是数据传输时单位时间传送的数据位数，一般我们用的单位是 kbit/s。码率通俗来说就是取样率，取样率越大，精度就越高，处理出来的文件就越接近原始文件。但是文件大小与取样率是成正比的，所以几乎所有的编码格式重视的都是如何用最低的码率达到最少的失真。

4. 视频压缩

视频压缩包括有损压缩和无损压缩。数字视频之所以需要压缩，是因为它原来的形式占用的空间大。视频经过压缩后，存储会更方便。

7.4.2 视频文件的基本格式

1. AVI 格式

AVI 于 1992 年被微软公司推出，是将语音和影像同步组合在一起的文件格式。AVI 格式调用方便、图像质量好，压缩标准可任意选择，是应用广泛且应用时间最长的视频格式之一。

2. MPEG-X 格式

MPEG（Motion Picture Experts Group，运动图像专家组）是国际标准化组织与国际电工委员会于 1988 年成立的专门针对运动图像和语音压缩制定国际标准的组织。它制定了 MPEG-1、MPEG-2、MPEG-4、MPEG-7、MPEG-21 等在内的多种视频格式标准。MPEG 系列标准对 VCD、DVD、数字电视、高清电视、多媒体通信等的发展产生了巨大而深远的影响。

3. MOV 格式

MOV 格式即 QuickTime 影片格式，是苹果公司开发的一种音频、视频文件格式，用于存储常用数字媒体类型。MOV 是流式媒体格式，特别适合在互联网上传播。

4. WMV 格式

WMV 是一种采用独立编码方式并且可以直接在互联网上实时传播多媒体的技术标准。微软公司希望用其取代 QuickTime 之类的技术标准。

5. 3GP 格式

3GP 是一种 3G 流媒体的视频编码格式，主要是为了配合 3G 网络的高传输速度而开发的。

6. FLV/F4V 格式

FLV 是 Flash Video 的简称，FLV 流媒体格式是一种新的视频格式。它形成的文件极小、加载速度极快，使得网络观看视频文件成为可能。

F4V 是 Adobe 公司为了迎接高清时代继 FLV 格式后推出的支持 H.264 标准的流媒体格式。作为一种更小、更清晰、更利于在网络传播的格式，F4V 已经逐渐取代了传统 FLV，也已经被大多数主流播放器兼容。

7. RMVB 格式

RMVB 的前身为 RM 格式，它们是 RealNetworks 公司所制定的音频视频压缩规范。RMVB 根据不同的网络传输速率，制定出不同的压缩比率，从而实现在低速率的网络上进行影像数据实时传送和播放，具有体积小、画质尚可的优点。

8. MKV 格式

MKV 格式可在一个文件中集成多条不同类型的音轨和字幕轨，其视频编码的自由度也非常大，可以是常见的 DivX、Xvid、3ivx，甚至可以是 RealVideo、QuickTime、WMV 这类流式视频。它是一种全称为 Matroska 的新型多媒体封装格式，这种先进的、开放的封装格式已经展示出非常好的应用前景。

7.4.3 Premiere 视频制作

Premiere 是由 Adobe 公司推出的一款视频编辑软件，目前广泛应用于广告制作和电视节目制作。Premiere 是视频编辑爱好者和专业人士必不可少的视频编辑工具，其易学、高效、精确的特点可以提升用户的创作能力和创作自由度。Premiere 提供了采集、剪辑、调色、美化音频、字幕添加、输出、DVD 刻录的一整套流程，并和其他 Adobe 软件高效集成，可满足用户创建高质量作品的需求。

使用 Premiere 制作“自然风光”短片

Premiere CS3 启动后，单击“新建项目”，键入项目名，会弹出图 7-19 所示的主界面。

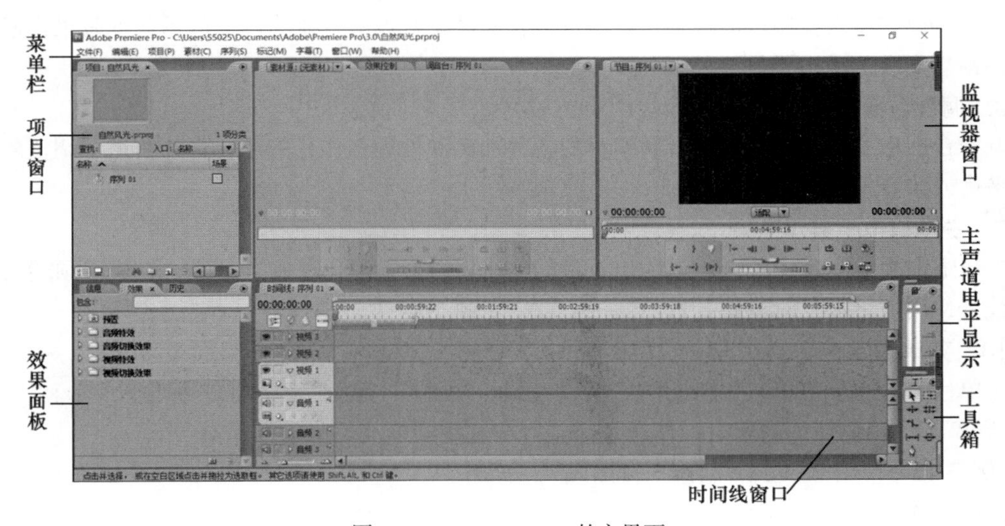

图 7-19　Premiere CS3 的主界面

Premiere 的工作界面由三个窗口（项目窗口、监视器窗口、时间线窗口）、工具箱、多个控制面板（信息面板、媒体浏览面板、历史面板、效果面板、特效控制台面板、调音台面板等）、主声道电平显示和菜单栏组成。

1. 项目窗口

项目窗口主要用于导入、存放和管理素材。编辑影片所用的全部素材应事先存放于项目窗口里，然后调出使用。项目窗口的素材可以用列表和图标两种视图方式来显示，包括素材的缩略图、名称、格式、出入点等信息。导入、新建素材后，在项目窗口双击某一素材可以打开素材监视器窗口。

2. 监视器窗口

监视器窗口分左右两个视窗。左边是“素材源”视窗，主要用来预览或剪裁项目窗口中选中的某一原始素材。右边是“节目”视窗，主要用来预览时间线窗口中已经编辑的影片。用户可以在该窗口中预览待输出的视频。

3. 时间线窗口

用户对音视频的组接和编辑工作可以在时间线窗口中完成。时间线窗口分为上下两个区域，上方为时间显示区，下方为轨道区。用户可根据需求将素材按照播放时间的先后顺序在时间线上从左至右、由上及下排列在各自的轨道上，并使用各种编辑工具对这些素材进行编辑。

4. 工具箱

工具箱中的工具包括“选择工具”“轨道选择工具”“波纹编辑工具”“滚动编辑工具”“速率伸缩工具”“剃刀工具”“错落工具”“滑动工具”“钢笔工具”“手形把握工具”和“缩放工具”。这些工具在音视频编辑工作中发挥着重要作用。

5. 信息面板

信息面板用于显示在项目窗口中所选中素材的相关信息，包括素材名称、类型、大小、出入点等。

6. 效果面板

效果面板中有 Premiere 自带的各种音视频特效和音视频切换效果。用户可以方便地为时间线窗口中的各种素材添加特效。该面板包括五个文件夹，各文件夹分类展示了预置、音频特效、音频切换效果、视频特效、视频切换效果。

7. 特效控制台面板

用户可以在特效控制台面板中对素材进行相应的参数设置，制作画面的透明度效果，通过添加关键帧来实现运动效果。

8. 调音台面板

调音台面板主要用于完成对音频素材的各种加工和处理工作，如混合音频轨道、调整各声道音量平衡或录音等。

9. 主声道电平显示

主声道电平显示反应混合声道输出音量的大小。若音量超出了安全范围，在柱状顶端会显示红色警告，用户可以及时调整音量。

10. 菜单栏

菜单栏包含 9 个菜单，分别是“文件”“编辑”“项目”“素材”“序列”“标记”“字幕”“窗口”和“帮助”。供用户使用的所有操作命令都包含在这些菜单及子菜单中。

【例 7-4】 使用 Premiere 制作“自然风光”短片。

操作步骤如下。

（1）启动 Premiere CS3，打开“新建项目”对话框，在“位置”列表中设置项目的存储位置，在“名称”文本框中输入项目名称“自然风光”，如图 7-20 所示，单击“确定”按钮完成项目创建。

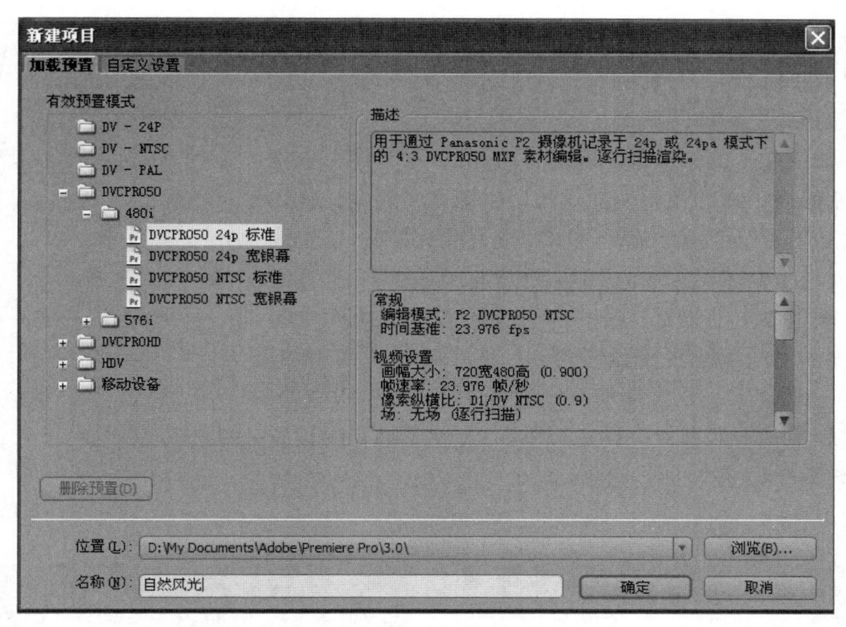

图 7-20　“新建项目”对话框

（2）选择“编辑”|“参数”|“常规”命令，设置视频切换默认时间为 50 帧，静帧图像默认时间为 75 帧。

（3）选择“文件”|“导入”命令，在打开的“导入”对话框中导入图片素材，如图 7-21 所示。

图 7-21　“导入”对话框

单击“打开”按钮，即可将素材全部导入项目窗口，如图 7-22 所示。

（4）制作画册封皮。

① 新建彩色蒙版，将颜色设置为 RGB(20,150,180)。

② 将项目窗口中的图片“06.bmp”和“07.bmp”分别拖至时间线窗口“序列 01”的轨道 2 和轨道 3 上，将字幕 “Title 风景”拖至轨道 4 上，如图 7-23（a）所示。

③ 选中轨道 2 上的素材“06.bmp”，打开“素材源”视窗中的效果控制面板，将约束比例前面的勾去掉，将高度比例设置为 70，宽度比例设置为 50，透明度设置为 50%，位置为（540,288）。

④ 选中轨道 3 上的素材“07.bmp”，在效果控制面板中将高度比例设置为 70，宽度比例设置为 50，透明度设置为 50%，位置为（180,288）。

⑤ 双击轨道 4 上的素材“Title 风景”，在字幕面板中设置合适的字体效果，如图 7-23（b）所示。

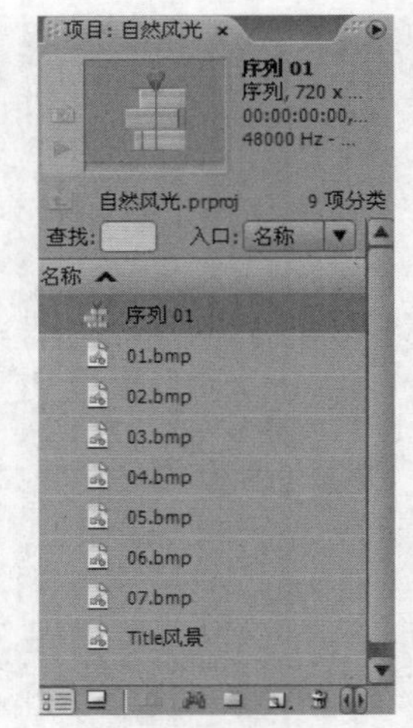

图 7-22 素材导入后的项目窗口

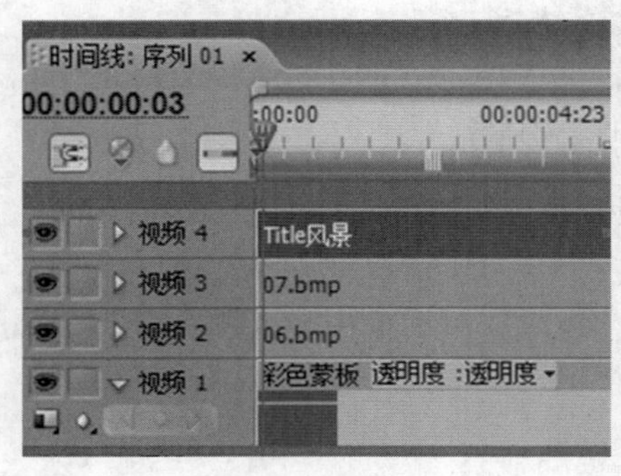

（a）时间线窗口

（b）封皮效果

图 7-23 制作封皮

（5）使用新的时间线。

① 在项目窗口中单击“新建”按钮，选择序列，新建“序列 02”。从项目窗口将“序列 01”拖至时间线窗口“序列 02”的“视频 1”轨道，并将素材“01.bmp”至“05.bmp”依次拖至“视频 1”轨道，如图 7-24 所示。

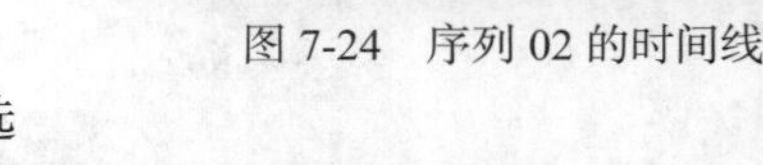

图 7-24 序列 02 的时间线

②打开效果面板，展开“视频切换效果” | “卷页”，选中“卷页”，将其拖至“视频 1”轨道中的“序列 01”和“01.bmp”之间，如图 7-25 所示。

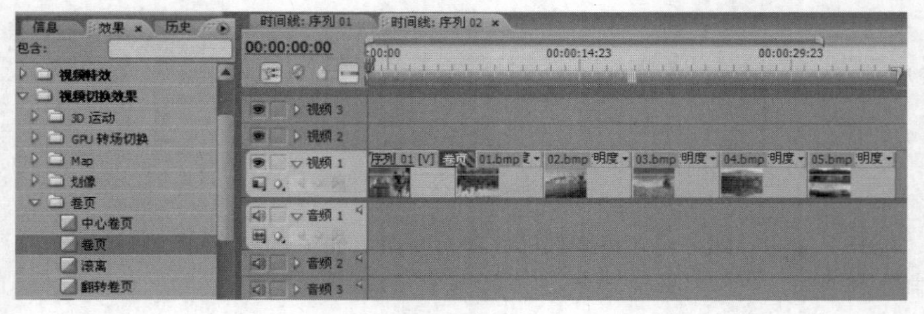

图 7-25 设置“卷页”切换效果

③ 单击时间线上的“卷页切换”，打开效果控制面板，将切换效果的对齐方式设置为“居中于切点”，如图 7-26 所示。

卷页效果如图 7-27 所示。

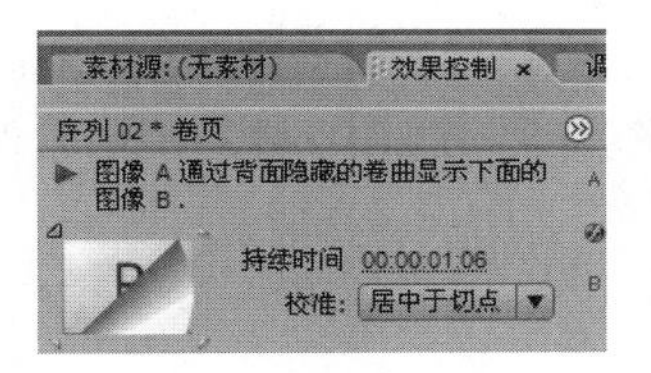

图 7-26　设置对齐方式

图 7-27　卷页效果

④ 选择“翻转卷页”，将其拖至轨道中“01.bmp”和“02.bmp”之间，建立一个“翻转卷页”切换效果。

⑤ 同样，在“02.bmp”“03.bmp”“04.bmp”“05.bmp”之间分别建立“中心卷页”“滚离”“背面卷页”切换效果，设置后的效果如图 7-28 所示。

（a）“中心卷页”效果

（b）“滚离”效果

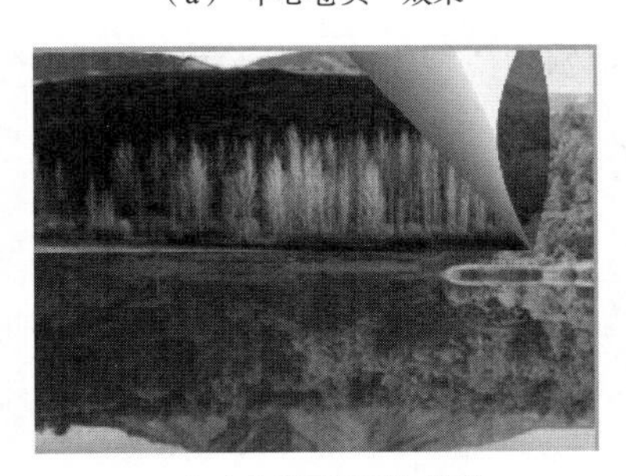

（c）“背面卷页”效果

（d）“翻转卷页”效果

图 7-28　“自然风光”短片卷页效果图

7.5　动画制作技术

7.5.1　动画的基本概念

动画的本质是动作的变化。人类观看物体时，影像在大脑视觉神经中的停留时间约为 1/24s。

如果每秒更换 24 个画面或更多的画面，那么前一个画面在大脑中消失之前，后一个画面就进入大脑，因此可形成连续的影像。动画之所以成为可能，正是利用了人类眼睛视觉暂留的生物特性。

动画是由内容连续但各不相同的画面组成的，它遵循以下规则。

（1）动画必须由多个画面组成。

（2）画面的内容必须在位置、形态、颜色、亮度等方面存在差异。

（3）画面表现的动作必须连续。

根据表现的空间，动画可分为二维动画和三维动画。制作二维动画和三维动画的软件不同，Flash 是一款常用的二维动画制作软件。

7.5.2 Flash 动画的基本类型

1. 逐帧动画

逐帧动画（Frame By Frame）是一种常见的动画形式，其原理是在“连续的关键帧”中分解动画动作，也就是在时间轴上逐帧绘制不同的内容，使其连续播放形成动画。逐帧动画具有较强的灵活性，类似于电影的播放模式，很适合表现细腻的动画效果，例如，人物走路、转身、说话，头发及衣服的飘动，精致的 3D 效果，等等。

2. 补间动画

（1）传统补间动画

它是 Flash 中较为常见的基础动画类型，使用它可以制作出对象的位移、变形、旋转、透明度、滤镜以及色彩变化的动画效果。

（2）形状补间动画

它是在两个关键帧端点之间，通过改变基本图形的形状或色彩，并由程序自动创建中间过程的形状变化而实现的动画。

（3）运动补间动画

它是在两个关键帧端点之间，通过改变舞台上实例的位置、大小、旋转角度、色彩等属性，并由程序自动创建中间过程的运动变化而实现的动画。

3. 高级动画

（1）引导层动画

引导层动画也称为路径动画。它可以自定义对象运动路径，通过在对象上方添加一个运动路径的图层，在该图层中绘制运动路线，使对象沿路线运动，而且可以将多个图层链接到一个引导层，使多个对象沿同一个路线运动。

（2）遮罩动画

很多效果丰富的动画都是通过遮罩动画来完成的。Flash 的图层中有一个遮罩图层类型，为了得到特殊的显示效果，可以在遮罩层上创建一个任意形状的“视窗”，遮罩层下方的对象可以通过该“视窗”显示出来，而“视窗”之外的对象将不会显示。

（3）骨骼动画

骨骼动画也称为反向运动动画，它是一种使用骨骼的关节结构对一个对象或彼此相关的一组对象进行动画处理的方法。在 Flash 中可以针对元件的实例和图形形状创建骨骼动画。

7.5.3　Flash 动画制作

Flash 是 Adobe 公司推出的一款集动画创作与应用程序开发于一身的创作软件，可用于网络广告、动画片制作、建筑及环境模拟、工业设计等领域。设计人员和开发人员可使用它来创建演示文稿和应用程序。Flash 生成的动画文件，其扩展名默认为.fla 和.swf。.fla 文件只能在 Flash 环境中运行，.swf 文件可以在播放器中独立运行。Flash CS5 的主界面如图 7-29 所示。

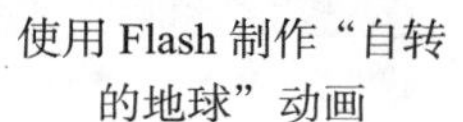

使用 Flash 制作“自转的地球”动画

使用 Flash 制作“月球环绕”动画

图 7-29　Flash CS5 的主界面

1. 帧

帧是 Flash 动画的基本组成元素，也是 Flash 作品的基本播放单位。在时间轴上，每个小方格即为一帧，其内容可包括图形、音频、素材符号、嵌入对象等。

关键帧：一段动画中处于起始、结束等关键位置的帧。关键帧在时间轴上显示为实心的圆点。

空白关键帧：舞台上没有包含内容的关键帧。空白关键帧在时间轴上显示为空心的圆点。在空白关键帧上添加内容就可以将其转换为关键帧。

静止帧：关键帧前后的一个或多个具有静止内容的相邻帧。在时间轴上，灰色表示已有内容的静止帧，白色表示空白帧。

中间过渡帧：动画中两个关键帧之间的所有帧，其颜色由过渡类型决定。

2. 图层

图层可以帮助用户组织文档中的对象。用户可以在一个图层上绘制和编辑对象，而不会影响其他图层上的对象。在图层上没有内容的舞台区域中，可以透过该图层看到下面的图层。图层按照功能划分，可分为普通图层、引导图层和遮罩图层。

3. 元件

元件是指可以重复利用的图形、动画片或者按钮，是 Flash 中最主要的动画元素。元件被保存在库面板中，只需创建一次，便可在文档中重复使用。

4. 时间轴

时间轴用于组织和控制文档内容在一定时间内播放的图层数和帧数。它类似于一个时间从左向右推移的表格，用列表示时间，用行表示图层。Flash 的时间轴面板是使用最频繁的面板之一，主要分为两个区域，左侧用于图层的编辑，右侧用于执行插入帧或补间等操作。

【例 7-5】 遮罩动画实例：使用 Flash 制作“自转的地球”动画。

操作步骤如下。

（1）启动 Flash CS5，选择“文件” | “打开”命令，在弹出的“打开”对话框中选择素材文件“天体素材.fla”，如图 7-30 所示。

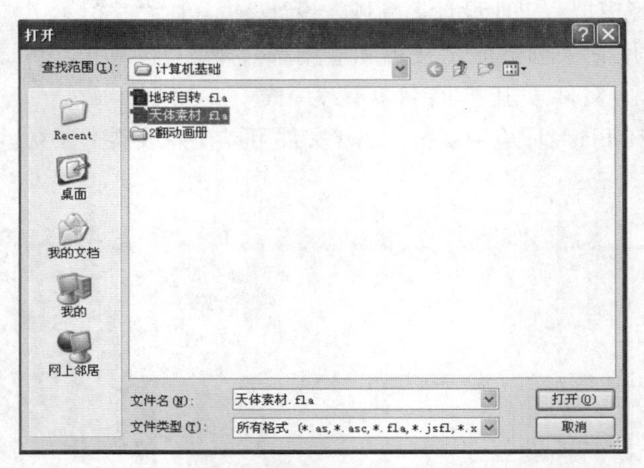

图 7-30 “打开”对话框

（2）在图层面板上将“图层 1”重命名为“底图”，将库面板中的“太空.jpg”拖到舞台中，并在属性面板中将“太空.jpg”的“X”坐标和“Y”坐标均设置为 0，如图 7-31 所示。

（3）将“底图”图层锁定，然后新建一个图层并命名为“地球 1”；将库面板中的“地球平面图”元件拖至舞台中，并使用“缩放和旋转”对话框将其等比例缩小至 80%；然后选择“修改” | “转换为元件”命令，将“地球平面图”转换为名为“地球”的影片剪辑元件，如图 7-32 所示。

图 7-31 属性面板参数设置

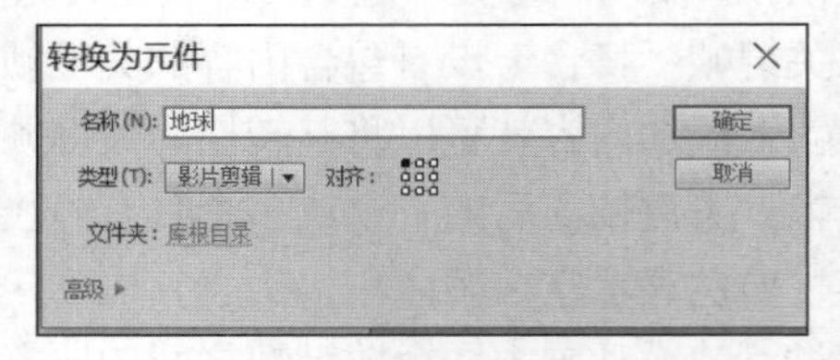

图 7-32 转换为“地球”元件

（4）双击“地球”元件进入编辑状态，将“图层 1”重命名为“地球”；在“地球”图层上方新建一个图层并重命名为“遮罩”；然后使用“椭圆”工具，在“遮罩”图层中绘制一个与“地球”元件等高的任意颜色的正圆，如图 7-33 所示。

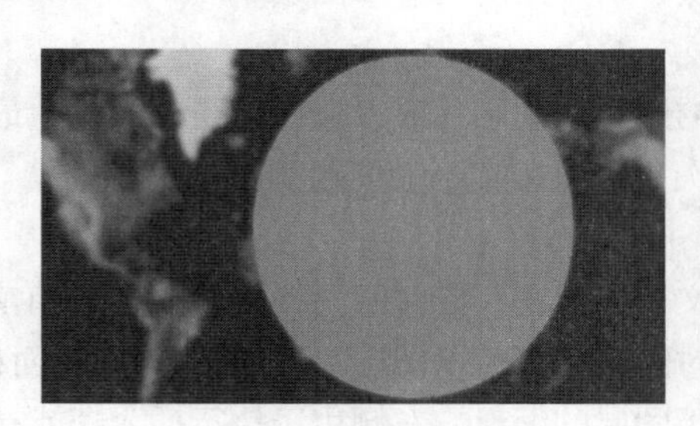

图 7-33 绘制遮罩

（5）在所有图层第 60 帧处插入普通帧，在“地球”图层第 60 帧处插入关键帧；然后在“地球”图层第 1 帧与第 60 帧之间创建补间动画。

（6）将“地球”图层第 1 帧上的“地球”元件向左移动，使其右端与正圆对齐，然后将“地球”图层第 60 帧上的“地球”元件向右移动。

（7）在“遮罩”图层上单击鼠标右键，在弹出的快捷菜单中选择“遮罩层”菜单项，此时“遮罩”图层会转换为遮罩层，而其下方的“地球”图层则成为被遮罩层，且这两个图层会被自动锁定，如图 7-34 所示。

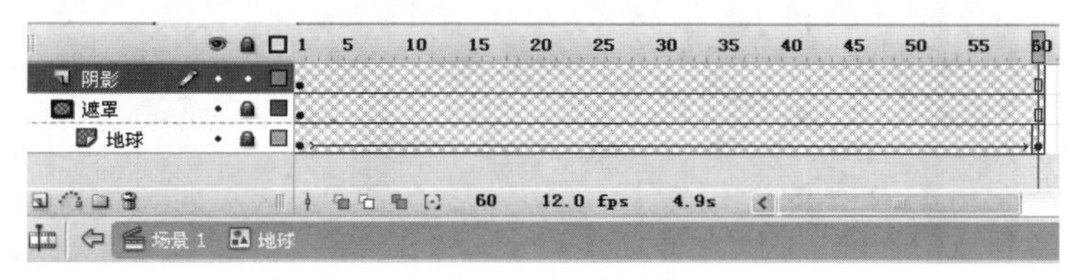

图 7-34 “地球”元件中的图层

（8）单击“场景 1”按钮返回主场景，将“地球”元件拖至舞台上，并调整“地球”元件的大小和角度，如图 7-35 所示。

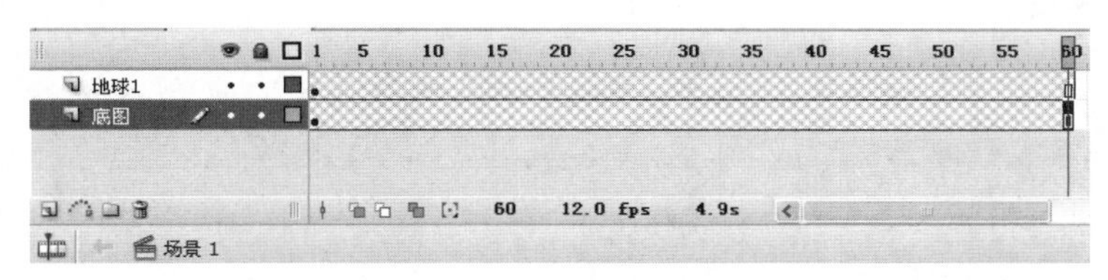

图 7-35 主场景中的图层

（9）按【Ctrl+Enter】组合键可预览地球自转的动画效果。

【例 7-6】 引导层动画实例：使用 Flash 制作“月球环绕”动画。

操作步骤如下。

（1）在“地球 1”图层上方新建一个图层，命名为“月球”。将库面板中的“月球.jpg”拖至该图层，并等比例缩小至 50%，然后将其转换为名为“月球”的图形元件，如图 7-36 所示。

（2）在所有图层第 60 帧处插入普通帧，在“月球”图层的第 1 帧和第 60 帧处插入关键帧；然后分别在第 1 帧和第 30 帧之间、第 30 帧和第 60 帧之间创建补间动画。

图 7-36 缩放月球图

（3）在"月球"图层上单击鼠标右键，在弹出的快捷菜单中选择"添加运动引导层"菜单项，创建一个引导层；然后选择"椭圆工具"，将笔触颜色设为红色（#FF0000），将填充颜色设置为"无"，在引导层中绘制一个环绕地球的椭圆作为引导路径，如图 7-37 所示。

图 7-37 绘制引导路径

（4）将"月球"图层中第 1 帧上的"月球"元件拖至引导路径椭圆的正侧，"月球"元件将自动吸附至椭圆上；将第 30 帧上的"月球"元件吸附至椭圆的另一侧；将第 60 帧上的"月球"元件吸附至椭圆正侧偏右的位置，如图 7-38 所示。

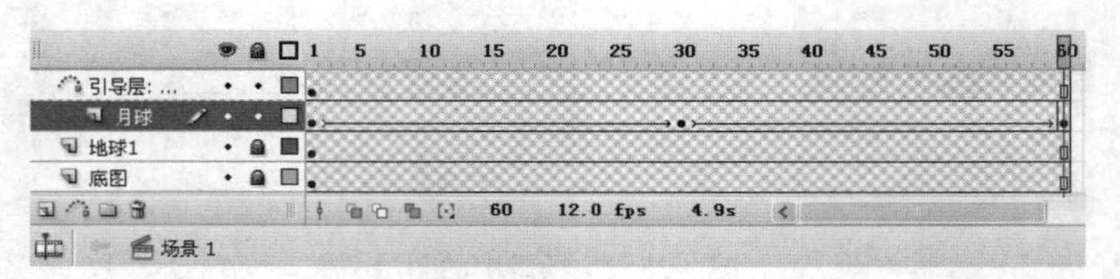

图 7-38 图层

（5）在引导层上方新建一个图层，命名为"地球 2"；在"地球 1"和"地球 2"图层的第 15 帧处插入关键帧，将"地球 1"图层中第 15 帧上的元件原位复制到"地球 2"图层的第 15 帧中。此时，"月球环绕"动画制作完成，按【Ctrl+Enter】组合键可预览动画效果。

习题 7

一、选择题

1. 多媒体是指（　　）。

   A. 表示和传播信息的载体　　B. 各种信息的编码

   C. 计算机输入/输出的信息　　D. 计算机屏幕显示的信息

2. 多媒体计算机是指（　　）。

   A. 必须与家用电器连接使用的计算机　　B. 能玩游戏的计算机

   C. 能处理多种媒体信息的计算机　　D. 安装有多种软件的计算机

3. 存储在计算机中的静态图像的压缩标准是（　　）。

   A. JPEG　　B. RM　　C. MPEG　　D. AVI

4. 下列属于多媒体范畴的是（　　）。

A. 彩色电视　　B. 交互式视频游戏
C. 彩色画报　　D. 立体声音乐

5. 下面对矢量图和位图描述正确的是（　　）。
A. 矢量图的基本组成单元是像素
B. 位图的基本组成单元是锚点和路径
C. Adobe Illustrator 图形软件能够生成矢量图
D. Adobe Photoshop 能够生成矢量图

6. 图像像素的单位是（　　）。
A. dpi　　B. ppi　　C. lpi　　D. pixel

7. 在 Flash 生成的文件类型中，我们常说的源文件格式为（　　）。
A. SWF　　B. FLA　　C. EXE　　D. HTML

8. 所有的动画都是由（　　）组成的。
A. 时间轴　　B. 图像　　C. 手柄　　D. 帧

二、简答题

1. 多媒体计算机的组成部分有哪些?
2. 简述多媒体技术的应用领域。
3. 简述位图和矢量图的区别。
4. 常见的视频格式有哪些?
5. Flash 动画的基本类型有哪些?

第8章 数据库技术基础

数据库技术是计算机领域中发展最快、应用最广的技术之一。作为数据存储和管理的实现技术，数据库的建设规模和使用水平已经成为衡量一个国家信息化程度的重要标志。随着计算机技术、通信技术、网络技术的迅速发展，数据库技术已被广泛地应用于政府机构、企业管理、社会服务等各个领域。

本章主要介绍数据库的基础知识，然后介绍数据库管理系统 Access 2010 的基本操作和基本功能。

8.1 数据库系统概述

数据库技术产生于 20 世纪 60 年代末 70 年代初，目前已成为现代计算机信息系统和应用系统开发的核心技术。建立一个行之有效的管理信息系统已成为每个企业生存和发展的重要条件。

8.1.1 数据库的基本概念

1. 数据和信息

数据是描述客观事物的符号记录。在人们的日常生活中，数据无所不在，数字、文字、图像、声音、视频等都是数据。人们通过数据来认识世界、交流信息。

信息是以数据为载体的对客观事物的抽象反映，是经过加工处理并对人类客观行为产生影响的数据表现形式。信息是有价值的，是可以感知的，并可以通过信息处理工具进行存储、加工和传播。

数据与信息既有联系，又有区别。数据是信息的符号表示，是信息的载体。信息则是数据的语义解释，是数据的内涵。信息以数据的形式表现出来，并为人们所理解接受。

例如，某校学生管理系统中记录了如下数据：

张亮，男，汉，1996，河南，信息技术系，2015

这条数据所描述的信息是：

学生张亮，男，汉族，1996 年出生，河南人，2015 年考入信息技术系。

2. 数据管理

数据管理是指对各种形式的数据进行收集、存储、分类、加工、传播和利用的一系列操作的总和。当计算机应用于财务管理、图书馆管理、人事管理、档案管理、银行信贷系统、交通运输、售票系统等领域时，它所面对的数据量是庞大的。为了更有效地管理和使用这些数据，数据库管理技术应运而生。

8.1.2　数据库管理技术的发展

从数据的存储结构和处理方式的角度而言，数据库管理技术发展大致经过了以下几个阶段：人工管理阶段、文件系统管理阶段、数据库系统管理阶段和高级数据库阶段。

1. 人工管理阶段

20 世纪 50 年代中期以前，计算机主要用于科学计算。当时的计算机硬件只有纸带、卡片、磁带等，没有操作系统和进行数据管理的软件。计算机只能通过运行数百万穿孔卡片来进行数据的处理，其处理过程是一组程序对应一组数据，一个程序中的数据不能被其他程序调用，而且程序之间数据不能共享。人工管理阶段的主要特点是数据无专门软件进行管理、不能共享、冗余度大、依赖于特定的应用程序、不具有独立性。数据库人工管理阶段应用程序与数据之间的对应关系如图 8-1（a）所示。

2. 文件系统管理阶段

20 世纪 60 年代中期，计算机的应用范围逐步扩大，不仅用于科学计算，还大量用于信息管理。计算机硬件有了磁盘、磁鼓等能直接存储数据的存储设备，软件方面出现了高级语言和操作系统。操作系统中有了专门的数据管理软件，称为文件系统。

文件系统按一定的规则将数据组织成一个保存在外存上的数据文件，实现程序和数据分离。用户的应用程序与数据文件分别存放在外存储器上，不同应用程序可以共享一组数据，实现了以文件为单位的数据共享。文件系统管理阶段实现了数据共享，但该阶段的程序和数据相互依赖，数据仍然不能完全独立；应用程序依赖于文件的存储结构，文件结构不易修改与扩充，不能集中管理；在进行更新操作时，很可能造成同样的数据在不同的文件中的不一致。文件系统管理阶段应用程序与数据之间的对应关系如图 8-1（b）所示。

3. 数据库系统管理阶段

20 世纪 60 年代后期，数据处理的规模越来越大，传统的文件系统已经不能满足人们的需要。为了解决数据的独立性问题，实现数据的统一管理，达到数据共享的目的，数据库管理系统应运而生。

数据库管理系统采用复杂的数据模型，将数据集中到数据库中，并以多种数据模型方式描述数据库中的数据结构。由数据库管理系统实现转换或映射，使得数据具有较高的数据物理独立性和逻辑独立性，用户以简单的逻辑结构操作数据而无须考虑数据的物理结构。它提供良好的用户接口，用户在数据库管理系统的支持下，可通过命令等方式操作数据库，实现数据的统一规划和集中管理。它允许多个用户同时操作数据库数据，实现数据的共享，且数据冗余少，易于修改和扩充。

与文件系统相比，数据库系统提供了对数据更高级更有效的管理，数据库系统管理阶段应用程序与数据之间的对应关系如图 8-1（c）所示。

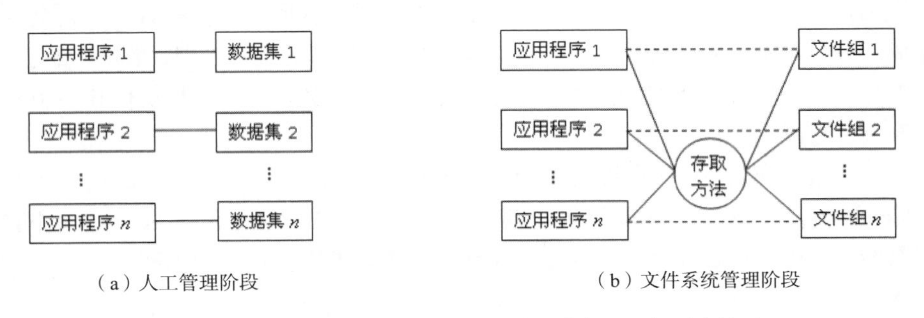

图 8-1　各个数据管理阶段中应用程序与数据之间的对应关系

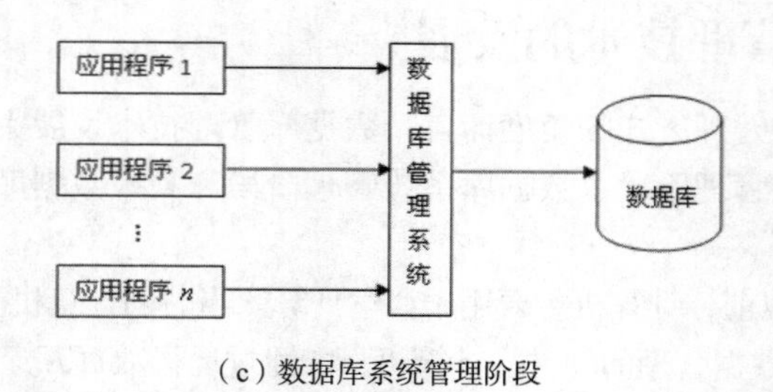

（c）数据库系统管理阶段

图 8-1　各个数据管理阶段中应用程序与数据之间的对应关系（续）

4．高级数据库阶段

20 世纪 80 年代以来，数据库技术朝着分布式数据库、多媒体数据库等方向发展。这一阶段的主要标志是 20 世纪 80 年代的分布式数据系统、20 世纪 90 年代的对象数据库系统和 21 世纪初的网络数据库系统。目前，数据仓库和数据挖掘技术的进步，大大推动了数据库的智能化和大容量化，更加充分地发挥了数据库的作用。

8.1.3　数据库系统

1．数据库系统的组成

数据库系统（DataBase System，DBS）是指引进数据库技术后的计算机系统。一个完整的数据库系统一般由数据库、数据库管理系统（及其开发工具）、数据库应用系统和数据库管理员等构成。数据库系统的组成结构如图 8-2 所示。

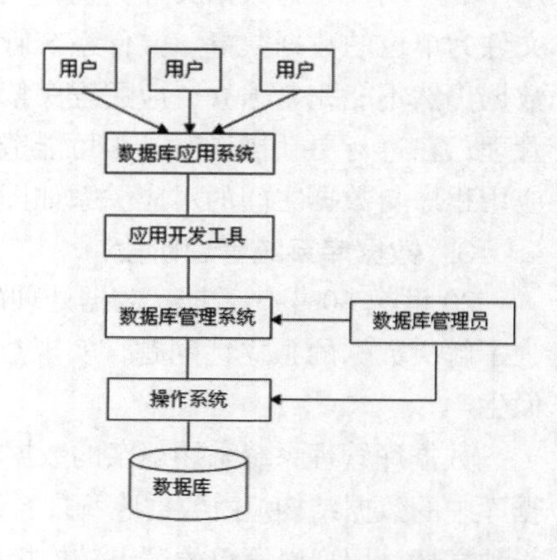

图 8-2　数据库系统的组成结构

（1）数据库

数据库（Database，DB），顾名思义就是存放数据的仓库，是指存储在计算机存储设备上，结构化的、相互关联的数据集合。它不仅包括描述事物的数据本身，而且还包括相关事物之间的联系。它是数据库系统管理的对象和为用户提供数据的信息源，是数据库系统的核心。例如，某学校的学生基本情况、选课情况、学籍管理等所涉及的相关数据集合就是一个数据库。

（2）数据库管理系统

数据库管理系统（Database Management System，DBMS）是对数据进行管理的系统软件，介于应用程序和操作系统之间，借助于操作系统实现对数据的存取、维护和管理。它是数据库系统的主要组成部分，主要功能包括数据定义、数据操纵、数据库的运行管理、数据库的建立和维护、数据的完整性定义与检查、数据的并发控制与故障恢复等。数据库的一切操作和控制都是通过数据库管理系统进行的。

目前，市场上有许多优秀的数据库管理软件，如 Oracle、MySQL、DB2、SQL Server、PowerBuilder、Visual FoxPro、Access 等。其中，微软公司的 Access 是在 Windows 环境下易学易用的小型数据库，用户通过简单的可视化操作即可实现数据库管理的相关功能。

（3）数据库应用系统

数据库应用系统（DataBase Application System，DBAS）是程序员根据用户的需要，在数据库管理系统的支持下，利用数据库系统资源开发的面向实际应用的软件系统。

（4）数据库管理员

数据库管理员（DataBase Administrator，DBA）是指对数据库进行规划、设计、维护和管理的专门人员。

2. 数据库系统的特点

（1）实现了数据的结构化

数据库系统按照某种数据模型，将应用的各种数据组织到一个结构化的数据库中。在数据库系统中，数据的组织不仅要考虑某个应用的数据结构，还要考虑整个系统的数据结构，并且要能够表现出数据之间的有机关联。

（2）数据的共享性高，易扩充

数据库系统从整体角度描述数据，因此可以被多个用户、多个应用共享使用。用户既可以使用数据库中不同的数据，也可以使用相同的数据，大大减少了数据冗余，提高了信息的利用率，并且在数据库的基础上可以很容易地增加新的应用，使系统弹性大，易于扩充。

（3）数据的独立性高

数据的独立性是指数据与程序间的互不依赖，即数据的逻辑结构、存储结构与存取方式发生变化时，并不需要改变用户的应用程序。数据与程序的独立性，简化了应用程序的编制，减少了应用程序的维护和修改等工作。

（4）数据由 DBMS 统一管理和控制

数据库的共享是并发的，即多个用户可以同时存取数据库中的同一个数据。为了避免造成数据更新失控及数据可靠性降低等问题，数据库系统需要提供数据的安全性保护、数据的完整性检查、并发控制、数据库恢复等功能。

8.1.4 数据模型

模型，是现实世界特征的模拟与抽象。例如，一组建筑规划沙盘，精致逼真的航模，都是对现实生活中事物的描述和抽象，见到这些就会让人们联想到实物。

数据模型（Data Model）也是一种模型，它是现实世界数据特征的抽象。在用计算机处理现实世界的信息时，必须从现实世界的具体事物中，模拟和抽象出一个能反映实体和实体之间联系的模型，即数据模型。数据模型是数据库技术的关键，是抽象描述现实世界的一种工具和方法。

1. 数据模型的组成要素

数据模型通常由数据结构、数据操作和数据约束三个要素组成。

（1）数据结构：描述数据的类型、内容、性质以及数据间的联系。

（2）数据操作：描述在相应数据结构上的操作类型与操作方式。

（3）数据约束：描述数据结构内数据间的语法、语义联系，它们之间的制约与依存关系以及数据动态变化的规则，以保证数据的正确、有效与相容。

2. 数据模型的分类

数据模型按照不同的应用层次分为三种类型，即概念数据模型、逻辑数据模型和物理数据模型。

（1）概念数据模型

概念数据模型简称概念模型，是整个数据模型的基础。它是一种面向客观世界、面向用户的模型。它与具体的数据库管理系统、计算机平台无关，着重于对客观世界复杂事物的结构及它们之间内在联系的刻画。目前，最常用的是 E-R 实体联系模型。

（2）逻辑数据模型

逻辑数据模型简称逻辑模型，是一种面向数据库系统的模型，它是概念模型到物理模型的中间层次。概念模型只有在转换成逻辑模型之后才能在数据库中表示。目前，逻辑模型的种类很多，其中比较成熟的有层次模型、网状模型、关系模型和面向对象模型。

（3）物理数据模型

物理数据模型简称物理模型，是一种面向计算机物理表示的模型。它给出了数据模型在计算机上物理结构的表示。

8.1.5 关系数据库

关系数据库是采用关系模型作为数据组织方式的数据库。目前，应用较广泛的 Oracle、SQL Server、DB2、Access 等都是基于关系模型的数据库管理系统。

1. 关系模型

关系模型是用二维表的形式表示实体与实体之间联系的数据模型，如表 8-1 所示。

表 8-1 学生信息表

学号	姓名	性别	出生日期	籍贯	党员	专业	班级
201401014101	王新	女	1995-3-1	河南	是	软件工程	软件 141
201401024104	赵亮	男	1996-5-15	河北	否	网络工程	网络 141
201401034102	李明	男	1996-12-6	河南	否	数字媒体	数媒 141
201401014205	李倩	女	1995-9-8	山东	否	软件工程	软件 142
201401034203	张丽	女	1994-11-7	浙江	是	数字媒体	数媒 142

关系模型中的主要术语如下。

（1）关系：一个关系对应一张二维表，是具有相同性质的元组（或记录）的集合。

（2）元组：表中的一行称为一个元组或一条记录，例如，表 8-1 所示的学生信息表中有 5 条记录。

（3）属性：表中的一列称为一个属性或字段。每一个属性都有一个名称，称为属性名或字段名。每一个记录可以包含多个字段，例如，表 8-1 所示的学生信息表包含了学号、姓名等 8 个字段。

（4）值域：属性的取值范围，例如，性别的取值范围只能是“男”或“女”。

（5）关键字：一个关系中具有唯一标识的属性或属性的组合。它可以唯一确定一条记录。例如，表 8-1 中的学号可以唯一确定一个学生，因此学号可以作为关键字。关键字的值不能为空；一个表可以有多个关键字，但只能选择其中一个作为主关键字，即“主键”。

（6）外部关键字：也称为“外键”，如果关系 R 中的某个属性或属性的组合不是该关系的主键，但它却是另一个关系 S 的主键，则称该属性或属性的组合是前一个关系 R 的外键。外键主要用于建立表之间的联系。

2. 关系运算

关系运算是对关系数据库的数据操纵，主要是从关系中查询出需要的数据。关系运算常用的操作如下。

（1）选择。选择操作是在关系中选择满足某些条件的元组。例如，在表 8-1 所示的学生信息表中，查找出“软件工程”专业的学生信息，得到的结果关系如表 8-2 所示。

表 8-2 选择运算结果

学号	姓名	性别	出生日期	籍贯	党员	专业	班级
201401014101	王新	女	1995-3-1	河南	是	软件工程	软件 141
201401014205	李倩	女	1995-9-8	山东	否	软件工程	软件 142

说明：选择是从行的角度进行运算，得到的结果仍是一个关系，与原关系有相同的结构，但其中的元组是原关系中元组的子集。

（2）投影。投影操作是从关系中按所需顺序选取某些属性列组成新的关系。例如，在表 8-1 所示的学生信息表中，查找出学生的学号、姓名、专业和班级，得到的结果关系如表 8-3 所示。

表 8-3 投影运算结果

学号	姓名	专业	班级
201401014101	王新	软件工程	软件 141
201401024104	赵亮	网络工程	网络 141
201401034102	李明	数字媒体	数媒 141
201401014205	李倩	软件工程	软件 142
201401034203	张丽	数字媒体	数媒 142

说明：投影是从列的角度进行运算，相当于对关系进行垂直分解，并且要从结果关系中去掉重复的元组，因此结果关系中的元组数必然小于等于原关系中的元组数。

（3）连接。连接操作是根据给定的连接条件，将多个关系的属性组合构成新的关系。连接是关系的横向结合，生成的新关系中包含满足条件的元组。表 8-4 所示的关系和表 8-5 所示的关系进行自然连接运算，得到的结果关系如表 8-6 所示。

表 8-4 课程信息表

课程号	课程名
C1	高等数学
C2	大学英语
C3	计算机导论

表 8-5 学生成绩表

学号	课程号	成绩
201401014101	C1	90
201401014101	C2	74
201401024104	C2	65
201401024104	C3	82
201401034102	C1	95
201401014205	C2	66
201401034203	C3	83

表 8-6　　自然连接运算结果

课程号	课程名	学号	成绩
C1	高等数学	201401014101	90
C1	高等数学	201401034102	95
C2	大学英语	201401014101	74
C2	大学英语	201401024104	65
C2	大学英语	201401014205	66
C3	计算机导论	201401024104	82
C3	计算机导论	201401034203	83

说明：在连接运算中，按字段值相等执行的连接称为等值连接，去掉重复列的等值连接称为自然连接。一般的连接运算是从行的角度进行运算，但自然连接需要去掉重复列，所以是同时从行和列的角度进行的运算。自然连接是构造新关系的一种有效办法。

3. 关系完整性

关系数据库系统的一个重要功能就是保证关系的完整性。关系完整性包括如下内容。

（1）实体完整性：设置主关键字可以保证数据的实体完整性，即反映关系的主关键字不能取空值。例如，学生信息表中的“学号”字段作为主关键字不能为空，且不能出现相同学号的学生记录。

（2）值域完整性：表中每条记录的每个字段值应该在允许的范围内。例如，“学号”字段必须由数字组成。

（3）参照完整性：相关表中的数据必须保持一致。即参照关系中每个元组的外键值或者为空，或者等于被参照关系中某个元组的主键值。例如，学生成绩表中“学号”字段的取值必须与学生信息表中“学号”字段的取值一致，若修改了学生信息表中“学号”字段的值，则学生成绩表中“学号”字段的值也要做相应修改。

（4）用户定义完整性：用户根据实际需要而定义的关系完整性。例如，规定学生成绩表中的“成绩”字段的值域为 0～100。

8.2　Access 2010 数据库基础

Access 2010 是 Office 2010 办公系列软件的一个重要组成部分，主要用于数据库管理。使用 Access 2010 可以高效地管理各种类型的中小型数据库，它广泛应用于财务、行政、金融、经济、教育、统计和审计等众多领域，可以大大提高数据的处理效率。另外，Access 2010 比较适合非 IT 专业的用户开发自己工作所需要的各种数据库应用系统。

8.2.1　Access 2010 数据库概述

Access 2010 将数据库定义为一个扩展名为.accdb 的文件，包括 6 种不同的对象，分别是表、查询、窗体、报表、宏和模块。不同的数据库对象在数据库中起着不同的作用，数据库可以看成不同对象的容器。

（1）表（Table）。表是数据库的基本对象，是创建其他对象的基础，是整个数据库系统的数据源。表用来存储数据库中的数据，因此也称数据表。一个数据库的数据表之间往往存在相互关系，可以通过相关的字段建立关联，从而完成数据库的相应操作。

（2）查询（Query）。查询是从一个或多个表中选择所需要的数据，将它们集中起来，形成一个或多个表的相关信息的“视图”。同时也可以作为数据库对象的数据源。查询可以在表中进行，也可以在其他查询结果中再进行查询操作。

（3）窗体（Form）。窗体是用户与数据库交互的界面，提供了浏览、输入及修改数据的窗口。用户还可以创建子窗体显示相关联的表的内容。窗体也称表单。

（4）报表（Report）。报表是数据库的一种数据输出形式，对数据库中的数据进行分类汇总，将处理结果通过打印机输出。另外，在建立报表时还可以在报表中进行计算，如求和、求平均值等。

（5）宏（Macro）。宏是一个或多个操作命令的集合，每个操作均能自动实现指定的功能。

（6）模块（Module）。模块可以与报表、窗体等其他对象结合使用，并建立完整的应用程序。

8.2.2　创建数据库

用户在创建数据库之前，必须基于对数据库应用系统的需求，对数据库进行设计，确定数据库中所包含的对象。在整个过程中，要尽可能减少数据冗余，使数据库既能满足数据查询的需要，又能节省存储空间。一个 Access 数据库就是一个扩展名为.accdb 的文件。开发一个 Access 数据库应用系统的过程就是创建一个数据库文件，并在其中添加所需数据库对象的过程。

数据库的创建

Access 2010 提供了三种创建数据库的方法，即创建空数据库、使用向导创建数据库和根据现有数据库创建新数据库。

【例 8-1】 创建一个“学生信息管理”空数据库。

操作步骤如下。

（1）单击“开始”|“所有程序”| Microsoft Office | Microsoft Access 2010，启动 Access 2010，在“可用模板”区域单击“空数据库”按钮。

（2）在右侧窗格的“文件名”文本框中，将默认的文件名“Database1.accdb”修改为“学生信息管理.accdb”，并单击 按钮，设置数据库的存放位置，如图 8-3 所示。

图 8-3　创建“学生信息管理”空数据库

（3）单击“创建”按钮，此时会创建一个空数据库，并自动在数据表视图中创建一个名为“表1”的数据库表。Access 2010 主窗口界面如图 8-4 所示。

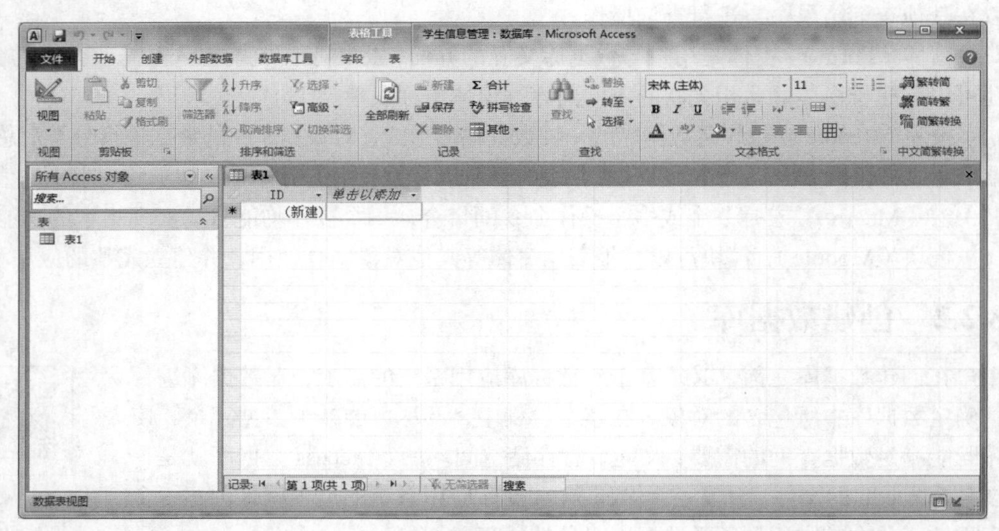

图 8-4　Access 2010 主窗口界面

Access 2010 的主窗口界面由快速访问工具栏、选项卡、功能区、命令组、导航窗格、工作区、状态栏、视图按钮等几部分组成。

8.2.3　确定表的结构

表是 Access 数据库中最基本的对象，用于存储数据，这些数据是其他对象的操作依据。其他对象如查询、窗体和报表等，将表中的数据以各种形式表现出来，方便用户使用这些数据。在创建空数据库后要先建立表对象，以便存储和管理数据，然后逐步创建其他对象，最终形成完整的数据库。

表是由表的结构和表中的记录组成的。要建立一个表，必须先确定表的结构，即明确表中各个字段的名称、数据类型、属性等内容。

（1）字段名称。在 Access 2010 中，字段名最多可以包含 64 个字符。这些字符可以是字母、汉字、数字、空格和其他字符，但不能包含点（.）、感叹号（!）、方括号（[]）和单引号（'），且不能以空格开头。

（2）字段数据类型。数据类型即对数据的取值范围的说明。不同的数据类型取值范围、特点、存储方式、使用方式等有差别。数据类型一旦确定，其存储方式和使用方式也随之确定。

Access 2010 支持的数据类型主要有如下几种。

① 文本型（Text）：用来存储由文字字符和不具有计算能力的数字字符组成的数据，如性别、电话号码、邮编等。系统默认的文本型字段长度为 50 个字节，文本型字段最多可存储 255 个字节。

② 备注型（Memo）：用来存储较长的文本及数字，如备注或说明，最多可以存储 6.4 万个字节。

③ 数字型（Number）：用来存储要进行算术计算的数值数据。根据表现形式和存储形式的不同，又可将数字型数据分为字节型、整型、长整型、单精度型和双精度型，分别占 1、2、4、4、8 个字节。其中单精度的小数位精确到 7 位，双精度的小数位精确到 15 位。

④ 日期/时间型（Data/Time）：用来存储表示日期和时间的数据，字段长度默认为 8 个字节。

⑤ 货币型（Currency）：用来存储货币值，字段长度默认为 8 个字节。

⑥ 自动编号型（Auto Number）：用来存储递增数据和随机数据。自动编号型主要用于对数据表中的记录进行编号，每增加一条新记录时，系统会将自动编号型字段的数据自动加 1 或随机编号。字段长度默认为 4 个字节。

⑦ 是/否型（Yes/No）：用来存储逻辑判断型数据，常用来表示逻辑判断的结果。字段长度默认为 1 个字节。

⑧ OLE 对象型（OLE Object）：用于链接或嵌入其他程序中使用 OLE（对象连接与嵌入）协议创建的对象（如 Microsoft Word 文档、Microsoft Excel 电子表格、图像、声音或其他二进制数据），OLE 对象型字段只能在窗体或报表中使用对象框显示。OLE 对象型字段最大为 1GB，受磁盘空间限制。

⑨ 超链接型（Hyperlink）：用于保存超链接地址，最多存储 64KB。超链接地址的一般格式为 Displaytext#Address，其中 Displaytext 表示在字段中显示的文本，Address 表示链接地址。

（3）字段属性。字段属性是指定字段在表中的存储方式，不同类型的字段具有不同的属性。其中，常用的属性有“字段大小”“格式”“输入掩码”“有效性规则”等。

① 字段大小：存储在文本型字段中信息的最大长度或数字型字段的取值范围，只有文本型和数字型字段具有该属性。

② 格式：用于改变数据的输出样式，可设置自动编号型、数字型、货币型、日期/时间型和是/否型等字段。

③ 输入法模式：用于设置是否自动打开输入法，通常有三种模式，“随意”“输入法开启”和“输入法关闭”。“随意”指保持原来的输入状态。

④ 输入掩码：用于设置字段中数据的输入格式，控制用户按指定格式在文本框中输入数据，输入掩码主要用于文本型和日期/时间型字段，也可以用于数字型和货币型字段。

⑤ 标题：用于在窗体或报表中取代字段的名称，即表、查询、窗体或报表等对象中显示的标题文字。

⑥ 默认值：指在输入新记录的过程中，系统自动输入到字段中的值。默认值可以是常量、函数或表达式。

⑦ 有效性规则：给字段输入设置的约束条件。在输入或修改数据时，用于检查字段中输入的数据是否符合条件。例如，性别字段的有效性规则可以设置为“男” or “女”，即将输入字段的值限定为“男”或“女”。

⑧ 有效性文本：当输入的值违背有效性规则时所显示的提示信息。例如，性别字段的有效性文本可设置为“性别只能取‘男’或‘女’”。

⑨ 必填字段：此属性值一般为“是”或“否”。设置为“是”时，表示此字段的值必须输入；设置为“否”时，允许此字段值为空。

⑩ 索引：用来确定某字段是否作为索引，索引有利于对字段的查询、分组和排序，此属性一般用于设置单一字段索引。

使用设计器创建表

（4）主关键字。主关键字又称为主键，是作为存储在该表中的每条记录的唯一标识的一列或一组列。主关键字的值不允许重复或为空。

【例 8-2】 使用设计器创建“学生信息管理表”。

操作步骤如下。

（1）设计“学生信息管理表”的结构，如表 8-7 所示。

表 8-7　　“学生信息管理表”的结构

字段名称	字段类型	字段宽度	字段名称	字段类型	字段宽度
学号	文本	10	党员	是/否	--
姓名	文本	8	专业	文本	20
性别	文本	2	简历	备注	--
出生日期	日期/时间	短日期	照片	OLE 对象	--

（2）打开“学生信息管理.accdb”数据库，在“开始”选项卡的“视图”组中，单击“视图”菜单的“设计视图”按钮，弹出“另存为”对话框，如图 8-5 所示。在“表名称”文本框中键入“学生信息管理表”，单击“确定”按钮，进入表设计视图。

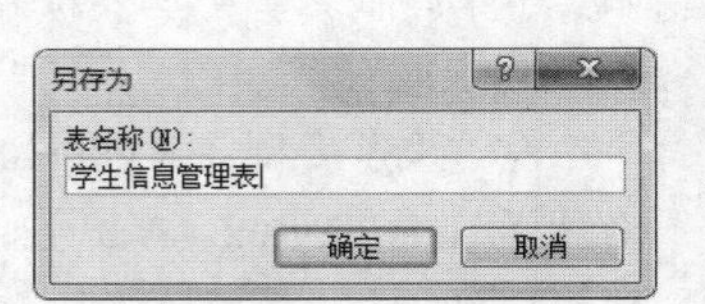

图 8-5　“另存为”对话框

（3）在表设计视图中，依次输入字段名称、数据类型等相关内容，如图 8-6 所示。

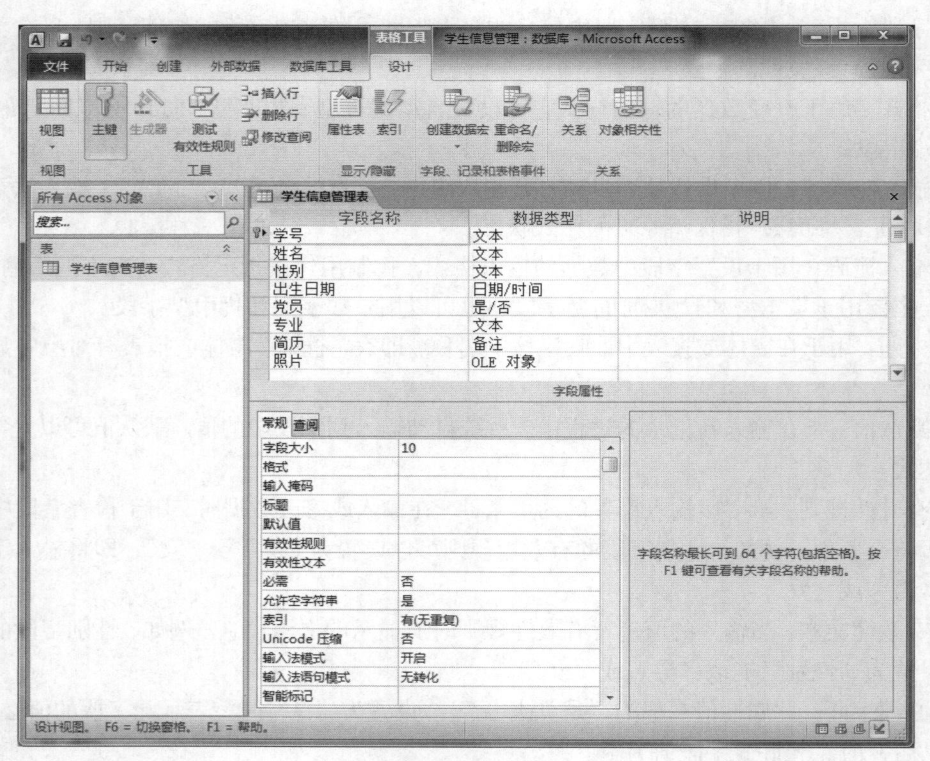

图 8-6　表设计视图

（4）右键单击“学号”字段，在弹出的快捷菜单中选择“主键”命令；或在“表格工具/设计”选项卡的“工具”组中，单击“主键”按钮，将“字号”设置为主键。

至此，“学生信息管理表”创建完成，如图 8-7 所示。

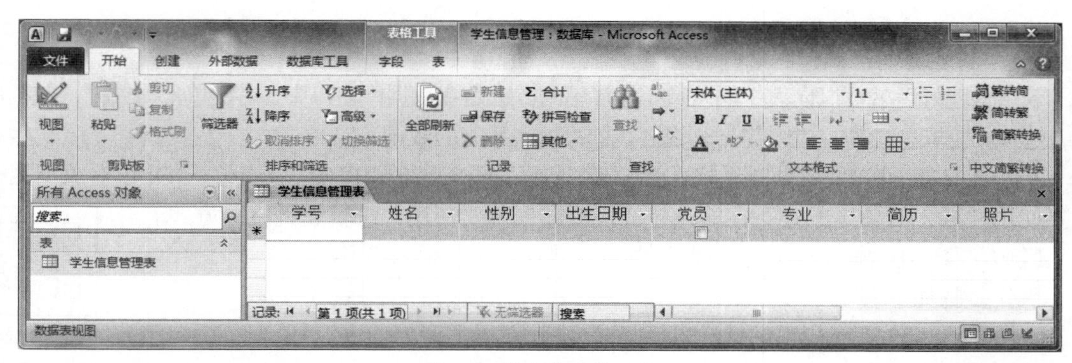

图 8-7　学生信息管理表

按照上述方法，设计“课程信息管理表”和“选课信息管理表”的结构，如表 8-8 和表 8-9 所示。

表 8-8　“课程信息管理表”的结构

字段名称	字段类型	字段宽度	字段名称	字段类型	字段宽度
课程编号	文本	3	学时	数字	整型
课程名称	文本	20	学分	数字	单精度型
课程类型	文本	6			

表 8-9　“选课信息管理表”的结构

字段名称	字段类型	字段宽度	字段名称	字段类型	字段宽度
课程编号	文本	3	课程成绩	数字	单精度型
学号	文本	10			

在表设计视图中，完成“课程信息管理表”和“选课信息管理表”的创建，如图 8-8 所示。设置完毕后，即可在主窗口左侧的导航窗格中看到所创建的表对象。

（a）课程信息管理表　　（b）选课信息管理表

图 8-8　创建“课程信息管理表”和“选课信息管理表”

8.2.4 表的数据输入

表结构建好后就可以向表中输入数据，常用的方法是在数据库窗口中，右键单击需要输入数据的表，选中“打开”选项，进入数据表视图，即可输入所需的数据。

在输入日期/时间型数据时，格式为“年/月/日”，如“2019/12/15”；在输入 OLE 对象型数据时要使用“插入对象”方式；在输入超链接型数据时要使用“编辑超链接”方式。

在数据库中插入图片

【例 8-3】 在“学生信息管理表”中为“照片”字段插入图片。

操作步骤如下。

（1）“学生信息管理表”中有“照片”字段，数据类型为 OLE 对象型。插入照片时，将鼠标指针置于对应记录的“照片”字段列，右键单击打开快捷菜单，选择“插入对象”命令；然后在打开的“插入对象”对话框中选中“由文件创建”，并指定存放图片文件的路径，如图 8-9 所示。

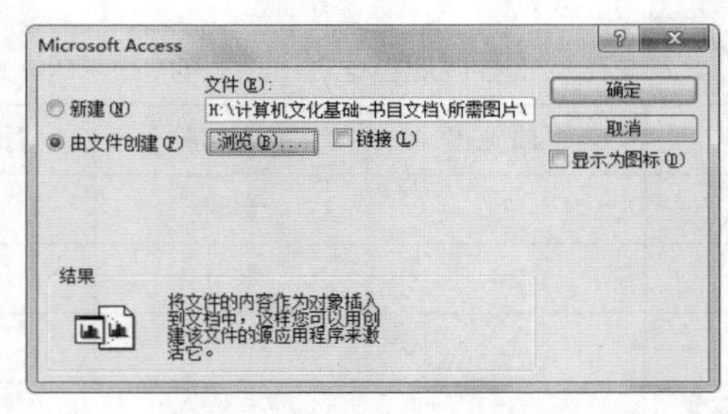

图 8-9 “插入对象”对话框

（2）单击“确定”按钮，即可将所指定的图片文件插入“照片”字段。因为 OLE 对象型数据只支持位图文件（.bmp），所以其他文件（.jpg、.gif 等）在字段中会显示为 Package（包），在窗体和报表中只能作为图标显示。

（3）在“学生信息管理表”中输入若干条记录，并依次为“照片”字段插入图片，如图 8-10 所示。

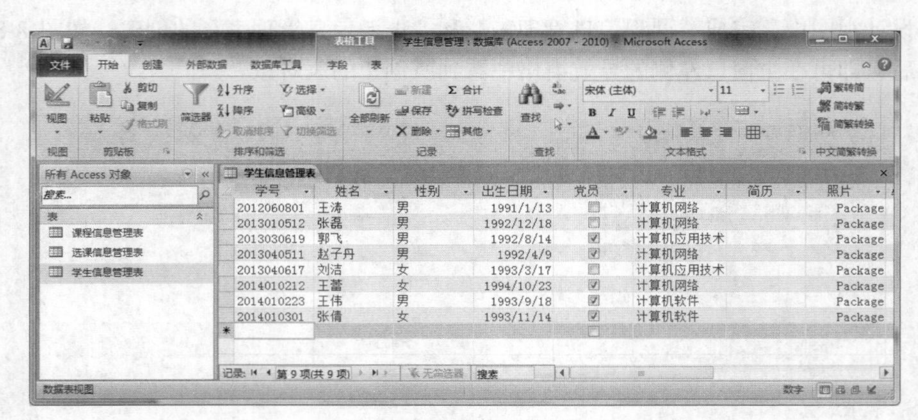

图 8-10 学生信息管理表

8.2.5 建立表与表之间的关系

建立表与表之间的关系

当数据库中存在多个表时，常需要把相关的表用关系字段联系起来，为创建查询、窗体和报表对象以及输出用户所查找的信息奠定基础，以便更灵活、方便地使用数据库中的数据。

【例 8-4】 建立“学生信息管理”数据库中表之间的关系。

操作步骤如下。

（1）打开关系视图。

打开“学生信息管理.accdb”数据库，在“数据库工具”选项卡的“关系”组中，单击“关系”按钮，打开“关系工具”选项卡和“显示表”对话框，如图 8-11 所示。

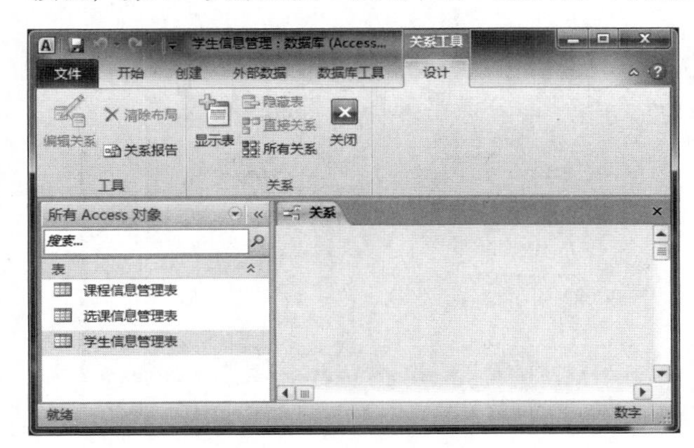

图 8-11 “关系工具”选项卡和“显示表”对话框

（2）建立表与表之间的关系。

在“显示表”对话框中，选中“学生信息管理表”，然后单击“添加”按钮，将“学生信息管理表”添加到关系视图中。再依次将“课程信息管理表”和“选课信息管理表”添加到关系视图中，如图 8-12 所示。

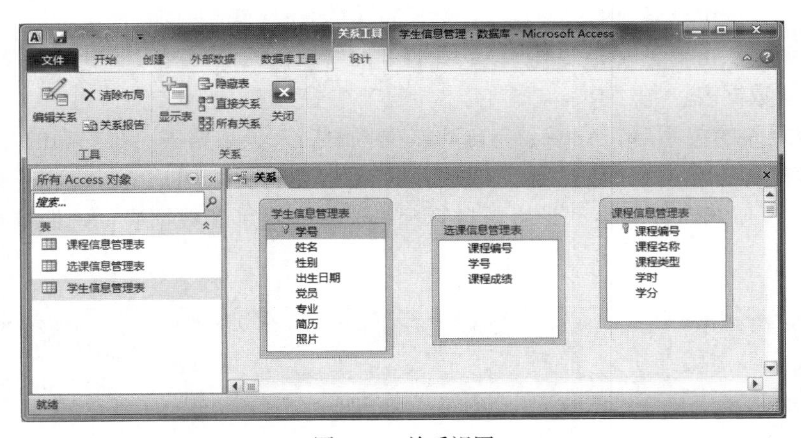

图 8-12 关系视图

从表中拖动主键字段至其他表中的同名字段上。例如，拖动“学生信息管理表”的主键“学号”至“选课信息管理表”中的匹配字段“学号”上，此时弹出“编辑关系”对话框。在其中选中“实施参照完整性”“级联更新相关字段”和“级联删除相关记录”复选框，如图 8-13 所示，单击“创建”按钮完成关系创建。

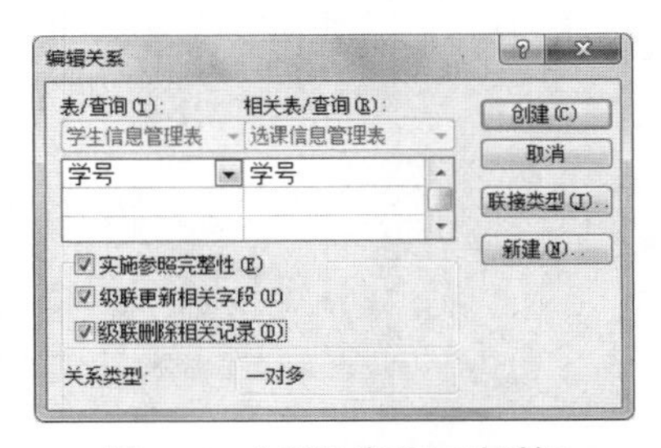

图 8-13 “编辑关系”对话框

使用同样的方法为“选课信息管理表”和“课程信息管理表”按照“课程编号”字段建立关系。“学生信息管理”数据库中的 3 个表之间的关系如图 8-14 所示。

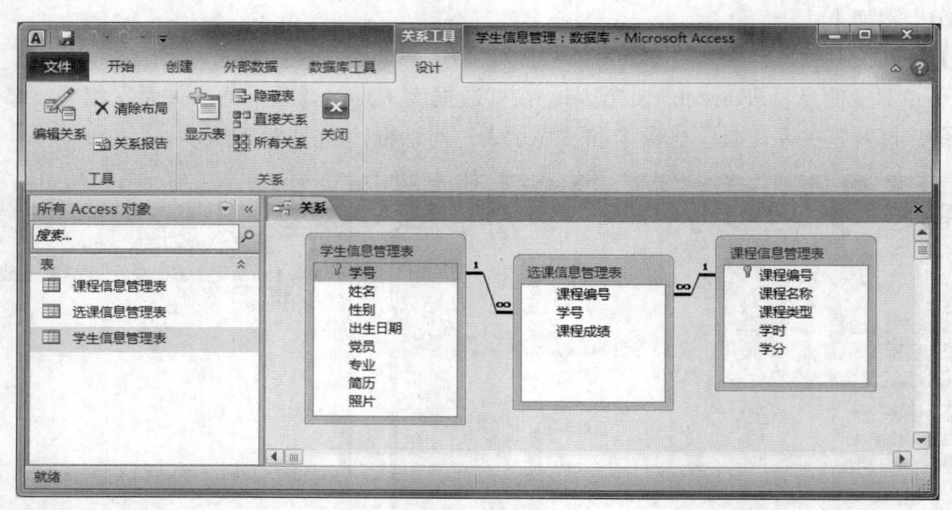

图 8-14　建立表之间的关系

（3）保存关系设置。

单击关系视图的关闭按钮，此时会出现对话框询问“是否保存对关系布局的更改”，单击“是”按钮，即可保存关系的相关设置。

（4）编辑表关系。

在定义了关系后，有时还需要重新编辑已有的关系，如删除表关系、修改表关系。

删除表关系：选中要删除的关系连线，然后按【Delete】键。

修改表关系：双击要更改的关系连线，在打开的“编辑关系”对话框中进行修改。

（5）查看子数据表。

在创建表之间的关系后，Access 会自动在主表中插入子数据表。在主表的数据表视图中，每条记录左侧都有一个关联标记“+”或“-”，通过单击关联标记，可以将子数据表展开或折叠。如图 8-15 所示，在主表“学生信息管理表”中显示了子数据表“选课信息管理表”的数据。

学生信息管理表

学号	姓名	性别	出生日期	党员	专业	简历
2012060801	王涛	男	1991-1-13	☐	计算机网络	
2013010512	张磊	男	1992-12-18	☐	计算机网络	
2013030619	郭飞	男	1992-8-14	☑	计算机应用技术	
2013040511	赵子丹	男	1992-4-9	☑	计算机网络	
2013040617	刘洁	女	1993-3-17	☐	计算机应用技术	
2014010212	王蕾	女	1994-10-23	☑	计算机网络	
2014010223	王伟	男	1993-9-18	☑	计算机软件	
2014010301	张倩	女	1993-11-14	☑	计算机软件	

课程编号	课程成绩
004	88
001	92
002	78

记录：第 9 项(共 9 项)　无筛选器　搜索

图 8-15　主表中显示相关表的数据

8.3 Access 2010 数据查询

数据查询是数据库处理和分析数据的工具，数据查询是根据给定的条件，从指定的一个或多个表中筛选出所需要的信息，供用户查看、更改和分析。

使用数据查询可执行计算、合并不同表中的数据，以及添加、更改或删除表中的数据。查询时从中获取数据的表称为查询的数据源。查询结果也可以作为数据库中其他对象的数据源。

8.3.1 查询的类型

在 Access 2010 中，根据对数据源操作方式和操作结果的不同，可将查询分为选择查询、参数查询、交叉表查询、操作查询和 SQL 查询。

1. 选择查询

选择查询是根据用户指定的查询条件，从一个或多个表中获取数据并显示结果。使用选择查询可以对记录进行分组、计数、求平均值等。

2. 参数查询

参数查询是一种交互式查询，利用对话框提示输入查询条件，然后根据输入的条件查询相关的记录。

3. 交叉表查询

交叉表查询是对数据字段进行汇总计算，并将计算的结果显示在一个行列交叉的表中。这种查询对表中的字段进行分类，将一类放在交叉表的左侧，一类放在交叉表的上部，然后在行与列的交叉处显示表中某个字段的统计值，如总和、个数、平均值、最小值、最大值等。

4. 操作查询

若在查询过程中需要对数据源中的数据进行更新、追加、删除等操作，可以通过操作查询来实现。操作查询包括更新查询、删除查询、追加查询和生成表查询。

5. SQL 查询

SQL（Structured Query Language，结构化查询语言）是通用的关系数据库标准语言，可以用来执行数据查询、数据定义、数据控制等操作。SQL 查询是使用 SQL 语句创建的查询。

8.3.2 创建选择查询

选择查询，是在已建立的“表”或“查询”数据源中找出符合特定条件的记录，或对数据源中的字段进行特定的查询。创建选择查询有两种方法，一是使用“查询向导”命令，二是使用“查询设计”命令。使用“查询设计”命令是创建和修改查询的主要方法。在查询设计视图中既可以创建不带条件的查询，也可以创建带条件的查询，还可以对已创建的查询进行修改。查询设计视图分为上下两部分，如图 8-16 所示。

上半部分是字段列表区，用于显示所选表的所有字段；下半部分是设计网格，其中的每一列对应查询状态集中的一个字段，每一行代表查询所需要的一个参数。各行的作用如下。

（1）“字段”行：设置查询所选择的字段。在“字段”下拉列表中选择所需字段，或将数据源中的字段直接拖至字段列表内。

（2）“表”行：表示该字段所在的数据表或查询。

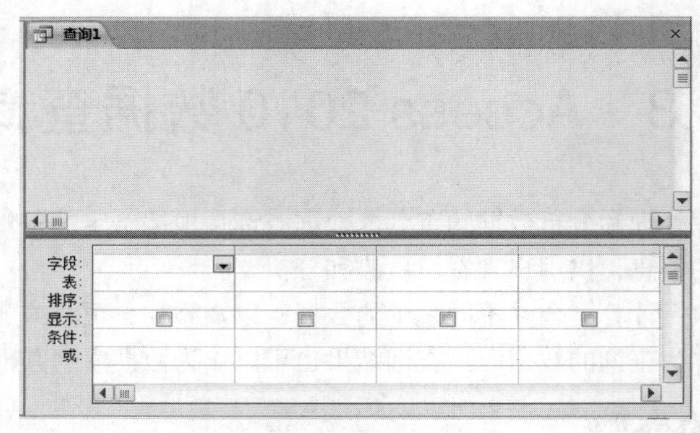

图 8-16　查询设计视图

（3）“排序”行：指定是否按某一字段排序，可设置排序方式为升序或降序。

（4）“显示”行：指定被选择的字段是否在查询结果中显示。

（5）“条件”行：设置该字段的查询条件。查询条件可以是一个关系表达式或逻辑表达式。若设置了查询条件，则查询结果中只显示满足条件的记录。

（6）“或”行：设置“或”条件来限制记录的选择。

【例 8-5】 在“学生信息管理”数据库中，查询考试成绩优秀（≥90）的学生信息，显示信息包括“学号”“姓名”“课程名称”和“课程成绩”。

数据库中数据的查询

操作步骤如下。

（1） 打开“学生信息管理”数据库。在“创建”选项卡的“查询”组中，单击“查询设计”按钮，打开查询设计视图，并弹出“显示表”对话框，如图 8-17 所示。

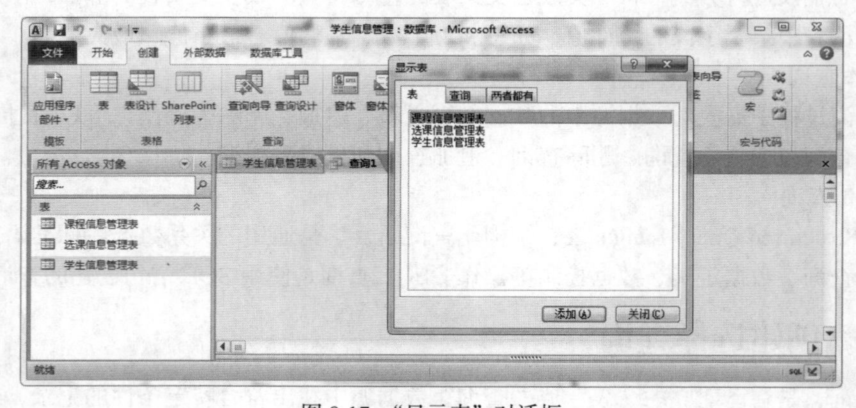

图 8-17　“显示表”对话框

（2）在“显示表”对话框中，按住【Ctrl】键，依次单击选中“课程信息管理表”“选课信息管理表”和“学生信息管理表”。然后单击“添加”按钮，将这三个表的字段添加到查询设计视图上部的字段列表区中。添加后，在这些表之间会自动显示它们的“关系”（要求先建立表之间的关系）。单击关闭按钮，关闭“显示表”对话框。

（3）在“学生信息管理表”中，选中“学号”和“姓名”字段，将其拖到设计网格中。用同样的方法把“课程信息管理表”中的“课程名称”字段和“选课信息管理表”中的“课程成绩”字段添加到设计网格中。

（4）在设计网格的“课程成绩”字段列的“条件”行中，输入条件“>=90”，如图 8-18 所示。

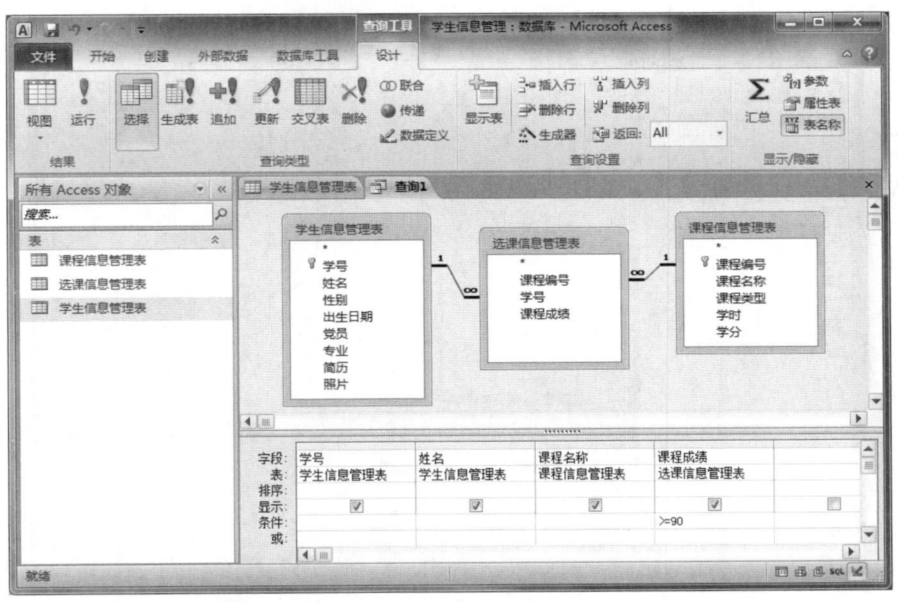

图 8-18　添加表、字段和输入条件后的查询设计视图

（5）执行查询。在“查询工具/设计”选项卡的“结果”组中，单击“运行”按钮，打开“查询”视图显示查询结果，如图 8-19 所示。

（6）保存查询。单击快速访问工具栏的“保存”按钮，打开“另存为”对话框，输入查询名称“成绩优秀的学生”，单击“确定”按钮，如图 8-20 所示。

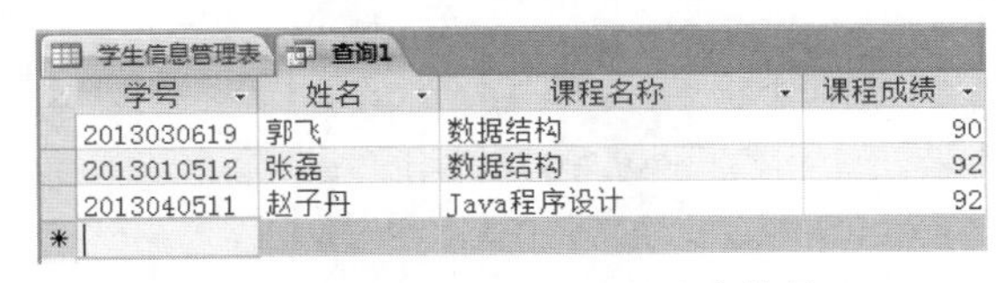

学号	姓名	课程名称	课程成绩
2013030619	郭飞	数据结构	90
2013010512	张磊	数据结构	92
2013040511	赵子丹	Java程序设计	92

图 8-19　成绩优秀学生的查询结果

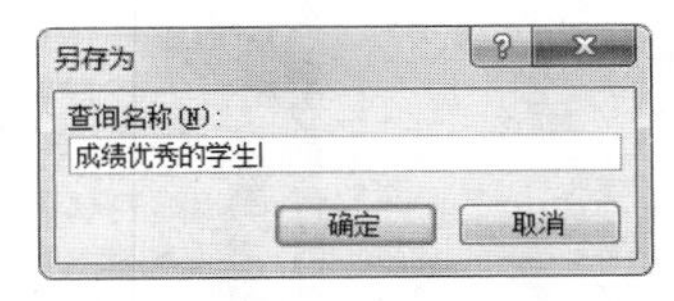

图 8-20　“另存为”对话框

【例 8-6】 利用“学生信息管理”数据库，建立一个统计各专业人数的查询。

操作步骤如下。

（1）打开“学生信息管理”数据库。在“创建”选项卡的“查询”组中，单击“查询设计”按钮，打开查询设计视图。

（2）选择表。在“显示表”对话框中，选择“学生信息管理表”，单击“添加”按钮，将其字段添加到查询设计视图上部的字段列表区中。单击关闭按钮，关闭“显示表”对话框。

（3）选择字段。将“学生信息管理表”中的“学号”“专业”字段拖至设计网格中。

（4）设置查询条件。在“查询工具/设计”选项卡的“显示/隐藏”组中，单击“汇总”按钮，在设计网格的“学号”对应的“总计”行下拉列表中选择“计数”选项，在“专业”对应的“总计”下拉列表中选择“Group By”选项，如图 8-21 所示。

（5）执行查询。在“查询工具/设计”选项卡的“结果”组中，单击“运行”按钮，打开“查询”视图，显示查询结果，如图 8-22 所示。

（6）命名并保存查询。单击“文件”菜单中的“保存”按钮，打开“另存为”对话框，输入查询名称“各专业人数统计查询结果”，单击“确定”按钮进行保存。

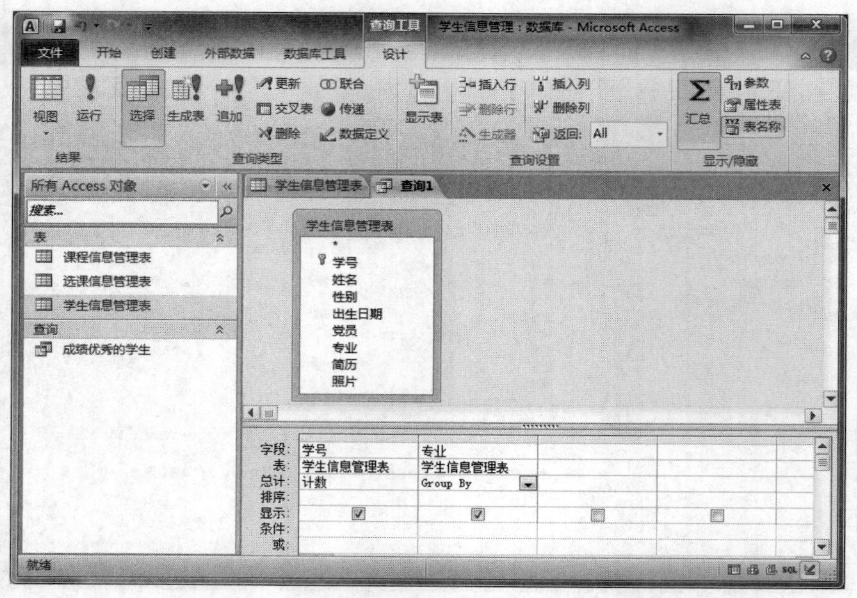

图 8-21 统计各专业人数的查询设计视图

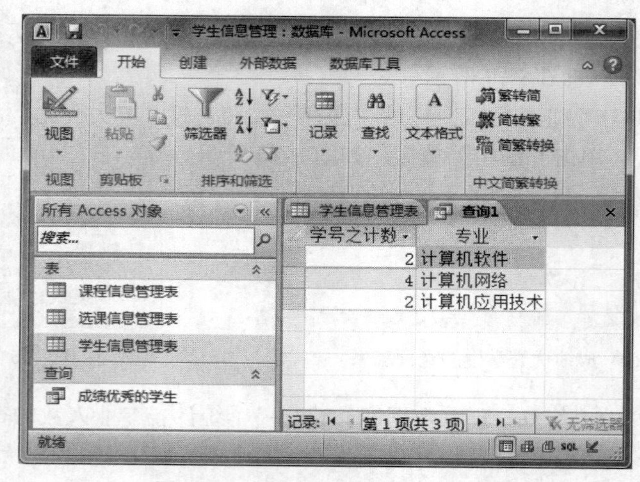

图 8-22 各专业人数统计查询结果

8.3.3 创建操作查询

1. 更新查询

使用更新查询可以对一个或多个表中的一组记录进行批量修改，从而提高修改数据的效率和准确性。若建立表间关系时设置了级联更新，则运行更新查询可能会引起多个表中数据的变化。

【例 8-7】 将“课程信息管理表”中名称为“Windows 程序设计”的课程修改为“C#程序设计”。“课程信息管理表”中的数据如图 8-23 所示。

操作步骤如下。

（1）打开“学生信息管理”数据库。在“创建”选项卡的“查询”组中，单击“查询设计”按钮，打开查询设计视图。

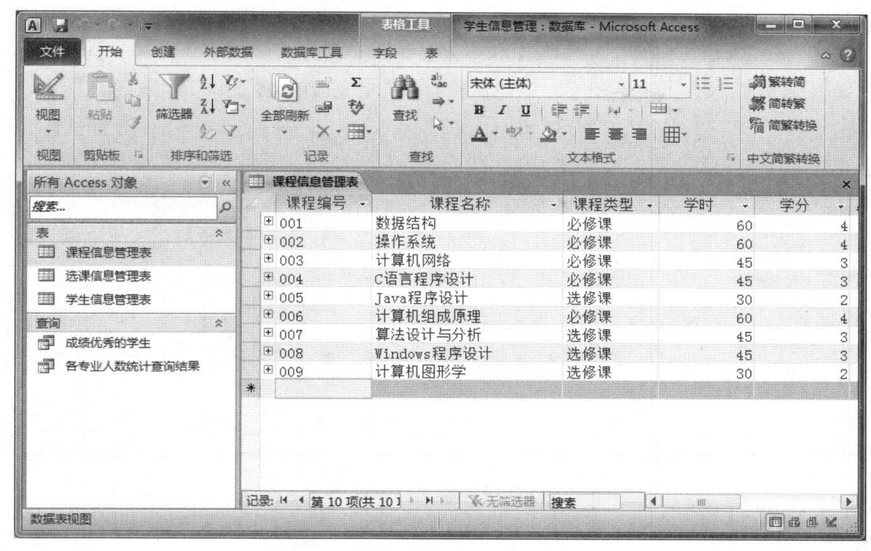

图 8-23　课程信息管理表

（2）选择表。在“显示表”对话框中，选择“课程信息管理表”，单击“添加”按钮，将其字段添加到查询设计视图上部的字段列表区中。单击关闭按钮，关闭“显示表”对话框。

（3）选择字段。将“课程信息管理表”中的“课程名称”字段拖至设计网格中。

（4）更新查询。在“查询工具/设计”选项卡的“查询类型”组中，单击“更新”按钮，在设计网格的“课程名称”列对应的“更新到”行中输入“C#程序设计“，在“条件”行中输入“Windows 程序设计”，如图 8-24 所示。

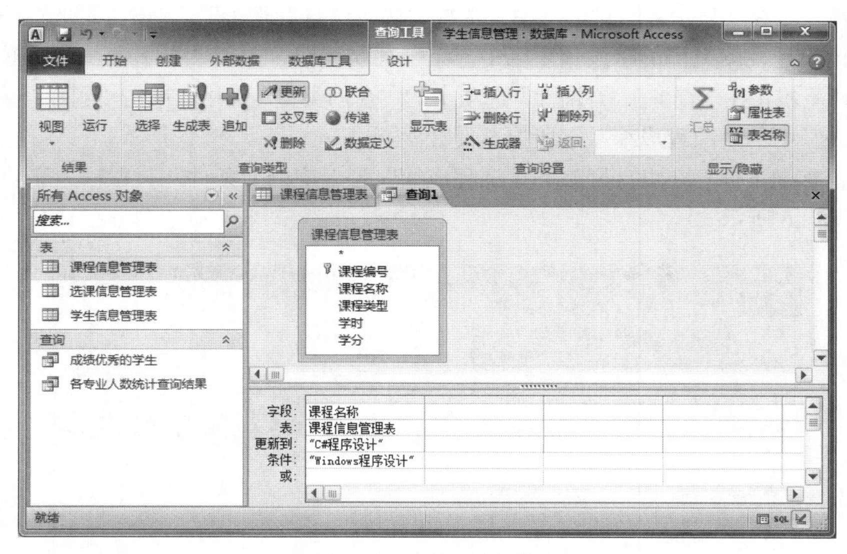

图 8-24　更新查询操作

（5）执行查询。在“查询工具/设计”选项卡的“结果”组中，单击“运行”按钮，这时将弹出提示准备运行更新查询的对话框，单击“是”按钮，即可更新符合条件的记录。

（6）打开“课程信息管理表”，可看到名称为“Windows 程序设计”的课程已修改为“C#程序设计”，如图 8-25 所示。

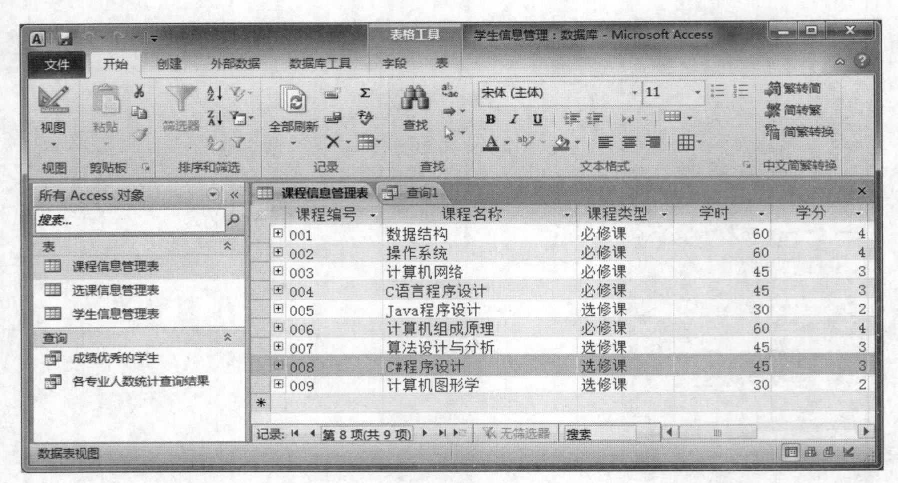

图 8-25　更新查询结果

2. 删除查询

删除查询可以从一个或多个表中删除符合条件的记录。如果想在删除主表的记录时，也能够级联删除从表的相关记录，则必须在定义表间关系的对话框中选中“实施参照完整性”和“级联删除相关记录”。

创建删除查询

【例 8-8】 从“选课信息管理表”中删除成绩低于 70 分的记录。

操作步骤如下。

（1）打开“学生信息管理”数据库。在“创建”选项卡的“查询”组中，单击“查询设计”按钮，打开查询设计视图。

（2）选择表。在“显示表”对话框中，选择“选课信息管理表”，单击“添加”按钮，将其字段添加到查询设计视图上部的字段列表区中。单击关闭按钮，关闭“显示表”对话框。

（3）选择字段。在“查询工具/设计”选项卡的“查询类型”组中，单击“删除”按钮，将“选课信息管理表”中的“课程成绩”字段拖至设计网格中。

（4）设置查询条件。在设计网格的“课程成绩”列对应的“条件”行中输入删除记录的条件“<70”，如图 8-26 所示。

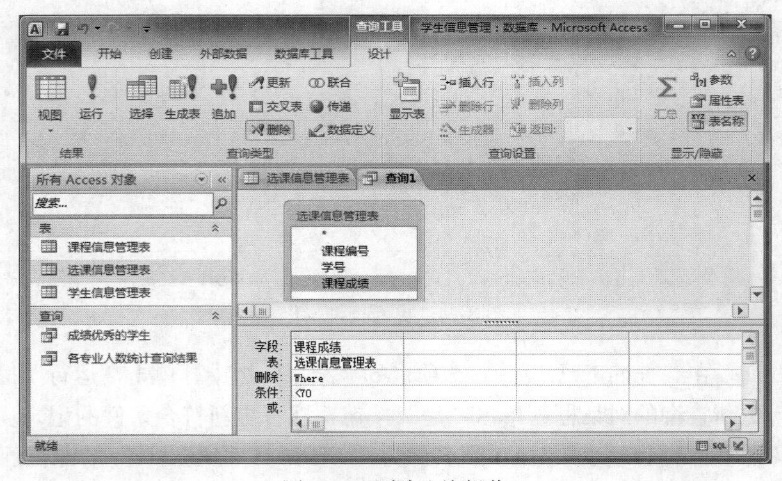

图 8-26　删除查询操作

（5）执行查询。在“查询工具/设计”选项卡的“结果”组中，单击“运行”按钮，这时将弹出提示准备运行删除查询的对话框，单击“是”按钮，即可删除符合条件的记录。

（6）查看删除结果。打开“选课信息管理表”，可看到成绩低于 70 分的记录已被删除。

3. 追加查询

追加查询是指将一个或多个表中符合条件的记录追加到另一个表的尾部。当需要向数据库中追加大量数据时，可使用追加查询。

【例 8-9】 将“学生信息管理表”中“计算机应用技术”专业学生的“学号”“姓名”“性别”和“专业”信息添加到已创建的“往届毕业生信息管理表”中。“往届毕业生信息管理表”如图 8-27 所示。

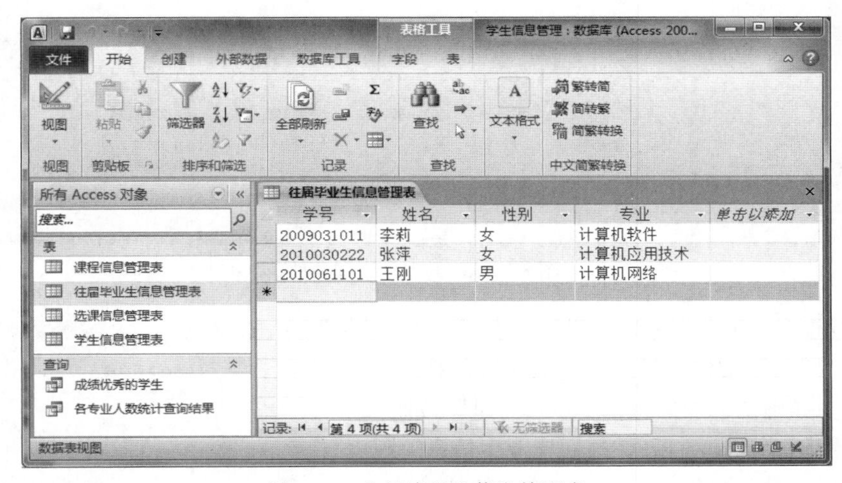

图 8-27 往届毕业生信息管理表

操作步骤如下。

（1）打开“学生信息管理表”数据库。在“创建”选项卡的“查询”组中，单击“查询设计”按钮，打开查询设计视图。

（2）选择表。在“显示表”对话框中，选择“学生信息管理表”，单击“添加”按钮，将其字段添加到查询设计视图上部的字段列表区中。单击关闭按钮，关闭“显示表”对话框。

（3）选择字段。将“学生信息管理表”中的“学号”“姓名”“性别”和“专业”字段拖至设计网格中。

（4）追加查询。在“查询工具/设计”选项卡的“查询类型”组中，单击“追加”按钮，弹出“追加”对话框。在“表名称”下拉列表中选择“往届毕业生信息管理表”，选中“当前数据库”，如图 8-28 所示，单击“确定”按钮。在设计网格的“专业”列对应的“条件”行中，输入追加查询条件“计算机应用技术”，如图 8-29 所示。

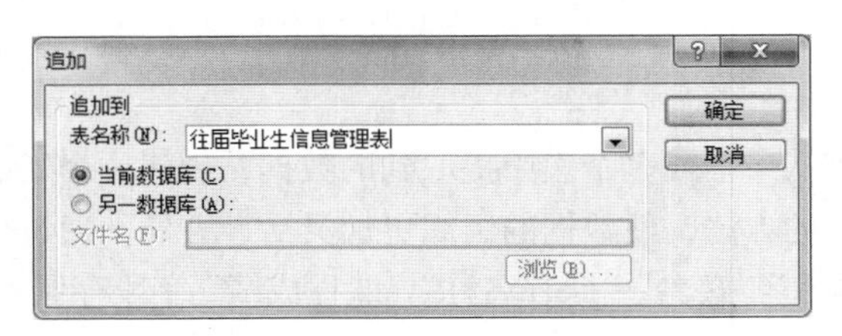

图 8-28 “追加”对话框

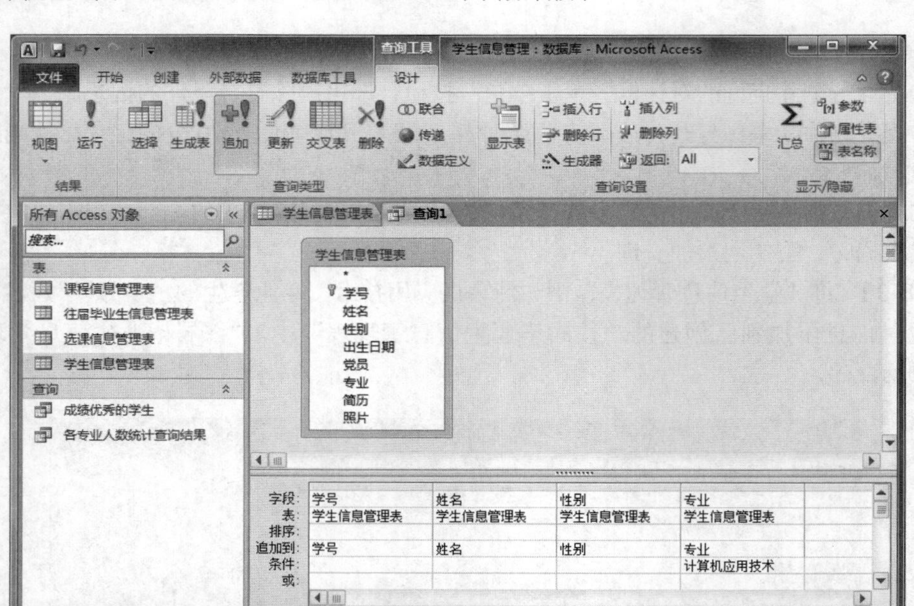

图 8-29　输入追加查询条件

（5）执行查询。在“查询工具/设计”选项卡的“结果”组中，单击“运行”按钮，弹出“追加确认”对话框，如图 8-30 所示。如确认追加信息，则单击“是”按钮。

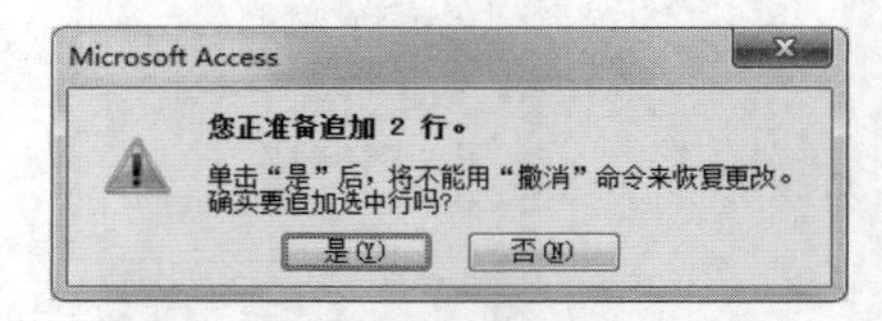

图 8-30　“追加确认”对话框

（6）查看追加结果。打开“往届毕业生信息管理表”，如图 8-31 所示，最后两条记录为追加查询的结果。

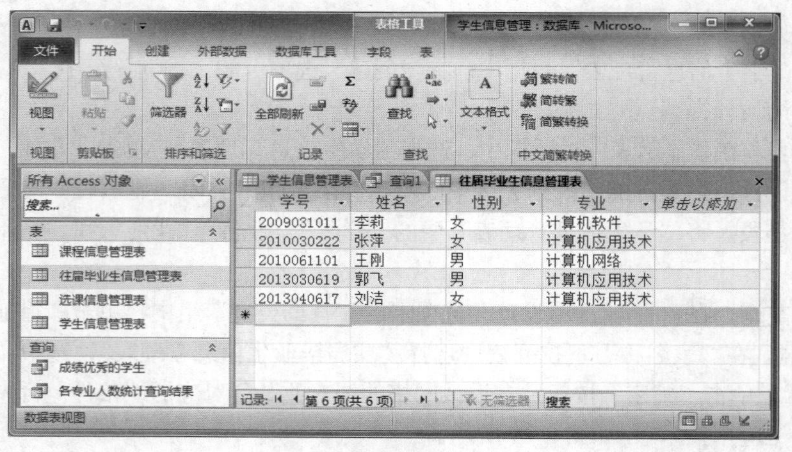

图 8-31　追加查询结果

4. 生成表查询

生成表查询是指利用从一个或多个表中提取到的数据，创建一个新的数据表。这种由表产生查询，再由查询来生成表的方法，使数据的组织更加灵活、方便。通过生成表查询，可以将考试成绩不及格的学生的“学号”“姓名”“课程名称”“课程成绩”字段存储到新生成的“不及格成绩”数据表中。

8.3.4 创建 SQL 查询

SQL 是操作关系数据库的标准语言，常用的语句有两类：数据查询命令和数据更新命令。

SELECT 语句用于查询数据库中一个或多个表的数据。针对大多数的查询，Access 均会在后台构造等效的 SELECT 语句，执行查询的实质就是执行了相应的 SELECT 语句。

1. SELECT 语句

SELECT 语句的一般格式如下：

```
SELECT [ALL/DISTINCT] <字段列表> FROM <表列表>
[WHERE <条件表达式>]
[GROUP BY <分组条件>]
[HAVING <组选条件>]
[ORDER BY <排序条件> [ASC] [DESC]]
```

SELECT 语句的基本功能是在指定的表或视图中，查找满足特定条件的记录。

各子句使用说明如下。

（1）ALL：查询结果是表的全部记录，包括重复记录。

（2）DISTINCT：查询结果不包含重复的记录。

（3）<字段列表>：要输出的字段。其格式为：字段名 1,字段名 2,…,字段名 n。若输出所有字段，则可用通配符“*”代替；若查询的数据来自多个表，则字段名要加上前缀，格式为：表名.字段名。

（4）FROM <表列表>：查询的数据源，可以是多个表或视图。

（5）WHERE <条件表达式>：指定要查询的数据需满足的条件。

（6）GROUP BY <分组条件>：对查询结果按条件进行分组，把字段值相同的记录合并成一条记录。

（7）ORDER BY <排序条件>：对查询结果根据排序条件按升序或降序进行排序。

2. 创建 SQL 查询

在 Access 2010 查询设计视图中创建的查询，将自动生成等价的 SQL 语句，可以在 SQL 视图中查看和编辑当前查询对应的 SQL 语句，也可以在 SQL 视图中直接输入 SQL 语句创建查询。使用查询设计视图创建查询非常直观和方便，但使用 SQL 语句创建查询更加快捷。

【例 8-10】 使用 SQL 视图查询“选课信息管理表”中学号为“2013030619”的学生的选课信息，并按“课程编号”降序排序。

操作步骤如下。

（1）打开“学生信息管理”数据库。在“创建”选项卡的“查询”组中，单击“查询设计”按钮，弹出“显示表”对话框。

（2）将“显示表”对话框关闭。在“查询工具/设计”选项卡的“结果”组中，单击“SQL 视图”按钮，在“查询 1”的 SQL 视图中输入如下 SQL 语句：

```
SELECT 选课信息管理表.课程编号, 选课信息管理表.学号, 选课信息管理表.课程成绩
FROM 选课信息管理表
WHERE (((选课信息管理表.学号)="2013030619"))
ORDER BY 选课信息管理表.课程编号 DESC
```

SQL 视图如图 8-32 所示。

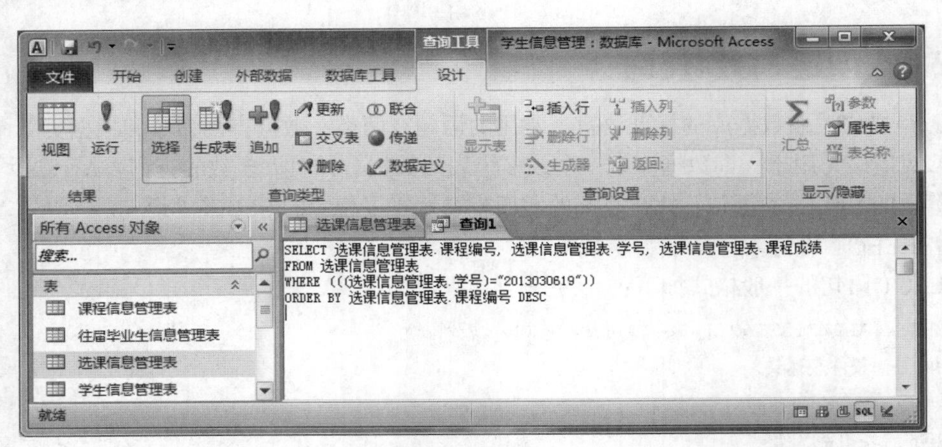

图 8-32　SQL 视图

（3）SQL 语句编辑完成后，在“查询工具/设计”选项卡的“结果”组中，单击“运行”按钮，此时进入 SQL 选择查询的数据表视图，查询结果如图 8-33 所示。

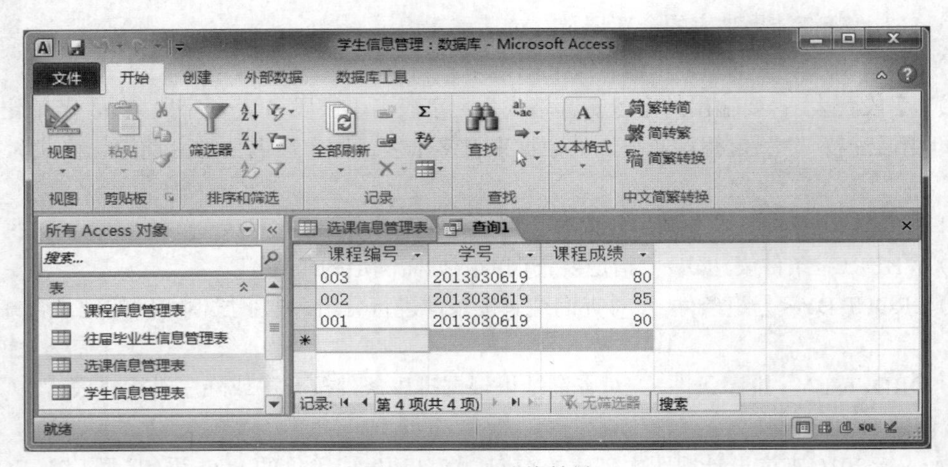

图 8-33　SQL 查询结果

8.4　Access 2010 窗体与报表的创建

窗体和报表都是 Access 数据库中的重要对象。窗体是数据库和用户之间的接口，是数据库中数据输入和输出的常用界面。窗体的基本功能是显示并编辑数据，可以在窗体上放置按钮、标签、文本框等多种控件。报表的基本功能是对大量原始数据进行比较、分组和计算，并将结果以各种格式输出到显示器或打印机。

8.4.1　创建窗体

1. 使用向导创建窗体

使用向导能够快速创建窗体，并可在窗体设计视图中对其进行修改。

【例 8-11】 创建“学生信息管理系统”窗体，用于浏览“学生信息管理表”中的信息。

操作步骤如下。

（1）打开“学生信息管理”数据库，在“创建”选项卡的“窗体”组中，单击“窗体向导”按钮，弹出“窗体向导”对话框，如图 8-34 所示。

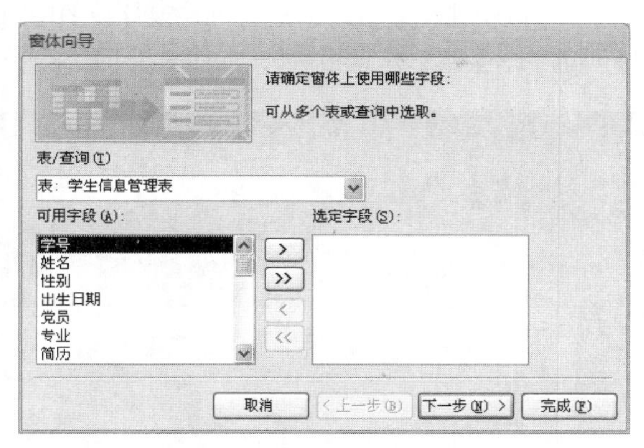

图 8-34 “窗体向导”对话框

（2）选择“学生信息管理表”，并选定表中的“学号”“姓名”“性别”“出生日期”“党员”和“专业”字段，单击“下一步”按钮，选择窗体布局为“纵栏表”。继续单击“下一步”按钮。

（3）在弹出的窗口中为窗体指定标题，输入“学生信息管理系统”，单击“完成”按钮，生成图 8-35 所示的窗体。

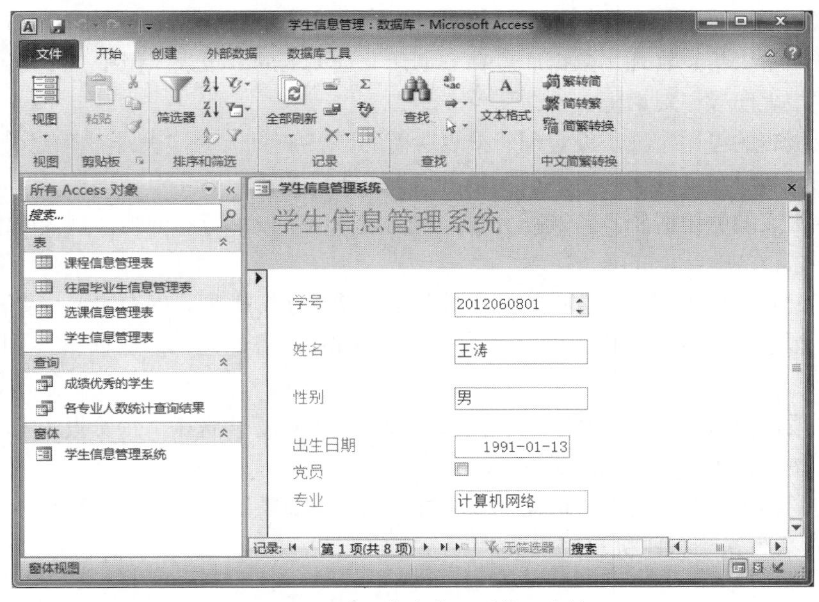

图 8-35 “学生信息管理系统”窗体

2. 在设计视图中创建窗体

使用窗体设计视图既可创建窗体也可修改窗体。在窗体设计视图中，用户可根据需要修改窗体布局、改变窗体背景色、添加控件、调整控件的大小和位置，甚至可以进行编程控制等工作。

8.4.2 创建报表

Access 2010 提供了 4 种报表创建方式：自动方式、手动方式、使用向导和使用设计视图。自动方式、手动方式和使用向导可以快速创建报表，而后可在设计视图中对报表进行修改和完善。

【例 8-12】 使用向导创建“学生基本信息报表”，如图 8-36 所示。

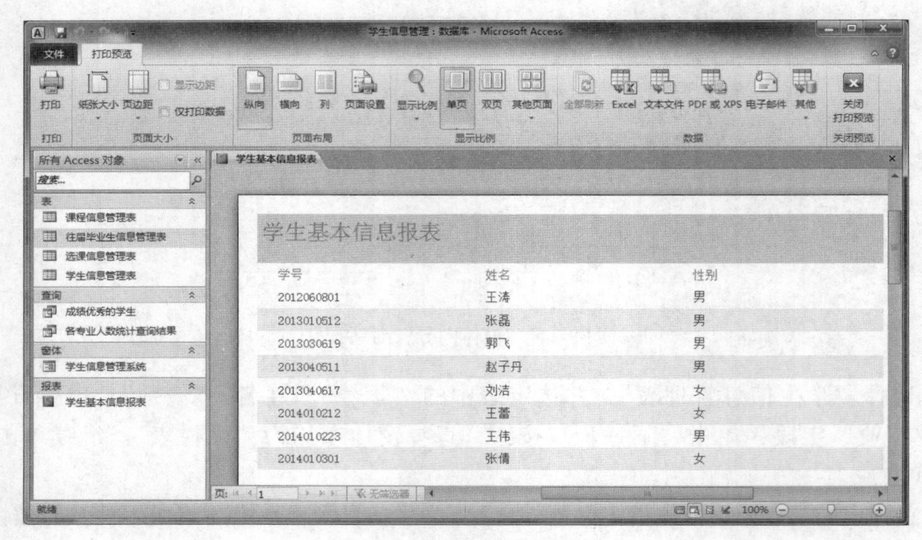

图 8-36 学生基本信息报表

操作步骤如下。

（1）打开“学生信息管理”数据库。在“创建”选项卡的“报表”组中，单击“报表向导”按钮，弹出“报表向导”对话框。

（2）设置报表的可用字段。设置创建报表所需的“表/查询”为“表:学生信息管理表”，设置“可用字段”为“学号”“姓名”“性别”，单击“下一步”按钮。

（3）设置报表的分组级别。若选择分组，需选定分组字段；若不分组，直接单击“下一步”按钮。

（4）指定记录的排序方式。选择按“学号”字段“升序”排序，单击“下一步”按钮。

（5）设置报表的布局和方向。布局方式选择“表格”，方向选择“纵向”，单击“下一步”按钮。

（6）指定报表标题。录入报表标题“学生基本信息报表”，再选中“预览报表”单选框，然后单击“完成”按钮，预览效果如图 8-36 所示。

如果创建的报表不符合要求，可在视图中进行修改。如果要打印报表，可单击“文件”|“打印”，直接将报表发送到打印机。

习题 8

一、选择题

1. 数据管理技术经过了以下几个不同的发展阶段，其中不正确的是（　　）。

A. 人工管理阶段　　B. 机械管理阶段
C. 文件系统阶段　　D. 数据库系统阶段

2. 按数据的组织形式，数据库的数据模型可分为（　　）。
A. 小型、中型、大型　　B. 网状、环状、链状
C. 层次、网状、关系　　D. 独享、共享、实时

3. Access 2010 是一个（　　）。
A. 数据库系统　　B. 数据库管理系统
C. 数据库应用系统　　D. 数据库操作程序系统

4. 在 Access 数据库中，表是由（　　）。
A. 字段和记录组成　　B. 查询和字段组成
C. 记录和窗体组成　　D. 报表和字段组成

5. 在 Access 数据库对象中，体现数据库设计目的的对象是（　　）。
A. 报表　　B. 模块　　C. 查询　　D. 表

6. 下列说法不正确的是（　　）。
A. 数据库避免了一切数据重复
B. 数据库减少了数据冗余
C. 数据库数据可以为 DBA 认可的用户共享
D. 控制冗余可确保数据的一致性

7. Access 数据库的层次是（　　）。
A. 数据库管理系统、应用程序、表　　B. 数据库、表、记录、字段
C. 表、记录、数据项、数据　　D. 表、记录、字段

8. 下列关于 OLE 对象描述正确的是（　　）。
A. 用于输入文本数据　　B. 用于处理超链接数据
C. 用于生成自动编号数据　　D. 用于链接或内嵌 Windows 支持的对象

9. 在 Access 2010 中，可用于对表中数据进行加工并输出信息的数据库对象是（　　）。
A. 窗体　　B. 报表　　C. 查询　　D. 表

10. 窗体的组成不包括（　　）。
A. 主窗体　　B. 窗体页眉、窗体页脚
C. 页面页眉、页面页脚　　D. 主窗体、子窗体

二、填空题

1. 关系模型是把实体之间的联系用________表示。
2. 数据库系统的核心是________________。
3. 在关系数据库中，从关系中找出若干列，该操作称为________。
4. 关系数据库的标准语言是________。
5. 窗体的数据来源可以是________和________。

三、操作题

假设有一个数据库“学生信息.accdb”，包含学生信息表（学号、姓名、性别、出生日期、专业）和选课表（学号、姓名、课程名、成绩）。

设计 SQL 语句实现下列功能。

（1）用 Insert 语句插入以下记录。

201402031 王楠 男 1996/3/15 计算机网络

（2）用 Delete 语句删除专业为“计算机网络”且性别为“男”的记录。

（3）查询学生的学号、姓名和专业。

（4）查询学生的人数和某门课的平均成绩。

（5）查询所有女生的学号、姓名，并按年龄从小到大排列。

第 9 章 算法与程序设计基础

计算机的每一个操作都是根据人们事先指定的指令进行的，一个特定的指令序列用来完成一定的功能。为了实现各种功能，需要计算机软件设计人员将解决问题的思路、方法等通过程序告知计算机，使计算机根据程序指令完成特定的任务。程序设计是计算机基础知识的一个重要部分，学会程序设计可以帮助我们进一步了解计算机的工作过程，深入理解计算机的强大功能。

9.1 程序和程序设计语言

9.1.1 计算机程序的概念

程序（Program）是计算机能识别和执行的一组指令或语句序列。计算机执行程序时会自动地执行各条指令，有条不紊地工作。程序设计语言提供了一定的语法和语义，软件设计人员在编写程序时必须严格遵守一定的语法规则，编写出的程序才能被计算机识别，运行出正确的结果。

9.1.2 程序设计语言的发展

程序设计语言是编写计算机程序所用的语言，是开发程序的工具。计算机程序设计语言的发展经历了三个阶段。

1. 机器语言阶段

机器语言（Machine Language）是由“0”和“1”组成的二进制代码，是计算机硬件唯一可以直接识别的语言。机器语言是第一代计算机语言，它的优点是编写的程序不需要翻译就可直接被计算机接收和识别，执行速度最快。

例如，某计算机要计算 10+15，用机器语言编写的程序如下。

10110000 00001010 把 10 放入累加器 A

00101100 00001111 15 与累加器 A 中的值相加，结果送入 A

11110100 结束

机器语言的缺点是难懂难记、容易出错，编写的程序难于修改和维护。而且机器语言的通用性极差，因为机器语言依赖于计算机硬件设备，但不同型号计算机的指令系统是不同的，所以为一种类型的计算机编写的机器语言程序，不能在另一种类型的计算机上运行。

2. 汇编语言阶段

汇编语言（Assembly Language）用助记符来表示每一条机器指令。如用 ADD 表示加法，用

SUB 表示减法等。汇编语言是第二代计算机语言。它与机器语言相比，用助记符代替机器指令代码，更为直观、便于记忆。计算机不能直接执行汇编语言程序，必须由汇编程序把它翻译成相应的机器语言程序才能运行。

例如，计算 10+15，用汇编语言编写的程序如下。

```
MOV   A,10        把 10 放入累加器 A
ADD   A,15        15 与累加器 A 中的值相加，结果送入 A
HLT               结束
```

汇编语言仍是面向机器的语言，要求编程人员对计算机硬件较为熟悉，通用性很差。机器语言和汇编语言都是依赖于具体机器特性的低级语言。

3. 高级语言阶段

高级语言（High-Level Language）更接近于人们习惯使用的自然语言和数学语言，同时又不依赖于计算机的硬件，用它编写的程序能在任何型号的计算机上运行。高级语言是第三代计算机语言，特点是易学、易用、易维护，人们可以用它更高效方便地编写各种用途的程序。

例如，计算 10+15 并输出结果，用 Visual Basic 高级语言编写的程序段如下。

```
Dim A As Interger        定义变量 A
A = 10 + 15              计算 10+15，结果赋值给 A
Print A                  输出结果
```

计算机不能直接执行用高级语言编写的程序，必须先由编译程序或解释程序把它翻译成相应的机器语言程序。由源程序翻译成的机器语言程序称为目标程序。

高级语言程序转换成目标程序的方式有两种。

（1）解释方式：由解释程序逐句翻译源程序，边解释边执行。这种方式翻译一句执行一句，所以不产生目标程序。

（2）编译方式：首先把源程序翻译成对应的目标程序，然后执行该目标程序。

根据所支持的程序设计方法的不同，可以将高级语言划分为结构化语言和面向对象语言两大类。FORTRAN、C 等属于结构化语言，C++、C#、Visual Basic、Java 等属于面向对象语言。

9.1.3 常用程序设计语言

目前，面向各种不同应用的程序设计语言有很多，如 C、C++、C#、Visual Basic、Java、Python 等。随着计算机软硬件的发展，这些程序设计语言的标准也在不断更新和提升，下面介绍几种常用的程序设计语言。

1. Visual Basic 语言

BASIC（Beginners All-purpose Symbolic Instruction Code，初学者通用符号指令代码）是在计算机技术发展史上应用最广泛的一种语言。Visual Basic（VB）是微软公司在 BASIC 基础上开发的新一代面向对象程序设计语言。

1991 年，微软推出了 Visual Basic 1.0 版，它是第一个基于 Windows 的可视化编程软件，人们把它的出现看作软件开发史上的一个具有划时代意义的事件。此后，微软又相继推出了 Visual Basic 2.0 到 Visual Basic 6.0 多个版本。Visual Basic 语言具有功能强大、易学易用的特点，支持面向对象、事件驱动的编程机制，同时还引入了“控件”的概念，可用于开发 Windows 环境下的各类应用程序，还可以编写企业水平的客户机/服务器程序及功能强大的数据库应用程序，是应用广泛的通用开发语言。

2. C 和 C++语言

1972 年到 1973 年，美国贝尔实验室的里奇（D.M.Ritchie）在 BASIC 的基础上设计了 C 语言，用于开发 UNIX 操作系统。C 语言是一种结构化语言，具有丰富的运算符和数据类型，语言表达力强，而且可以直接访问内存的物理地址。它集高级语言和低级语言的功能于一体，能实现对硬件的编程，编写的程序具有较强的可移植性。C 语言用途广泛、功能强大、使用灵活，既可用于开发系统软件，也可用于开发应用软件。1989 年，ANSI（美国国家标准学会）公布了一个完整的 C 语言标准 ANSI C（或称为 C89）。国际标准化组织 1990 年将 C89 作为国际标准，1999 年又对 C 语言标准进行了修订，新标准被称为 C99。C99 已成为现行的 C 语言标准。

C++语言是在 C 语言基础上发展起来的，它实现了对 C 语言的扩充，既支持传统的面向过程的程序设计，又支持面向对象的程序设计，运行性能较高。C++语言与 C 语言完全兼容，用 C 语言编写的程序能方便地在 C++语言环境中重用。C++是当今最流行的高级程序设计语言之一，应用十分广泛。

3. Java 语言

Java 语言是由 Sun 公司于 1995 年发布的一种面向对象的、用于网络环境的程序设计语言，它的最大优点就是跨平台性，一次编写多处运行。Java 语言以其简单、稳定、安全、可移植、多线程处理和动态等特征引起世界范围的广泛关注，受到了许多应用领域的重视，取得了快速发展，已被广泛应用于 Web 程序开发和移动端软件开发。同时，在智能 Web 服务、移动电子商务、分布计算技术、企业的综合信息化处理、嵌入式 Java 技术等方面也发挥着更大的作用。

4. Python 语言

1989 年底，荷兰计算机程序员吉多・范罗苏姆（Guido van Rossum）发明了 Python 语言，并于 1991 年发行了第一个版本。截至 2014 年，Python 已经成为美国顶尖大学中最受欢迎的计算机编程入门语言。Python 是一种面向对象、解释型的高级程序设计语言。它的语法简洁清晰，同时提供了丰富的标准库，编写的程序具有较强的可移植性、扩展性和嵌入性。自诞生至今，Python 语言被广泛应用于 Web 应用开发、系统网络运维、科学计算、3D 游戏开发、网络编程等领域。

9.2 程序设计

9.2.1 程序设计的步骤

计算机程序设计是根据具体问题，利用计算机语言设计、编制、调试和运行程序的过程。程序设计的步骤一般分为分析问题并建立模型、设计算法、编制程序、调试运行程序和编写程序文档等。

1. 分析问题并建立模型

在利用计算机解决科学研究、工程设计、生产实践和生活实际中所涉及的问题时，首先要对待解决问题进行分析，设法把实际问题抽象成数学模型，然后分析并确定具体的输入和输出数据。

2. 设计算法

针对问题进行详细分析，进而确定解决该问题的具体方法和相应的步骤，即设计算法的过程。计算机是按照人的思维解决问题的，必须确定解决问题的具体步骤，并以程序的形式输入计算机，计算机才能按照相应的步骤执行。

3. 编制程序

算法最终要以程序的形式在计算机内运行。编制程序就是将算法设计中确定的算法和问题求解所需的数据，按照相应语言的语法规则编写成最终能在计算机内执行的源程序。

4. 调试运行程序

程序编制完成后，需要进行调试和运行，以便查找并修改程序中的错误（包括语法错误、运行错误、逻辑错误等）。通过程序运行结果，测试程序是否达到预期目标。

5. 编写程序文档

程序测试完成后，可以对程序设计的过程进行总结，编写有关文档，如程序说明文档、程序代码文档、用户使用手册等。程序文档已经成为软件开发的必要组成部分。为了便于程序后期的管理与维护，可以在程序设计的每个步骤都形成规范的程序文档。

9.2.2 程序设计方法

程序设计方法是研究如何将复杂问题的求解过程转换为计算机能执行的具体代码的方法。随着计算机技术的高速发展，程序设计方法、技术和计算机语言也得到了很大发展。从初期的手工作坊式编程方法，发展出了多种程序设计方法和技术，如自顶向下的程序设计、自底向上的程序设计、结构化程序设计、函数式程序设计、面向对象的程序设计等。针对同一具体问题，采用不同的程序设计方法，所编制程序的可读性、可维护性和运行效率也不尽相同。下面介绍几种目前常用的程序设计方法。

1. 结构化程序设计

结构化程序设计（Structure Programming，SP）是20世纪70年代由迪科斯彻（Dijkstra）提出的，随后这种程序设计方法得到了广泛应用。采用结构化程序设计方法设计的程序，逻辑结构清晰、层次分明，易理解，易修改，易维护。

结构化程序设计是将解决问题的所有步骤或系统的功能进行分解，各个步骤或功能采用模块化设计。它采用自顶向下、逐步求精的方法，将整个系统功能逐层分解，直到每个模块具有明确的功能和可以接受的时间复杂度。系统模块的划分一般遵循以下三条基本要求。

（1）各个模块的功能在逻辑上尽可能单一化和明确化，最好做到一一对应，这也是模块的凝聚性。

（2）各个模块之间的联系及相互影响尽可能地少，对模块之间的必要联系都应当明确说明，这称为模块的耦合性。

（3）模块的规模应足够小，以方便编写和调试程序。

尽管结构化程序设计是一种应用非常广泛的程序设计方法，但仅仅利用结构化程序设计的思想解决复杂的问题或开发复杂的系统，也有一些不足之处。首先，结构化程序设计是面向过程的程序设计方法，它把数据和对数据的处理过程分离为相互独立的实体，采用“数据结构＋算法”的程序结构，如果需要修改某个数据结构，就需要改动涉及此数据结构的所有模块，所以当程序比较复杂时,容易出现问题，后期也难以维护。其次，结构化程序设计方法和人的思维方式有区别，所以很难自然、准确地反映真实世界。

2. 面向对象的程序设计

面向对象的程序设计（Object Oriented Programming，OOP）是在20世纪80年代提出的。面向对象的程序设计和面向对象的问题求解是当今人们解决软件复杂性的一种新的软件开发技术。

面向对象的程序设计是以对象为中心来分析问题和解决问题的。世界是由许多对象组成的，对象既是现实世界中可以独立存在、可以被区分的一些实体，也可以是概念上的实体。OOP 的思想方法较接近人们的思维方式，它把对复杂系统的认识归结为对一批对象及其关系的认识。OOP 使用户以更自然、更简便的方式进行软件开发。

程序设计中的对象是指将数据的属性和方法封装在一起而形成的一种实体，这些实体具有独立的功能，并隐藏了实现这些功能的复杂性。对象之间的相互作用是通过消息传送来实现的。面向对象的程序设计是一种“对象+消息”的程序设计模式。

面向对象的程序设计具有的特点是符合人们习惯的思维方法，程序模块化程度高，更易于维护，数据更安全，可重用性、可扩展性、可管理性强，能与可视化技术相结合改善人机界面，等等。

9.2.3　程序的基本组成

程序设计的语言多种多样，具体的书写格式和语法规则也不尽相同。因此，同一种算法，利用不同语言书写出来的程序也有区别。但程序通常可归纳为 4 种基本成分：数据成分、控制成分、运算成分和传输成分。数据成分用来描述与所处理问题有关的数据对象，如数据类型、名称和结构等。控制成分用来控制程序中语句的执行顺序，如选择语句和循环语句等。运算成分用来描述程序中所进行的运算，如算术运算和逻辑运算等。传输成分用来传输程序中的数据和运算结果，如 I/O 语句等。其中，数据成分和控制成分是程序最重要的组成部分，下面分别加以介绍。

1. 数据成分

数据是程序操作的对象，具有名称、类型、作用域等特征。在使用数据之前都要对其特征加以说明。数据名称是通过标识符自行确定的，数据类型规定计算机为数据分配多大的存储空间、数据在计算机内部的存储方式以及相关运算的合法性，数据作用域说明数据可以使用的范围。

2. 控制成分

为了描述计算机程序设计语句的执行过程，编程语言提供了控制语句执行过程的“控制成分”。控制成分为程序设计提供基本框架，在此基础上，可以将数据及其基本运算组合成程序。任何一个程序都可以由三种基本控制结构的成分搭建而成，这三种基本控制结构分别是顺序结构，选择（分支）结构和循环结构。

（1）顺序结构。顺序结构要求程序中的所有操作按照其出现的先后顺序运行，是一种最简单的程序设计结构，也是最基本、最常用的结构。顺序结构的特点是程序从入口点开始，按顺序执行所有操作，直到出口点整个程序结束。顺序结构也是任何从简单程序到复杂程序主体的基本结构，具体流程图如图 9-1 所示（流程图的画法及使用详见 9.3.3 节算法的描述）。

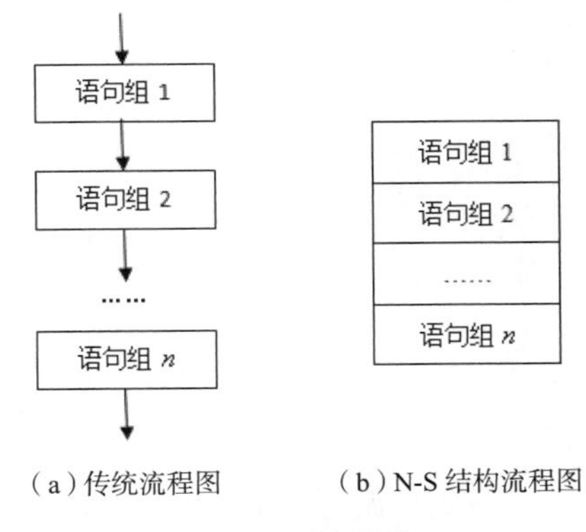

（a）传统流程图　（b）N-S 结构流程图

图 9-1　顺序结构

（2）选择结构。选择结构也称分支结构，程序在处理过程中出现了分支，需要根据某一特定的条件选择其中的一个分支执行。选择结构分为单路分支选择结构、两路分支选择结构和多路分支选择结构，如图 9-2 和图 9-3 所示。选择结构的具体特点是根据选择条件的判定结果为真（分支条件成立，常用 Y 或 True 表示）或为假（分支条件不成立，常用 N 或 False 表示），来决定从不同的分支中执行相应的操作。

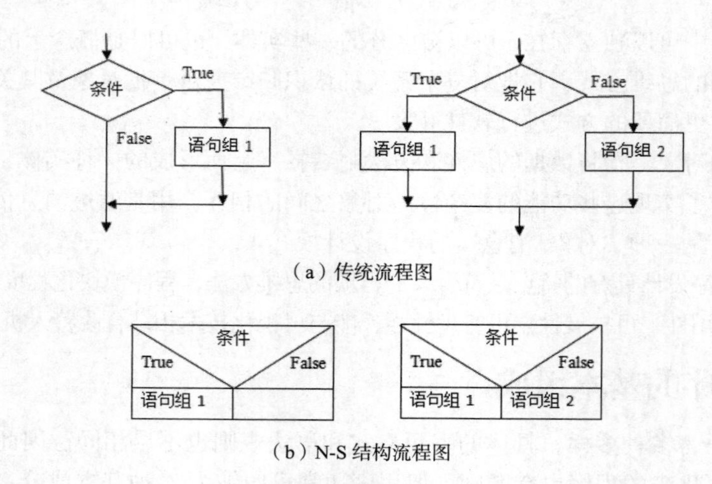

（a）传统流程图

（b）N-S 结构流程图

图 9-2 单路和两路分支选择结构

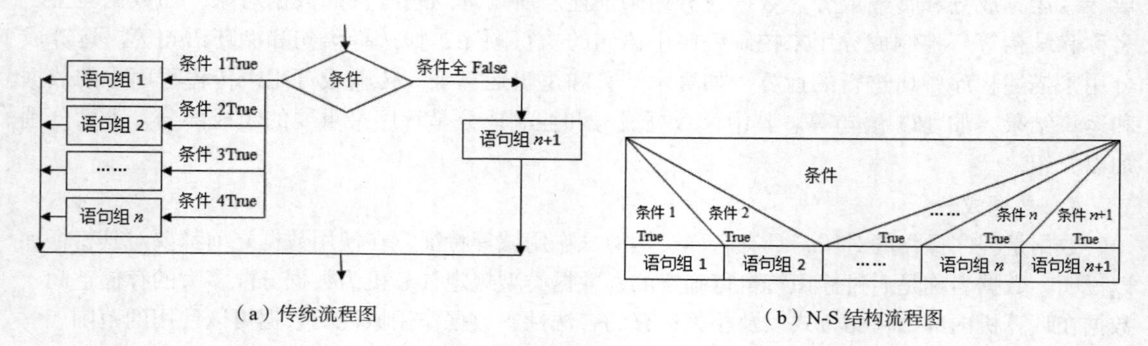

（a）传统流程图

（b）N-S 结构流程图

图 9-3 多路分支选择结构

（3）循环结构。循环结构指在程序设计过程中，从某处开始有规律地重复执行某些固定语句的结构，这些固定的语句为循环结构的循环体。常用的循环结构有两种，即当型循环结构和直到型循环结构。

当型循环结构，先判断循环条件，当满足对应条件时执行循环体，并且执行完循环体最后一条语句后自动返回到循环入口处；如果不满足给定条件，则不执行循环体任何语句，直接执行循环终端下面的语句，如图 9-4 所示。

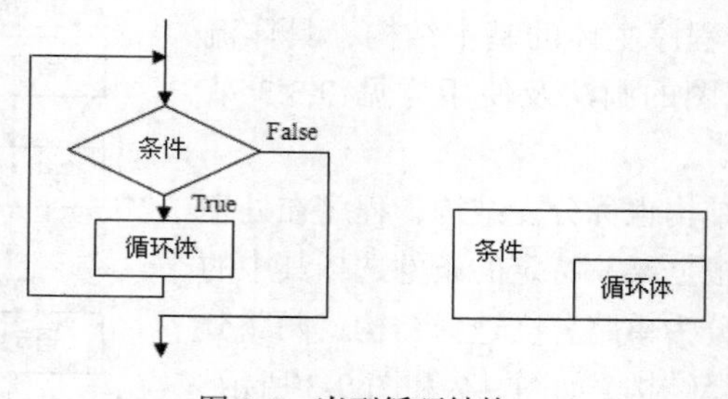

图 9-4 当型循环结构

直到型循环结构，先从循环入口处直接执行一次循环体，在循环终端处判定条件，决定是否继续执行循环体。如果不满足条件，则返回循环入口处继续执行循环体，直到条件为真时才结束循环，如图 9-5 所示。

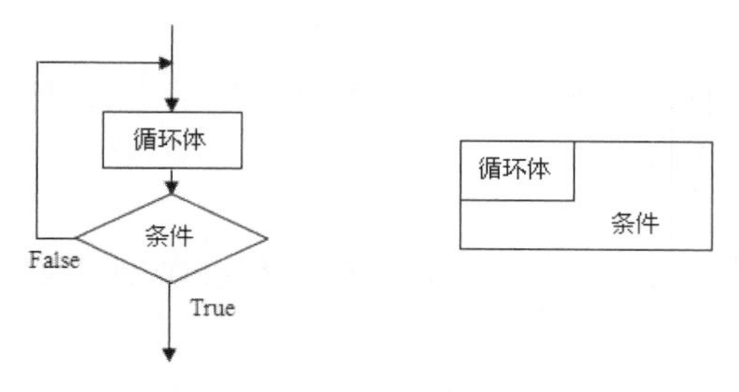

图 9-5　直到型循环结构

9.3 算法

9.3.1 算法的概念

算法（Algorithm）一词源于算术（Algorism），即算术方法，是指一个由已知推求未知的运算过程。后来，人们把进行某一工作的方法和步骤称为算法。广义地说，算法就是做某一件事的步骤或程序。在数学中主要研究计算机能实现的算法，即按照某种机械程序步骤一定可以得到结果的解决问题的程序，比如解方程的算法、函数求值的算法、作图的算法等。

利用计算机解决某一具体问题，首先要确定解决该问题的方法和步骤，即首先进行算法设计，再根据此算法运用某种程序设计语言编写程序。算法的设计一般采用由抽象到具体的逐步求精的方法。

对于算法的学习，通常涉及以下内容。

1. 设计算法

算法的设计是一个比较复杂的过程，不可能是完全自动化的，因此应了解和学习一些基本的算法设计方法。

2. 表示算法

算法的表示有多种形式，如自然语言、流程图等，它们有各自的特点和适用的环境。

3. 确认算法

确认算法能正确无误地工作。

4. 分析算法

对算法的优劣（效率）进行分析和评价。

5. 验证算法

算法的验证是对用计算机语言描述的算法进行测试，看其是否可以准确计算、结果是否有效合理。

9.3.2 算法的特征

一般来说，算法都应具备下列基本特征。

1. 确定性

算法的每一条指令都必须有确切的含义，不存在二义性。在任何条件下，同一个算法对于相同的输入只能得到相同的输出。

2. 有穷性

对于任何合法的输入数据，算法必须在执行有限步之后结束，且每一步都在可以接受的有穷时间内完成。

3. 可行性

算法中待处理的每一个运算都是可执行的，即在计算机的能力范围内，且能够在有限的时间内完成。

4. 有零个或多个输入

在算法开始前，有零个或多个输入量作为初始数据。初始数据可以是从外界获得的数据，也可以由算法自动生成。

5. 有一个或多个输出

算法至少有一个输出信息，用来反馈计算的结果。既然算法是为解决问题而设计的，那么算法的最终目的就是获得问题的解，并正确地将其显示出来。显然，没有输出的算法是毫无意义的。

9.3.3 算法的描述

算法描述有多种形式，常用的有自然语言、传统流程图、N-S 结构流程图、伪代码等。

1. 自然语言

自然语言是人们日常使用的语言，用它表示的算法通俗易懂，但当算法较复杂时，自然语言的描述比较烦琐冗长，而且容易产生二义性。以下两个问题在解决的过程中所使用的算法就是通过自然语言来描述的。

【例 9-1】 任意给定一个大于 1 的整数 n，试设计一个算法对 n 是否为质数做出判定。

根据质数的定义判断给定的任意数 n 是否为质数，具体算法如下。

第一步：判断 n 是否等于 2，若 n=2，则 n 是质数；若 n>2，则执行第二步。

第二步：依次从 2 至（n−1）检验是不是 n 的因数，即能整除 n 的数，若有这样的数，则 n 不是质数；若没有这样的数，则 n 是质数。

这是判断一个大于 1 的整数 n 是否为质数的最基本算法。这个例子可以明确算法具有两个主要特点：有穷性和确定性。

【例 9-2】 一个人带三只狼和三只羚羊过河，只有一条船，同船可以容纳一个人和两只动物。没有人在的时候，如果狼的数量不少于羚羊的数量，狼就会吃掉羚羊。请设计过河的算法。

具体算法如下。

第一步：人带两只狼过河。

第二步：人自己返回。

第三步：人带一只羚羊过河。

第四步：人带两只狼返回。

第五步：人带两只羚羊过河。

第六步：人自己返回。

第七步：人带两只狼过河。

第八步：人自己返回。

第九步：人带一只狼过河。

2. 传统流程图

传统流程图描述的算法采用特定的图形符号表示。用传统流程图描述算法，逻辑结构清楚、直观形象、易于理解，所以被广泛应用。传统流程图中常用的图形符号如图 9-6 所示。例 9-1 的算法用传统流程图表示，如图 9-7 所示。

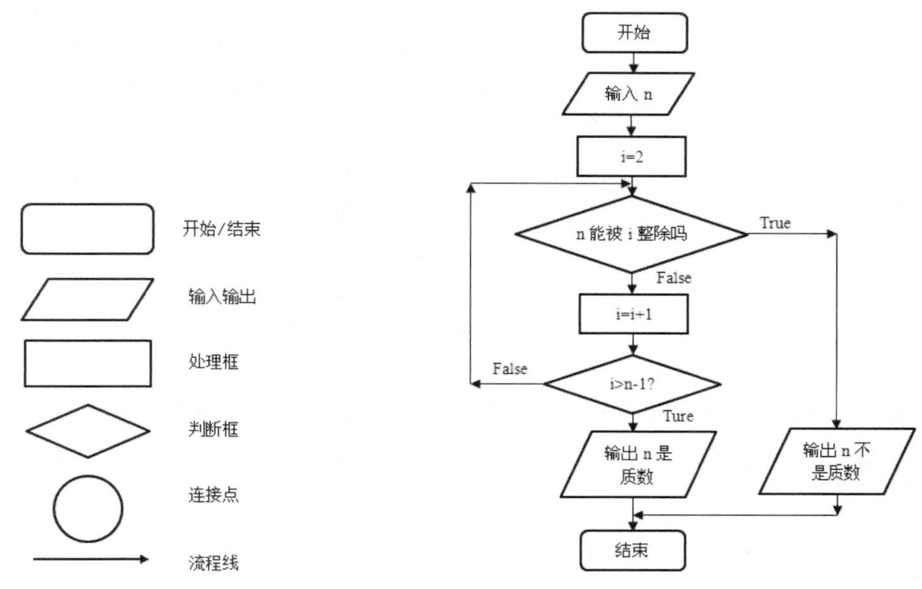

图 9-6 传统流程图常用的图形符号

图 9-7 例 9-1 的传统流程图

3. N–S 结构流程图

1973 年美国学者纳斯（L. Nassi）和施奈德曼（B. Shneiderman）提出了 N-S 结构流程图。这种流程图省去了传统流程图中的所有线条，将全部算法写在一个矩形框内，框内还可以包含从属于它的框。用 N-S 结构流程图表示算法直观、清晰、简洁，因此它也被广泛应用。N-S 结构流程图用几种基本元素表示三种基本结构，如图 9-8 所示。

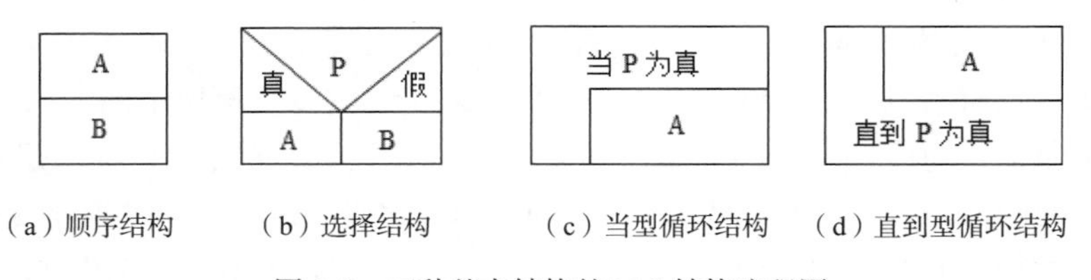

（a）顺序结构（b）选择结构（c）当型循环结构（d）直到型循环结构

图 9-8 三种基本结构的 N-S 结构流程图

9.3.4 算法的评价

同一问题往往有多种不同的方法进行解决，同样，根据不同的方法可以设计多种不同的算法，而这些算法的运行效率、占用内存量等可能有较大差异，所以就有必要评价哪个算法更好。一般来说，评价一个算法的好坏可以从正确性、可读性、运行时间和占用空间等方面进行。常用的算法评价指标是该算法完成任务所需要的时间和所占用的计算机存储空间，即考虑时间复杂度和空间复杂度。通过对算法的时间复杂度和空间复杂度的分析，可以估算这一算法适合在什么样的环境运行，也可以对解决同一问题的不同算法进行比较。

1. 时间复杂度

算法的时间复杂度是指算法在计算机中运行所花费的时间，采用“大 O 记法”，这里的“O”

表示数量级。在这种描述中使用参数 n，即算法基本步骤的运算次数，把复杂性或运行时间表达为 n 的函数，记为 $O(f(n))$，表示当 n 增大时，运行时间至多将以正比于 $f(n)$的速度增长。

2. 空间复杂度

算法的空间复杂度是指执行它所需的存储空间，包括算法程序、输入的初始数据所占的存储空间以及算法执行过程中所需要的额外的存储空间。其中，额外存储空间包括算法执行过程中的工作单元以及某种数据结构所需的附加存储空间。而在实际问题中，为了减少算法所占的存储空间，通常采用压缩存储技术。空间复杂度的表示方法与时间复杂度类似，一般以存储单元的数量级形式给出，在此可将一个数据元素的存储空间看作一个单位空间。

9.4 初识 Python

Python 是一种计算机程序设计语言，它是一种动态的、面向对象的脚本语言，最初被设计用于编写自动化脚本，随着版本的不断更新和语言新功能的添加，它越来越多被用于独立的、大型项目的开发。

9.4.1 Python 语言概述

Python 是荷兰人吉多・范罗苏姆（Guido van Rossum）在 1989 年圣诞节期间，为了打发无聊的圣诞节而编写的一个编程语言，第一个公开发行版发行于 1991 年。吉多・范罗苏姆给 Python 的定位是“优雅”“明确”“简单”，所以 Python 程序看上去简单易懂，初学者入门容易，但深入下去，它也可以编写非常复杂的程序。总的来说，Python 的哲学就是简单优雅，尽量写容易看明白的代码，尽量写少的代码。比如，完成同一个任务，C 语言要写 1000 行代码，Java 只需要写 100 行，而 Python 可能只要 20 行。

Python 可以做日常任务，比如自动备份 MP3；Python 可以做网站，很多著名的网站包括 YouTube 就是 Python 写的；Python 还可以做网络游戏的后台等。

任何编程语言都有缺点，Python 也不例外，Python 的主要缺点有以下两个。

第一个缺点是运行速度慢。Python 程序和 C 程序相比运行非常慢，因为 Python 是解释型语言，代码在执行时会一行一行地翻译成 CPU 能理解的机器码，这个翻译过程非常耗时。而 C 程序是运行前直接编译成 CPU 能执行的机器码，所以非常快。但是大量的应用程序不需要这么快的运行速度，因为用户根本感觉不出来。例如，开发一个下载 MP3 的网络应用程序，C 程序的运行需要 0.001 秒，而 Python 程序的运行需要 0.1 秒，是前者的 100 倍，但网络传输速度更慢，需要等待 1 秒，而用户可能感觉不到 1.001 秒和 1.1 秒的区别。

第二个缺点是代码不能加密。如果要发布自己编写的 Python 程序，实际上就是发布源代码，这一点跟 C 语言不同，C 语言不用发布源代码，只需要把编译后的机器码（也就是在 Windows 上常见的 xxx.exe 文件）发布出去。要从机器码反推出 C 代码是不可能的，所以，凡是编译型的语言都没有这个问题，而解释型的语言则必须把源代码发布出去。

9.4.2 Python 的安装与运行

Python 是非常优秀的开源项目，其解释器的全部代码都是开源的，用户可以进入 Python 官网，选择需要的版本进行下载。

安装时选中“Install launcher for all users”，安装目录会改变，可以根据自己的需求修改安装路径；选中“Add Python 3.7 to PATH”，把 Python 添加到环境变量，这样以后在 Windows 命令提示符下也可以运行 Python。安装界面如图 9-9 所示。

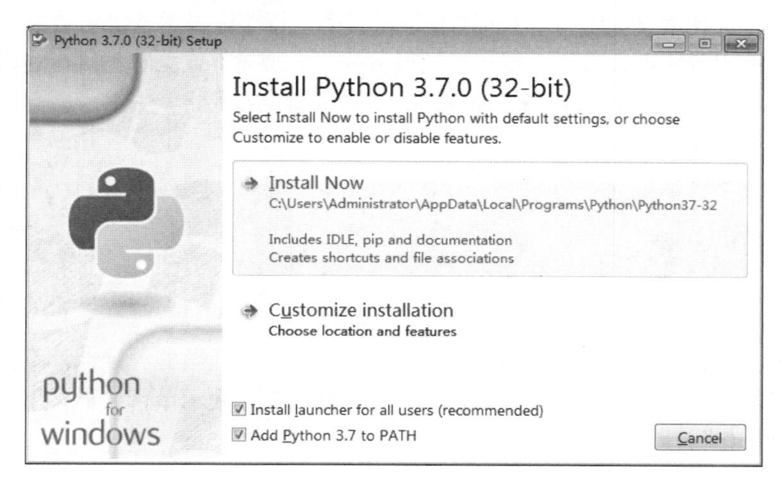

图 9-9　Python 安装界面

安装成功后，打开命令提示符窗口，输入“python”，显示对应的版本信息，说明安装成功。

安装完成后，在“所有程序”里选择“Python”中的“IDLE”，即可打开 Python 的交互环境。“>>>”是 Python 语句的输入提示符，在这个符号后面可以输入 Python 语句，但只能单行输入运行且无法保存程序。如果一个程序包含多行语句，并且需要保存，可以在交互环境中单击菜单“File”中的“New File”命令，打开一个新窗口，如图 9-10 所示，在此窗口中输入程序（不同颜色代表不同的提示信息）。按【F5】键即可运行程序，如果程序运行正确，可以保存此文件，系统将 Python 程序的扩展名设置为.py，以后可以重复运行。

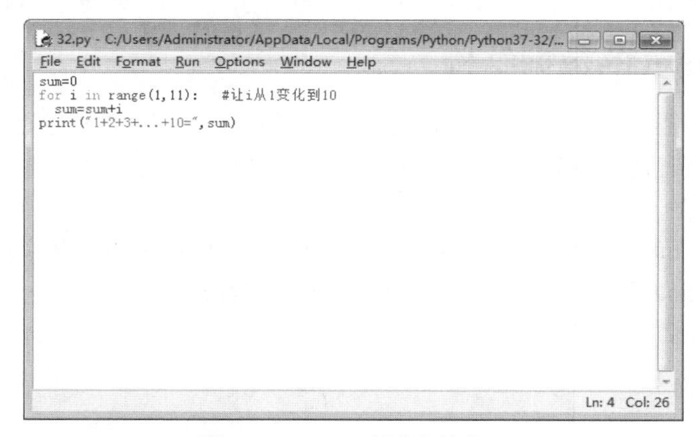

图 9-10　Python 新建文件窗口

9.4.3　Python 的格式与变量

Python 通常对程序的书写格式有以下要求。

1. 区分大小写

在 Python 中，大写字母和小写字母是不同的，例如，ABCD、abcd、AbcD 是不同的标识符。

2. 缩进

在 Python 中，使用严格的缩进来表示语句之间的逻辑关系，这使得程序更加清晰和美观。强制缩进也可以避免不好的编程习惯，使不正确的语句不能通过编译。在正确的位置上打上“:”，则系统会在下一行自动缩进。例如，下面的程序段，第二行缩进表示该语句是第一行 if 语句成立时执行的语句，第四行缩进表示该语句是第三行 else（if 语句不成立时）执行的语句。而最后一行不属于 if 语句，所以不管 if 语句条件成立还是不成立都会执行。

```
if a > b:
    print "a大于b"
else:
    print "a不大于b"
print "不管条件是否成立，这一行都会打印"
```

3. 注释

注释是辅助文字，是程序员对程序代码的说明，用于提升代码的可读性，不作为程序代码，所以不会被编译器或解释器执行。在 Python 中，用“#”开头表示单行注释，用三个单引号开头和结尾，可以进行多行注释。

```
#这是单行注释
'''
这是Python的多行注释
不会被执行
'''
```

变量是用来存放程序运行过程中用到的各种原始数据、中间数据、最终结果的，可以把它理解为一个存放其他数据的盒子，使用变量可以减少重复输入。在整个程序的执行过程中，变量的值是可以变化的，但在程序执行的每个瞬间，变量的值都是明确的、固定的、已知的。

变量的命名需要遵循一定的规则。在 Python 中，变量名可以由大小写字母、数字、下画线和汉字组成，但首字符不能是数字。合法的变量名有 abc、y4、x_1、分数、score。

9.4.4 Python 的数据结构

在计算机中，通常会对表示信息的数据进行分类，便于计算机对数据进行准确的处理，Python 通常使用的数据类型有整数类型、浮点数类型、字符串类型等。

1. 整数和浮点数

Python 的整数（Int）和数学里的整数定义是一样的，Python 里的浮点数（Float）可以看作数学里的小数。在 Python 里使用 print()函数打印一个整数或浮点数。

```
>>>print(1234)
1234
>>>print(1.23)
1.23
```

在 print()函数中，可以直接进行整数的加、减、乘运算，也可以用括号来改变优先级顺序。

```
>>>print(12+34)
46
>>>print(3*(4+6))
30
```

2. 字符串

在 Python 中，任何被单引号或双引号括起来的内容都被认为是字符串（String）。字符串也可以赋值给变量。字符串的内容可以是中文、英文、数字、空格等。

```
str1="这是一个字符串"
str2="Hello"
```

注意：字符串形式的数字和普通的数字是不一样的，它们不相等。

```
str3="123"
int1=123
```

3. 列表

列表（List）是 Python 里的容器之一，由方括号括起来的数据构成。方括号里的数据可以是整数、浮点数、字符串，也可以是另一个列表或其他数据结构。列表里的每一项叫作列表的一个元素，元素之间用英文逗号隔开。

```
list1=[1,2,3,4]    #列表里有 4 个元素，全部是数字
list2=['a','xyz','efg']  #列表里有 3 个元素，全部是字符串
list3=['abc',12,5.6,[1,3,'x']]  #由多种元素组成的列表
```

4. 元组

元组（Tuple）是 Python 里的容器之一，由小括号括起来的数据构成。它的样式和列表很像，但列表使用的是方括号，而元组使用的是小括号。“元组”中的“元”和“二元一次方程”中的“元”是同一个意思，“组”是组合的意思。

```
tuple1=(1,2,3,4)    #元组里有 4 个元素，全部是数字
list2=('a','xyz','efg')  #元组里有 3 个元素，全部是字符串
list3=('abc',12,5.6,[1,3,'x'])  #由多种元素组成的元组
```

元组和列表的区别：列表生成后还可以往列表里添加数据，也可以从列表里删除数据，而元组一旦生成就不能修改（但如果元组包含了一个列表，则这个元组里的列表是可以变化的）。

9.4.5　Python 的控制结构

本节简要介绍 Python 中的顺序结构、选择结构、循环结构以及所涉及的语句。

1. 顺序结构

顺序结构按照代码书写顺序执行，即一条一条语句顺序执行，这种结构的逻辑是最简单的。相关语句和函数主要有如下几个。

（1）赋值语句

赋值语句是任何程序设计中都必不可少的语句，它可以将指定的表达式的值赋给某个变量或对象的某个属性。基本语法如下。

```
<变量> = <表达式>
<对象名>.<属性名> = <表达式>
```

示例如下。

```
>>>x=2
>>> y=x*3              #计算 x*3 的值，得 6，把 6 赋给变量 y
>>>print(y)
6
```

（2）input()函数

input() 函数用于接收一个标准输入数据，返回字符串。基本语法如下。

```
<变量 1>=input(<提示信息>)
```

例如，在 Python 交互环境中输入 x=input('请输入一个整数：')，按 Enter 键后，则出现引号中

的提示信息，用户输入数据后，此数据就会被赋给变量 x。

```
>>> x=input('请输入一个整数：')
请输入一个整数：2
>>>x
'2'
```

（3）print()函数

print() 函数用于输出信息到显示器上。输出内容可以是数值型或字符串型数据，也可以是一个变量。基本语法如下。

```
print (<输出内容>)
```

2. 选择结构

Python 的选择结构

选择结构即程序根据判断条件，选择执行特定的代码。如果条件为真，程序执行一部分代码，否则执行另一部分代码。在 Python 中，选择结构的语法使用关键字 if、 elif、 else 来表示，具体语法如下。

（1）单分支或双分支语句

在 Python 中，单分支或双分支语句的基本语法格式如下。

```
if<条件>:
  <语句块 1>
[else:
  <语句块 2>]
```

功能：首先判断条件的值，如果值为 True（真），则执行语句块 1；如果值为 False（假），则执行语句块 2 或不执行。

示例如下。

```
x=5
y=6
if x+y==11:
    print ('回答正确')
print('本行代码与上面的 if 语句无关')
```

【例 9-3】 求分段函数的值：$y=\begin{cases}5+6x & x<0\\ 3x^2 & x\geqslant 0\end{cases}$。

程序如下。

```
x=eval(input('请输入 x 的值：'))
if x<0:
    y=5+6*x
else:
    y=3*x*x
print('y={:.2f}'.format(y))
```

（2）多分支语句

在 Python 中，多分支语句的基本语法格式如下。

```
if<条件 1>:
  <语句块 1>
elif<条件 2>:
  <语句块 2>
…
else:
  <语句块 N>
```

功能：首先判断条件 1 的值，如果值为 True（真），则执行语句块 1；如果条件 1 的值为 False（假），再判断条件 2 的值，若为 True（真），则执行语句块 2；否则再判断条件 3 的值……如果没有条件成立，则执行 else 后面的语句块。

【例 9-4】 根据百分制成绩，给出相应的等级。其中 90～100 分等级为 A，80～89 分等级为 B，70～79 分等级为 C，60～69 分等级为 D，0～59 分等级为 E。

程序如下。

```
s=eval(input('请输入成绩：'))
if s>=90:
  g='A'
elif s>=80:
  g='B'
elif s>=70:
  g='C'
elif s>=60:
  g='D'
else:
  g='E'
print('对应的成绩等级为：',g)
```

3. 循环结构

循环就是让一段代码反复运行多次。在 Python 中，循环结构的语法使用关键字 for、while 来表示，具体语法如下。

Python 的循环结构

（1）for 循环

在 Python 中，for 循环的基本语法格式如下。

```
for  <循环变量>  in  <遍历结构>:
  <循环体>
```

功能：遍历循环，从遍历结构中逐一提取元素赋值给循环变量，然后对提取的每个元素执行一次循环体。遍历结构可以是字符串、文件或 range()函数等。For 循环的次数由遍历结构中元素的个数确定。

【例 9-5】 编写程序，求 1+2+3+…+100。

程序如下。

```
s=0                          # 求 1+2+3+…+100
for i in range(1,101):
   s=s+i
print('1+2+3+…+100=',s)
```

【例 9-6】 循环输出字符串内容。

程序如下。

```
for s in "循环实例":          # 输出字符串的每个字符
   print('当前文字：'+s)
else:
print('循环结束')
```

【例 9-7】 循环输出列表中的每一个元素。

程序如下。

```
fruits = ['banana', 'apple', 'pear', 'watermelon']
for fruit in fruits:         # 将列表中的元素依次输出
print ('当前水果 :', fruit)
```

（2）while 循环

在 Python 中，while 循环的基本语法格式如下。

```
while <条件>:
  <循环体>
```

功能：首先判断条件的值，如果值为 True，则执行循环体，然后判断条件是否成立；如果条件的值为 False，则退出循环，执行循环语句后面的语句。

【例 9-8】 编写程序，求 1+3+5+…+99。

程序如下。

```
s=0
i=1
while i<=99:
   s=s+i
   i=i+2
print('1+3+5+…+99=',s)
```

习题 9

一、选择题

1. 计算机能直接执行的语言是（　　）。

A. 机器语言　　B. 汇编语言　　C. 高级语言　　D. 目标语言

2. 解释程序的功能是（　　）。

A. 将高级语言程序转换为目标程序　　B. 将汇编语言程序转换为目标程序

C. 解释执行高级语言程序　　D. 解释执行汇编语言程序

3. 程序设计要遵循一定的开发方法及思想，以下有一个不是程序设计过程中应该遵循的开发方法，它是（　　）。

A. 结构化设计方法　　B. 模块化程序设计方法

C. 面向对象的程序设计方法　　D. 数据结构优先原则

4. 世界上第一个高级语言是（　　）。

A. BASIC 语言　　B. C 语言　　C. FORTRAN 语言　　D. Pascal 语言

5. 汇编语言的任务是（　　）。

A. 将汇编语言编写的程序转换为目标程序

B. 将汇编语言编写的程序转换为可执行程序

C. 将高级语言编写的程序转换为汇编语言程序

D. 将高级语言编写的程序转换为可执行程序

6. 编程语言提供的三种基本控制结构是（　　）。

A. 输入、处理和输出结构　　B. 常量、变量和表达式结构

C. 表达式、语句和函数结构　　D. 顺序、选择和循环结构

7. 汇编语言属于（　　）。

A. 用户软件　　B. 低级语言　　C. 高级语言　　D. 二进制代码

8. 关于结构化程序设计的概念，正确的是（　　）。

A. 结构化程序设计是按照一定的原则与原理，组织和编写正确且易读的程序

B. 追求程序的高效率，依靠程序员自身的天分和技巧

C. 结构化程序设计的主要思想是自底向上、逐步求精

D. 以上说法都是正确的

9. 下面不属于 Python 合法的标识符的是（　　）。

A. float2　　B. name　　C. _score　　D. 3x

10. Python 不支持的数据类型有（　　）。

A. Int　　B. Float　　C. Char　　D. List

11. 已知 x=50，c='B'，y=1，则表达式（c<'a'　and　x>=y　and　y）的值是（　　）。

A. True　　B. 1　　C. 0　　D. 出错

12. 若 x 为整数，则下面程序段中，while 循环体执行的次数为（　　）。

```
x = 1000
while x>1:
  print(x)
  x=x/2
```

A. 500　　B. 11　　C. 10　　D. 9

二、填空题

1. 计算机语言有三种类型：机器语言、________和________。
2. 程序设计的核心是________和________。
3. 一个完整的计算机算法应该满足确定性、有穷性、可行性、________和________。
4. 高级语言程序的翻译有两种方式，一种是________，另一种是________。
5. 评价算法效率的主要指标有________和________。
6. 程序的三种基本结构分别是________结构、________结构和________结构。
7. 赋值语句中“=”左边必须是________，右边是表达式。
8. Python 使用符号________表示注释，以________划分语句块。
9. 设 s='abcdefg'，则 s[3]的值是________，s[3:5]的值是________，s[:5]的值是________，s[3:]的值是________，s[::2]的值是________，s[::-1]的值是________，s[-2:-5]的值是________。

三、简答题

1. 简述程序设计过程包括哪些步骤。
2. 简述算法的概念及其重要特性。
3. 简述高级语言中解释程序的功能，解释程序包括哪些方式，解释方式与编译方式的区别。
4. 简述计算机程序设计语言的分类和各类的特点。
5. 用 Python 编程，输出 100 以内能被 2 和 3 同时整除的数。

第 10 章 常用工具软件

随着计算机的日益普及，其应用已经广泛深入工作和生活的各个方面。人们对计算机应用的要求越来越高，除了文字处理和上网浏览信息等基本操作外，人们还希望更轻松地对计算机进行各种基础设置和维护、排除常见故障，以及使用各种辅助工具软件提高学习和工作效率。计算机工具软件，就是在计算机操作系统的支撑环境中，为了扩展和补充计算机的功能而设计的一些软件。本章将系统地介绍当前实用并且具有代表性的工具软件，包括系统备份和恢复工具、网络下载工具、安全防护工具、数据存储与恢复工具和文件压缩工具。

10.1 系统备份和恢复工具

系统备份和恢复工具可以将用户所有的文件安全复制到本地磁盘或其他介质上进行备份，在系统出现问题的时候恢复系统。常用的系统备份和恢复工具有一键 GHOST、一键还原精灵等，下面简单介绍一键 GHOST 软件的使用。

一键 GHOST 是一款一键操作即可备份、还原计算机系统的便捷工具，它有硬盘版、光盘版、U 盘版和软盘版 4 种版本，能够适应不同用户的不同需求，且各版本之间还能互相配合。它的主要功能包括“一键备份系统”“一键恢复系统”“中文向导”“DOS 工具箱”等，这里以硬盘版为例来介绍。

10.1.1 一键 GHOST 备份系统

一键 GHOST 备份系统操作步骤如下。

（1）安装后双击桌面上的“一键 GHOST”图标，弹出“一键备份系统”对话框，如图 10-1 所示。在该对话框中选中“一键备份系统”单选按钮，并单击“备份”按钮。

（2）弹出对话框，提示需要重新启动，单击“确定”按钮，操作系统开始重启。系统重启之后，等待出现图 10-2 所示的提示，单击“备份”按钮或按【K】键，系统开始备份。

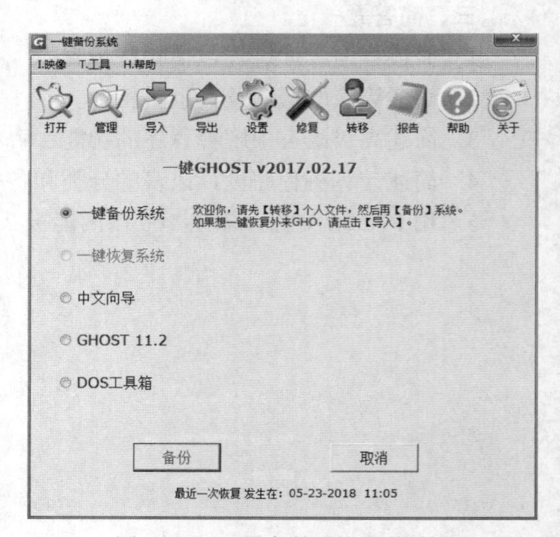

图 10-1 “一键备份系统”对话框

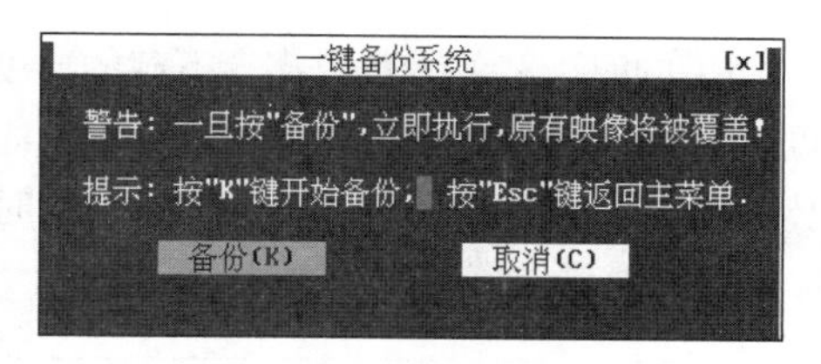

图 10-2　提示

10.1.2　一键 GHOST 恢复系统

使用一键 GHOST 进行系统恢复，需要硬盘上有先前成功备份的系统镜像文件（*.gho 文件）。一键恢复系统的操作步骤如下。

（1）在图 10-1 所示的“一键备份系统”对话框中选中“一键恢复系统”，然后单击“恢复”按钮，在弹出的对话框中单击“确认”按钮后，计算机开始保存设置并重启。

（2）计算机重新启动后，系统要会再次提示“是否要进行分区恢复，恢复后目的分区将被覆盖”，单击“Yes”按钮就会执行系统恢复操作，如图 10-3 所示。

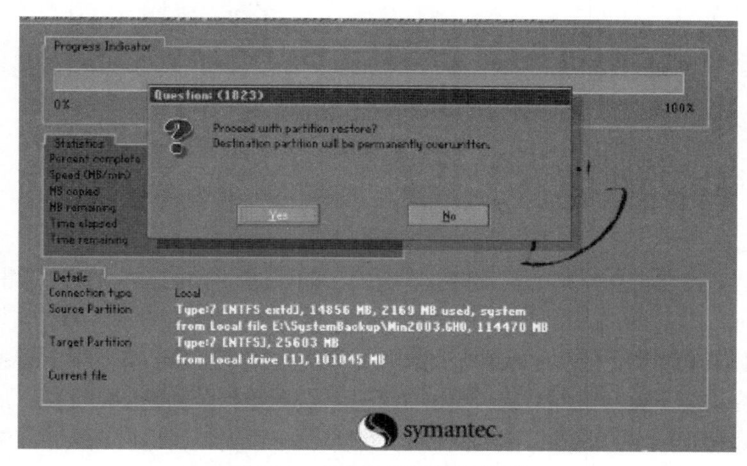

图 10-3　恢复系统确认对话框

（3）恢复完毕后出现恢复完毕窗口，单击“Reset Computer”按钮，重新启动计算机，系统恢复工作完成。

10.2　网络下载工具

网络下载工具是一种可以高速地从网上下载文本、图像、视频、音频、动画等信息资源的软件。常见的网络下载工具一般都采用了“多点连接、分段下载、断点续传”的技术，不仅可以随时从上次中止位置继续下载，而且可以充分利用网络上的多余带宽，有效避免重复下载。

10.2.1　迅雷简介

迅雷采取了 P2SP（Peer to Server & Peer，用户对服务器和用户）技术，通过客户端及服务器搜索，自动把从网络上搜集到的所有文件下载链接分类汇总到数据库中。一般情况下文件下载大都通过 HTTP 或者 FTP 站点，如果同时下载的人数过多，下载的速度会变慢。但迅雷下载正好相反，同时下载的人数越多速度就越快，因为它采用的是多点对多点的传输服务，本身不支持上传资源，只提供下载和自主上传。迅雷针对宽带用户做了优化，并同时推出了“智能下载”服务。迅雷主界面如图 10-4 所示。

图 10-4　迅雷主界面

10.2.2　迅雷的使用

1. 下载方法

安装迅雷后，右键单击网页中的资源链接，在弹出的快捷菜单中选择“使用迅雷下载”命令，然后弹出“新建任务”对话框，如图 10-5 所示。选择保存路径，单击“立即下载”按钮即可开始下载该资源。若要下载某个网页上的多个或者全部文件，则应选择“使用迅雷下载全部链接”命令，在弹出的对话框中选择需要下载的文件，或者单击“筛选”按钮选择某种类型的文件，最后单击“确定”按钮即可将任务添加到迅雷。此外，拖曳网页上的链接到迅雷窗口，也可直接建立链接的下载任务。

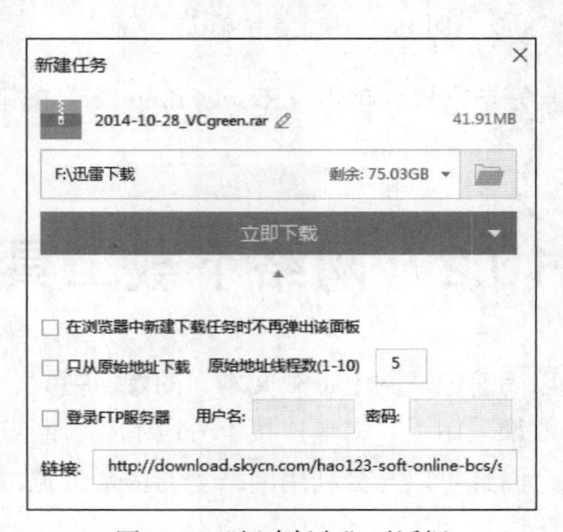

图 10-5　“新建任务”对话框

用迅雷进行批量下载时，使用迅雷的“新建任务”命令，弹出“新建任务”对话框，选择“添加批量任务”，设置批量下载的任务规则，设定文件保存路径，然后单击“立即下载”按钮即可开始下载。

2. 下载管理

单击“任务管理”窗格中的“正在下载”选项，在右侧的下载列表中可以看到正在下载的文件以及下载相关的信息。

如果计算机关机导致迅雷文件没有下载完成，下次打开迅雷后直接右键单击未下载完成的文件，选择“用迅雷下载未完成的任务”选项，启动继续下载即可。

使用工具栏，可以对正在下载的任务进行管理。可以单击“暂停”按钮，暂停正在下载的任务，也可以单击“开始”按钮，开始暂停的任务。右键单击正在下载的文件，在弹出的菜单中选择“删除”选项，可以删除正在下载的文件。

单击“任务管理”窗格中的“已完成”选项，右侧会列出已经完成的下载任务。如果需要打开或者运行已经下载完的某个文件，双击该文件即可。

10.3 安全防护工具

计算机在使用过程中，难免会受到安全威胁，如系统被非法侵入、感染计算机病毒等，这时可以通过病毒查杀、修复漏洞、系统检测和故障排除等维护计算机安全。常用的安全防护工具有 360 安全卫士、腾讯电脑管家等。下面简单介绍 360 安全卫士的使用。

10.3.1 360 安全卫士简介

360 安全卫士是一款由奇虎 360 公司推出的功能强、效果好、受用户欢迎的安全杀毒软件，拥有“电脑体检”“木马查杀”“电脑清理”“系统修复”“优化加速”“360 系统急救箱”等多种功能，主界面如图 10-6 所示。

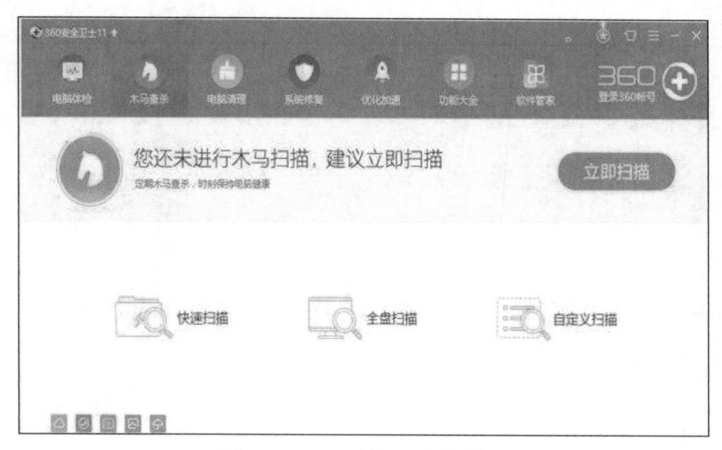

图 10-6　360 安全卫士主界面

10.3.2 360 安全卫士的使用

1. 电脑体检

通过“电脑体检”可以全面检查影响计算机安全和性能的问题，360 安全卫士能够给出一个评测结果，利用“一键修复”可以对有问题的部分进行修复。“电脑体检”界面如图 10-7 所示。

图 10-7 “电脑体检”界面

2. 木马查杀

定期查杀木马，可以有效保护计算机账户的安全。木马查杀有快速查杀、全盘查杀和按位置查杀三种方式，用户选择任一种扫描方式，单击“开始扫描”按钮，360 安全卫士就可以按照相应的扫描方式进行木马查杀。在查杀的过程中，可以暂停或终止查杀。“木马查杀”界面如图 10-8 所示。

图 10-8 “木马查杀”界面

3. 电脑清理

“电脑清理”功能对计算机中的 Cookie、系统垃圾、上网痕迹和插件等进行清理，从而节省磁盘空间，加快系统的运行速度。单击“全面清理”按钮开始扫描，扫描完毕之后，单击“一键清理”按钮即可进行电脑清理。“电脑清理”界面如图 10-9 所示。

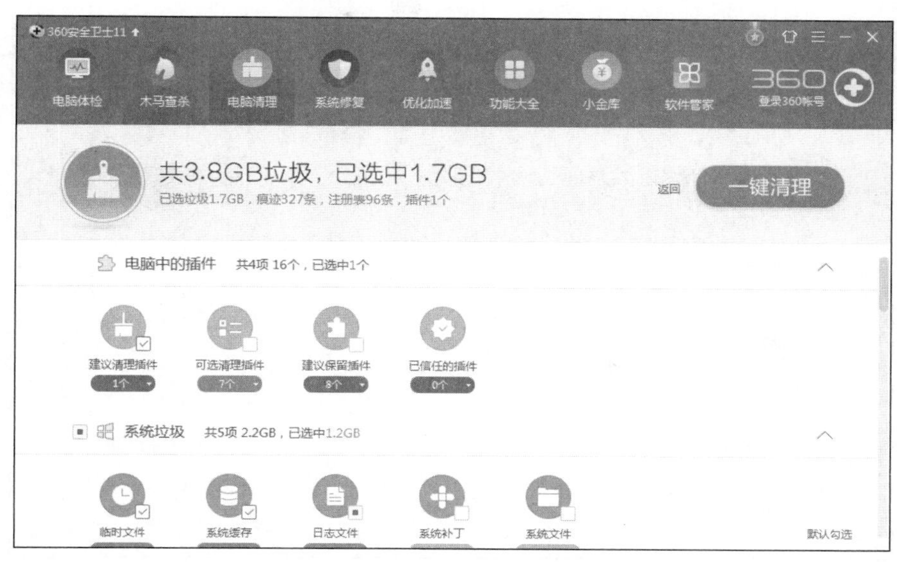

图 10-9 “电脑清理”界面

4. 系统修复

“系统修复”功能可以全面扫描系统、检查漏洞情况，并通过微软官方获取补丁进行系统修复，以保证系统的安全。用户可以选择“全面修复”或“单项修复”进行漏洞扫描，扫描完成后，单击“一键修复”按钮即可自动进行修复。“系统修复”界面如图 10-10 所示。

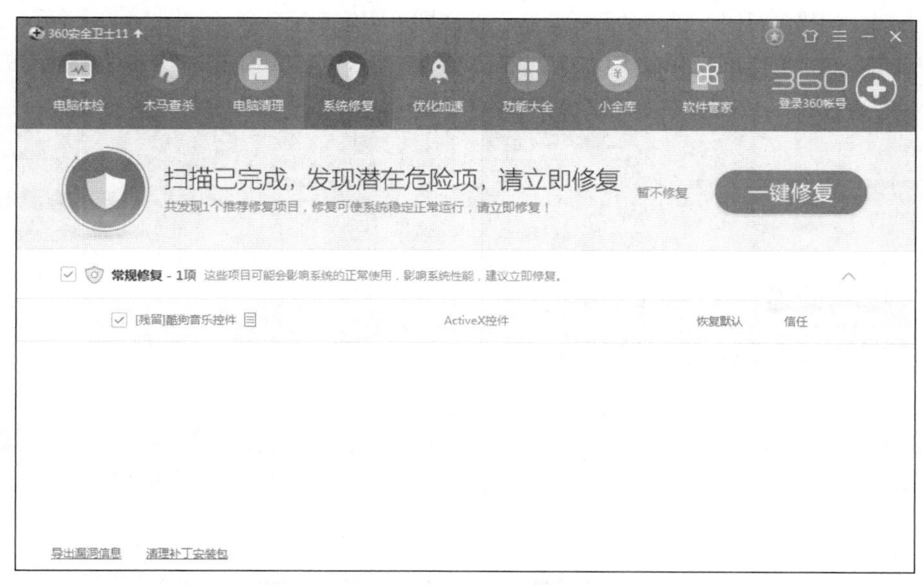

图 10-10 “系统修复”界面

5. 优化加速

“优化加速”功能包括开机加速、系统加速、网络加速和硬盘加速四个模块，可以提升开机、运行速度，同时优化网络配置，提高硬盘传输效率，全面提升计算机性能。用户可以选择“全面加速”或“单项加速”来进行扫描，扫描之后单击“立即优化”按钮即可对系统进行优化。“优化加速”界面如图 10-11 所示。

图 10-11 “优化加速”界面

6. 360 系统急救箱

当计算机出现严重问题或染上顽固病毒，可以使用“360 系统急救箱”来进行检查和修复。用户在“木马查杀”界面上单击“系统急救箱”图标即可进入“360 系统急救箱”界面，如图 10-12 所示。进行系统急救时，可以选中“强力模式”“全盘扫描”，也可以选择自定义扫描。若选择自定义扫描，需要选择要扫描的目录。单击“开始急救”按钮即可实施系统急救，如图 10-13 所示。系统急救过程中扫描查杀病毒的时间可能会比较长，等扫描查杀完毕后，重新启动计算机即可完成急救。

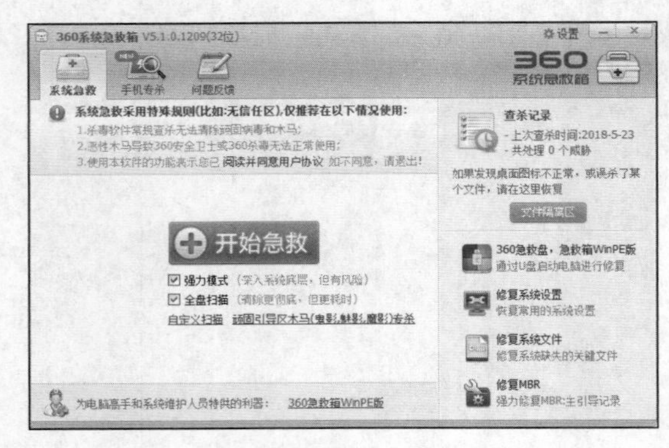

图 10-12 “360 系统急救箱”界面

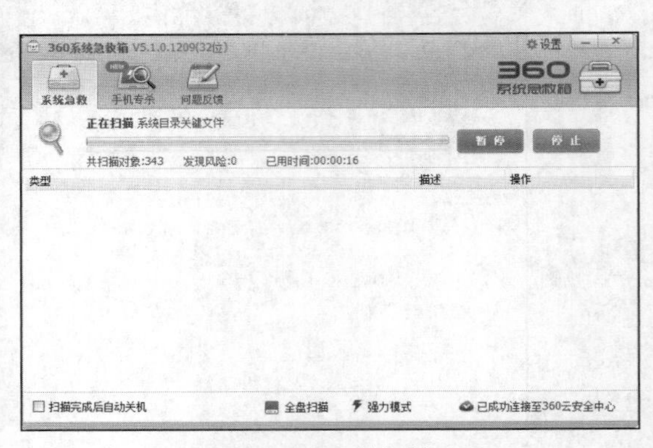

图 10-13 系统急救扫描过程

10.4 数据存储与恢复工具

10.4.1 百度网盘

百度网盘（原名百度云）是由百度在线网络技术（北京）有限公司推出的一项云存储服务，目前已经发展成为流行的、深受广大用户欢迎的网络数据存储工具。百度网盘已覆盖主流计算机和手机操作系统，包含 Web 版、Windows 版、Mac 版、Android 版和 iPhone 版。用户可以通过百度网盘轻松地进行照片、视频、文档等的网络备份、同步和分享，并可以跨终端随时查看、管理和分享文件。

百度网盘的使用方法如下。

1．百度网盘的登录

打开百度网盘后，若用户尚未注册账号，需单击“立即注册百度账号”按钮，在注册界面完成注册后登录。

2．网盘的基本设置

登录账户后进入百度网盘主界面，如图 10-14 所示。

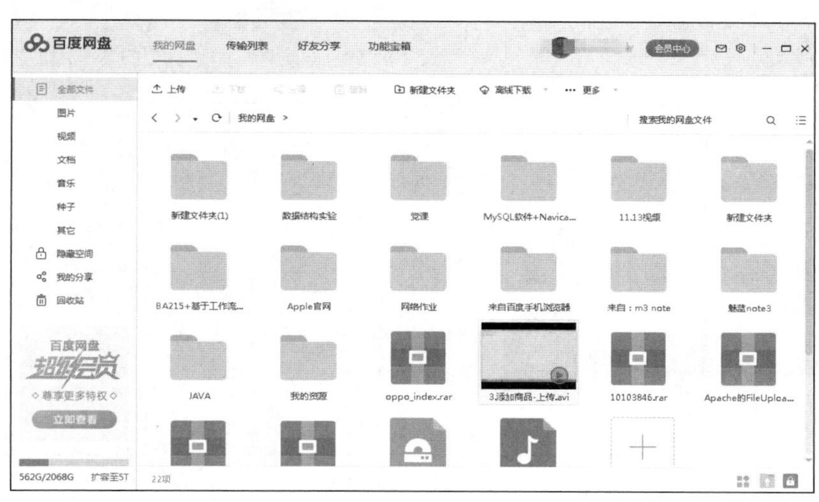

图 10-14　百度网盘主界面

单击右上角设置图标进入设置界面，可以对软件基本选项、传输选项、隐私选项、安全选项、提醒选项等进行个性化设置。传输选项设置如图 10-15 所示，可以设置软件上传和下载速度、设置软件的下载路径、修改上传和下载的并行任务数量等，以提高文件的传输效率。

设置
基本
传输
安全
提醒
并行任务：上传并行任务数 智能　下载并行任务数 智能（推荐智能）
下载文件位置选择：
D:\BaiduNetdiskDownload　浏览
默认此路径为下载路径
传输速度：下载 不限速　限速为 128 KB/s
上传 不限速　限速为 128 KB/s
代理设置：类型 不使用代理
地址　端口
休眠设置：有传输任务时电脑不休眠
确定　取消　应用

图 10-15　传输选项设置

3. 上传和下载文件

用户可以上传文件到网盘空间，也可以从网盘空间下载文件。在计算机中右键单击要上传到网盘中的文件，选择“上传到百度网盘”选项即可实现文件上传。在网盘空间中单击文件的“下载”链接时会弹出一个“设置下载存储路径”对话框，选择保存路径，单击“下载”按钮即可实现文件下载，如图 10-16 所示。

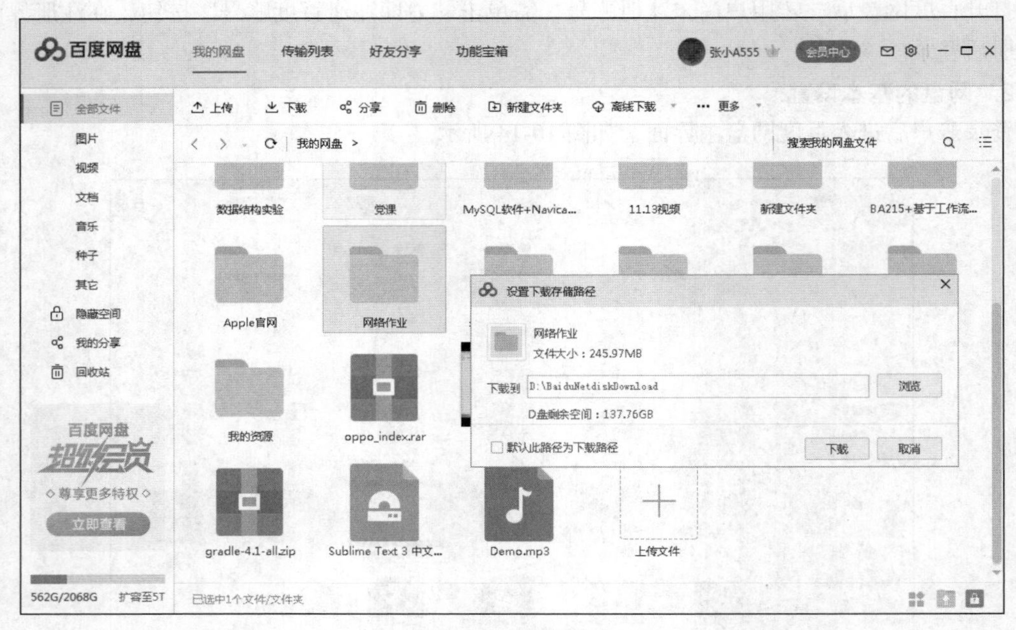

图 10-16　文件下载

4. 将网上文件存入自己的网盘空间

首先在网上搜索需要下载的百度网盘资源链接，单击“保存到网盘”按钮即可将资源存入自己的网盘空间，如图 10-17 所示。用户将资源存入自己的网盘空间后，不仅可以进入网盘查看已保存的文件，而且可以将资源下载至本地磁盘或分享给好友。

图 10-17　将网上文件存入自己的网盘空间

10.4.2　DiskGenius

DiskGenius 是一款硬盘分区及数据恢复软件，具有已删除文件恢复、分区复制、分区备份、硬盘复制等功能，并且支持 VMware、Virtual PC、VirtualBox 虚拟硬盘。打开 DiskGenius 主界面，如图 10-18 所示。

使用 DiskGenius 对丢失数据的磁盘进行修复，具体方法如下。

（1）选择需要恢复数据的磁盘，这里以恢复 C 盘数据文件为例，如图 10-19 所示。

图 10-18 DiskGenius 主界面

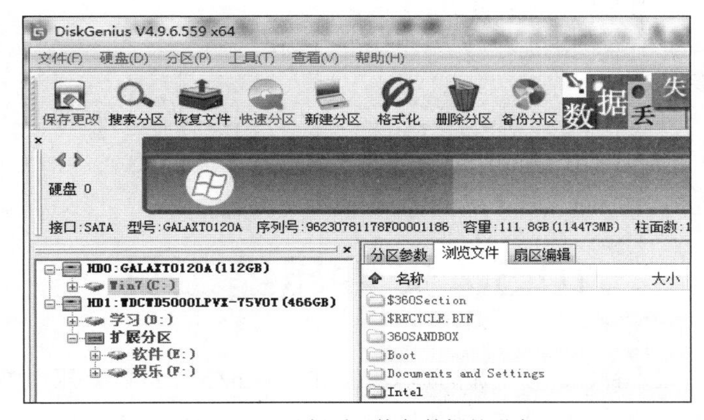

图 10-19 选择需要恢复数据的磁盘

（2）单击菜单栏中的“恢复文件”，在弹出的对话框中设置相应的“恢复选项”，然后单击“开始”按钮，软件便会自动对磁盘进行扫描，如图 10-20 所示。

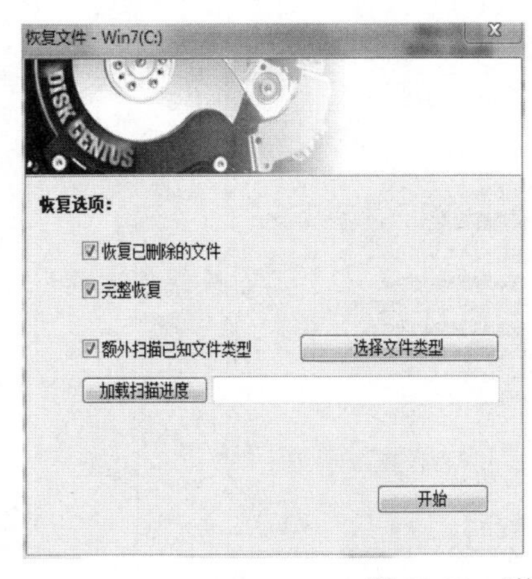

图 10-20 “恢复文件”界面

（3）扫描完成后，原来丢失的数据文件会全部呈现出来，如图 10-21 所示。用户可以勾选要恢复的数据文件进行恢复。

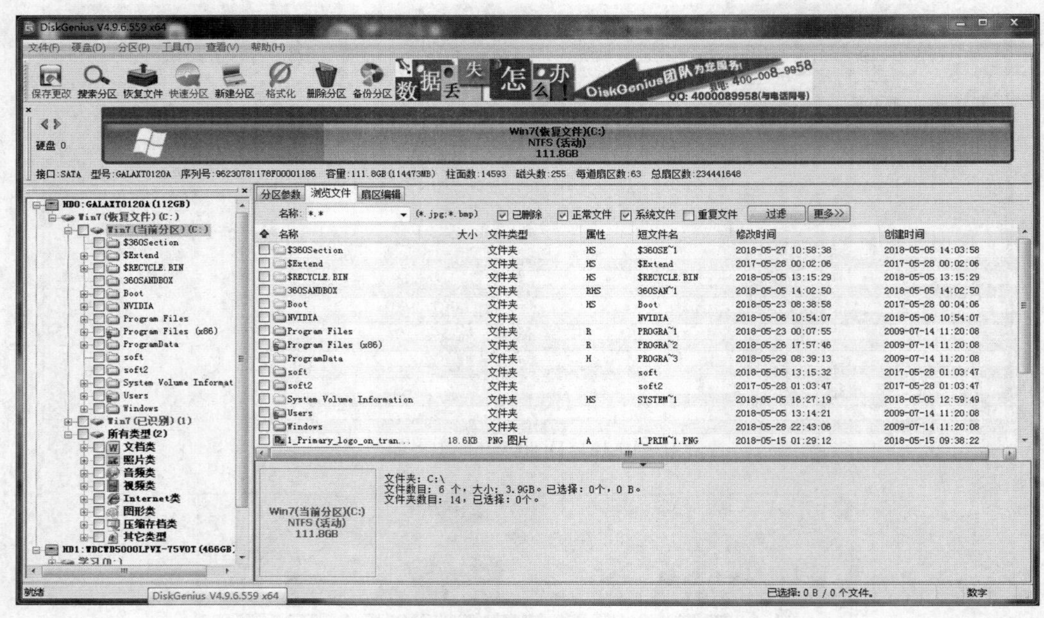

图 10-21　丢失的数据文件扫描结果

10.5　文件压缩工具

文件压缩工具有很多种，比较主流的是 WinRAR、WinZip、2345 好压、快压、360 压缩等。WinRAR 是一款比较简约的压缩软件，使用方法如下。

1．文件压缩

选中文件或文件夹，单击鼠标右键，在弹出的菜单中选择“添加到压缩文件...”，弹出“压缩文件名和参数”对话框，如图 10-22 所示。填写压缩文件名，设置相关参数，单击“确定”按钮，开始压缩。

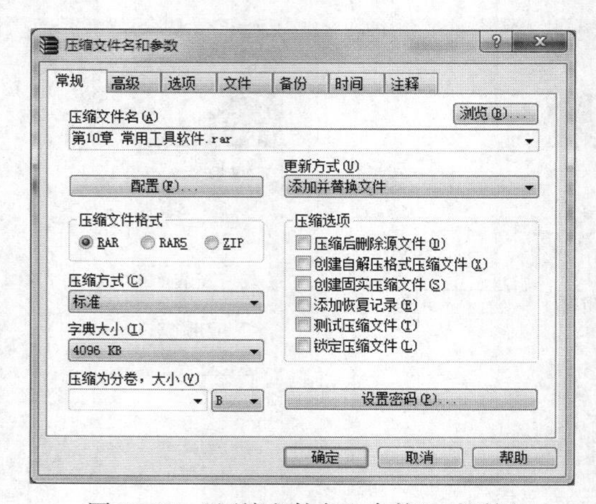

图 10-22　“压缩文件名和参数”对话框

2. 文件解压

选中要解压的文件，单击鼠标右键，在弹出式菜单中选择“解压文件...”，弹出“解压路径和选项”对话框，如图 10-23 所示。设置解压目标路径，设置相关参数，单击“确定”按钮，开始解压。

图 10-23　“解压路径和选项”对话框

习题 10

一、选择题

1. 以下属于存储工具的是（　　）。
   A. 百度网盘　　B. DiskGenius
   C. 360 安全卫士　　D. 鲁大师
2. 百度网盘可以提供（　　）。
   A. 计算机对游戏的完美呈现　　B. 计算机查杀病毒功能
   C. 跨终端随时随地查看和分享数据　　D. 网络视频的获取与显示
3. DiskGenius 是一款（　　）软件。
   A. 硬盘分区及数据恢复　　B. 数据修改
   C. 文件加密处理　　D. 系统安全保护
4. 一键 GHOST 不能完成的功能是（　　）。
   A. 一键备份系统　　B. 磁盘分区
   C. 使用 GHOST 功能　　D. 一键恢复系统
5. 以下属于文件压缩工具的是（　　）。
   A. 百度网盘　　B. DiskGenius　　C. MyEclipse　　D. WinRAR

二、简答题

1. 百度网盘的组成部分有哪些？
2. 简述如何在百度网盘里分享自己的文件。

3. 简述 DiskGenius 如何实现数据的找回。
4. 如何使用一键 GHOST 进行系统的重装？
5. 如何使用迅雷进行文件下载？
6. 如何使用 360 安全卫士的“电脑体检”“木马查杀”“系统修复”等功能？
7. 目前主流的压缩软件有哪些？它们的压缩方式是否相同？请说明原因。

第11章 计算机新技术简介

计算机作为人类历史上最伟大的发明，极大地推动了人类社会的发展。当前，计算机技术已经与人们的工作、学习和生活等方面紧密地结合在一起，人类社会正逐步转变为信息化社会。随着计算机技术的不断发展，计算机正朝着微型化、巨型化和智能化的趋势前进。为满足人类社会各方面的新需求，新的计算机技术不断涌现。本章将对当前计算机行业中的几种新技术进行分析和探讨。

11.1 云计算

单个物理机在面对互联网中海量的数据资源时，分析和处理的难度越来越大，IT 行业急需新型的计算服务模式来解决此类需求。

11.1.1 云计算概述

云计算（Cloud Computing）是继 20 世纪 80 年代大型计算机到客户端-服务器的大转变之后的又一种巨变。早在 2005 年，IBM、Intel 等公司与美国高校发起了云计算虚拟实验室项目。云计算概念的首次提出，是在 2006 年 8 月的搜索引擎会议上。2007 年，IBM 与 Google 联合发起云计算浪潮，向传统的计算模式发起挑战，开启了全世界研究云计算的热潮。

云计算是分布式计算的一种，但我们不能简单地认为云计算是一种分布式计算。云计算是分布式计算、并行计算、效用计算、网络存储、虚拟化、负载均衡、热备份冗余等传统计算机技术和网络技术发展融合的产物。

当前，对于云计算的概念众说纷纭，不同的企业根据应用的范围和使用的侧重点不同，对云计算的概念做出了不同的描述。描述主要有三种。第一种是计算模式：把 IT 资源、数据、应用作为服务通过网络提供给用户（IBM）。第二种是基础架构管理方法论：把大量的高度虚拟化的资源管理起来，组成一个大的资源池，用来统一提供服务（IBM）。第三种是以公开的标准和服务为基础，以互联网为中心，提供安全、快速、便捷的数据存储和网络计算服务（Google）。

11.1.2 云计算的特征

云计算是使计算分布在大量的分布式计算机上，而非本地计算机或远程服务器中，企业数据中心的运行与互联网相似。这使得企业能够将资源切换到需要的应用上，根据需求访问计算机和存储系统。云计算不同于分布式计算，它有自己的特征，主要表现在以下几个方面。

（1）超大规模

“云”具有相当的规模，Google云计算已经拥有一百多万台服务器，Amazon、IBM、微软、Yahoo等的“云”均拥有几十万台服务器。企业私有云一般拥有上千台服务器。“云”能赋予用户前所未有的计算能力。

（2）虚拟化

云计算支持用户在任意位置、使用各种终端获取应用服务。所请求的资源来自“云”，而不是固定的有形的实体。应用在“云”中某处运行，但实际上用户无须了解、也不用担心应用运行的具体位置，只需要一台笔记本或者一个手机，就可以通过网络服务来实现我们需要的一切，甚至包括超级计算这样的任务。

（3）高可靠性

“云”使用了数据多副本容错、计算节点同构可互换等措施来保障服务的高可靠性，使用云计算比使用本地计算机更加可靠。

（4）通用性

云计算不针对特定的应用，在“云”的支撑下可以构造出千变万化的应用，同一个“云”可以同时支撑不同的应用运行。

（5）高可扩展性

“云”的规模可以动态伸缩，满足应用和用户规模增长的需要。

（6）按需服务

“云”是一个庞大的资源池，可以按需购买，就像日常的自来水、电、煤气等生活品一样按使用量计费。

（7）极其廉价

由于“云”具有特殊容错措施，可以采用极其廉价的节点来构成云，“云”的自动化集中式管理使大量企业无须负担日益高昂的数据中心管理成本，“云”的通用性使资源的利用率较之传统系统大幅提升，因此用户可以充分享受“云”的低成本优势。

（8）潜在的危险性

云计算服务除了提供计算服务外，还提供了存储服务。但是云计算服务当前垄断在私人机构（企业）手中，而这些机构仅仅能够提供商业信用。政府机构、商业机构（特别是像银行这样持有敏感数据的商业机构）选择云计算服务应保持足够的警惕。对于信息社会而言，信息安全是至关重要的。云计算中的数据对于数据所有者以外的其他云计算用户是保密的，但是对于提供云计算的机构而言毫无秘密可言。所有这些潜在的危险，是商业机构和政府机构选择云计算服务，特别是国外机构提供的云计算服务时，不得不考虑的一个重要的因素。

11.1.3 云计算服务模式

当前，云计算支持硬件资源、软件平台和托管应用程序，分别对应基础设施即服务（Infrastructure as a Service，IaaS）、平台即服务（Platform as a Service，PaaS）和软件即服务（Software as a Service，SaaS）三种服务模式。

基础设施即服务：该服务模式通过云基础设施来供应CPU、内存和磁盘等物理资源。通过虚拟化技术，终端用户可根据需要使用虚拟资源，而无须管理底层云基础设施，典型的如亚马逊公司提供的弹性计算云EC2（Elastic Compute Cloud）和简单存储服务S3（Simple Storage Service）。

平台即服务：该服务模式为终端用户提供平台服务，其以编程语言、库、服务和其他工具来部署业务应用。终端用户可按需使用云平台，而无须管理底层云基础设施，如 Google 公司提供的 Google App Engine 和 Microsoft 公司提供的 Microsoft Windows Azure。

软件即服务：该服务模式将软件应用通过互联网提供给终端用户。终端用户可使用软件应用程序，而无须进行软件安装、维护与更新，也无须管理底层云基础设施，典型的如 Salesforce 公司提供的在线客户关系管理（Client Relationship Management，CRM）。

11.2 大数据

随着计算机技术的发展和互联网应用的普及，数据的产生方式和产生量也发生着质的变化，学会利用这些大规模数据是赢得竞争的关键。

11.2.1 大数据概述

随着互联网的飞速发展，网络中的数据规模越来越大，复杂性越来越高，传统的数据技术已经不能满足当前处理海量数据的需要，因而对海量数据的收集和处理的技术变得尤为重要，“大数据”这一概念由此诞生。

早在 2008 年，随着互联网产业的迅速发展，Yahoo、Google 等大型互联网或数据处理公司发现传统的数据处理技术不能解决问题，大数据的思考理念和技术标准就被应用到了实际中。Twitter、Facebook、微博等社交网络的兴起将人类带入了自媒体时代。苹果、三星、华为等智能手机的普及，移动互联网时代的到来，使得大数据技术逐渐得到空前重视。

虽然当前学界对大数据技术的定义尚未统一，不同机构、公司、企业对大数据技术有着不同的认识和看法，但对大数据技术的基本内涵还是可以通过研究和分析而得到一个基本的共识和标准。大数据（Big data），指无法在一定时间范围内用常规软件工具进行捕捉、管理和处理的数据集合，是需要新处理模式才能带来更强的决策力、洞察发现力和流程优化能力的海量、高增长率和多样化的信息资产。

当前，大数据为用户提供丰富的服务需要相关的技术支撑。大数据的技术主要包括大规模并行处理数据库、数据挖掘、分布式文件系统、分布式数据库、云计算平台、互联网和可扩展的存储系统等。

11.2.2 大数据的特征

大数据以互联网为背景。将个人以及群体的社会活动产生的大量数据储存在云端、数据库或者储存器当中，对数据进行分析、挖掘和预测，应用于社会的各个领域，可以提高人们的生活与学习效率，从而让人类走进一个全新的时代。大数据的特征主要表现在以下几个方面。

（1）容量大

在当今信息时代，人类社会每时每刻都在产生大量的数据，数据运算的单位也从过去的 TB（太字节）发展到了 YB（尧字节）。人们通过各种通信设备与网络平台，随时随地都能接收、存储和发布信息，这些行为以及信息都会以数据的形式积累并被记录下来，从而构成大数据。

（2）种类多

各种应用软件的使用，使得数据的种类繁多，在网页和智能终端上，有百万个应用软件供人们下载，海量的数据类型用来展示不同软件操作的行为与事件。

（3）速度快

每一秒都有大量的数据产生，在刚刚过去的一分钟里，微博已经产生了千万条信息，淘宝发生了几万次交易，百度进行了数万次搜索，数据产生和传播正以惊人的速度发展，并且越来越快。

（4）可变性

可变性指数据的变化，意味着相同的数据在不同的上下文中可能具有不同的含义。

（5）复杂性

在互联网迅速发展的背景下，除了计算机、手机等智能设备外，汽车、电视、工业设备等都与网络连接，无论是机器还是智能设备都正在随时随地产生海量数据。

11.2.3 大数据和云计算的关系

从结果来分析，云计算注重资源分配，大数据注重资源处理。一定程度上讲，大数据需要云计算支撑，云计算为大数据处理提供平台，即大数据是云计算非常重要的应用场景，而云计算则为大数据的处理和数据挖掘提供了优秀的技术解决方案。

11.2.4 大数据的应用价值和挑战

我国对于大数据的发展非常重视，2015 年 9 月，国务院印发《促进大数据发展行动纲要》(以下简称《纲要》)，系统部署大数据发展工作。《纲要》明确提出，推动大数据发展和应用，在未来5 至 10 年打造精准治理、多方协作的社会治理新模式，建立运行平稳、安全高效的经济运行新机制，构建以人为本、惠及全民的民生服务新体系，开启大众创业、万众创新的创新驱动新格局，培育高端智能、新兴繁荣的产业发展新生态。

大数据技术在政策制定、商业决策、医疗和教育等社会的各个领域拥有巨大的应用价值，近年来，随着大数据技术研究的深入，大数据技术发挥着越来越大的作用，为人们创造出了更加便利美好的生活。例如，2013 年，微软大数据成功预测奥斯卡 21 项大奖成为人们津津乐道的话题，这向人们展示了现代科技的神奇魔力。2012 年，奥巴马的竞选团队通过大规模与深入的大数据挖掘技术，为奥巴马的大选连任提供了有力的决策支持。

大数据技术改变了人们的生活方式，给人们带来了巨大的便利，但伴随而来的是数据信息安全风险的增加，主要体现在技术安全、内容安全、管理安全等方面。例如，在实际工作过程中，大数据的数据库建立在大型的开发平台之上，对于所有的用户来说都是透明的，从技术上需要设置更加合理的访问权限保障数据的安全性；另外，大数据采用分布式的存储方式，与传统的存储模式相比，内容更加分散，在访问数据时就可能发生意外情况，内容的安全受到更加严峻的挑战；大数据是新兴的技术，管理机制的改变使得大数据系统维护需要更专业的人员来确保系统的安全平稳运行。

11.3 物联网

物联网是继计算机、互联网与移动通信之后的又一次信息产业突破。世界上的万事万物，小到手表、钥匙，大到汽车、楼房，只要嵌入一个微型感应芯片，把它变得智能化，这个物体就可以“自动开口说话”，再借助无线网络技术，人们就可以和物体“对话”，物体和物体之间也能“交流”，这就是物联网。

11.3.1　物联网概述

物联网的基础是互联网，互联网主要是网络设备之间进行互通及信息交换，而物联网是将网络信息的交换扩展到所有相连的物品上，它是互联网发展的高级形态。

2005年，国际电信联盟（ITU）发布报告正式提出物联网这一概念，对物联网做了如下定义：通过二维码识读设备、射频识别（RFID）装置、红外感应器、全球定位系统和激光扫描器等信息传感设备，按约定的协议，把物品与互联网相连接，进行信息交换和通信，以实现智能化识别、定位、跟踪、监控和管理的一种网络。

根据国际电信联盟的定义，物联网主要解决物品与物品（Thing to Thing，T2T）、人与物品（Human to Thing，H2T）、人与人（Human to Human，H2H）之间的互连问题，方便识别、管理和控制。业内专家认为，物联网一方面可以提高社会经济效益，大大节约成本；另一方面可以为全球经济的发展提供技术动力。

11.3.2　物联网的系统结构

根据物联网对数据的处理分析过程可以将物联网系统划分为应用层、网络层和感知层三个层次，具体的系统结构如图11-1所示。

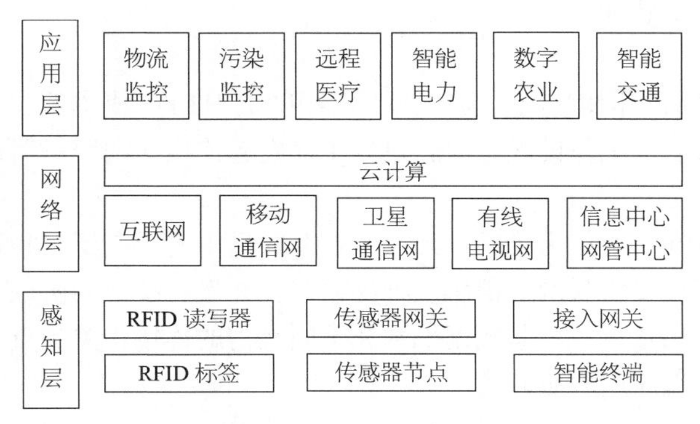

图11-1　物联网系统结构

（1）应用层

应用层是应用服务子层，用于各行业之间信息的共享和协同工作。由于物联网具有实时性和交互性的特点，物联网行业的应用版图将不断扩大。目前，物联网的应用领域包括智能交通、环境保护、政府工作、公共安全、平安家居、智能消防、工业监测、老人护理、个人健康、花卉栽培、水系监测、食品溯源等。

（2）网络层

网络层位于中间层，其主要作用是保障数据传输的安全可靠，主要依托互联网、卫星通信网、有线电视网等。

（3）感知层

感知层是整个系统的底层，它对现实世界进行信息采集。感知层用来收集数据与识别物体。

11.3.3　物联网的传输协议

物联网的传输协议通常分为两大类，一类是接入协议，一类是通信协议。接入协议一般负责子网内设备间的组网及通信；通信协议主要是建立在传统互联网 TCP/IP 上的设备通信协议，使设备能通过互联网进行数据交换及通信。

接入协议主要有以下几种。

（1）ZigBee

ZigBee 是一种可靠的无线数据传输网络，类似于 CDMA 网络和 GSM 网络。ZigBee 数传模块类似于移动网络基站。ZigBee 是一个由多达 65535 个无线数传模块组成的无线网络平台，在整个网络范围内，网络模块之间可以相互通信，每个网络节点间的通信距离可以从标准的 75 米扩展到几百米、几千米，甚至无限扩展（依靠节点数增加）。与移动通信的 CDMA 网络或 GSM 网络不同的是，ZigBee 网络主要为工业现场自动化控制数据传输而建立，因而，它具有简单、使用方便、工作可靠、价格低的优点。

（2）蓝牙

蓝牙技术是一种无线数据与语音通信的开放性全球规范，工作在全球通用的 2.4GHz ISM（即工业、科学、医学）频段，标准是 IEEE 802.15，带宽为 1Mb/s，具有消耗小、普及率高的优势。

（3）Wi-Fi

家用 Wi-Fi 路由器可以与智能终端完美结合，可直接连接互联网。相对于 ZigBee，Wi-Fi 节省了开支；相对于蓝牙，Wi-Fi 不需要依赖手机。

通信协议主要有以下几种。

（1）HTTP

现在的物联网的通信架构也是基于原互联网架构的。HTTP 成本低、高集成，能够很好地被用作物联网的基础协议。其工作模式是由客户端主动发起连接，向服务器请求数据。

（2）XMPP

基于 XML 的 XMPP，优势为易用、开放，在互联网中应用广泛。相比其他协议，它更适合物联网体系结构。由于目前物联网通信协议种类繁多，并没有统一的协议，要实现物联网设备之间的数据交互，实现不同企业、不同数据平台和不同架构的连接，关键点并不在于接入协议或通信协议统一，而在于终端应用层协调统一。

11.4 虚拟现实技术

虚拟现实（Virtual Reality，VR）技术是一种可以创建和使人体验虚拟世界的计算机仿真技术。它利用计算机生成一种模拟环境，通过多源信息融合的、交互式的三维动态视景和实体行为的系统仿真使用户沉浸到该环境中。

11.4.1 虚拟现实技术概述

虚拟现实起源于美国，1929 年，埃德温·林克（Edwin Link）进行了第一次模拟仿真试验，着手研究一种能够使乘坐者感受飞行感觉的飞行模拟器。1989 年，杰伦·拉尼尔（Jaron Lanier）首次正式提出“虚拟现实”一词，后来该词被广泛接受，成为专用名词。

虚拟现实技术是仿真技术的一个重要方向，是仿真技术与计算机图形技术、人机接口技术、多媒体技术、传感技术、网络技术等多种技术的集合，是富有挑战性的交叉技术前沿学科和研究领域。

虚拟现实技术主要包括模拟环境、感知、自然技能和传感设备等方面。模拟环境是由计算机生成的、实时动态的三维立体逼真图像；感知是指理想的 VR 应该提供一切人所具有的感知，除计算机图形技术所生成的视觉感知外，还有听觉、触觉、力觉、运动等感知，甚至还包括嗅觉和味觉等，也称为多感知；自然技能是指监测人的头部转动、手势或其他人体动作，由计算机来处理与用户的动作相适应的数据，并对用户的输入作出实时响应，分别反馈到用户的五官；传感设备是指三维交互设备。

在现实世界中，有些环境人们难以身临其境或者实现条件过高，而虚拟现实却能超越时间与空间，将各种人们无法接触的环境呈现于人们面前。虚拟现实已应用于教育、军事、医学、产品设计、科学可视化、训练、建筑、娱乐、艺术等各个方面。

在教育上，虚拟实验室可以通过计算机仿真技术模拟物理、化学、生物等实验，提高学生对知识的理解和动手能力，相比真实实验，它具有安全、便捷的特点。在军事上，虚拟现实技术不仅用于制定作战计划、战场准备，还用于对新型武器的性能评估。在医学上，虚拟现实技术用于解剖学和病理学教学、外科手术仿真等，它比利用活体进行培训和实验更加安全、经济和方便。在临床实践上，北卡罗来纳大学的研究人员把超声波图像系统和虚拟现实显示系统连接起来，通过一种可透视的头盔式显示器，把病人的超声波图像实时地叠加到真实的人体上，可以让医生直接看到病人体内情况，以便给出更加准确的判断。

11.4.2　虚拟现实的特征

虚拟现实有以下几个显著的特征。

（1）多感知性

多感知性指除一般计算机所具有的视觉感知外，还有听觉感知、触觉感知、运动感知，甚至还包括味觉、嗅觉感知等。用户在理想的虚拟现实环境中拥有在客观环境中人所具有的一切感知功能。

（2）存在感

用户在进入计算机创造的虚拟现实环境中后，有身临其境的感觉，最理想的程度是模拟的环境能够使人难以辨别真假。

（3）交互性

交互性指用户对模拟环境内物体的可操作程度和从环境得到反馈的自然程度。例如，用户可以拿起虚拟现实中的一个杯子，他能感受到这个杯子的形状、大小、重量，而杯子也会随手的动作而移动。

（4）自主性

自主性指虚拟环境中的物体依据现实世界物理运动定律动作的程度。例如，当用户在虚拟现实中把杯子在桌面上推动，杯子会向相应的方向移动，如果推动力度和速度足够大，杯子甚至会飞出桌面并“摔碎”。

11.4.3　虚拟现实的关键技术

虚拟现实是多种技术的综合，完整的虚拟现实技术需要提供虚拟环境、显示功能、人机交互等。下面对这些技术分别加以说明。

（1）动态环境建模技术

虚拟现实技术的核心是虚拟环境的建立。为了准确获取实际的三维数据，要使用动态环境建模技术，然后才能根据数据和相应需求建立体验感更为真实的虚拟环境模型。目前阶段应用较广泛的动态环境建模软件有 3ds Max、CAD、VRP 等。

（2）系统集成技术

系统集成技术相当于人的大脑，它把各种技术按照一定规则进行整合，使各相关技术协调合作，形成完整的虚拟现实系统。

（3）三维图形生成技术及图形显示技术

目前，三维图形生成技术的主要难点在于如何做到实时生成，在不影响图形显示精度的情况下，如何将刷新频率进一步提高。现有的设备和技术还不能够完全满足用户的需求，未来仍然要在三维图形生成技术和图形显示技术方面不断进行改进，以适应不断增长的用户需求。

（4）新型交互设备技术

虚拟现实环境与操作者的交互，主要是通过数据衣服、数据手套、数据头盔、3D 位置传感器等输入/输出设备来进行。常用虚拟现实设备如图 11-2 所示。

（5）虚拟现实系统

为使参与者自由进行交互，可通过局域网或广域网将多个地点的虚拟现实系统连接起来，采用统一协调的数据库形成一个互相耦合的虚拟合成环境。

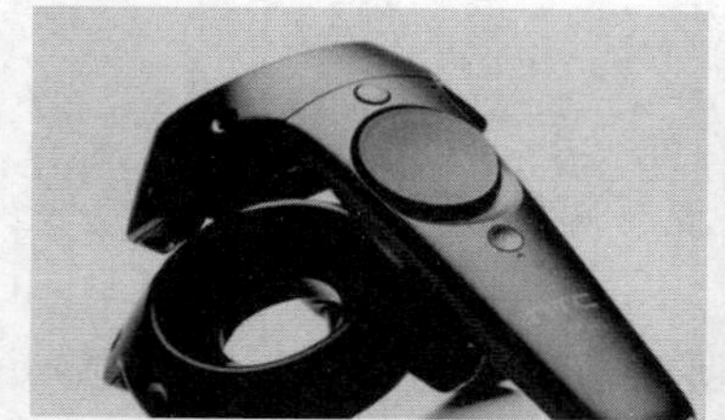
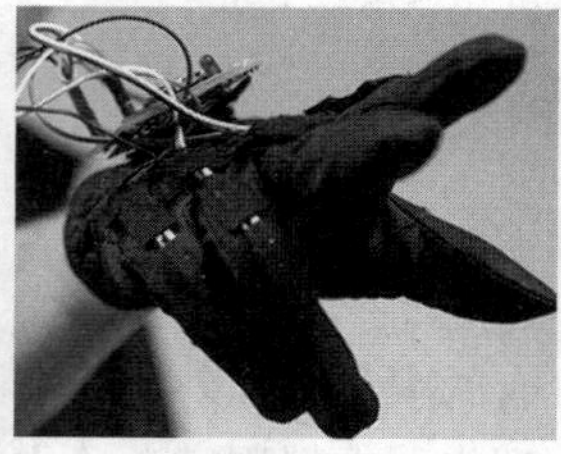

图 11-2　常用虚拟现实设备

11.4.4　虚拟现实的发展趋势

虚拟现实技术是一种尚未成熟、仍有很大发展空间的技术。目前受软件、硬件设备的价格等因素限制，虚拟现实技术仍然距离普通大众有着一定的距离。虚拟现实技术在体验上也具有一些缺陷与不足。然而随着科技的发展与人们需求的不断增长，虚拟现实技术会迅速地普及。可以预料，虚拟现实技术有以下五个主要的发展方向。

（1）实时三维计算机图形

利用计算机模型生成图像并不是太难的事情，如果有足够准确的模型，又有足够的时间，我们就可以生成不同光照条件下各种物体的精确图像，但是这里的关键是实时。例如，在飞行模拟系统中，图像的实时刷新相当重要，同时对图像质量的要求也很高，再加上非常复杂的虚拟环境，问题就变得相当复杂。

（2）虚拟现实显示

人看周围的世界时，由于两只眼睛的位置不同，得到的图像略有不同，这些图像在大脑里融合起来，就形成了一个关于周围世界的整体景象，这个景象中包括了距离信息。当然，距离信息也可以通过其他方法获得，如眼睛焦距的远近、物体大小的比较等。

在 VR 系统中，双目立体视觉起了很大作用。用户的两只眼睛看到的不同图像是分别产生的，显示在不同的显示器上。有的系统采用单个显示器，但用户带上特殊的眼镜后，一只眼睛只能看到奇数帧图像，另一只眼睛只能看到偶数帧图像，奇、偶帧之间的不同，也就是视差，制造了立体感。

（3）虚拟现实声音

人能够很好地判定声源的方向。在水平方向上，我们靠声音的相位差及强度的差别来确定声音的方向，因为声音到达两只耳朵的时间或距离有所不同。常见的立体声效果就是靠左右耳听到在不同位置录制的不同声音来实现的。现实生活里，当头部转动时，听到的声音的方向就会改变。但目前在VR系统中，声音的方向与用户头部的运动无关。

（4）虚拟现实感觉反馈

在一个VR系统中，用户可以看到一个虚拟的杯子。用户可以设法去抓住它，但是手感觉不到杯子的温度和重量，解决这一问题的常用方法是在手套内层安装一些可以振动的触点来模拟触觉，而改善感觉反馈的装置是未来研究的热点。

（5）虚拟现实语音

在VR系统中，语音的输入/输出也很重要。这就要求虚拟环境能听懂人的语言，并能与人实时交互。而让计算机识别人的语音是相当困难的，因为语音信号有其“多边性”和复杂性。例如，连续语音中词与词之间没有明显的停顿，同一词、同一字的发音受前后词、字的影响，不仅不同人说同一词会有所不同，就是同一人的发音也会受到心理、生理和环境的影响而有所不同。

使用人的自然语言作为计算机输入目前有两个问题。首先是效率问题，为便于计算机理解，输入的语音可能会相当啰唆。其次是正确性问题，计算机理解语音的方法是对比匹配，它没有人的智能。

11.5 3D打印技术

11.5.1 3D打印概述

3D打印是快速成型技术的一种，它是一种以数字模型文件为基础，运用粉末状金属或塑料等可黏合材料，通过逐层打印的方式来构造物体的技术。

3D打印通常是采用数字技术材料打印机来实现的。该技术在珠宝、工业设计、建筑、汽车，航空航天、医疗、教育、地理信息系统、土木工程等领域都有所应用。

11.5.2 3D打印的过程

3D打印的设计过程是先通过计算机建模软件建模，再将建成的三维模型“分区”成逐层的截面，即切片，从而指导打印机逐层打印。

（1）三维设计

三维设计是通过三维制作软件在虚拟三维空间构建出具有三维数据的模型。常用的建模软件有3ds Max、Maya、CAD等。

（2）切片处理

切片处理就是把三维模型切成一片一片，设计好打印的路径（填充密度、角度、外壳等），并将切片后的文件储存成3D打印机能直接读取并使用的文件格式（如.gcode格式）。然后，通过3D打印机控制软件，把此文件发送给打印机，并控制3D打印机的参数和运动。

（3）完成打印

3D 打印机的分辨率对大多数应用来说已经足够，但弯曲的表面可能会比较粗糙，要获得更高分辨率的物品，可以先用当前的 3D 打印机打出稍大一点的物体，再进行表面打磨。图 11-3 是用 3D 打印技术打印出的房子。

图 11-3　用 3D 打印技术打印出的房子

11.5.3　3D 打印的发展趋势

近几年 3D 打印设备、材料不断更新，3D 打印的应用也越来越广。对 3D 打印技术未来发展的研究主要集中在以下三个方面。

（1）打印材料研究

打印材料问题是阻碍 3D 打印技术发展步伐的重要因素。现阶段，3D 打印所用材料为金属、树脂以及塑料等，但是 3D 打印要想在更为广阔的领域发展，就应当研究更多材料。可以按照材料特性加以研究，并分析材料、商品结构以及生产间的联系，研发测试产品质量的办法与程序，构建材料性能数据标准。除此以外，为各大重要领域寻求适合的材料同样是一项艰巨的任务，比如客机的仿真结构，需要机身呈现透明状态，且具备较高的硬度，为达到这一标准，需要研究开发新的复合材料。另外，现阶段 3D 打印材料中的金属材料需求迫切，特别是金、银、工具钢、钛合金、不锈钢以及镍合金等，然而这些金属材料的生产工艺仍然裹足不前。

（2）改进 3D 打印设备

当前，3D 打印工艺还存在一定欠缺，打印成型的零部件质量和工程应用要求相差甚远，只可以用作原型。3D 打印的产品因为采用层层叠加的生产工艺，层间连接紧密程度难以和传统锻造工艺相提并论。另外，3D 打印价格昂贵，无法形成规模经营。改进 3D 打印设备，提高工艺和降低成本，会成为接下来 3D 打印技术研究的热点。

（3）简化操作技术

3D 打印主要依赖数字模型生产加工，然而对于普通客户来讲，学习并熟练运用 CAD（计算机辅助设计软件）的难度还是相当大的。伴随时代的发展与社会的进步，在不久的将来，3D 打印操作技术可能会大大简化和普及，就像当年“傻瓜相机”迅速推广一样。

习题 11

一、选择题

1. 云计算是对（　　）技术的发展和运用。
   A. 分布式计算　B. 并行计算　C. 网格计算　D. 前三项都是
2. 大数据的特征不包括（　　）。
   A. 大量化　B. 多样化　C. 结构化　D. 快速化
3. 云计算就是把计算资源都放到（　　）上。
   A. 因特网　B. 对等网　C. 无线网　D. 广域网
4. 数据存储单位从小到大排列顺序是（　　）。
   A. EB、PB、YB、ZB　B. PB、EB、ZB、YB
   C. PB、EB、YB、ZB　D. YB、ZB、PB、EB
5. 物联网的英文名称是（　　）。
   A. Internet of Things　B. Internet of Matters
   C. Internet of Clouds　D. Internet of Theorys
6. 二维码目前不能表示的数据类型是（　　）。
   A. 文字　B. 数字　C. 二进制　D. 视频
7. 为了测试汽车安全气囊的性能，用计算机进行汽车碰撞试验，这是（　　）技术的应用。
   A. 虚拟现实　B. 碰撞　C. 智能机器人　D. 语音
8. 下列不属于 3D 打印过程的是（　　）。
   A. 三维设计　B. 切片处理　C. 视频模拟　D. 完成打印

二、简答题

1. 云计算的概念是什么？
2. 大数据的概念是什么？大数据和云计算有什么区别？
3. 请说出几个在生活中应用物联网的实例。
4. 举例说明虚拟现实的应用。
5. 你认为 3D 打印能给生活带来哪些便利？